VOYAGE

PITTORESQUE ET HISTORIQUE

AU BRÉSIL,

OU

Séjour d'un Artiste Français au Brésil,

DEPUIS 1816 JUSQU'EN 1831 INCLUSIVEMENT;

Époques de l'Avénement et de l'Abdication de S. M. D. Pedro 1er,
Fondateur de l'Empire brésilien.

Dédié à l'Académie des Beaux-Arts de l'Institut de France,

PAR J.-B. DEBRET,

PREMIER PEINTRE ET PROFESSEUR DE L'ACADÉMIE IMPÉRIALE BRÉSILIENNE DES BEAUX-ARTS DE RIO-JANEIRO, PEINTRE PARTICULIER DE LA MAISON IMPÉRIALE, MEMBRE CORRESPONDANT DE LA CLASSE DES BEAUX-ARTS DE L'INSTITUT DE FRANCE, ET CHEVALIER DE L'ORDRE DU CHRIST.

TOME TROISIÈME.

PARIS,

FIRMIN DIDOT FRÈRES, IMPRIMEURS DE L'INSTITUT DE FRANCE,

LIBRAIRES, RUE JACOB, N° 56.

M DCCC XXXIX.

VOYAGE

PITTORESQUE ET HISTORIQUE

AU BRÉSIL.

TOME III.

Notes historiques écrites à Rio-Janeiro.

DÉPART DU ROI.

Rien de plus actif que la vie de don Pedro depuis le départ de la cour......

Le roi en partant l'avait laissé régent du royaume du Brésil, investi du suprême pouvoir; et le lendemain, à la pointe du jour, le prince monte à cheval, accompagné du premier ministre (le comte dos Arcos, dernier vice-roi à Rio-Janeiro); il va visiter les établissements publics, casernes, arsenaux, etc., prend connaissance des obligations des employés, s'informe du prix de différentes fournitures; à dix heures passe en revue la garde nationale, ensuite préside le conseil des ministres, etc.; il va le soir au spectacle.

Les jours suivants, il retourne dans ces divers établissements aux heures d'ouverture des travaux, prend lui-même les listes de présence des employés; en peu de jours connaît la source et la conséquence des abus. Naturellement courageux, il aime par-dessus tout la droiture. Il établit un jour d'audience publique à la ville chaque semaine : il y reçoit, depuis neuf heures du matin jusqu'à deux, et depuis quatre jusqu'à la nuit, toutes les personnes indistinctement, qui ont des placets à lui présenter; il les fait examiner par le conseil des ministres, et deux jours après, chacun peut aller à la secrétairerie d'État savoir la réponse qui se trouve inscrite sur un livre ouvert au public toute la matinée.

D'après les heureuses dispositions du prince, le premier ministre pense à l'indépendance du Brésil, étant déjà bien convaincu que la politique du Portugal était de recoloniser le Brésil. Il fait rendre un décret pour organiser une force militaire suffisante pour garder le pays, sans le secours des troupes portugaises. Les jeunes gens sont émus; les négociants croient voir des préparatifs de guerre. L'état-major des troupes de Lisbonne en garnison à Rio-Janeiro pénètre déjà les projets du ministre. En deux fois vingt-quatre heures, il monte un parti avec les négociants de Lisbonne, et l'on dénonce le premier ministre comme *réfractaire aux décrets des cortès*. Le *comte dos Arcos* est destitué et obligé de s'embarquer tout de suite, pour aller se justifier à Lisbonne. Le militaire européen qui entoure le prince, lui donne des fêtes, et peu à peu profite du crédit qu'il obtient auprès de sa personne pour lui insinuer que, d'après les nouveaux articles constitutionnels, il n'a plus le droit d'accorder des audiences, parce que cela lui suppose le droit de prendre des résolutions définitives, qui sont réservées au seul pouvoir de l'*assemblée des cortès*.

Un jour il veut faire manœuvrer l'artillerie de la milice, on lui refuse les pièces de canon, etc., etc., toujours au nom de la constitution! Lassé de ces modifications, chaque jour plus nombreuses, le prince *écrit aux cortès* que sa naissance le mettant au-dessus de l'état de simple gouverneur de province, il demande à quitter le Brésil pour retourner près de son père, et commence tout de suite les préparatifs de départ.

Enfin, les Brésiliens bien convaincus du despotisme militaire établi, même avec la présence du prince, se réveillent, s'unissent de volonté pour soutenir et conserver le titre ainsi que les prérogatives du royaume du Brésil.

La province de Saint-Paul, déjà célèbre par son antique splendeur, a conservé dans son sein deux ou trois individus éclairés, et élevés en Europe (*), qui n'attendaient que le départ du prince, pour faire paraître un plan général d'amélioration pour le Brésil : quelques gens éclairés de Rio-Janeiro, trouvent moyen de le faire imprimer dans une gazette libérale.

Le prince goûte ce plan, on engage les auteurs à se présenter, et bientôt ils paraissent à Rio-Janeiro; ces *Paulistes* demandent au prince qu'il daigne gouverner le Brésil comme royaume uni, en adoptant les bases qu'on lui présentait. Qu'en cas d'acceptation, il avait déjà, pour soutenir son autorité, des forces militaires brésiliennes suffisantes, et toutes prêtes à marcher au premier signal.

Cette assurance détermine le prince à faire imprimer ce plan pour l'*envoyer aux cortès*. La députation ajoute que dans le cas où le prince n'eût pas voulu accepter les rênes de ce nouveau gouvernement, diverses provinces de l'intérieur étant dans l'intention de ne plus reconnaître la *domination des cortès de Lisbonne*, la présence du prince au Brésil devenait l'unique moyen d'en prévenir la dislocation. Cette déclaration arrange tous à leur gré, et ils repartent très-satisfaits de cette audience particulière.

(*) Les frères d'Andrade.

De son côté la chambre du sénat de Rio-Janeiro, déjà dans la confidence, demanda au prince la permission de lui présenter le même projet, sous le nom d'*humble représentation* faite *au prince royal*, de fixer sa résidence au Brésil, pour la prospérité du pays.

Le jour indiqué par le prince, on donna des ordres pour orner le devant des maisons dans les rues où devait passer le cortége, et pour conserver, en même temps, la plus grande tranquillité pendant cette formalité civile.

Le prince arrivant à cheval, sur les neuf heures du matin, est agréablement surpris de trouver son passage orné de tapisseries, et tous les balcons garnis de personnes déjà reconnaissantes de ce qu'il allait accorder.

Une heure après l'arrivée du prince, la députation de la chambre du sénat se met en marche, sans aucune escorte militaire; elle est reçue, et obtient ce qu'elle désire. La joie se manifeste publiquement par des *Viva le prince régent du Brésil*, répétés par des personnes de la députation qui paraissaient aux balcons du palais. Ces cris sont répétés par les citoyens qui s'étaient rassemblés sur la place; le prince paraît au balcon, et après avoir reçu les applaudissements, prend la parole, pour annoncer qu'en ce moment il ne peut ordonner qu'*union et tranquillité*. La députation se retire.

Un quart d'heure après, le prince reprend le même chemin pour retourner à Saint-Christophe, et est accompagné à son passage des *bravos* continuels, auxquels il répond avec une grâce sincère.

Le soir illumination générale, et spectacle extraordinaire auquel assistent le prince et la princesse en grande cérémonie, accueillis au milieu des bravos et des pièces de vers recitées ou improvisées, etc.

Pendant cette journée la troupe portugaise européenne, prévoyant l'issue de cette première démarche, fit une protestation par écrit, signée de l'état-major, basée sur ce que *le prince ne pouvait rester au Brésil*, attendu que sur sa demande, les *cortès* avaient décrété que l'on enverrait une expédition pour le chercher; et que, comme la troupe avait fini son temps de garnison au Brésil, elle se trouvait devoir accompagner le prince dans son retour. On profita d'un entr'acte pour présenter cette députation militaire dans le salon de la loge royale. Le prince leur répondit : qu'ils aient à se tenir tranquilles, et à ne se pas mêler de cela.

Les militaires ne furent que trop convaincus de la perte de leur crédit; dès ce moment ils ne conservèrent d'espoir que sur l'arrivée de l'expédition des troupes qui devaient les remplacer.

Le hasard fit, qu'à la fin de ce mois, la garde des forts de l'entrée de la baie, qui leur était confiée, devait passer, conformément à la loi, des troupes portugaises aux troupes du pays, qui font à tour de rôle le service de la place. Les Portugais ne purent, dans cette circonstance, dissimuler leur humeur, et refusèrent de rendre les forts; le prince ordonna sur-le-champ l'exécution littérale de la loi.

Le commandant d'armes, sur ces entrefaites, demanda sa démission; le prince la lui accorda tout de suite. Cette première résistance avait déjà fait murmurer les Brésiliens, et avait fait dire hautement qu'on devait renvoyer les troupes européennes. Les militaires de Lisbonne, craignant quelque surprise, durent se réunir; pour cela ils imaginèrent une véritable ruse de guerre.

Un dimanche soir un certain nombre de soldats se répandirent dans les rues comme revenant de la promenade, vêtus de gilets blancs et coiffés de leurs bonnets de police. Ils insultent quelques domestiques nègres qui suivaient leurs maîtres, et se rassemblent ensuite sur la place du théâtre. A la première nouvelle qui se répandit dans la salle, chacun voulut sortir précipitamment; mais le prince ordonna de continuer le spectacle entièrement, et y assista jusqu'à la fin; seulement il parut plusieurs fois sur le balcon pendant la représentation; le spectacle terminé, il mena toute sa famille à Santa-Cruz (maison de campagne à 15 lieues de Rio-Janeiro), et revint aussitôt.

Le général des armes avait fait faire cette diversion pour cacher un mouvement de réunion générale des troupes d'Europe, dans le quartier du onzième régiment, qui se trouvait au bord de la mer, et dominé par le petit fort des signaux, situé sur la montagne du Castel, dont il s'empara de vive force : cela était d'autant plus facile, que cinq hommes seulement gardent ce poste, et que le dimanche le service militaire de la ville est fait par la milice bourgeoise.

Avant de partir, le prince avait convoqué le conseil des ministres, et celui de l'état-major de la place; à son retour, il ne trouva que le ministre de la marine et un adjudant-major; tous les autres se disaient malades. Cet adjudant était précisément un général qui avait servi dans la guerre contre les Espagnols-Américains insurgés; le prince le nomma commandant des armes, et fit son ministre de la guerre un vieux général fort habile qui a vaincu le *général Artigas*, chef des Espagnols indiens. Puis, il écrit sur-le-champ à Saint-Paul, à Minas, et fait rassembler toutes les forces militaires de la capitainerie de Rio-Janeiro.

Toutes les milices de la ville sont sur pied, campées sur la place du campo Santa-Anna, armées de pièces de canon dont l'ancien commandant d'armes s'était emparé peu à peu, et que le prince avait fait rendre aux régiments urbains.

A la pointe du jour, tout était disposé pour l'*attaque de la montagne du Castel*. Le prince envoya un parlementaire à l'ancien commandant d'armes, qui était à la tête des troupes portugaises insurgées, en lui ordonnant comme rebelle, de se retirer dans le jour même, avec toutes les troupes de Lisbonne, à *Prahia grande*, située en face de la ville, à la distance de trois lieues de l'autre côté de la baie.

Le commandant répondit qu'il était prêt d'obéir si on lui promettait le payement de trois mois de solde arriérée, qui était la cause du mécontentement de ses troupes. La convention fut exécutée de part et d'autre avant le coucher du soleil. Le prince ajouta à ses ordres non-seulement de passer à *Prahia grande*, mais encore d'y faire les préparatifs nécessaires pour s'embarquer sous peu de jours pour Lisbonne comme *rebelles au gou-*

vernement du prince : en même temps, les habitants de *Prahia grande* eurent avis de se retirer à six lieues dans les terres avec leurs bestiaux.

On forme aussitôt un cordon avec les renforts qui arrivaient successivement, afin de cerner, du côté des terres, le camp portugais, qui devait occuper seulement le rivage.

Le poste du palais est gardé par des bourgeois armés de sabres ou de piques, etc. Deux jours après arrive la députation de Saint-Paul : le prince choisit *José-Bonifacio de Andrade pour son premier ministre* (il était un des auteurs du plan d'amélioration). Mais le Pauliste ne veut accepter qu'aux conditions suivantes : 1° *le prince devra se fixer pour toujours au Brésil ;* 2° *renvoyer toutes les personnes de Lisbonne qui sont autour de lui ;* 3° *ne nommer personne aux places vacantes sans l'adhésion de son premier ministre ;* 4° *ne plus recevoir de troupes de Lisbonne à l'avenir ; et deux autres conditions*, qui sont restées secrètes. Tout lui est accordé en faveur de sa capacité et de son patriotisme !

La veille du jour indiqué pour l'embarquement des troupes portugaises, il arrive une *députation de l'état-major du camp de Prahia grande*, pour soumettre une représentation au prince : *le régent refuse de parler à des révoltés ;* autre nouvelle proclamation du général Davilez à ses soldats, datée de *Prahia grande*, qui leur représente la honte de retourner ainsi à Lisbonne, et qui les encourage à résister jusqu'au moment de l'arrivée de l'expédition chargée des troupes qui doivent les remplacer au Brésil. Cette proclamation imprimée circule dans la ville. Le prince fait continuer les approvisionnements de vivres pour l'embarquement, et le matin du jour indiqué il paraît un ordre affiché qui interdit *toute communication avec Prahia grande*, pour les approvisionnements de bouche qui se donnaient pour les soldats, attendu qu'ils devaient en trouver à bord des bâtiments de transport qui s'étaient approchés du rivage où était le camp. On avait fait passer, la nuit précédente, sur les derrières du camp des révoltés, le reste des troupes disponibles des régiments de milice des volontaires (cavalerie) et de l'artillerie ; le commandant d'une frégate anglaise, mouillée dans la baie, était venu offrir au prince d'agir d'accord avec la frégate portugaise ; il accepta à condition qu'il ne se commettrait aucune hostilité sans ordre exprès. Au soleil levant, tout était prêt à livrer le combat : les deux frégates étaient embossées à la plage ; le prince monta à bord de la frégate portugaise, et dit, mettant la main sur une pièce de canon, *Celle-ci est la mienne, je ne la quitte pas, et je serai le premier à commencer le feu.*

Il alla ensuite visiter le camp brésilien, qui cernait les révoltés à *Prahia grande ;* et ayant ainsi tout disposé pour l'attaque, il envoya le ministre de la guerre à bord de la frégate portugaise pour faire la dernière sommation à la troupe qui devait s'embarquer, en leur accordant tout ce qu'ils pourraient demander, pourvu qu'ils s'embarquassent sur-le-champ.

Le général d'Avilez, voyant qu'il n'y avait plus moyen de reculer, fit demander deux mois de paye militaire, comptée en argent pour toute sa troupe, et un bâtiment de transport pour les femmes. Le tout fut accordé, et l'embarquement commença.

L'empereur affréta aussitôt un bâtiment génois pour le transport des femmes. Le surlendemain tout était embarqué et en grande rade. Ils mirent à la voile trois jours après. Aussitôt l'embarquement effectué, le prince passa à *Prahia grande*, y donna un *baise-main* (réception), et fit un discours de félicitation à tout le camp : mais y ayant appris que l'on était parvenu à corrompre une partie de la cavalerie du régiment de police, il ordonna aussitôt à ces militaires de couper leurs moustaches, et leur défendit d'en porter à l'avenir, remercia les milices des capitaineries, et les invita à se retirer dans leurs foyers.

Les détails du *baise-main* et du discours de félicitation fait à chaque corps nominativement, furent imprimés et parurent dans les gazettes. On ne saurait trop louer la prudence et la fermeté du prince, qui triompha dans cette circonstance délicate, en sachant prévenir un choc qui paraissait inévitable !

Huit jours après le départ des troupes, on signala l'expédition : mais le prince la fit mouiller en dehors des forts ; reçut les officiers supérieurs, qui firent imprimer un manifeste signé, dans lequel ils protestaient de leur soumission au prince. Par suite de cette soumission, l'expédition repartit sans débarquer, à l'exception de quelques soldats, la plupart mariés, qui prirent du service pour trois ans ; au bout duquel temps ils peuvent obtenir des terres pour y vivre comme citoyens.

Ces deux affaires terminées, la curiosité se porta sur la *réponse des cortès* au plan que le prince leur avait envoyé. Le prince et les ministres travaillent tous les jours ensemble, et les villes de l'intérieur envoient leurs députés à Rio-Janeiro. Les seules capitaineries de Minas et de Villa-Rica, district du Diamant, gouvernées par des gens de Lisbonne, ayant refusé de reconnaître la domination du prince, et ayant provisoirement supprimé les envois d'or et de diamants, ont émis du papier que l'on échange sur la frontière contre celui de la banque de Rio-Janeiro ; ce qui achève de faire disparaître les espèces métalliques.

Gardé par un corps de cavalerie de Saint-Paul, qui a pris du service auprès de sa personne à Rio-Janeiro, le prince se détermine alors à se rendre à Minas, escorté de très-peu de gens, monte à cheval, traverse les Cordillères, marchant toute le journée, un grand chapeau de paille sur la tête, un gilet, et par-dessus un *ponche* (espèce de manteau du pays) ; il se contente pour nourriture de ce qu'il trouve, c'est-à-dire, de farine de blé de Turquie, délayée dans du lait.

Il devance toujours son escorte de deux lieues ; on ne sait qu'il a passé que lorsque l'escorte arrive pour demander de ses nouvelles, et l'on raconte déjà beaucoup d'anecdotes semblables à celles qui arrivent à tous les souverains voyageurs qui gardent l'incognito.

Deux jours après le départ du prince, il arrive à Rio-Janeiro un navire de Lisbonne, qui apporte la *réponse des cortès* à la lettre du prince. Elles ordonnaient son retour en Europe, et lui enjoignaient, dit-on, de quitter de suite le Brésil (cette nouvelle est transmise par le capitaine du navire), parce que les dépêches ont été envoyées cachetées au prince.

Tout à coup on illumine le soir du 19 avril 1822 en réjouissance de la nouvelle reçue que don Pedro par sa fermeté a bravé seul à cheval, les dispositions militaires faites pour empêcher son entrée à Villa-Rica : les soldats, ajoute-t-on, ont mis bas les armes, et le commandant, qui a été amené aux pieds du prince, y a reçu sa grâce. Enfin le 20 on nous apprit que tout était arrangé à Minas. Le prince avait fait prendre tous les chefs de la rébellion, et leur avait ensuite pardonné; il avait même fait rendre à plusieurs le poste qu'ils occupaient; d'autres avaient demandé à le suivre; en un mot, le régent débutait en héros, et répétait qu'il ne portait pas en vain le *nom de Pedro*, *déjà illustre dans sa patrie*.

Le 19 septembre de la même année, le prince déclara l'indépendance du Brésil; le 22, la nomination des nouveaux députés du Brésil fut résolue.

Toujours infatigable, il arriva de Saint-Paul, où il avait vu tout par lui-même, au milieu du plus grand enthousiasme, n'ayant mis que six jours pour le retour, qui se fait au moins en huit, par les beaux temps; et qui avait été entravé pour lui, par quatre jours de pluie abondante. Son costume était le même que celui déjà décrit, lorsque nous les vîmes arriver à Rio-Janeiro, à huit heures un quart du soir; il s'arrête à la porte du premier ministre, et, vu la réponse qu'il était à sa maison de campagne, située à un quart de lieue de la ville, il pique des deux et reprend le galop pour s'y joindre; mais une partie de sa suite demanda et obtint grâce pour ce supplément de voyage.

Telle était la conduite et la vie du chef de l'État, la nation n'était pas moins active. L'indépendance du Brésil nécessitait un ensemble de volonté et d'action qui inspira aux Brésiliens le projet de former à Rio-Janeiro *un grand Orient du Brésil maconi-politique*, composé des individus les plus marquants par leur caractère ou leur richesse. Le gouvernement a donc, sous les emblèmes maçoniques, organisé *cinq clubs politiques*, ayant leurs agents, orateurs, voyageurs, journalistes, imprimeurs, etc. Quelques jours après le couronnement, il y eut une séance du grand Orient, présidée par le premier ministre, dans laquelle on discuta une proposition politique relative au *veto absolu*, que l'on voulait accorder à la majesté impériale par la nouvelle constitution brésilienne. Cependant plusieurs des principaux membres s'opposèrent fortement, alléguant que cette mesure de despotisme facultatif effaroucherait l'esprit public et blesserait le patriotisme des provinces du nord du Brésil, dont le système constitutionnel libéral est plus prononcé et plus énergique que dans les autres parties de l'empire. Le premier ministre, emporté par un esprit trop vif, et choqué de cette résistance, donna tout de suite sa démission du grand Orient, suivie le lendemain de celle du ministre, ainsi que de celle de son frère (*), chargé du portefeuille des finances. Le reste des maçons s'assembla pour nommer au remplacement des démissionnaires.

Dès ce moment commença la première vacillation, qui autorisa toutes les intrigues dont la bonne foi du jeune empereur fut successivement esclave jusqu'à sa déchéance.

Les partisans des ex-ministres firent courir le bruit d'un projet de système républicain, tendant à renverser le trône impérial. On ouvrit aussitôt des registres pour recevoir les signatures des partisans du gouvernement impérial constitutionnel, et par conséquent du *rappel des ministres*.

En *huit heures* les remplaçants furent destitués et les ministres réintégrés et complimentés avec toutes les démonstrations d'allégresse publique (et le ministre *José-Bonifacio de Andrade* ne pensa plus qu'à paralyser les effets de la correspondance des *frères maçons opposants*). Le gouvernement, en conséquence, ordonna la fermeture des loges, et créa pour contre-poids une autre société sous le titre d'*Apostula*. Aussitôt des ordres secrets furent donnés pour arrêter, de nuit, tous les membres opposants; d'autres ordres portaient que ceux qui s'opposaient par écrit et par opinion énoncée publiquement, eussent à se retirer du territoire impérial, sous le délai d'un mois : ainsi un journaliste fut déporté pour une phrase qui combattait ce système arbitraire; en un mot, beaucoup de personnes furent recluses dans les forteresses, toutefois, sans y éprouver de mauvais traitements, car elles pouvaient s'y réunir et communiquer avec leurs amis.

Il y eut aussi des missionnaires de l'*Apostula* chargés de combattre l'effet des plaintes faites par les membres du grand Orient libéral, répandus sur tous les points du Brésil, et qu'il était difficile de discréditer.

C'est cette lutte établie entre le parti ministériel et les maçons du grand Orient constitutionnel qui fit naître et entretint la divergence d'opinions parmi les différentes provinces, et attiédit cet enthousiasme national qui ne devait se ranimer qu'au prix de l'expulsion du premier parti qui l'avait allumé.

La situation de Bahia n'était pas moins incertaine : vers le 25 janvier 1823, on y voyait une partie de l'expédition envoyée de Lisbonne pour ramener le prince régent, et renvoyée par don Pedro, défenseur perpétuel du Brésil, réfugiée à Bahia, soutenue par des partisans de la constitution de Lisbonne; et les troupes portugaises renfermées dans les forteresses, au mépris des ordres de l'empereur : tandis qu'au contraire, une partie de la population de Bahia, attachée à l'empire, s'était retirée à l'autre extrémité de la demi-lune que forme la rade de la ville, et s'y fortifia; elle reçut des renforts de troupes brésiliennes qui cernèrent, par terre, la ville pendant plus d'un an. Deux fois les troupes portugaises reçurent des renforts et des vivres, envoyés par mer de Lisbonne; et l'empereur de son côté en fit autant pour ses partisans.

Néanmoins au commencement les Portugais manquaient presque toujours de vivres frais; mais depuis la seconde expédition de Lisbonne, leur escadre servit à protéger les petites embarcations qui les ravitaillaient.

(*) Martin Francisque.

L'empereur, dans le principe, pour ménager l'effusion du sang, désira les forcer à la retraite par la famine; mais les renforts survenus avaient rendu l'affaire plus sérieuse.

Dans ces circonstances, le gouvernement du Brésil fit au *lord Cochrane* la proposition de commander une expédition maritime. Dès lors il est monté à bord du vaisseau impérial le *Don Pedro Ier*, pour commander cette expédition destinée à bloquer par mer la rade de Bahia. A son arrivée, Cochrane trouva les deux expéditions portugaises réunies, ce qui le força de stationner plus loin, réduit à se venger en prenant au large les petites embarcations chargées d'aller chercher des vivres, et en confisquant l'argent qui s'y trouvait à bord.

Le plus malheureux, dans cet état de choses, c'est que généralement le nord du Brésil préfère entretenir ses relations avec l'Europe, parce que la correspondance maritime est plus prompte qu'avec Rio-Janeiro.

Le Maranhão, le Para étaient dévoués à Lisbonne, une partie de Bahia tenait pour l'empereur, et Pernamboug ne voulait ni l'un ni l'autre.

Événement qui troubla la tranquillité publique, à Rio-Janeiro, depuis le 10 jusqu'au 12 juin 1828.

La divergence des partis entretint, depuis, de sourdes et constantes manœuvres; et ce volcan politique, si l'on peut dire, annonçait de temps à autre, par des bruits souterrains, ses prochaines éruptions, alimentées, d'un côté, par d'infructueuses tentatives pour rétablir le pouvoir absolu, à l'aide du pouvoir militaire; et de l'autre, par de semblables essais, pour discréditer et changer la forme du gouvernement. Nous citerons, à ce sujet, les événements de Rio-Janeiro, depuis le 10 jusqu'au 12 juin 1828.

En premier lieu, l'agiotage qui se faisait sur le change du papier-monnaie contre le numéraire, avait fait naître un abus dans le décompte de la paye du soldat : en effet, quoique le trésor de l'État payât tout en métal, les officiers comptables achetaient du papier pour payer le soldat, et celui-ci perdait ainsi plus de la moitié de sa paye. En second lieu, les individus venus d'Allemagne comme colons, et pour la plupart entrés au service avec un engagement de trois années seulement, se plaignaient avec justice d'être obligés de rester dans les rangs presque indéfiniment, sous prétexte de la continuation de la guerre. Enfin, un troisième incident acheva la catastrophe : ce fut la spéculation d'un agioteur, chargé d'amener à Rio-Janeiro une quantité prodigieuse de familles indigentes de l'Irlande, et dont on ne sut que faire à leur arrivée. Beaucoup de ces malheureux moururent victimes du changement de climat, et les autres, errant dans les rues, vendaient leur pain de munition pour acheter de l'eau-de-vie. Ivrognes et boxeurs, ils donnaient chaque jour l'exemple d'un nouveau désordre qui non-seulement provoquait le rire des nègres, mais encore leur inspirait un certain mépris pour les blancs. Le gouvernement prit donc le parti de les loger aux casernes avec leurs familles, dans l'intention d'en incorporer un grand nombre dans la ligne. Mais bientôt toutes les *vendas* d'alentour (boutiques de marchands d'eau-de-vie et de vin) devinrent le théâtre de rixes journalières, parce que, ne pouvant parler le portugais, chacune de leurs discussions se terminait toujours à coups de poings. Quelquefois aussi les gardes de la police furent obligés de relâcher les délinquants, pour éviter d'en venir aux mains avec d'autres Irlandais armés de pierres, qui venaient délivrer de force leurs compatriotes.

Le parti républicain saisit ce moment de juste indisposition dans l'esprit des militaires, sur lesquels comptait le gouvernement, pour faire soulever les troupes étrangères; espérant, par suite de ces désordres, demander leur licenciement; mesure infiniment préjudiciable au parti du trône. Mais il ne réussit qu'auprès de la troupe irlandaise : les Allemands se contentèrent d'adresser des représentations respectueuses à l'empereur sur les abus dont ils étaient victimes. Un acte de sévérité trop rigoureuse dans une punition disciplinaire avait, à la vérité, provoqué une espèce de soulèvement dans la garde impériale allemande, casernée près de Saint-Christophe; mais la compagnie de garde auprès de l'empereur protesta aussitôt de son dévouement, et demanda par grâce de rester au poste pour le défendre.

Au contraire, le même jour les Irlandais commencèrent à se répandre sur la grande place de *Campo de Santa-Anna*, où était située leur caserne, et y insultèrent toutes les personnes qui s'y trouvaient, faisant aussi quelques démonstrations de pillage dans les boutiques ; d'autres, à coup de pierres, s'emparèrent des armes du corps de garde du piquet de la police, et firent feu sur le peuple qui les entourait.

A cette nouvelle la garde brésilienne est sur pied, et l'artillerie occupe l'embouchure des rues adjacentes à la place, et tout est disposé pour cerner la caserne. La première décharge se fait à poudre seulement, pour les terroriser (il était alors de 4 à 5 heures de relevée); vers les six heures et demie, les assiégés font les préparatifs d'une sortie; un garde d'honneur entre au galop dans la cour pour les sommer de se rendre, et tombe mort à l'instant, assailli par une fusillade. A ce signal, l'artillerie fait une décharge à mitraille, et le désordre commence dans la caserne. Quelques Irlandais sortent armés pour se défendre, d'autres seulement pour fuir; et, dans les cours, ils s'entre-tuent, les plus acharnés s'opposent aux fuyards; et, pendant cette scène sanglante, la troupe brésilienne, l'arme au bras, laisse le peuple maître de continuer cette guerre contre ceux qui sortent! Combat inégal de *cinquante contre un*, qui ressemblait à une chasse au sanglier.

C'est ainsi que pendant toute la nuit la populace, le flambeau à la main, s'amusa à chercher dans les jardins et sur les hauteurs environnantes les Irlandais qui s'y cachaient. On voyait de petits nègres ou mulâtres, de l'âge de 10 à 12 ans, se jeter aux reins et aux jambes de ces misérables, et ne les quitter que lorsqu'on venait les achever à coups de bâton, de sabre ou de couteau. Ces hostilités finirent cependant au point du jour; tous les Irlandais, restés dans l'intérieur des casernes, se rendirent, et, réunis au milieu de la place du *Campo de Santa-Anna*, sous la protection de la force armée, ils furent ainsi soustraits à la fureur de la populace. Enfin on ramassa les morts, et tout rentra dans l'ordre.

Le jeudi Sa Majesté vint à la procession de la Fête-Dieu.

A la nouvelle du premier désordre, les amiraux français et anglais s'étaient réunis près de l'empereur avec des troupes de débarquement, ainsi que tous les officiers de tous les corps militaires. Quant aux soldats allemands, cernés par les troupes françaises, ils demandèrent à capituler, et obtinrent de suite tout ce qu'ils avaient demandé.

Pour les Irlandais, ils furent embarqués, et le gouvernement anglais se chargea de les transporter au cap de Bonne-Espérance : sous condition, toutefois, d'en faire payer les frais par le Brésil, avec toutes les facilités qu'il désirerait.

Don Pedro se loua beaucoup de la marine française qui, au premier avis de ce trouble, et sans demande officielle, s'offrit à le soutenir avec tant de zèle.

Ce n'était malheureusement pas la dernière fois qu'il dut se louer de son dévouement!

Note sur l'événement du 7 avril 1831.

Cependant l'empereur perdit peu à peu sa popularité, et j'écrivis bientôt à mes amis de France : Nous aussi avons fait une révolution, mais des plus douces; elle compte aussi ses trois jours de campement nocturne, mais seulement dans le *Campo da Acclamação* (champ de l'acclamation), sans brûler toutefois une amorce, car toutes les troupes étaient réunies aux bourgeois patriotes, et l'abdication du souverain n'a pas coûté une goutte de sang; on n'a versé que du vin au camp! Voici les causes de cette révolution.

Il était arrêté depuis plus de trois ans dans l'opinion publique qu'on devait avoir un empereur brésilien : par conséquent *don Pedro Ier*, né Portugais, devait nécessairement abdiquer en faveur de son fils.

L'empereur, de son côté, protégeait naturellement les Portugais qui possédaient, en effet, toutes les premières places, et étaient partisans du pouvoir absolu, dont ils voulaient investir un jour leur empereur constitutionnel. Cette divergence de système se sentait dans l'application des lois constitutionnelles, et lui aliénait, chaque jour, la confiance publique. Nul doute que si Charles X eût réussi, *don Pedro Ier* l'eût imité : la chute du premier décida celle du second.

Le nombre des journaux libéraux s'accroissait tous les jours; la chaleur de leur style, passant à la fin les bornes de la véhémence, provoquait ouvertement l'insurrection et les vengeances personnelles.

L'empereur avait aussi des écrivains dévoués; deux fois il y eut des tentatives de faites pour proclamer l'absolutisme; mais l'esprit des troupes était dans une disposition contraire, et l'on n'osa rien proposer publiquement. La révolution française de juillet 1830 vint tout décider.

Sur ces entrefaites l'empereur, se détermina à faire un voyage dans la province *des Mines.* Il partit à la fin de février avec l'impératrice, et le ministre de l'intérieur, qui se trouvait député de cette province, suivi d'un petit détachement de gardes d'honneur. Il fut bien reçu partout, mais avec un accueil tout constitutionnel; ses réponses étaient dans le même sens. Pendant son séjour, il apprit qu'à Bahia, des patriotes, quelques gens en place et plusieurs députés de la même province, s'étant réunis en assemblée départementale, avaient proclamé très-paisiblement, dans une séance publique, *don Pedro II, comme successeur de son père au trône du Brésil;* et avaient nommé de nouveau, en son nom, les agents du gouvernement de cette province. A cette nouvelle, il précipita son départ pour la capitale, dans laquelle il revint vers les premiers jours d'avril.

Ses courtisans, sachant qu'il avait été traité partout en souverain constitutionnel, se cotisèrent pour lui procurer une fête plus à son goût à Rio-Janeiro, c'est-à-dire bal, feu d'artifice, illuminations, etc. Son arrivée prématurée fit tout ajourner, la moitié des préparatifs n'était pas faite. Cependant ses partisans (tous Portugais), pour célébrer son heureux retour, firent des illuminations prolongées pendant toute une semaine, allumant une quantité prodigieuse de feux de joie, tirant des fusées volantes pendant toute la nuit (démonstration de joie défendue dans l'intérieur de la ville), payant les orchestres, etc., le tout principalement dans deux ou trois rues les plus marchandes, où se trouvaient réunies les maisons de commerce portugaises. Ces démonstrations de joie, outrées et contraires aux règlements de police, choquèrent les patriotes brésiliens et donnèrent lieu à des rixes, provoquées par des insultes faites de part et d'autre. Les jeunes étudiants brésiliens, insultés par les petits commis marchands portugais, s'armèrent de bâtons et se promenèrent en troupe dans les rues; quelques petits engagements eurent lieu. Les écrivains libéraux se saisirent de la querelle, et au bout de deux jours tout fut disposé pour un mouvement populaire.

Quelques représentants de la nation, joints à divers sénateurs, signèrent une représentation adressée à l'empereur, et présentée par une députation composée de plusieurs de ces membres inviolables, qui demandaient satisfaction des insultes faites par les Portugais aux Brésiliens : prétexte pour demander l'expulsion des Portugais. L'empereur promit satisfaction, et renouvela tout le ministère, qu'il recomposa de personnages brésiliens.

Pendant ces nuits tumultueuses, le parti libéral, pour échauffer la crise, paya quelques coureurs qui crièrent: *Vive l'empereur absolu*, au milieu des *Vive la constitution de l'empereur constitutionnel*. Le gouvernement avait l'air de les faire arrêter, mais la police de l'empereur ne tenait vraiment arrêtés que le peu de patriotes que l'on pouvait prendre dans les émeutes partielles. Tout cela était remarqué par les libéraux au fait des révolutions françaises, et presque tous *anciens déportés en France*.

Le nouveau ministère brésilien fit de même, ferma un peu les yeux sur les désordres populaires, afin de laisser leurs compatriotes exercer des représailles impunies sur les petits commis portugais, assez sottisiers de leur naturel. En même temps il parut *une lettre supposée adressée à un patriote*, qui dénonçait *un ordre secret* du parti absolutiste, donné aux marins des deux embarcations de guerre portugaises, encrées dans la rade, *pour débarquer de nuit*, et *venir enclouer* toutes les pièces d'artillerie existantes dans les arsenaux, afin de favoriser une attaque à main armée pour subjuguer les patriotes. *La lettre* fit son effet. Aussitôt, le régiment d'artillerie de position, composé *de soldats nègres dont les officiers sont blancs*, sortit ses pièces sur la place située devant l'arsenal de l'armée de terre et y bivouaqua. Ce mouvement connu fit rassembler toute la jeunesse brésilienne, qui s'arma à la hâte pour se joindre aux artilleurs; et tous les soirs un nombre considérable de jeunes gens armés de pistolets, sabres, fusils, etc., se rendaient au poste pour le renforcer de nuit. Il y avait trois bivouacs d'établis au bord de la mer, un à chaque arsenal, et un devant la Banque.

Pendant le jour, les sénateurs joints aux députés présents rédigeaient de nouvelles pétitions.

A la faveur des patrouilles de citoyens armés qui parcouraient les rues la nuit, on commença à exercer quelques vengeances sur des jeunes garçons épiciers (vendeurs de comestibles), *tous originaires de Porto*, et assez généralement grossiers. On commençait par des injures de part et d'autre, on finissait par un coup de couteau ou de poignard brésilien; ces désordres durèrent organisés trois ou quatre nuits!

L'empereur déguisé faisait lui-même des rondes de nuit pour s'en assurer; et, dans la suite, ayant demandé un matin à ses nouveaux ministres brésiliens comment les choses se passaient en ville, ils lui répondirent que tout paraissait se calmer; il leur observa que la nuit précédente il y avait eu six personnes de tuées et plus de douze de blessées, toutes transportées à l'hospice de la Miséricorde, et que, puisqu'ils ne pouvaient pas arrêter ces désordres, il les destituait tous. Il renomma de suite un nouveau ministère entièrement composé de Portugais, qui déclara aussitôt la loi martiale, la violabilité du droit de domicile, etc. A cette nouvelle irritante pour les patriotes, l'artillerie se réunit au *Campo de Santa-Anna*. (ou de l'Acclamation), et un assez grand nombre de patriotes armés s'y joignirent pendant le cours de la journée. A la nuit, une nombreuse députation alla à Saint-Christophe, demander *le rappel du ministère brésilien*, et, en cas de refus, annoncer le commencement des hostilités contre le gouvernement. L'empereur expliqua le motif qui l'avait déterminé à ce dernier changement, et parut vouloir tenir ferme; mais ayant en même temps donné ordre de visiter les postes militaires qui environnaient Saint-Christophe, on n'y trouva plus que les factionnaires; jusqu'aux gardes d'honneur (gardes du corps), tout avait été en silence se réunir aux patriotes armés réunis au *Campo da Honra* (champ d'honneur), *nouvelle dénomination* qu'il doit conserver à l'avenir, et qui lui a été donnée depuis ce moment.

L'empereur, apprenant cela, prit une plume et rédigea *l'acte de son abdication en faveur de son fils Pedro secundo*. Il était à peu près minuit un quart lorsqu'il le signa. On ne s'occupa plus au palais de Saint-Christophe que des premiers préparatifs de départ; et à sept heures du même jour, 7 avril, *Leurs Majestés* s'embarquèrent de la plage de Saint-Christophe dans le canot impérial, ainsi que *Dona Maria Ire*, reine de Portugal, la marquise de *Loulé*, sœur de l'empereur, et trois ou quatre personnes de sa suite; elles étaient accompagnées de l'ambassadeur anglais et du commandant du vaisseau amiral anglais, du secrétaire de légation chargé d'affaires de France, du contre-amiral Grivel, et du consul français le comte de Gestas. Elles se rendirent à bord du vaisseau amiral anglais commandant la rade, en ce que la station française n'était sous les ordres, en ce moment, que *de la frégate la Dryade* (*).

Aussitôt l'abdication, la députation revint au palais du sénat où se tenait la séance permanente des représentants du peuple réunis; on y procéda de suite à la nomination *d'une régence provisoire*, composée de trois membres, dont l'un fut militaire; et à une heure après midi du même jour, 7 avril, *don Pedro secundo* fut acclamé *empereur constitutionnel* et *défenseur perpétuel du Brésil*, sur la terrasse du petit pavillon qui est au milieu du Campo d'Acclamação, appelé depuis la veille *Champ d'honneur*. Il se rendit ensuite au palais de la ville, au milieu de toutes les démonstrations de joie patriotiques. Les pièces de canon, la cavalerie, l'infanterie étaient ombragées et ornées de branches de café en fruit, et de feuilles d'un arbuste nommé *crôton panaché*, dont les feuilles sont vertes et jaunes panachées, souvent avec symétrie, et que l'empereur avait nommé lui-même *l'arbre constitutionnel*.

La régence provisoire confirma la nomination du ministère patriote brésilien qui avait motivé l'abdication; un règlement de police déclara la sécurité publique en danger jusqu'au départ de LL. MM., et toute la ville fut

(*) Après sept jours de préparatifs et d'embarquement des différents objets appartenant en propre à LL. MM., l'empereur et l'impératrice, accompagnés de trois ou quatre personnes de leur suite, telles que leur médecin, le capitaine des gardes, José-Maria Berco, marquis de Canta Galio, un rédacteur de journaux qu'il devait humainement soustraire à la vengeance publique, etc.; s'embarquèrent à bord de la frégate anglaise nommée *la Volage*, la même qui avait transporté Napoléon à l'île d'Elbe; et furent escortées par la corvette française *la Seine*, qui avait accompagné Charles X lors de son passage en Angleterre. La reine de Portugal, le marquis et la marquise de Loulé, sœur de don Pedro, montèrent à bord de la corvette française; à la suite de la petite reine passa le jeune artiste français Pézera, qui était architecte particulier de l'empereur, retournant en Europe avec toute sa famille.

illuminée chaque nuit pour faciliter la surveillance de la police militaire bourgeoise. Aussitôt après le départ de l'expédition, tout rentra en effet dans ses habitudes.

Pour empêcher les désordres, aucun patriote ne pouvait sortir du camp avec des armes, ni paraître armé dans la ville sans être reconnu de service militaire commandé par un chef. On désarma peu à peu les nègres qui s'étaient fait des espèces de *massues*, et les patrouilles arrêtèrent tout individu muni d'un couteau ou poignard.

Enfin l'ouverture des chambres eut lieu à son époque ordinaire, et fut présidée par *la régence provisoire, le 4 mai* 1831.

HISTOIRE DE LA DOUANE.

Voici l'événement politique qui changea la destination du bâtiment de la Bourse.

Lorsque la constitution du Portugal parut en Europe, on décida le roi à retourner à Lisbonne et à laisser son fils aîné *don Pedro* à Rio-Janeiro en qualité de régent du Brésil. On nomma donc le conseil du régent. Il se composait en grande partie de Brésiliens très-capables.

De leur côté, conformément à la constitution portugaise, les électeurs brésiliens, réunis à Rio-Janeio dans la grande salle de la Bourse, y avaient déjà tenu leur première séance relative à la nomination des députés que l'on devait envoyer à Lisbonne.

Le roi, près de quitter les Brésiliens, crut devoir leur donner une dernière marque de confiance, en faisant communiquer la liste des membres composant le nouveau conseil d'État du régent, pour le soumettre à la sanction des électeurs réunis. Le premier acte de soumission à la souveraineté du peuple devint le signal de l'explosion d'une multitude de désirs opposés qui furent simultanément énoncés, combattus et défendus avec plus ou moins d'énergie ou de patriotisme. L'enthousiasme s'allumant de toutes parts, on déclara la séance permanente. Les uns rejettent la nomination qui leur est soumise; les autres ne veulent agir que d'après la constitution d'Espagne, comme plus libérale; enfin cette dernière résolution prévaut, et on nomme une députation pour en présenter la demande au roi. Mais il était déjà nuit, et l'on n'en était encore qu'à la rédaction de l'adresse. Une grande partie des électeurs se retirent pour se restaurer et pour calmer les inquiétudes de leurs familles, jusqu'alors peu accoutumées à ces secousses politiques. Cependant, le désir de connaître le résultat de la députation rassemble de nouveau la totalité des membres, vers les neuf heures du soir. On y apprend l'adhésion du roi. A cette nouvelle l'effervescence est générale. Quelques cerveaux fougueux enhardis par ce premier pas, et enivrés par la fermentation de leurs idées libérales, s'abandonnent avec extravagance aux élans d'un patriotisme peu éclairé; d'autres conservent mieux leur sang-froid, et pressentent justement que la cour, en se retirant, ne négligera pas d'emporter à sa suite des trésors qui pouvaient être considérés comme partie du patrimoine brésilien. Les partis s'éclairent en s'échauffant, et déjà il était plus de deux heures après minuit que l'on discutait encore.

La majeure partie, composée de modérés, s'était retirée pour se reposer de cette première journée orageuse. Des groupes de curieux seulement restaient en dehors de la porte de la Bourse (petit édifice isolé).

Pendant ce temps on finissait, au palais de Saint-Christophe, les préparatifs du départ de la cour, qui, plus tranquille en apparence, concentrait son agitation. Mais la perspective d'un pouvoir ébranlé soulevait déjà les courtisans réunis autour du trône. A trois heures du matin, on vint annoncer que l'opinion de l'assemblée était de défendre à la cour d'emporter avec elle aucun trésor du Brésil; et, qu'à cet effet, une députation avait été envoyée pour s'emparer du commandement du fort de Santa-Cruz, dont la position permettait d'arrêter le roi à la sortie de la rade, et de reprendre toutes les richesses qui se trouveraient à bord des embarcations royales. La peur ou le zèle fit ajouter faussement qu'un parti s'avançait vers Saint-Christophe pour s'emparer de la personne du roi. Cette nouvelle réussit, et don Joao VI, saisi d'une terreur panique, céda, par anticipation, le commandement des troupes à son fils, qui devait rester régent du Brésil. Dès lors, on résolut de faire avancer de suite un détachement d'infanterie sur le chemin qui conduit à la ville, et de faire évacuer la salle qu'occupait l'assemblée.

Le jeune prince, voyant la personne de son père en danger, s'empresse de donner les ordres nécessaires pour l'exécution de la volonté du conseil d'État. Le détachement s'avance sans rien rencontrer sur son chemin; il arrive jusqu'à la ville, qu'il traverse dans le plus grand silence. Quatre heures du matin sonnaient lorsqu'il se range en bataille devant la principale porte de la Bourse.

L'officier qui conduit la troupe royale entre dans la salle et fait verbalement, au nom du gouvernement, la sommation de se retirer; mais les orateurs échauffés ne paraissent pas vouloir s'y soumettre: il sort alors, et commande le feu.

Une seule décharge de mousqueterie, faite sur la façade de l'entrée principale du bâtiment, jette l'épouvante et le désordre dans l'intérieur de la salle. Tout le monde se précipite par les issues donnant sur la plage, et en un instant tout a évacué. La troupe se retire. Depuis ce moment, tout resta dans la consternation; on exagéra le nombre des blessés et noyés; on afficha des pasquinades dans les diverses places publiques. Une inscription portant ces mots : *Boucherie de Bragance (açouge de Bragança)*, dont la police ne put découvrir les auteurs, fut collée deux fois sur la porte principale de la Bourse, malgré la vigilance des factionnaires. Et depuis cette époque les négociants n'ont jamais voulu s'y rassembler.

Cet édifice, englobé dans les vastes dépendances de la douane, sous le ministère de M. Calmon Dupin, laissa les négociants sans point de rassemblement abrité jusqu'en 1834, époque à laquelle le corps du commerce en fit reconstruire un assez petit sur la même plage, à peu de distance de là, par Grand-Jean, architecte français, notre collègue; on ajoutait des colonnes à cette construction en 1836.

......L'influence des libelles, qui alimentait de jour en jour la fermentation des esprits, préparait une catastrophe, et la disgrâce d'un ministre l'accéléra ......

Si la ville de Bahia n'était pas déjà célèbre comme ancienne capitale du Brésil, elle le serait aujourd'hui comme le berceau de plusieurs ministres de l'empire brésilien. Celui que nous allons citer n'est pas le moins illustre.

Filisbert Caldeira Brantès, né à Bahia, sortit de l'école militaire de Lisbonne pour passer dans l'Inde en qualité d'officier: Actif, fin et réservé, son caractère était garant de sa fortune; naturellement calculateur, il sut, à son retour dans sa patrie, se former un commencement d'aisance; et, à l'aide de ses qualités aimables, il épousa une *Cordosa*, famille dont les propriétés sont immenses. Promu au grade de colonel dans la milice, il prit part, en 1817, à un soulèvement dirigé contre l'autorité royale de don Jean VI. Il y signala sa valeur et eut un cheval tué sous lui. Peu de temps après cependant, la clémence du monarque ramena à l'obéissance les habitants de Bahia; et l'on vit, à Rio-Janeiro, *le colonel Filisbert* rentré en grâce à la cour.

Plus tard, en 1822, on revit figurer, parmi les personnages marquants convoqués aux fêtes du couronnement de l'empereur, le *riche Filisbert*, distingué par ses manières et sa tenue, exclusivement anglaises. Logé au *Campo de Santa-Anna*, il y attirait les regards de la cour et de la ville; et l'anglomanie recherchée de ses équipages fut pour lui un motif de rapprochement avec le jeune empereur, séduit par l'apparition de cette nouveauté à Rio-Janeiro.

A ce moment aussi, l'on s'occupait de forcer les troupes portugaises à évacuer le territoire du Brésil. Un ministre proposa l'achat de deux frégates anglaises pour renforcer la marine brésilienne; et dans cette circonstance pressante, la réputation anglo-brésilienne de *Filisbert* le fit choisir pour exécuter cette opération purement commerciale, qui lui ouvrit cependant la carrière diplomatique. Il fut, en effet, chargé depuis de toutes les transactions passées par le gouvernement avec les puissances étrangères. De là, il passa au ministère des finances et à celui de l'intérieur, réunis par interim. Militaire, il fut instantanément général en chef de l'armée du Sud; mais cette fois il fut moins heureux. Resté financier et diplomate, il fut chargé de différents emprunts, et enfin des négociations relatives au mariage de l'empereur avec la princesse Amélie de Leuchtenberg. Dès ce moment, *don Pedro* accumula sur *Filisbert* tous les honneurs et tous les titres : il le fit grand cordon du Cruzeiro, chevalier de l'ordre du Dragon (créé pour la famille impériale), et grand cordon de l'ordre de la Rose (créé en l'honneur du dernier mariage). Il lui concéda les titres de *marquis de Barbacéna*, de sénateur, de conseiller d'État, et particulièrement de premier écuyer de l'impératrice. Les trois enfants de cet heureux courtisan furent également employés auprès de l'impératrice; l'aîné de ses fils est *vicomte de Barbacéna*. Heureux dépositaire de la confiance du jeune monarque, le *marquis* devenait à la cour l'homme indispensable. L'empereur lui offrit de reprendre la présidence du conseil du trésor de la monnaie, et le ministère des finances qui y est attaché, emploi qu'il avait laissé pour se rendre à l'armée du Sud; mais devenu agent comptable et conséquent dans sa conduite, il ne voulut accepter aucun nouvel emploi sans avoir préalablement fait légaliser la reddition des comptes de sa dernière gestion ; formalité que *don Pedro* affecta de remplir sans le moindre examen, ajoutant par écrit, à la formule de l'acte, des expressions les plus flatteuses, en faveur de l'intégrité, du zèle et des lumières de son ancien mandataire. Muni de cette pièce qui lui servit plus tard de bouclier, il s'empara du timon des affaires.

Il importait cependant à *Barbacéna*, tout-puissant, de se délivrer de quelques favoris influents, tels que *Franscisco Gomès*, secrétaire particulier de l'empereur, et de *Rocha Pinto*, sous-intendant des propriétés impériales; et quelques querelles particulières suscitées, dit-on, suffirent dans ce moment décisif pour faire signer leur exil! Cruel sacrifice qui navra le cœur de don Pedro! véritable chagrin qu'il ne dissimula pas!

En même temps, le ministre diplomate réussissait à se concilier la bienveillance des chambres, et ce rapprochement inouï de deux autorités rivales (son ouvrage) lui assurait à la fois un grand nombre de partisans, et l'estime générale.

Mais *Francisco Gomès*, de son côté, tramait la perte de son persécuteur, et se rendit à Londres pour y retrouver les traces des plus grandes opérations financières de Barbacéna. Il réunit, en effet, le plus de documents possibles pour tâcher de terrasser son ennemi, et les adressa directement à l'empereur. Il y réussit, car l'affection du monarque pour son nouveau ministre se changea tout à coup en indignation; et l'accablant publiquement des reproches les plus violents, il le destitua ainsi d'une manière flétrissante. Plus expérimenté dans l'art de gouverner, l'empereur eût été plus prudent envers un agent, prétendu dilapidateur, mais qu'il avait mis lui-même en mesure de se défendre avec avantage.

Le ministre déchu, habile à manier les esprits, profita d'une épithète hasardée dans un rapport fait aux chambres par son successeur; il en fit une question capitale, et se constitua à son tour accusateur de l'agresseur, dans un pamphlet qui fut distribué avec profusion. Cet écrit commençait logiquement par la balance des comptes relatifs à sa responsabilité comme ministre des finances. Il reproduisit ensuite la copie littérale de la ratification de l'emploi des fonds destinés à ses missions particulières; ratification dans laquelle se trouvaient incluses les expressions flatteuses dont S. M. avait daigné honorer sa probité et son zèle, comme agent particulier de la cour. Ainsi victorieux sur tous les points, toutefois on lui reprocha d'avoir plus loin, sous l'apparence d'un simple exposé de faits, divulgué quelques confidences diplomatiques, indirectement injurieuses pour le souverain. Cette espèce de vengeance, quoique finement masquée, fut improuvée par les gens de sang-froid, fit sourire ceux qui rient de tout, et isola à son regret son auteur, jaloux cependant de se rapprocher des vrais constitutionnels.

On prétendit aussi que, renfermé dans une inaction apparente, il coopéra pécuniairement à fomenter le mouvement révolutionnaire qui lui offrait la double chance d'une place dans la régence (comme constitutionnel), ou de président d'une province unie (comme républicain); mais depuis le 7 avril 1831, les formes constitutionnelles s'affermirent, et le marquis de Barbacéna, sénateur et conseiller d'État, soutint l'influence de sa dignité par son génie naturel. Je l'ai vu, en effet, traverser la France en 1836, se dirigeant vers l'Allemagne avec une mission diplomatique.

Évêque premier chapelain de Rio-Janeiro.

José Caëtano da Silva Coitinho, né à Lisbonne en 1768, d'une famille plébéienne, se distingua par ses études à l'université de Coïmbre. Nommé archevêque de *Clanganorar* (État portugais en Asie), il échangea ce titre contre celui plus modeste d'évêque de Rio-Janeiro; mais ce ne fut qu'après l'arrivée de la cour au Brésil qu'il prit possession de son diocèse. Il y fonda les villes de *Valence*, *Pilar*, *Résende*, *Saint-José de Rio-Bonito*, toutes aujourd'hui chefs-lieux de district (possédant une chambre municipale, un jury et des feuilles périodiques) (*). Prélat zélé et charitable, il alla par terre visiter les cinq provinces qui forment son évêché. Érudit, il parcourut, l'ouvrage allemand à la main, l'itinéraire tracé dans le beau voyage du prince Maximilien (ouvrage dont il louait infiniment la véracité); savant naturaliste, il recueillit des notes salutaires à l'humanité; écrivain érudit, on cite parmi ses nombreux ouvrages, le Catéchisme d'éducation pour son diocèse, en six volumes; l'Harmonie des six sens naturels; ses Réflexions astronomiques, et plusieurs traductions; entre autres, celle de Zoonomie de d'Arwis. Député de l'assemblée constituante en 1823, et sénateur en 1825, il y conserva constamment le fauteuil de la présidence jusqu'en 1832, époque à laquelle il mourut à Rio-Janeiro, au retour d'un voyage qui épuisa ses forces. Ses derniers moments, pleins d'énergie chrétienne, couronnèrent ses nobles travaux. Longtemps, il restera le modèle de ses successeurs. Un habile artiste brésilien, son protégé, a heureusement peint le portrait en pied de ce prélat, ouvrage digne de compléter la galerie de ses prédécesseurs, que l'on voit à l'évêché de Rio-Janeiro.

(*) Cette fécondité rendra, sans doute, de quelque intérêt pour le lecteur les éléments de la fondation d'une ville au Brésil.

En effet, on ne trouve en Europe aucun exemple comparable à la rapidité de l'accroissement d'une ville nouvellement fondée au Brésil.

Ce phénomène, cependant, tient essentiellement au choix judicieux du fondateur, qui réunit à la qualité du terrain une position avantageuse pour l'exploitation, à l'aide des rivières plus ou moins navigables. Il suffit donc d'élever, sur l'emplacement choisi, *une églisa* (petite chapelle) où viennent entendre la messe les agriculteurs renfermés dans un rayon de deux ou trois lieues. Immédiatement à côté, *une venda* (boutique d'épicier qui vend de l'eau-de-vie, du vin et toute espèce de comestibles), sert de refuge aux fidèles voyageurs qui viennent s'y sustenter; et très-peu de temps après, *une loge de ferrageus* (boutique de mégisserie), *e fazendas* (mercerie et toiles peintes, etc.)

Alors ce petit *groupe de maisons* devient tous les dimanches une espèce de foire fréquentée pendant toute la matinée, par la population des environs. D'autres industrieux s'y joignent, et en moins de deux ans y forment *un hameau*, qui, trois ans plus tard, s'appelle *une petite ville*, dont la population, bientôt centuplée, nécessite la présence d'une autorité pour la gouverner. Le bois, le maïs, les bananes, sont l'objet de sa plus prompte exportation.

RÉGENCE PROVISOIRE.

La régence provisoire, comme nous l'avons dit, se composa de trois membres, Messieurs :

1° *Le marquis de Caravellas,*

L'un des Carneiro de Campos, érudit dans le droit canonique; nommé par l'empereur deux fois ministre de l'intérieur, ensuite sénateur et conseiller d'État; homme dont la franchise inaltérable se montra constamment, même dans les séances du conseil présidées par l'empereur.

2° *Nicolao Verguiero,*

Né Portugais, mais dès son enfance au Brésil, député de la province de Minas à l'assemblée des cortès à Lisbonne, il s'y fit remarquer comme énergique défenseur des droits de sa patrie adoptive; sénateur, il est le plus ferme appui de la liberté brésilienne.

3° *Francisco Lima,*

Général en faveur dans l'esprit de la troupe.

Le premier acte émané de la régence provisoire fut la réintégration du ministère patriote, composé de Messieurs (intérieur) le vicomte *de Goyana Gama;* (justice) *Antonio Ferreira França;* (finances) *Francisco de Paula Hollanda Cavalcante*; (relations extérieures) *Francisco Carneiro de Campos;* (la guerre) *Moraès.*

Elle eut ensuite la tâche difficile de réorganiser le bon ordre, troublé déjà par habitude.

On commença donc par désarmer le corps militaire de la police, et l'on consigna la troupe dans ses quartiers. Ce furent alors les habitants les plus distingués qui se chargèrent de la police nocturne dans la ville, depuis huit heures du soir jusqu'à cinq heures du matin, et l'on reconnut dans ces rondes armées des députés, des sénateurs, des chefs d'administrations, etc.

Ce dévouement patriotique ne se manifesta pas moins dans le militaire, et l'on vit des officiers de tout grade former un corps actif et fournir des soldats à tous les postes. Chef-d'œuvre de politique, qui terrorisa les soldats consignés, et simultanément empressés de donner des marques de soumission : heureuse disposition dont on profita pour accorder des congés. De là, naquit le projet de licencier la troupe de ligne et de former une garde nationale, en conservant toutefois le bataillon sacré du corps d'officiers : fait militaire digne des Spartiates, et qui montra son utilité depuis. (Voir la fin de l'article politique.)

Membres de la régence définitive.

1° *Francisco Lima e Silva,*

Général qui a obtenu des succès à Bahia contre les Portugais, obligés d'évacuer les forts dont ils s'étaient emparés momentanément à l'époque de l'émancipation du Brésil. Il reçut plusieurs autres missions importantes de don Pedro Ier, et notamment celle de réprimer des insurrections sur différents points de la côte du Brésil; succès qui lui acquirent une grande influence sur l'esprit du soldat brésilien.

2° *José da Costa Carvalho,*

Natif de Bahia, jurisconsulte, député de Saint-Paul, occupa presque toujours la présidence de la chambre des représentants; estimable ami des lumières, et jouissant d'une grande fortune, il eut la générosité de faire présent, à la bibliothèque nationale de Saint-Paul, de plusieurs ouvrages de littérature aussi précieux que volumineux. Député, il fut remarquable par son patriotisme et la fermeté de son caractère, toutefois exempt de rudesse.

3° *Joao Braulio Muniz,*

Habile jurisconsulte, homme d'un génie fin et doux, n'est pas moins recommandable que le précédent, comme zélé représentant de la province du Maranhao.

Ministres nommés par la régence.

(Intérieur) *José Lino Coutinho*,

Docteur en médecine et jurisconsulte, député de Bahia à Lisbonne, et constamment réélu à Rio-Janeiro, comme inébranlable patriote constitutionnel.

(Justice) *Diogo Antonio Feyo*,

Ecclésiastique érudit dans le droit canonique, député de Saint-Paul, réélu comme défenseur incorruptible de la liberté constitutionnelle.

(Finances) *Joao Fernandez de Vasconcellos*,

Jurisconsulte, orateur énergique, député réélu de la province *de Minas*; on lui doit la rédaction du projet du Code pénal brésilien.

(Guerre) *Lima*,

Jeune frère du général, tient un grade supérieur dans le militaire et brille par une grande instruction dans l'art qu'il exerce avec beaucoup de patriotisme, et de force de caractère.

(Relations extérieures) *Francisco Carneiro de Campos*,

Frère du membre de la régence provisoire, et comme lui sénateur, se distingue comme jurisconsulte et comme orateur rempli de probité.

TRADUCTION DU TRAITÉ

FAIT LE 29 AOUT 1825 ENTRE S. M. L'EMPEREUR DU BRÉSIL ET S. M. T. F. LE ROI DE PORTUGAL, SUR LA RECONNAISSANCE DE L'EMPIRE DU BRÉSIL, ET RATIFIÉ LE JOUR SUIVANT PAR S. M. L'EMPEREUR.

Au nom de la sainte et indivisible Trinité,

Sa Majesté Très-Fidèle, animée du plus vif désir de rétablir la paix, l'amitié et la bonne harmonie entre les peuples frères, que les liens les plus sacrés doivent concilier et unir pour jamais, et voulant atteindre le but si important de coopérer à la prospérité générale en assurant pour le futur l'existence politique du Portugal, d'une part : et de l'autre, procurer les mêmes avantages au Brésil; voulant aussi aplanir en même temps tous les obstacles qui s'opposeraient à ladite alliance, concorde et félicité de chacun des deux États; déclare, par sa note diplomatique du 13 mai de la présente année, *reconnaître le Brésil dans la catégorie d'empire indépendant et séparé du royaume uni de Portugal et Algarves*, ainsi que les droits de souveraineté de son fils très-aimé et chéri, *don Pedro, comme empereur*, et transmissibles à ses légitimes successeurs. Cependant *sa Majesté Très-Fidèle* se réserve seulement le *titre honorifique d'empereur* pour sa personne, sa vie durant (*).

En outre, ces deux souverains, acceptant la médiation de sa Majesté Britannique, pour asseoir l'acte de séparation des deux États, ont nommé les ministres plénipotentiaires, savoir :

Pour *sa Majesté Impériale, S. Ex. Luiz José de Carvalho e Mello*, conseiller d'État, dignitaire de l'ordre impérial du Cruzeiro, commandeur des ordres du Christ et de la Conception, ministre et secrétaire d'État des relations étrangères; *S. Ex. le baron de Santo Amaro*, grand de l'empire, du conseil d'État, gentilhomme de la chambre impériale, dignitaire de l'ordre impérial du Cruzeiro, et commandeur des ordres du Christ et de la Tour et l'Épée; *S. Ex. Francisco Vilella Barbosa*, conseiller d'État, grande croix de l'ordre impérial du Cruzeiro, chevalier de l'ordre du Christ, colonel du corps impérial du génie, ministre et secrétaire d'État de la marine, et inspecteur général de la marine.

Sa Majesté Très-Fidèle nomme, de son côté, S. Ex. le chevalier *sir Carlos Stuart*, du conseil privé de sa Majesté Britannique, grande croix de l'ordre de la Tour et l'Épée, et de l'ordre du Bain; lesquels, après l'échange de leurs pleins pouvoirs, sont convenus de former le présent traité, basé sur les principes exprimés dans ce préambule :

(*) L'indiscrétion de cette demande, qui le mettait en fausse position au Brésil, put, selon quelques versions hasardées, contribuer en quelque chose à sa mort, regardée comme surnaturelle.

ARTICLE 1er.

Sa Majesté Très-Fidèle reconnaît le Brésil dans la catégorie *d'empire indépendant et séparé des royaumes de Portugal et des Algarves, et l'émancipation de son fils très-aîné et chéri don Pedro, empereur*, auquel il cède et transmet, par sa libre volonté, *la souveraineté dudit empire, ainsi qu'à ses légitimes successeurs; sa Majesté Très-Fidèle* se réserve *le même titre pour sa personne seulement.*

ART. 2.

Sa Majesté Impériale, par respect et amour pour son père *don Jean VI, concède à sa Majesté Très-Fidèle le titre d'empereur, sa vie durant* (*).

ART. 3.

Sa Majesté Impériale promet de rejeter toute proposition de réunion à l'empire du Brésil, de la part des colonies portugaises.

ART. 4.

Il y aura dès aujourd'hui alliance et parfaite amitié entre l'empire du Brésil et les royaumes de Portugal et Algarves, avec oubli total et respectif des anciens différends survenus entre ces deux peuples.

ART. 5.

Les sujets des deux nations brésilienne et portugaise seront considérés et traités comme nationaux dans les États respectifs, et leurs droits ainsi que leurs propriétés seront religieusement conservés et protégés, étant bien entendu maintenus paisibles possesseurs de leurs biens patrimoniaux.

ART. 6.

Toute propriété d'héritage ou d'acquit, ainsi que les actions sequestrées ou confisquées, appartenant aux sujets des deux souverains du Brésil et du Portugal, seront sur-le-champ restituées, ainsi que les revenus échus, déduction faite des droits d'administration, et les propriétaires réciproquement indemnisés suivant le mode décrit dans l'article neuvième.

ART. 7.

Toutes les prises d'embarcations ou de cargaisons appartenant aux sujets des deux souverains, seront pareillement rendues à leurs propriétaires, qui, dans le cas contraire, recevront une indemnité.

ART. 8.

Une commission nommée par les deux gouvernements, composée de Brésiliens et de Portugais, en nombre égal, et établie où les gouvernements respectifs le jugeront plus convenable, sera chargée d'examiner ce qui sera relatif au contenu des art. 6 et 7; bien entendu que les réclamations devront être faites dans le cours d'une année, de la formation de ladite commission, et dans le cas d'égalité dans les votes, la question sera décidée par le représentant du souverain médiateur. Les deux gouvernements indiqueront les fonds destinés au payement des premières réclamations.

ART. 9.

Toutes les réclamations publiques de gouvernement à gouvernement seront reçues pour y faire droit, ou par la restitution des objets réclamés, ou par une juste indemnité. Les deux hautes parties contractantes sont convenues d'adopter une forme directe et spéciale pour régler ces réclamations.

ART. 10.

Les relations commerciales seront rétablies entre les deux nations brésilienne et portugaise, qui payeront réciproquement quinze pour cent de frais de douane sur les marchandises; et quant à ceux de *Baldeação* et de *Réerportação*, ils restent les mêmes qu'avant la séparation.

ART. 11.

L'échange réciproque des ratifications du présent traité se fera à Lisbonne dans l'espace de cinq mois, ou plus tôt, s'il est possible, à compter de la signature du présent traité.

En foi de quoi nous, soussignés plénipotentiaires de sa Majesté Impériale et de sa Majesté Très-Fidèle, avons signé le présent traité et scellé de nos armes.

Fait à Rio-Janeiro, le 29 août, l'an 1825 de la naissance de notre Seigneur Jésus-Christ.

Ont signé :

MM. CHARLES STUART. LUIZ-JOSÉ DE CARVALLO E MELLO. LE BARON DE SANTO AMARO. FRANCISCO VILELLA BARBOSA.

(*) Des conjectures diplomatiques attribuèrent, plus tard, la mort prématurée de don Jean VI à la réserve de ce titre contradictoire au système de l'indépendance du Brésil.

TRATADO

FEITO ENTRE SUA MAGESTADE IMPERIAL E SUA MAGESTADE FIDELISSIMA SOBRE O RECONHECIMENTO DO IMPERIO DO BRASIL, AOS 29 DE AGOSTO DE 1825, E RATIFICADO POR SUA MAGESTADE O IMPERADOR NO DIA IMMEDIATO.

Em nome de sanctissima e indivisivel trindade,

Sua magestade fidelissima tendo constantemente no seo real animo os mais vivos desejos de restabelecer a paz, amizade, e boa harmonia entre povos irmãos, que os vinculos mais sagrados devem conciliar, e unir em perpetua alliança; para conseguir tão importantes fins, promover a prosperidade geral, e segurar a existencia politica, a os destinos futuros de Portugal, assim como os do Brasil; e querendo de huma vez remover todos os obstaculos, que possão impedir a dita alliança, concordia, e felicidade de hum e outro estado, por seo diploma de treze de maio do corrente anno, reconheceo o Brasil na cathegoria de imperio independente, e separado dos reinos de Portugal e Algarves, e a seo sobre todos muito amado e presado filho Dom Pedro por imperador, cedendo e transferindo de sua livre ventade a sobrania do dito imperio ao mesmo seo filho, e seos legitimos successores, e tomando sómente, e reservando para a sua pessoa o mesmo titulo.

E estes augustos senhores, acceitando a mediação de sua magestade Britannica para o ajuste de toda a questião incidente a separação dos dous estados, tem nomeado plenipotenciarios, a saber;

Sua magestade imperial ao illustrissimo e excellentissimo Luiz-José de Carvalho e Mello, do conselho de Estado, dignitario da impérial ordem do Cruzeiro, commendador das ordens de Christo, e da conceição, e ministro e secretario de estado dos negocios estrangeiros; ao illustrissimo e excellentissimo barão de Santo-Amaro, grande do imperio, do conselho de estado, gentil-homen da imperial camara, dignitario da imperial ordem do Cruzeiro, e Commendador das ordens de Christo, e da Torre e Espada; e ao illustrissimo e excellentissimo Francisco Vilella Barbosa, de conselho de estado grão Cruz da imperial ordem do Cruzeiro, Cavalleiro da ordem de Christo, coronel do imperial corpo de engenheiros, ministro e secretario de estado dos negocios da marinha, e inspector geral da marinha.

Sua magestade fidelissima ao illustrissimo e excellentissimo cavalheiro sir Carlos Stuart, conselheiro privado de sua magestade Britannica, grão Cruz de ordem da Torre e Espado, e da ordem do Banho.

E vistos e trocados os seos plenos poderes, convierão em que, na conformidade dos principios expressados neste preambulo, se formasse o presente tratado.

Artigo primeiro.

Sua magestade fidelissima reconhece o Brasil na cathegoria de imperio independente, e separado dos reinos de Portugal e Algarves; e a seo sobre todos muito amado, e presado filho Dom Pedro por imperador, cedendo, e transferindo de sua livre vontade a sobrania do dito imperio ao mesmo seo filho e a seos legitimos successores. Sua magestade fidelissima toma sòmente, e reserva para a sua pessoa o mesmo titulo.

Artigo segundo.

Sua magestade imperial, em reconhecimento de respeito e amor a seo Augusto pai o senhor Dom João VI, annue a que sua magestade fidelissima tome para a sua pessoa o titulo de imperador.

Artigo terceiro.

Sua magestade imperial promette não acceitar proposições de quaesquer colonias Portugezas para se reunirem ao imperio do Brasil.

Artigo quarto.

Havera d'hora em diante paz e alliança, e a mais perfeita amisade entre o imperio do Brasil, e os reinos de Portugal e Algarves, com total esquecimento das desavenças passadas entre os povos respectivos.

Artigo quinto.

Os subditos de ambas as Nações, Brasileira e Portugueza, serão considerados e tratados nos respectivos estados como os da Nação mas favorecida e amiga, e seos directos, e propriedades religiosamente guardados, e protegidos; ficando entendido que os actuaes possuidores de bens de Raiz serão mantidos na posse pacifica dos mesmos bens.

Artigo sexto.

Toda a propriedade de bens de Raiz, ou moveis, a acções, sequestradas ou confiscadas, pertencentes a os subditos de ambos os soberanos, do Brasil e Portugal, serão logo restisuidas assim como os seos proprietarios indemnisados reciprocamente pela maneira de claradá no artigo oitavo.

Artigo setimo.

Todas as embarcações, e cargas apresadas, pertencentes aos subditos de ambos os soberanos, serão semelhantemente restituidas, ou seos proprietarios indemnisados.

ARTIGO OITAVO.

Huma commissão nomeada por ambos os governos, composta de Brasileiros e Portuguezes em numero igual, e estabelecida onde os respectivos governos julgarem por mais conveniente, será en carregada de examinar a materia dos artigos sexto e setimo; entendendo se que as reclamações deveráõ ser feitas dentro de prazo de hum anno, depois de formada a commissão, e que no caso de empate nos votos será decidida a questaõ pelo representante do soberano mediador. Ambos os governos indicaráõ os fundos, por onde se hão de pagar as primeiras reclamações liquidadas.

ARTIGO NONO.

Todas os reclamações publicas de governo a governo serão reciprocamente recebidas, e decididas, ou com a restituição das objectos reclamados, ou com huma indemnisação do seo justo valor. Para o ajuste destas reclamações ambas as altas partes contractantes convirão em fazer huma convenção directa, e especial.

ARTIGO DECIMO.

Sarão restabelecidas desde logo as relações de commercio entre ambas as nações, brasileira e portugueza, pagando reciprocamente todas as mercadorias quinze por cento de direitos de consumno provisioramente, ficando os direitos de baldeação e reexportação da mesma forma, que se praticava antes da separação.

ARTIGO UNDECIMO.

A reciproca troca das ratificações do presente tratado se fará na cidade de Lisboa, dentro do espaço de cinco mezes, ou mais breve, se for possivel, contados do dia da assignatura do presente tratado.

Em testemunho do que nòs abaixo assignados plenipotenciarios de sua Magestade Imperial e de sua Magestade fidelissima, em virtude dos nossos respectivos plenos poderes. Assignamos o presente tratado com os nossos punhos, e lhe fizemos pôr os sellos das nossas armas.

Feito na cidade de Rio de Janeiro aos vinte e novo dias do mez de agosto do anno do nascimento de nosso senhor Jesus-Christo de mil oito centos e vinte cinco.

Assignados :

L. S. CHARLES STUART. L. S. LUIZ JOSÉ DE CARVALHO E MELLO.
L. S. BARAO DE SANTO AMARO. L. S. FRANCISCO VILELLA BARBOSA.

Rio de Janeiro, typografia nacional, 1825.

FRAGMENT SUR L'ÉDUCATION DE DON PEDRO.

...... Décret des cortès qui ordonne de faire voyager le prince régent sous la direction du R. P. Antonio d'Arabida......

Un homme de mérite, nommé *Rodemacher*, Danois, fut le premier gouverneur du prince *don Pedro*, enfant. Mais, à cette époque, la cour corrompue de Jean VI, voyant avec crainte l'empire que pourraient avoir un jour sur l'esprit du jeune élève la science et la vertu réunies du sage instituteur, parvint, à force d'intrigues, à éloigner ce redoutable antagoniste, qui bientôt fut destitué et remplacé par le *frère Antonio d'Arabida.*

Le *frère Antonio d'Arabida*, né Portugais, était moine franciscain, jouissant dans son cloître de la réputation d'un homme instruit.

Il se fit connaître avantageusement du roi don Jean VI par un sermon presque improvisé, dont il fut chargé extraordinairement en remplacement d'un prédicateur de la cour, subitement indisposé la veille de la fête du saint dont il devait faire le panégyrique en présence du roi.

Dans son nouvel emploi, succédant à un homme de mérite victime des intrigues de la cour qui redoutait cet instituteur étranger capable de dévoiler sans scrupule, aux yeux de son jeune élève, les vices et l'ignorance des favoris jaloux de conserver leur influence, le révérend sut, en homme de sens et en vrai Portugais, se conformer à l'esprit du jour. Gouverneur d'un jeune prince destiné à être mené par ses ministres, il maintint son auguste élève dans le juste cercle de lumières conciliable avec ses vues, c'est-à-dire que, sans négliger de lui inculquer les premiers principes d'une saine morale, il lui laissa surtout développer ses forces physiques. C'est ainsi que sa première jeunesse fut employée à des exercices de corps, tels que l'équitation, la natation, etc., dans lesquels il montra beaucoup d'adresse; et que, sans s'imposer un plan d'études régulières, il s'instruisit, grâce à son désir d'apprendre, en profitant des réponses fructueuses de son professeur, aux diverses demandes que sa curiosité lui suggérait.

Encore enfant, à son arrivée d'Europe où tout était à la guerre, ses souvenirs belliqueux devenaient journellement le motif de ses amusements; aussi se prêta-t-on à lui former un petit régiment royal composé de négrillons, esclaves du palais.

Colonel à douze ans, il s'occupa avec tant de zèle de la tactique militaire et de l'instruction de ses soldats, que l'année suivante, dans une de ses excursions guerrières, il attaqua avec avantage un petit poste de chasseurs aux environs du palais de Saint-Christophe. Ce premier succès jeta l'épouvante dans le cœur du roi, et le conseil d'État décida la suppression de la jeune troupe royale; mais pour masquer la disgrâce du colonel, on lui offrit en échange la formation d'un corps de musique composé des débris de son régiment, et l'on mit aussitôt à sa disposition un petit local dans la cour des remises du palais, que son génie toujours actif transforma bientôt en conservatoire de musique, dans lequel les mulâtres surtout se distinguèrent. Il le fit professer par les différents maîtres de musique de la cour; et, la férule à la main pendant plusieurs heures de la journée, faisait répéter la leçon du matin, et peu à peu, à force de gourmades, il compléta un orchestre d'instrumentistes et de chanteurs presque habiles, qui déjà florissait à notre arrivée. Chef d'orchestre, d'abord, il voulut être compositeur, et à l'aide de *Marcos*, son maître de musique, il écrivit une messe en musique, qui s'exécuta peu de temps après son mariage à la petite église de la Gloire. Là, don Pedro, placé dans sa tribune, improuvait ou louait les efforts de ses esclaves célèbres. Nous remarquâmes deux voix de femmes vraiment très-belles. L'auditoire intéressé à ce succès musical se composait des maîtres de musique de la cour et des admirateurs du prince (*). Quelques-uns de ces virtuoses passèrent effectivement à l'orchestre du théâtre impérial.

Régent, il employa cette activité à des opérations plus sérieuses, et donna la liberté à ces familles, qu'il dota d'un terrain aux environs du château royal de Sainte-Croix *(Santa-Cruz)*, maison de campagne de la cour à douze lieues de la capitale.

Le jeune prince possédait généralement des notions assez étendues lorsqu'il se maria.

Don Pedro, empereur, nomma le *frère Antonio d'Arabida* directeur de l'éducation des jeunes princes et princesses de la famille impériale. Le *révérend frère Antonio*, nommé *évêque d'Annemauria*, fut bien innocent de son élévation épiscopale; on l'attribua dans le temps à la vanité de l'empereur, qui voulut s'en servir pour se venger en monarque de la froideur philosophique de l'évêque de Rio-Janeiro, son premier chapelain, dont nous allons parler.

Il est donc nécessaire de rappeler ici que l'évêque de Rio-Janeiro, *José Caëtano Silva Coitinho*, successivement président de l'assemblée constituante et du sénat, distingué par la fermeté de caractère d'un zélé constitutionnel au milieu des partis vacillants, choqué, dans un moment passager d'absolutisme à la cour, de quelques insultes indirectes dirigées contre sa dignité dans le cérémonial intérieur du palais, et instruit que les courtisans l'appelaient par dérision le chapelain constitutionnel, résolut de n'y plus reparaître. (Voir l'extrait succinct de sa vie, note 4.)

Le souverain, privé de la présence d'un chef de la religion dont la dignité relevait l'éclat du trône, voulut y suppléer quant au costume, en obtenant de la cour de Rome un titre épiscopal pour le révérend frère Antonio d'Arabida. Effectivement, six mois après on reçut à Rio-Janeiro la nomination du révérend frère; mais une formalité restreignait à la couleur brune le costume du nouvel évêque sorti du cloître. L'empereur, qui tenait infiniment à la couleur violette, fit réparer l'omission, qui retarda de six mois encore le sacre du nouveau prélat. Ce fut à la chapelle impériale qu'il fut sacré par l'évêque chapelain; et l'on vit, à la satisfaction du souverain, le nouvel évêque *in partibus* d'Annemauria sortir revêtu de sa couleur violette, monter pour la première fois dans un élégant équipage donné par l'empereur, obligé de soutenir le luxe épiscopal de son instituteur, humble franciscain voué naguère à la pratique de la pauvreté!

Mais la vengeance politique n'était point assouvie, et élevait ses prétentions jusqu'à faire supplanter dans ses fonctions l'évêque premier chapelain, par le révérend frère investi du titre de son coadjuteur. Néanmoins ses efforts furent paralysés par le droit exclusif réservé au premier chapelain de nommer son coadjuteur; de sorte que le prélat sénateur, instruit de ces menées, resté invariable dans ses principes et dans sa conduite, conserva ses droits sans être obligé de les défendre; et la même année, époque du second mariage de l'empereur, l'évêque premier chapelain fut promu au grade de grand dignitaire des ordres brésiliens du Christ et de la Rose. Il reçut aussi des invitations réitérées de reparaître à la cour, où on le vit enfin quelquefois. Certes, l'empereur mieux conseillé et plus instruit dans le droit canonique, n'eût pas compromis son autorité par un moyen de vengeance aussi injuste qu'impolitique.

Le révérend frère Antonio, évêque et toujours homme d'esprit, conserva le costume religieux dans l'intérieur du cloître, et habita son ancienne cellule seulement garnie de quelques meubles de plus, dont le luxe décent faisait honneur à sa philosophie.

Aussitôt la déchéance de l'empereur dont il pleurait la défaite, il fut obligé de se soustraire à la fureur momentanée des fauteurs du désordre; mais comme il avait beaucoup d'amis, même à la cour, il ne manqua pas d'asile dans cette circonstance difficile. Ce fait seul est son plus bel éloge!

(*) Il fut plus tard auteur de la musique de l'hymne national impérial.

CARTA DE DESPEDIDA, do Ex Imperador do Brasil.

Não sendo possivel dirigir-me a cada hum dos meus verdadeiros Amigos em particular, para me despedir, e lhes agradecer ao mesmo tempo os obsequios, que me fizerão, e outro sim para lhes pedir perdão de alguma offensa, que de mim possão ter, ficando certos que se em alguma coisa os agravei, foi sem a menor intenção de offendel-os; faço esta carta para que, impressa, eu possa d'este modo alcançar o fim a que me proponho. Eu me retiro para a Europa, saudozo da Patria, dos filhos, e de todos os meus verdadeiros Amigos. Deixar objetos tão charos he summamente sensivel, ainda ao coração mais duro; mas deixal-os para sustentar a honra não pode haver maior gloria. Adeus Patria, adeus amigos, e Adeus para sempre. Bordo da Náu Ingleza Warspite 12 de Abril de 1831.

D. Pedro de Alcantara de Bragança e Bourbon —

INTRODUCTION.

Après avoir décrit, dans *mon premier volume*, l'état sauvage du peuple brésilien, sujet dont l'invariable caractère primitif a déjà été traité, avec une irréprochable exactitude, par de savants voyageurs européens, j'ai réuni, dans la *seconde partie* du même ouvrage, les détails plus rares et presque ignorés de l'histoire de l'*industrie* de ce peuple civilisé, soumis au joug portugais; industrie qui, dans son principe, bornée à suffire aux premiers besoins de la vie, ne différait de l'état sauvage que par les formules imposées dans l'échange commercial des produits indigènes contre des instruments aratoires et quelques étoffes grossièrement fabriquées par l'Angleterre et importées par le Portugal, mais qui, plus tard, devait offrir un puissant intérêt dans son développement, hâté par l'active influence des étrangers.

Enfin, la *troisième partie* dont je m'occupe, l'*histoire politique et religieuse*, importante par sa spécialité, soumise elle-même au reflet des combinaisons diplomatiques de l'Europe, constamment agitée depuis 89, prépare un cadre intéressant, riche d'épisodes recueillis sur les lieux, et dont l'enchaînement servira à rétablir pour toujours les traces déjà presque effacées des premiers pas vers la civilisation de ce peuple nouvellement régénéré.

Il faut ajouter, avec justice, que le Brésilien, orgueilleux de son premier élan, sut depuis en soutenir les heureuses conséquences, par une énergie sagement dirigée, gage irrécusable d'un glorieux avenir.

Je ne puis donc trop me hâter de décrire le Brésil de 1816; car, dans cette belle contrée, plus que partout ailleurs, les rapides progrès de la civilisation dénaturent chaque jour le caractère primitif et les habitudes nationales du Brésilien, humilié aujourd'hui d'avoir été si longtemps l'esclave du caprice et de l'oppression des gouverneurs portugais.

Mais, par un singulier contraste, ce fut la main d'un roi de Portugal qui réveilla le Brésilien, après trois siècles d'apathie, lorsque, fugitif de l'Europe, il vint établir son trône à l'ombre de ses paisibles palmiers, pour abandonner bientôt, il est vrai, cette œuvre de régénération inspirée par la nécessité. Mais la civilisation avait germé, et le Brésil, intelligent de son avenir, conserva le fils aîné de cet inconstant protecteur, et en fit un empereur indépendant, dont la souveraine puissance annula définitivement les prétentions du pouvoir portugais sur ses anciennes possessions d'Amérique. Ainsi émancipée, la terre d'Alvarez Cabral se gouverne elle-même, et doit à ses propres lumières sa prospérité toujours croissante.

Dans le récit des événements historiques accumulés en quinze années, et dont on peut cependant comparer le résultat à celui de plusieurs siècles chez tout autre peuple, il ne sera pas, sans doute, indifférent de retrouver les noms des personnages portugais et brésiliens qui figurèrent en première ligne dans les révolutions qui substituèrent le pouvoir national au pouvoir étranger : renseignement oublié en partie, ou grièvement altéré déjà par la mauvaise foi. Il m'était donc réservé, comme témoin étranger et peintre d'histoire au

Brésil, d'unir ma plume à mon pinceau pour recueillir des documents exacts et de première nécessité pour un art dignement consacré à sauver la vérité, du mensonge et de l'oubli.

En effet, la somptuosité des fêtes, la hiérarchie des dignitaires, les singularités de l'antique cérémonial religieux, grâce à l'aide de la lithographie, vont offrir, au premier coup d'œil, mille détails échappés à une description écrite, qui ne peut cesser d'être succincte sans devenir ennuyeuse.

On retrouvera enfin, dans la notice de l'*état des beaux-arts au Brésil,* les documents relatifs à l'honorable mission qui nous fut confiée, et la preuve authentique des résultats dus à nos efforts, consacrés tout à la fois aux progrès des artistes brésiliens et à l'honneur des professeurs français, fondateurs de l'Académie impériale des beaux-arts de Rio-Janeiro.

Arrivée de la Cour de Jean VI au Brésil; sa résidence à Rio-Janeiro.

En vain le Portugal s'efforçait, en 1807, de rester neutre dans la grande lutte qui s'engageait entre la France et l'Angleterre, il répugnait secrètement à rompre ses relations intimes avec le cabinet de Londres, et continuait à recueillir et à ravitailler, dans ses ports d'Europe et d'Amérique, les escadres anglaises destinées à agir contre la France et l'Espagne, son alliée. Dans cette circonstance, le gouvernement français exigea du régent portugais une explication nette et sans détours; mais toutes les réponses du régent étaient évasives, et ses promesses illusoires. Il continuait, en effet, sourdement, à prendre des engagements positifs avec l'Angleterre, dont il voulait se réserver le secours. La cour de Lisbonne s'embarrassa dans ses délais, et se vit subitement menacée d'une invasion française. L'ambassadeur français demanda ses passe-ports et se retira; le péril était véritablement imminent : d'un côté, une armée française parut tout à coup sur les frontières du Portugal; de l'autre, le gouvernement alarmé vit l'escadre du commodore Sydney Smith établir le blocus le plus rigoureux à l'embouchure du Tage.

Lord Strangford, ambassadeur anglais, ne laissa plus au régent que l'alternative de remettre sa flotte à l'Angleterre, ou de l'employer tout de suite à transporter la famille de Bragance au Brésil, afin de la soustraire à l'influence du gouvernement français. Le moment était décisif pour sauver la monarchie; il fallait opter entre le Portugal envahi et le Brésil intact. Une situation à peu près semblable avait suggéré le même moyen de salut au *ministre Pombal*, lors de l'invasion des Espagnols dans le royaume de Portugal, sous le règne de Jean IV.

La force des circonstances vainquit le caractère ordinairement timide et circonspect du régent, et lui fit prendre la résolution décisive de promulguer, par un décret royal, son projet de départ pour Rio-Janeiro, jusqu'à la conclusion d'une paix générale. Il nomme ensuite une régence pour administrer les affaires pendant son absence, et ordonne l'embarquement des archives, du trésor, ainsi que des effets les plus précieux de la couronne.

Enfin, au milieu des démonstrations de regrets et de fidélité de son peuple, qui se pressait en foule sur ses pas, on vit le régent, accompagné de sa famille, quitter le sol natal, pour monter à bord de sa flotte : elle se composait de quatre grandes frégates, plusieurs bricks, sloops, corvettes et bâtiments du Brésil, formant ensemble trente-six voiles. Le 29 novembre 1807 au matin, la flotte royale passa à travers l'escadre anglaise, qu'elle salua de vingt et un coups de canon, salut qui lui fut rendu, et les deux escadres se réunirent : ensuite la flotte royale gagna la haute mer, escortée par l'escadre britannique du commodore Moore.

Après une heureuse navigation, elle aborda, le 19 janvier 1808, à Bahia. Le débarquement de la famille royale fut pour les habitants de cette ville une occasion mémorable de manifester leur joie et leur attachement, à la vue de leur souverain.

Les fêtes splendides qu'ils lui avaient préparées étalaient un luxe et une magnificence qui attestaient à la fois l'élévation de leur âme et la grandeur de leur fortune. Voulant donner une preuve plus ostensible et plus durable de leur dévouement au monarque, ils votèrent unanimement une somme de douze millions de francs, destinée à l'édification d'un palais pour la famille royale, si le prince daignait résider parmi eux; mais des raisons politiques empêchèrent le régent d'accepter leur offre.

Le habitants de Rio-Janeiro furent plus heureux. Le 19 mars 1808, ils reçurent, au milieu de l'ivresse générale, le régent et sa famille, qui vint débarquer dans leur ville, pour y fixer sa résidence (*). La sûreté de sa superbe rade contribua sans doute beaucoup à la préférence qui lui fut accordée; car les titres politiques de Bahia à la préférence du souverain étaient évidents (**).

La présence de la cour nécessita de grandes améliorations dans les établissements publics. Le petit palais du vice-roi fut augmenté de tout le vaste bâtiment des Carmes (***), dont l'église conventuelle devint *la chapelle royale*, mise sous l'invocation de saint Sébastien (****);

(*) *La famille royale* se composait de *onze personnes :* La tante du régent, *dona Maria Benedita*, veuve du prince don José.

Dona Maria Ire, reine de Portugal, qui, par suite d'une aliénation mentale, avait concédé ses droits à son fils, don Joao VI, qui, par le fait, devint *régent*.

Dona Carlotta, fille du roi d'Espagne, *épouse du prince régent*. Morte depuis en Portugal. De cette union naquirent sept enfants, deux garçons et cinq filles.

Don Pedro d'Alcantara, prince. Resté au Brésil avec le titre de prince régent, lors du départ de la cour pour le Portugal.

Don Miguel, infant. Retourné en Portugal avec le roi.

Dona Maria Thereza, l'aînée des princesses; mariée à Rio-Janeiro avec un infant d'Espagne, venu avec la cour du Portugal au Brésil, et qui y mourut après deux années de mariage. Il existe un fils de cette union. En 1821, après le retour de la famille royale en Portugal, la veuve et l'infant retournèrent en Espagne pour reprendre leurs droits.

Dona Maria d'Assompçao passa en Espagne, en 1817, pour épouser le roi Ferdinand; elle y mourut peu d'années après.

Dona Maria Isabel, retournée avec la cour à Lisbonne. Après la mort du roi, elle fut nommée régente de ce royaume par don Pedro, son frère, alors premier empereur du Brésil, et qui avait abdiqué ses droits en faveur de sa fille aînée, *dona Maria da Gloria II*, qu'il nommait reine de Portugal. Peu d'années après, la *régente* se retira à l'île Terceira, par suite des événements politiques survenus à Lisbonne.

Dona Maria Francisca, retournée en Portugal, et restée auprès de sa mère, dona Carlotta.

Dona Isabel Maria, retournée en Portugal. Cette dernière épousa à Lisbonne le fils du marquis de l'*Olei*, passa en France, et revint à Rio-Janeiro, en 1829, avec sa nièce dona Maria II, à la suite de la princesse de Leuchtemberg, seconde impératrice du Brésil, qui y était attendue pour la célébration de ses noces. En 1831, ces trois personnes retournèrent en France avec don Pedro, ex-empereur du Brésil, par suite de son abdication.

(**) La ville de *Bahia*, ou *Baie de tous les Saints* (primitivement *San-Salvador*), avait des droits, par son ancienneté et ses établissements publics, à devenir la résidence de la cour : elle avait possédé la présence du gouverneur général du Brésil, depuis 1531 jusqu'en 1773. Elle seule fut érigée en archevêché.

(***) On se servit du couvent pour y installer le grand commun du palais. Un corridor, qui était pratiqué au premier étage, fut conservé pour la communication du palais à la chapelle. Il s'utilise encore aujourd'hui pour le passage de toute la cour, lorsque le souverain doit paraître dans sa tribune à la chapelle impériale, pour assister à l'office aux jours de fêtes religieuses.

(****) Le décor intérieur de la chapelle royale est généralement riche d'ornements sculptés en bois dorés en plein. Mais à l'époque du couronnement de l'empereur, on a réservé les fonds blancs, et redoré, bruni, tous les ornements. Voici en peu de mots la disposition intérieure de cet édifice : à droite dans le chœur, se trouve la grande tribune de la cour. A gauche on voit le trône épiscopal, à côté duquel on y élève celui du souverain, lorsqu'il est nécessaire pour les grandes cérémonies nationales.

Le tableau du maître-autel était un ex-voto de la famille royale : on y avait représenté la reine mère, dona *Maria Ire*, et la princesse *Carlotta*, femme du régent, agenouillées sur des coussins de velours, et, du côté opposé, le *régent* et son fils *don Pedro* dans la même attitude, invoquant la vierge du mont Carmel, figurée dans le haut, posée debout sur un groupe de nuages, et étendant son manteau comme pour en couvrir et protéger la famille royale, dont les yeux sont élevés vers elle.

Mais, depuis l'abdication de *don Pedro Ier*, on a supprimé les figures à genoux, qui sont remplacées par un

immédiatement à côté, se trouve l'église métropolitaine des Carmes chaussés (*). La réunion de ces bâtiments compose la façade de la place du Palais, parallèle à la mer.

On sentit la nécessité de créer, pour l'éducation des jeunes officiers, une école sous le titre d'Académie militaire; mais le manque d'un local disponible pour une organisation de ce genre força le gouvernement à s'emparer d'une belle église (**) commencée sur la place de Saint-François de Paule; cette grande construction appartenait à une confrérie de nègres qui en faisait les frais, à l'aide des aumônes qu'ils recevaient de leurs compatriotes africains. La totalité des gros murs était déjà élevée jusqu'à la hauteur de la toiture.

Tout le chevet de l'église fut conservé pour l'établissement militaire. Mais la démolition d'une partie des divisions intérieures et d'un des côtés de la même église, fournit les matériaux nécessaires pour la construction du nouveau théâtre royal de Saint-Jean (***), qui existe encore sur la place de Rocio.

simple terrain, figurant la sommité du mont Carmel. Ce tableau fut peint et retouché depuis par le même artiste brésilien (*José Léandre*), auteur de plusieurs autres tableaux qui ornent la chapelle.

La ville de Rio-Janeiro fut érigée en évêché l'an 1669. Son évêque a le titre de premier chapelain, et son chapitre se compose de vingt-huit chanoines, dont huit ont le titre de monseigneur.

Le corps de musique de la chapelle est composé de très-bons artistes en tous genres, virtuoses castrats, et autres chanteurs italiens. La partie instrumentale est très-forte : il y a deux maîtres de chapelle. On évalue à trois cent mille francs les traitements réunis des artistes qui la composent.

(*) La belle église des Carmes est sous l'invocation de Notre-Dame du mont Carmel. Son intérieur, et les chapelles qui en dépendent, sont extrêmement riches d'ornements sculptés. Tout est doré en plein. Les diverses constructions qui s'y rattachent sont d'une architecture italienne. On remarque son *charnier* ou *Catacombes*. Sa bibliothèque est composée, dit-on, de 80,000 volumes, et porte le nom de Bibliothèque impériale. Elle est assez spacieuse et bien entretenue; les deux salles principales, dont les plafonds sont richement décorés, ont été composées et exécutées en peinture par un artiste brésilien, nommé *Francisco Pedro de Amaral*, mort en 1830. On y voit un buste du roi Jean VI et une statue en marbre de don Pedro Ier; sculpture assez médiocre faite en Italie.

La confrérie de Notre-Dame des Carmes est une des plus riches, et la mieux composée. Les religieux Carmes chaussés qui la desservent, habitent le petit couvent de Notre-Dame de la Lapa, situé auprès du jardin public.

(**) En 1816, on voyait encore intact tout le côté gauche intérieur de cette église, contenant dans sa partie supérieure les corridors et leurs tribunes, dont on fit une galerie divisée en salles d'étude pour l'Académie militaire. La façade était conservée carrément jusqu'à la hauteur du couronnement de la grande porte du milieu. Au-dessus des deux portes latérales, un peu plus petites, on voyait des trophées africains, sculptés en bas-relief, qui attestaient déjà l'origine des fondateurs de ce monument religieux. En 1826, il fut mutilé et démoli en partie pour l'exécution définitive de l'établissement militaire, sur un nouveau projet de la composition de M. Pésérat, artiste français, élève de l'École royale d'architecture de Paris et de l'École polytechnique. Ce jeune artiste, plein d'intelligence, était à Rio-Janeiro architecte particulier de S. M. l'empereur. La façade, construite d'après ces nouveaux plans, est déjà élevée; mais ces travaux furent interrompus en 1831 par suite des événements politiques.

(***) En 1808, il n'y avait en effet à Rio-Janeiro qu'un théâtre fort petit et fort mesquin. On dut alors penser à le remplacer par une belle salle de spectacle, digne de la présence de la cour, qui, selon la coutume du Portugal, devait venir assister en grand costume aux représentations extraordinaires données avec faste à différentes époques de l'année. Sur ces entrefaites, il se présenta un Portugais, nommé *José Fernandès de Almeida*, qui n'était rien moins qu'entrepreneur et directeur de théâtre; mais *véritable Figaro*, ne possédant pas un écu, et capable de tirer parti de la circonstance par les seuls efforts de son génie. Il avait (bien entendu) l'avantage d'être venu du Portugal à la suite de la cour, comme attaché particulièrement au service de la maison du ministre de l'intérieur; en deux mots, valet de chambre de S. Exc., favori de la fortune, il se trouvait directement protégé du ministre de l'intérieur, et, de plus, filleul du ministre de la police, protecteur légal du nouvel établissement demandé. Devenu par son audace un personnage nécessaire, dont le zèle plaisait à la cour, il ne pouvait manquer de crédit à la ville; ce dont il profita avec adresse pour ouvrir une souscription par laquelle, moyennant une avance de fonds, chaque souscripteur devenait propriétaire d'une loge au théâtre. Pour favoriser sa spéculation, chaque rang de loges avait, non-seulement son titre exclusif, mais encore des différences très-appréciées dans leurs subdivisions. Judicieux appréciateur du cœur humain, il sut par instinct mettre à contribution l'enthousiasme du moment, l'amour-propre des riches, et la vanité des ambitieux; aussi tout lui réussit parfaitement, et, peu de temps après, il eut la satisfaction d'ouvrir, comme directeur, le beau *théâtre royal de Saint-Jean*, très-solidement construit, dont les pierres ne lui avaient rien coûté, ayant seulement payé les journées d'ouvriers; mais devant aux entrepreneurs les bois, la chaux, les tuiles, les fers, les vitres, les couleurs, les toiles, les

On prépara pour la famille royale une résidence permanente appelée *Quinta de Boa Vista* (*) (maison de campagne de Bellevue), située près du petit village de Saint-Christophe, à trois quarts de lieue de la ville ;

cordages, etc., et s'étant réservé les fonds pour satisfaire aux engagements nécessaires à prendre avec l'architecte, peintre de décors, les compagnies de comédiens, de chanteurs italiens, de danseurs, les musiciens de l'orchestre, et tout ce qui était en activité sur le théâtre, et qui était payé dans le courant de l'année.

Protégé par le ministre de la police, il obtenait du roi des sommes annuelles assez considérables à titre d'indemnités, pour les dépenses extraordinaires que nécessitait le luxe des grandes représentations données aux jours de fêtes, comme à la Saint-Jean (fête du roi), à la Saint-Pierre, et ainsi successivement pour les autres personnes marquantes de la famille royale. Cet avantage ne l'empêcha pas de faire peu à peu des emprunts réitérés aux actionnaires de la banque, en leur donnant hypothèque sur la totalité du bâtiment.

Le théâtre fut incendié en 1825. Mais, toujours moins malheureux qu'un autre, il sauva la façade entière et tous les gros murs de l'édifice. Dans cette circonstance il obtint, avec la permission de l'empereur, le tirage de quatre loteries annuelles au profit de son établissement, et, à l'aide de ses ressources inépuisables, il put le rouvrir au bout d'un an.

Criblé de dettes, il avait encore su prendre des engagements à Lisbonne avec des comédiens portugais, quelques chanteurs italiens, et un corps de ballet, qui arrivèrent à Rio-Janeiro au moment où il venait de mourir, en 1828. Barbier dans sa jeunesse, il ne mourut pas Figaro, mais chevalier de l'ordre du Cruzeiro et commandeur de l'ordre du Christ.

(*) L'enthousiasme et l'orgueil de posséder la résidence du souverain portugais, donnaient lieu tous les jours à de nouvelles preuves de la générosité des habitants de Rio-Janeiro ; chaque matin il n'avait qu'à choisir parmi les nombreuses invitations qui lui étaient offertes pour varier ses promenades aux environs de la baie, tant par mer que par terre. Les points de repos étaient indiqués dans les habitations, où les rafraîchissements se trouvaient préparés avec luxe et profusion. Ce fut de cette manière que don Jean VI commmença à connaître les beaux sites qui environnent la capitale du Brésil. Lorsqu'une propriété par sa situation paraissait convenir à la cour, le lendemain elle était mise à sa disposition sans demande d'indemnité. Ainsi furent acquises plusieurs maisons royales, que le souverain paya avec des honneurs accordés en échange à leurs propriétaires.

La Quinta de Boa Vista, ou *palais de Saint-Christophe*, était une des plus belles maisons de plaisance qui existaient alors aux environs de Rio-Janeiro : elle appartenait à un négociant fort riche, qui en fit présent au roi; pour récompense de sa générosité, il fut décoré du titre de commandeur de l'ordre du Christ.

Le bâtiment, qui forme un carré long, a sa façade sur un de ses grands côtés. Il est construit sur un plateau isolé, auquel on arrive par un jardin dans lequel on a ménagé une pente douce. La gauche du palais est dominée par une agréable colline, et la droite surmonte une très-grande étendue de jardins, plantés sur un terrain bas et plat, dans lequel circule une petite rivière dont les eaux pures descendent rapidement des montagnes de *Tyjuka*, que l'on aperçoit dans le lointain. La principale porte de la grille du jardin fut exécutée en 1808, par *M. José Domingos Monteiro*, architecte-ingénieur portugais. A la même époque, *M. Manuel d'Acosta*, Portugais, architecte et peintre de décors, fut chargé de faire à ce nouveau palais des distributions convenables : il y décora les salles du conseil et du trône, ainsi que l'intérieur de la galerie ouverte qui tient toute la façade.

En 1816, il existait déjà une façade latérale, décorée en style gothique par un architecte anglais accrédité à la cour. Il venait aussi d'y préparer un logement pour le prince royal, dont le mariage devait avoir lieu incessamment. Il fit aussi d'autres travaux accessoires pour le petit commun du palais ; et, immédiatement après les fêtes, qui eurent lieu en 1817 à l'occasion du mariage, il continua, par suite du plan adopté, la construction d'un des quatre pavillons gothiques carrés qui devaient être ajoutés aux angles extérieurs du bâtiment principal.

En 1822, la toiture du nouveau pavillon éprouva un tassement considérable, par suite de la mauvaise construction de sa charpente. Mais, comme l'architecte anglais avait quitté le Brésil, l'empereur rappela à son service *Manuel d'Acosta*, et le nomma son architecte particulier, le chargeant des restaurations et des nouvelles distributions que nécessitait l'accroissement de la jeune famille impériale. *Manuel d'Acosta* supprima le style gothique de la décoration extérieure, pour y substituer des détails d'un style plus moderne, mais encore bizarre, et tenant du goût portugais, lourdement moresque. L'escalier extérieur, par lequel on arrive à la galerie, fut reconstruit sur un plan demi-circulaire à double rampe. Le décor intérieur fut entièrement changé; enfin on venait d'achever les fondations du second pavillon sur la face principale, lorsque Manuel d'Acosta mourut, laissant ses projets inachevés.

En 1826, S. M. I. prit à son service le jeune Pézérat, artiste français, en remplacement de *Manuel d'Acosta*. Celui-ci restaura vraiment le palais de Saint-Christophe. En 1829, le nouveau pavillon parallèle à l'ancien fut achevé, et le bon goût de son architecture fit présumer l'heureux résultat de la restauration complète de ce nouveau palais impérial. La même amélioration régnait dans tous les travaux exécutés depuis, dans les jardins du parc. Tout enfin prenait un caractère de perfection réelle, lorsque l'empereur quitta le Brésil, en 1831. Le jeune architecte suivit Leurs Majestés en exil, et rentra en France avec elles, abandonnant ainsi à un successeur incertain le soin de continuer ses travaux régénérateurs.

Un petit pied-à-terre à l'île du Gouverneur (*), que l'on peut appeler un beau jardin anglais, situé à quelque distance de Saint-Christophe;

Une autre résidence à *Santa-Crux* (Sainte-Croix) (**), ancien couvent et métairie des

(*) *L'ilhia do Gouvernador* (l'île du Gouverneur) est une des principales îles de la baie : son territoire est très-fertile; elle possédait une habitation avec de grandes dépendances, et dont on fit tout de suite une petite maison de plaisance pour la cour. La famille royale y allait passer une partie du carême, et le roi en partait pour passer la semaine sainte en retraite dans un couvent de franciscains, situé dans une autre petite île voisine : les bois et les prairies dont elle est couverte en font un rendez-vous de chasse; assez spacieuse, elle est divisée en plusieurs propriétés, dont la plus belle appartient au baron *do Rio Secco*.

En 1809, le roi y fit établir une plantation de thé, cultivée par des Chinois qu'il fit venir dans cette intention.

En 1826, S. M. l'impératrice *Caroline Léopoldine* y avait une petite ménagerie d'animaux venus de diverses parties du monde.

(**) Le couvent de Santa-Crux (Sainte-Croix), ancienne propriété des jésuites, était renommé à juste titre par l'étendue immense des riches dépendances de sa belle ferme. Cette résidence royale est située sur un plateau qui domine de vastes plaines fertiles, bornées dans le lointain par des forêts vierges, au-dessus desquelles on voit s'élever, à travers la vapeur, la chaîne de montagnes appelée *Cerra de Paraty*.

Le couvent et les bâtiments qui en dépendent furent préparés à la hâte, pour servir de maison de campagne à la famille royale.

Mais, en 1817, époque du mariage du prince royal *don Pedro* avec l'archiduchesse d'Autriche Caroline Léopoldine, le roi don Joao VI ordonna au vicomte de Rio Secco, intendant général des bâtiments de la couronne, de faire distribuer et orner convenablement le palais de Santa-Crux, qui jusqu'à ce moment ne se composait que des anciennes cellules dont se contentaient les goûts simples et religieux du *régent*. Depuis cette époque, toute la cour y faisait chaque année un voyage de six semaines au moins; le roi en revenait pour la Saint-Jean. Cette habitation était devenue un lieu de délices pour les jeunes princes et princesses, à cause de l'étendue et de la beauté du site qui favorisait les promenades champêtres qu'ils pouvaient faire en pleine liberté. Du reste, les abus tolérés à la cour par Jean VI, et par munificence et par faiblesse de caractère, rendaient ce voyage très-dispendieux pour le gouvernement, et personnellement pour les ministres, qui étaient obligés de louer à leurs frais des petites maisons aux environs, afin de rester près du roi, et former son conseil d'État. Les fournisseurs seuls y gagnaient des sommes considérables, partagées ensuite avec les intendants des différentes attributions du palais.

Sous le règne de l'empereur, qui commença avec toute l'économie possible, les voyages de la cour devinrent beaucoup plus fréquents, et par suite bien moins coûteux, en ce que les spéculateurs formèrent sur la route des établissements commodes pour les voyageurs, qui jusque-là avaient été forcés d'emmener à leur suite des provisions de tous genres.

En 1825, l'empereur, désirant organiser la ferme et utiliser ses vastes dépendances, voulut qu'on levât un plan général de la propriété : il fut confié à la direction de l'ingénieur en chef; mais les opérations préparatoires étaient fatigantes : aussi eut-on soin de faire naître des difficultés pour en reculer l'exécution, et avec elle les précieux résultats.

Mais, en 1826, l'ingénieur français Pézérat, admis au service particulier de l'empereur en qualité d'architecte, en fut spécialement chargé, et en moins de trois semaines il satisfit les désirs du souverain, au grand étonnement des vieux ingénieurs de la cour. Ce premier succès lui attira la confiance intime de l'empereur, qui lui abandonna le soin de toute espèce d'amélioration. Pézérat aussitôt employa des moyens ingénieux et prompts pour la fabrication des tuiles et des briques, et procura ensuite une grande économie dans les constructions, en supprimant tous les entrepreneurs, maîtres et contre-maîtres, et faisant, à l'aide d'un seul inspecteur français, lui-même constructeur, exécuter toute la main-d'œuvre par les nègres esclaves appartenant à l'établissement. L'empereur satisfait prit un goût plus décidé à la gestion de ce bien, y établit un haras, remplit ses immenses plaines de bestiaux, et fit des élèves en tous genres.

On exécuta une restauration intérieure de la chapelle, et on ajouta une aile au château; on projetait même l'ouverture d'un canal de navigation, lorsque l'empereur quitta le Brésil.

Toutefois, ces améliorations entraînèrent quelques abus. Des courtisans attachés au pouvoir, jaloux de plaire à l'empereur, exigèrent à son insu des concessions injustes et préjudiciables à beaucoup de propriétaires. Ces familles, réduites au désespoir, profitèrent du moment favorable d'un changement de ministère pour faire des réclamations régulières : tout s'éclaircit, et S. M. I. ordonna la restitution des propriétés usurpées contre sa volonté.

Don Pedro, devenu empereur, donna la liberté à un grand nombre des anciens esclaves qui lui appartenaient lorsqu'il n'était que prince royal; de plus, il fit don à chacun d'une petite portion de terrain autour du *palais de Santa-Crux*, pour y construire des habitations qui devinssent le séjour de leurs familles. C'est de la réunion de ces différentes concessions que se forma le point central du village que l'on voit aujourd'hui au bas du plateau. Deux grandes rues le traversent : on y remarque quelques maisons assez bien bâties, et des boutiques d'artisans; il sert de point de repos et de secours aux voyageurs qui viennent de Saint-Paul à Rio-Janeiro.

jésuites, situé sur un plateau, au milieu d'une immense plaine, à douze lieues de Rio-Janeiro, sur la route de Saint-Paul.

Un riche propriétaire de *Prahia-Grande* lui fit encore présent de *la plus belle maison du village de San-Domingo* (*).

Les habitants de Rio-Janeiro montrèrent la même générosité à l'égard des personnes attachées au régent, ainsi qu'à ses ministres; mais leurs demeures ne furent acceptées qu'au titre de location : à la vérité, pendant les premières années elles ne furent pas toutes exactement payées, parce que les grands de la cour, en venant au Brésil, se trouvaient momentanément frustrés de leurs revenus, ayant abandonné précipitamment leurs propriétés d'Europe. Les principales familles et les plus remarquables étaient celles des *ducs de Cadaval*, cousins du régent, des *comtes d'Aponte, de Belmonte*, du *vicomte d'Assecca*, du *marquis d'Angenja*, des *Lobats*, etc. Une des familles brésiliennes dont la générosité se distingua le plus fut celle des *Carneiros* (**); elle en fut récompensée par des honneurs, qui s'accrurent encore sous le règne de l'empereur.

Les propriétés du Portugal souffrirent beaucoup pendant le temps que dura la guerre de la Péninsule, parce que la présence des troupes anglaises, qui y restèrent comme alliées, fut plus onéreuse que ne l'avait été celle des Français, qui l'évacuaient alors; et, pour réparer ces malheurs, le gouvernement du Brésil fit à ces familles nobles des concessions de terrains sur différents points qui environnaient la ville : le vicomte d'Assecca eut en partage une grande partie des montagnes de *Tyjuka* et des collines qui descendent jusqu'à la ville. Ces familles avaient, en 1816, déjà utilisé leurs nouvelles possessions.

L'arrivée successive d'un grand nombre de Portugais, qui ne savaient où trouver un asile, obligea le gouvernement à mettre en vigueur la loi despotique de l'*Aposentadoria real* (***) (droit royal de pourvoir aux logements). Elle forçait le propriétaire à louer sa maison à la personne protégée du gouvernement, qui lui était adressée.

En 1816, cette loi oppressive pesait encore sur les propriétaires, qui n'osaient plus mettre de signes extérieurs aux logements vacants, afin d'éviter de les louer, malgré eux, à des employés du gouvernement. Mais cette finesse ne trompait pas la vigilance de la police; et

(*) Le village de *Saint-Domingo* était formé d'un petit nombre de maisons réunies autour de la petite église de ce nom, bâtie presque au bord d'une agréable baie assez étendue; une de ses extrémités touche à la forteresse de *Gravata*, et l'autre vient joindre *l'Armaçao*, bâtiment construit au bord de la mer pour y dépecer les baleines et en extraire l'huile.

La maison donnée au régent don Joao VI, possédant un premier étage, était par conséquent la plus belle; elle est située sur une petite place derrière l'église.

L'empereur y fit ajouter quelques dépendances détachées du bâtiment; elles servent à loger les domestiques et à former les écuries.

En 1830, on avait combiné de nouvelles distributions et refait en entier la décoration intérieure de cette maison de campagne, destinée spécialement aux petites princesses, filles de l'empereur.

Cet ancien village, agrandi avec le temps, fut élevé en 1819 à la catégorie de ville royale de Prahia-Grande, et, en 1831, à celle de capitale de la province de Rio-Janeiro, titre dont l'effectivité est reportée à l'année 1835. (Voir la dernière note du deuxième volume). Elle est aujourd'hui très-bien peuplée, et fort recherchée des habitants de Rio-Janeiro pour y aller passer les grandes chaleurs de l'été.

(**) Carneiro (Léon), riche propriétaire, était colonel de cavalerie de milice et chambellan de l'empereur. Les Carneiro (de Campos) furent ministres; un d'eux fut ministre des relations étrangères, et l'autre fut deux fois ministre de l'intérieur, et, de plus, un des trois membres de la régence provisoire après l'abdication de l'empereur don Pedro Ier.

(***) Pour l'application de cette loi, il suffisait, en cas de refus sur une demande de gré à gré, que le ministre de la police fît par un de ses agents tracer avec de la craie un grand P. R. (prince régent) sur la porte extérieure de la maison désignée comme vacante : par cette formalité le propriétaire était légalement forcé d'en céder la jouissance; alors le nouveau locataire protégé s'installait, et le gouvernement était supposé responsable du payement, garantie illusoire, parce que provisoirement il était impossible d'attaquer en justice un employé du gouvernement ou un officier supérieur d'un corps militaire, sans se faire à cet effet délivrer par la cour de justice royale une autorisation du prince régent.

ce fut à la faveur de cette loi que nous pûmes être logés tout de suite, lors de notre débarquement. Quelques mois après, notre traitement annuel ayant été réglé, chacun de nous changea de logement, et s'arrangea de gré à gré avec son propriétaire.

La crainte que cette loi inspirait était telle, que nous avons vu dans les beaux faubourgs, et même dans le centre de la ville, plusieurs grandes maisons inachevées, que les propriétaires laissaient exprès dans cet état pour s'en réserver l'entière jouissance, espérant la prochaine réforme de cette loi despotique, importée du Portugal. Elle ne fut cependant supprimée que sous l'empire.

En 1817, pour pallier dans les rues les distances inhabitées par suite du prolongement des murs des jardins, on porta une loi qui enjoignait aux propriétaires qui possédaient des murs de clôture donnant sur la rue, de faire construire au rez-de-chaussée, ne fût-ce qu'en bois, des baies de portes et fenêtres, dont ils faisaient ensuite remplir les ouvertures, leur laissant indéterminément le temps d'utiliser ce commencement de construction.

De plus, en cas de réparation urgente du mur de face d'un rez-de-chaussée, on était obligé d'élever un premier étage, n'eût-il qu'une grande lucarne.

En 1819, il n'y avait déjà plus de rues, dans l'intérieur de la ville, où l'on vît des murs de clôture, et il existait beaucoup de maisons à trois étages; ce qui donnait à la ville le véritable aspect d'une capitale.

Instruction Publique.

La ville de Rio-Janeiro, devenue la métropole du Brésil vers la moitié du dix-huitième siècle, obtint dès lors les secours nécessaires pour soutenir la gloire de son titre. Aussi vit-on, à cette époque, l'évêque *Guadeloupe* fonder les séminaires de *San-José* et de *San-Joaquim*, autant pour contribuer à l'éducation des jeunes Brésiliens en général, que pour former les jeunes ecclésiastiques dont l'indigence entravait les études.

Le *séminaire de San-José* est situé vers l'extrémité de la rue d'*Ajuda*, au pied de la montagne des Signaux (ou du Castel), sur laquelle est construite l'antique cathédrale de *Saint-Sébastien*, patron de la ville.

Cet établissement est sous la protection de l'évêque de Rio-Janeiro; ses revenus sont fondés sur des dotations.

Le cours complet des études se compose aujourd'hui des connaissances suivantes : grammaire latine, logique, métaphysique et morale, rhétorique, français, anglais et grec, géométrie (*).

Les professeurs sont ecclésiastiques. Un certain nombre de jeunes pensionnaires se destinent à l'état ecclésiastique; les uns payent leur pension, les autres sont entretenus aux frais du gouvernement : on y reçoit aussi des élèves externes.

Les ressources de cet établissement sont telles, que, lorsqu'il se trouve, dans les différentes provinces du Brésil, des jeunes gens pauvres qui désirent se dévouer à l'état ecclésiastique, il leur suffit de se présenter à l'évêque de Rio-Janeiro pour obtenir gratis, par sa protection, tous les avantages que l'établissement procure aux plus riches internes.

(*) De plus, il y avait autrefois le cours de dessin dans les deux séminaires; mais il fut supprimé lors de la création de l'Académie des beaux-arts.

La règle de la maison prescrit aux élèves de partager, à tour de rôle et par humilité, tout le service intérieur du pensionnat.

Les jeunes ecclésiastiques pensionnaires portent une soutane, un manteau long et un bonnet carré violets. Dans les grandes fonctions religieuses de la chapelle impériale, ils sont employés au chœur.

La distribution des prix se fait à l'établissement, en présence de l'évêque, qui y officie pontificalement ce jour-là. Le public est admis à le visiter le jour de Saint-Joseph.

Le *séminaire de San-Joaquim*, attenant à une belle église qui porte son nom, est situé sur une petite place formée par l'embouchure de trois rues, celle du Val-Longo, celle de San-Domingo, et la troisième portant le nom de San-Joaquim, large et droite, qui conduit au Campo de Santa-Anna (*).

Cet établissement est spécialement destiné à l'éducation gratuite des *orphelins*. Par cette raison, ceux de l'hospice des enfants trouvés y sont admis de droit; avantage que les enfants de militaires sont admis à partager, moyennant une rétribution très-modique.

Le cours se compose de l'enseignement des premières lettres, selon la méthode de Lancastre, de la grammaire latine, de la logique, métaphysique, morale, de l'anglais et du français.

L'intérieur de l'établissement avait été envahi, pendant quelque temps, par le ministre de la guerre, pour y former une caserne; mais il fut rendu à sa première destination sous le règne de l'empereur.

Le monarque assista solennellement à sa réinstallation; et, depuis, il honora de sa présence toutes les distributions de prix qui se firent pendant son règne (**).

Ce séminaire est sous la protection immédiate du gouvernement, et est soutenu par des dotations.

ÉDUCATION DES FEMMES.

Depuis l'arrivée de la cour au Brésil, on avait tout préparé, mais rien fait de positif pour l'éducation des jeunes demoiselles brésiliennes; car, en 1815, elle se bornait, comme anciennement, à savoir réciter des prières par cœur, et à calculer de mémoire, ne sachant ni chiffrer, ni écrire. Le travail de l'aiguille occupait seul leurs loisirs, parce que toute espèce de soins relatifs à l'intérieur du ménage se confie toujours aux femmes esclaves.

Les pères et les maris favorisaient cette ignorance, pour détruire, dès le principe, les moyens de correspondances amoureuses. Cette précaution, qui nuisait tant, d'ailleurs, au développement des connaissances, fit inventer aux Brésiliennes la combinaison ingénieuse des interprétations symboliques appliquées aux différentes fleurs (***), dont elles se formèrent un langage; de manière qu'une seule fleur, offerte ou envoyée, était l'expression d'une pensée

(*) Cette place a pris le nom de *Champ de l'Acclamation*, depuis le gouvernement de l'empereur, qui y fut acclamé, et actuellement celui du *Champ d'Honneur*, depuis l'abdication de l'empereur, parce qu'elle a servi de campement aux citoyens armés pendant cette crise politique.

(**) On retrouvera ici le nom du frère Joaquim comme fondateur d'un collége à Sainte-Catherine, auquel il consacra tout son patrimoine; il en établit un autre à Bahia, et un troisième à l'Ile-Grande. Il y a, de plus, un séminaire et un collége à Pernambuco.

(***) Je rapporte ici quelques fragments de ce dictionnaire érotique: rose, amour; pensée, amour parfait; pied-d'alouette, chagrins en général, par suite de sa forme, qui présente à son extrémité inférieure une espèce de pointe recourbée, que l'on compare à la forme d'un piquant; aussi son nom brésilien est-il *espora* (éperon). La scabieuse exprime les tendres souvenirs; la lavande fraîche, la tendresse, et la lavande séchée, la haine; un certain fruit, dont le nom est *caja* (en le divisant il donne *ca* (ici), *ja* (déjà, tout de suite), et par la réunion des deux syllabes, il donne littéralement, *ici tout de suite*), ordre de venir promptement, etc.

ou d'un ordre transmis, auquel on pouvait ajouter des conséquences variées par l'addition de plusieurs autres fleurs ou d'une simple feuille de certaines herbes convenues à l'avance. Douces pensées, colère, heure du jour, lieu du rendez-vous, tout s'y trouve exprimé de la manière la plus simple.

Mais, comme la clef de cette correspondance était donnée au jeune homme qui devait y répondre, cette science, répandue ainsi de génération en génération, devint un objet de dérision aussitôt que les progrès dans l'éducation des femmes y substituèrent l'écriture.

Le culte religieux, considéré au Brésil comme un sujet de réunions publiques dans lesquelles l'amour-propre rivalise avec la piété, donne lieu, d'abord, à faire apprendre à lire aux jeunes demoiselles dans des recueils de prières, afin d'utiliser un petit livre de dévotion qui, enrichi d'une superbe reliure, deviendrait, dans ces pieuses réunions, un nouvel accessoire ajouté à leur parure. En effet, aujourd'hui une jeune personne bien élevée a grand soin de laisser voir son livre de messe pendant le trajet qu'elle est obligée de faire pour se rendre à l'église. Ainsi devenue plus orgueilleusement pieuse, elle dédaigne le chapelet, relégué désormais dans les mains des plus vieilles dévotes.

En 1816, on comptait à peine deux pensions particulières; peu de temps après, on commença cependant à trouver quelques dames portugaises et françaises qui, aidées d'un professeur, s'engagèrent à recevoir chez elles, à titre de pensionnaires, de jeunes demoiselles qui y apprendraient les principes de la langue nationale, de l'arithmétique, et les éléments de la religion, se réservant la direction du travail de broderie et de couture.

Déjà aussi plusieurs Français, réduits à tirer parti de leur éducation, s'étaient mis à aller donner des leçons de langue française et de géographie chez les personnes riches.

Depuis 1820, l'éducation commença à prendre une véritable extension, et les moyens d'enseignement se multiplièrent tellement d'année en année, que maintenant il n'est pas rare de trouver une femme capable d'entretenir une correspondance en plusieurs langues, s'occupant de lecture, comme en Europe.

La librairie française n'y a pas peu contribué, en fournissant un agréable choix de nos ouvrages moraux, traduits en langue portugaise; ces livres, devenus classiques, intéressent par leur nouveauté, ornent l'esprit et forment le cœur des jeunes élèves brésiliennes.

Les progrès à cet égard sont tels, qu'il y a seize ans un Brésilien avait une certaine honte d'envoyer son enfant à une école publique, et que maintenant, au contraire, un père ne se fait pas scrupule, en allant à son bureau le matin, de conduire sa fille par la main jusqu'à la porte de la maison d'éducation où elle est admise en qualité d'externe.

D'autres riches négociants ou jurisconsultes, habitant les beaux quartiers de Catète, Botafogo, assez éloignés du centre de la ville, le matin, amènent leurs enfants dans leurs voitures jusqu'à la porte de leurs colléges; et, le soir, la voiture va les rechercher, sous la surveillance d'un domestique de confiance. Aujourd'hui, comme en Europe, on trouve dans ces colléges tous les maîtres d'agrément. Les talents que l'on recherche le plus ordinairement dans la société sont la danse et le chant, parce qu'ils brillent davantage dans les réunions du soir. Dans la haute société, on exige de plus la musique appliquée au piano, la connaissance des langues française, anglaise, et le dessin. Les jeunes demoiselles apprennent assez facilement à traduire et à écrire la langue française; mais elles ont généralement beaucoup de timidité pour la parler dans le monde.

Depuis 1829, époque du second mariage de l'empereur avec la princesse Amélie de Leuchtemberg, fille du prince Beauharnais, il était reçu de ne parler que français à la cour, et surtout près de l'impératrice; l'empereur en donnait l'exemple : nouveauté pénible pour les courtisans, peuple singe du *maître*, qui s'efforçaient sans cesse de retrouver dans leur mémoire des mots français épars, pour en construire à la hâte des phrases souvent très-peu françaises. Mais l'indulgente affabilité de la nouvelle impératrice, et ses rapides progrès dans la langue portugaise, offrirent bientôt un puissant palliatif à cette gêne instantanée.

Néanmoins, le mobile le plus puissant de la réorganisation de l'instruction publique fut la déclaration de l'indépendance brésilienne, qui, nationalisant les Brésiliens, les rendit jaloux d'illustrer leur patrie, affranchie légalement, en 1822, de la domination portugaise (*).

Jusqu'à cette époque, en effet, les premiers emplois dans toutes les administrations étaient confiés à des Portugais, dont l'éducation européenne servait de prétexte pour justifier le choix fait par le gouvernement. Cet abus prolongé entraînait avec lui le funeste résultat d'arrêter les progrès de la civilisation des Brésiliens. Ce Rio-Janeiro, capitale d'un royaume, et résidence de la cour du Portugal, ne voyait s'accroître que du luxe, sans produire de véritables richesses; je veux dire les connaissances intellectuelles, précieux encouragements nécessaires aux naturels du pays.

Les jeunes gens n'avaient donc précédemment pour se distinguer que les cours institués dans les écoles militaires, et dont les prix, plus ou moins mérités, s'accordaient encore par faveur. Il ne leur restait plus alors à cultiver que des dispositions naturelles, les plus heureuses, il est vrai, pour la poésie, la musique, et les exercices du corps, tels que la danse et l'équitation. Mais cette application frivole de leurs moyens, qui les faisait briller dans la société comme poëtes improvisateurs, chanteurs agréables, bons musiciens, danseurs élégants, ou cavaliers intrépides, occupait ainsi tous leurs loisirs, et leur éducation, faussement dirigée dès son principe, les exposait à ignorer toute leur vie le bonheur auquel ils avaient droit, lorsque, citoyens vertueux et éclairés, ils seraient appelés à consacrer leurs lumières à la prospérité du sol natal, sur lequel reflète toujours la gloire des noms qu'il a produits.

Le système libéral de la constitution donnée par l'empereur aux Brésiliens, et jurée solennellement par lui, le 25 mars 1824, à Rio-Janeiro, avait donné une vive et profonde impulsion au désir, si louable, de se distinguer dans la carrière politique. Aussi, dès ce moment, tous les hommes pensèrent à puiser des lumières dans les annales européennes et surtout françaises, et l'avantage, reconnu, de les consulter dans leur langue originale créa la nécessité d'en apprendre désormais l'idiome; ce qui fait qu'à présent on exige la connaissance de la langue française dans les établissements d'instruction publique.

Déjà les deux écoles du génie militaire et de la marine et l'école chirurgico-médicale prirent un nouvel essor dans leur mode d'enseignement, par l'admission de nouveaux professeurs nationaux (**) récemment venus d'Europe, dont le patriotisme et l'enthousiasme exploitent, au profit de leurs élèves, les heureuses améliorations qu'ils ont recueillies avec tant de fruit dans les auteurs modernes, transplantés par eux au sein de leur jeune patrie.

Dans les classes de chirurgie, de médecine, de géométrie, de physique, etc., on voit journellement ces généreux professeurs, identifiés avec les beautés d'un précieux ouvrage français qu'ils tiennent à la main, en improviser la traduction d'une manière claire et précise tout à la fois, pour en faire le sujet de la leçon du jour. Déjà plusieurs d'entre eux ont commencé des traductions destinées à l'impression comme ouvrages classiques.

De même, aujourd'hui, l'on rencontre les élèves se rendant à leurs cours, munis des éditions françaises des Lacroix, des Legendre, des Thénard, et de tant d'autres illustres professeurs français.

(*) Le 9 janvier 1822, le prince régent don Pedro prit la résolution de rester au Brésil. Le 13 de mai de la même année, il fut déclaré défenseur perpétuel du Brésil. Le 12 octobre suivant, il fut proclamé empereur, et le 1er décembre suivant, il fut couronné dans la chapelle impériale. Il fut reconnu par son père et les autres puissances européennes, le 29 août 1825. Il avait nommé des ambassadeurs qui se rendirent en Italie, en France, en Angleterre, en Allemagne, et aux États-Unis de l'Amérique du Nord, etc.

(**) En effet, depuis 1816 les jeunes Brésiliens, s'étant répandus en Europe, s'y distinguèrent par la rapidité de leurs progrès dans les diverses branches des connaissances humaines, auxquelles ils continuent de s'appliquer dans leur patrie.

On réunit, en 1831, l'Académie de la marine à l'Académie militaire, située sur la place de Saint-François de Paule. L'enseignement de l'école de la marine se compose de l'arithmétique, de la géométrie, de l'algèbre, de la navigation, de l'astronomie, de la construction navale, du dessin du paysage et des armes; et dans l'école militaire, on enseigne les sciences naturelles, les sciences physiques, les mathématiques, le dessin, les armes, l'histoire militaire, les différentes divisions de l'art du génie, et son application spéciale à l'artillerie et à la fortification. Cette école fournit des officiers à l'infanterie et à la cavalerie. L'établissement possède un observatoire commun aux deux Académies. Le cours complet de chacune d'elles est de trois années.

Il n'était pas moins important de ranimer l'existence presque anéantie de l'ancienne Académie médico-chirurgicale, et qui, en effet, fut réorganisée, en 1826, par un décret impérial, sous le ministère de *José-Feliciano, vicomte de San-Leopoldo* (*). Cette Académie a le privilége exclusif de concéder le *grade de docteur* aux Brésiliens qui se dévouent à l'exercice de la médecine. Elle possède un président, six professeurs et un secrétaire.

Cours d'hygiène :	MM. *Vicente Navarro,* baron d'*Inhomerinho*, président.
— d'accouchement :	*Silveira.*
— d'anatomie :	*Joaquim-José Marquez.*
— de matière médicale :	*Marianno de Amaral.*
— de physiologie :	*Domingos dos Guimaraens Peixoto.*
— de clinique chirurgicale :	*José-Maria Cambuci do Valle.*
— de pathologie :	*Antonio Americo do Urzedo.*
Répétitions :	*Moura.*

En 1821, et sous le ministère de *Thomas-Antonio,* l'Académie royale des beaux-arts fut instituée par un décret du roi don Jean VI. Cet établissement, devenu impérial, fut mis en activité sous don Pedro, premier empereur, qui assista à son inauguration, le 5 novembre 1826. Le même jour une médaille d'or, frappée à ce sujet, fut présentée à l'empereur par le ministre de l'intérieur (**). Dès lors, les arts commencèrent à s'y cultiver régulièrement, et les progrès rapides des élèves s'y manifestèrent dans les expositions publiques de 1830 et 1831 (***).

Il existait cependant des écoles préparatoires de dessin au Brésil; j'en connais une à *Bahia*, à *Pernambuco,* au *Parà,* à *Minas,* et à *San-Paul.* En 1826, il en fut fondé une à Porto-Allegro; mais elle ne fut mise en activité qu'en 1831. C'est encore au vicomte de San-Leopoldo que la province de Rio-Grande doit cette création.

En 1823, le gouvernement établit, à Rio-Janeiro, une école normale pour l'enseignement mutuel. Le ministre de la guerre protégea particulièrement cette entreprise, en concédant un local dans le bâtiment de l'Académie militaire. Le premier professeur fut un Français nommé *Renaud.* Peu de temps après, un jeune militaire brésilien, son élève, lui succéda; il professait encore lors de mon départ, et déjà son zèle et son intelligence avaient formé un certain nombre de professeurs enseignant eux-mêmes dans les écoles des différentes provinces.

SOCIÉTÉ D'ENCOURAGEMENT.

Très-peu de temps après l'arrivée du roi au Brésil, M. le comte d'Abarca, ministre des relations extérieures, organisa une société d'encouragement pour l'industrie et la mécanique. Dans cette occasion, le zèle pour le bien du pays, plutôt, peut-être, le désir de complaire

(*) Le même ministre réorganisa, à la même époque, l'Académie médico-chirurgicale de Bahia.

(**) Ce fut un artiste français, pensionné du roi Jean VI, M. Zéphyrin Ferrez, sculpteur et graveur de médailles, qui en grava les coins, et qui la frappa lui-même sous un des balanciers de la Monnaie.

(***) Nous reviendrons sur l'histoire particulière de l'Académie des beaux-arts.

à la cour, rassembla facilement, pour la société d'encouragement, un nombre suffisant d'hommes jouissant de crédit soit dans le commerce, soit dans quelque autre classe distinguée de l'État. Mais, comme rien ne se fait gratis chez un peuple commerçant, on eut soin d'établir des émoluments pour le petit nombre d'individus qui en composait la direction, et l'on y ajouta une somme annuelle destinée aux récompenses.

La société, qui se réduisait par le fait à une commission, resta ainsi dans une apathie complète plus de douze ans, n'étant connue que du payeur de la trésorerie royale, qui fournissait des fonds anéantis chaque année sans autre résultat que de soutenir l'apparence d'une société d'encouragement.

Mais, en 1822, le départ de la cour laissa le gouvernement du Brésil dans l'état le plus déplorable; car il ne restait dans le trésor public ni diamants, ni or, ni espèces monnayées. Les caisses de secours des Orphelins, de la Miséricorde, tout avait été vidé; et le nouveau trésor, formé à la hâte, accompagna le roi en Portugal. Cette gêne nécessita un système de réforme générale auquel la société d'encouragement ne pouvait pas échapper. Et, dans cette circonstance, quelques-uns de ses membres, pour conserver leurs traitements, s'empressèrent de chercher les moyens d'en améliorer l'organisation; ils se procurèrent donc des notions exactes sur l'établissement de la société d'encouragement de l'industrie française, pour reformer un nouveau projet d'organisation, plus favorable au Brésil. En effet, il fut présenté par M. *Joaõ Rodrigues* (président de la commission). Mais la société, composée en grande partie de négociants portugais, rejeta au premier abord un plan qui non-seulement ordonnait un rassemblement gratuit des sociétaires, mais plus encore des cotisations personnelles de leur part pour former une caisse de secours. Enfin on transigea, en laissant aux frais du gouvernement la somme annuelle destinée aux encouragements. Cette concession patriotique, faite par le gouvernement dans un moment difficile, ne fut pas récompensée par de plus heureux résultats; car il y eut en effet infiniment peu de récompenses accordées. Néanmoins, comme on devait s'y attendre, le système libéral, qui paraissait accrédité par la forme du gouvernement, avait encouragé beaucoup d'étrangers à présenter des moyens utiles, applicables à l'industrie brésilienne, et lorsqu'ils consultaient chaque membre en particulier, ils en recevaient presque toujours l'assurance d'une future adhésion unanime; mais la réponse définitive de l'assemblée générale était constamment en sens inverse; et la formule usitée était *qu'un des membres avait observé que l'invention présentée n'était pas nouvelle*, ou, dans le cas contraire, *que les avantages annoncés deviendraient douteux dans leur application*, attendu la maladresse des nègres destinés à mettre en mouvement la machine proposée.

De cette manière, la somme donnée par le gouvernement restait presque toujours intacte à la fin de l'année, et s'absorbait dans les frais d'administration, etc.

Tout marcha donc ainsi jusqu'au retour de M. *José-Silvestre Rebello*, ancien directeur de la bibliothèque impériale, qui fut nommé, en 1822, ministre chargé d'affaires du Brésil aux États-Unis de l'Amérique septentrionale, et qui revint à Rio-Janeiro en 1830, rapportant avec lui une intéressante et nombreuse collection de modèles faits d'après les différents systèmes de mécanique, réduits sur une petite échelle, de plus, une réunion variée d'instruments aratoires, coulés en fer fondu, la plupart relatifs au labourage; acquisition que ce zélé patriote avait eu la générosité de faire à ses frais.

Le crédit, justement acquis, de ce précieux sociétaire ranima l'espérance du gouvernement, qui concéda une salle intérieure du Muséum pour être spécialement destinée non-seulement à la conservation et exposition des modèles de mécaniques, mais encore pour rester constamment à la disposition de la société, afin d'y tenir ses assemblées particulières, et ouvrir publiquement des cours gratuits professés par des membres de l'établissement.

Le sentiment national qui provoqua le résultat des événements du 7 mars 1831, ayant constitué le Brésilien exclusivement responsable de la prospérité de l'empire, lui fit sentir la nécessité indispensable d'y multiplier les lumières autant que possible; aussi, à la fin du mois d'août suivant, la société *d'encouragement de l'industrie nationale*, présidée par M. *José-Silvestre Rebello,* comptait-elle dans son sein la presque totalité des Brésiliens qui s'étaient le plus distingués par leurs lumières et leur civisme.

SOCIÉTÉ DE MÉDECINE DE RIO-JANEIRO.

L'établissement de cette société est dû au dévouement philanthropique et au patriotisme de six ou sept médecins recommandables par leurs lumières, qui se réunirent pour en rédiger les statuts (*).

Son institution fut approuvée et autorisée par un décret impérial, signé de don Pedro Ier, à Rio-Janeiro, le 15 janvier 1830, et son installation publique eut lieu le 24 avril de la même année, sous la présidence du ministre de l'intérieur, le *marquis de Caravellas*, et la séance publique de l'anniversaire de son installation fut présidée, en 1831, par les membres de la régence provisoire.

La société se divise en quatre commissions : la première est celle de la vaccine; la deuxième, des consultations gratuites; la troisième, des maladies régnantes; et la quatrième, de la salubrité générale de la ville de Rio-Janeiro.

Elle a des correspondances établies avec les sociétés savantes de l'Europe.

Les assemblées particulières ont lieu une fois par semaine; deux jours, en outre, sont consacrés pour les consultations gratuites données dans son local aux indigents qui s'y présentent, et les médicaments sont délivrés gratis par un pharmacien, membre honoraire de la société.

Elle s'occupe avec persévérance de l'analyse raisonnée des propriétés particulières d'une infinité de plantes indigènes, pour en faire la base d'une médecine curative.

De plus, la société a fondé des médailles d'encouragement, ainsi que des récompenses pécuniaires qui doivent être distribuées dans les séances publiques aux nationaux qui auraient fait quelque nouvelle découverte dans l'art si utile de guérir; et, pour les provoquer, la société publie, à la fin de chaque année, le programme du concours d'émulation ouvert pour l'année suivante.

Sur la liste des membres honoraires de la société, on voit figurer aussi les noms des Brésiliens les plus distingués et par le rang qu'ils tiennent dans la société et par leurs connaissances dans les sciences physiques.

Le programme distribué à la fin de la séance publique de 1831 offrait pour encouragements *trois médailles d'or*, graduées de valeur, destinées aux auteurs des meilleurs mémoires sur *les mesures sanitaires en général.*

Une somme de cinq mille francs était en outre promise au mémoire qui déterminerait, par des observations cliniques générales, appuyées par des faits particuliers, et surtout par des autopsies, la nature, les causes et le traitement de quelque maladie endémique du Brésil.

NOMS DES FONDATEURS DE LA SOCIÉTÉ.

Ce fut chez M. Sigaux que se réunirent MM. Mérelles, Faivre, Jobim et Simoni. Dans cette première séance, M. Simoni rédigea, comme secrétaire provisoire, l'acte qui constatait la résolution de former une société de médecine à Rio-Janeiro, et M. Sigaux fut chargé de la

(*) On comptait dans la réunion des fondateurs trois médecins étrangers, deux Français (dont l'un, M. Sigaux, est rédacteur du Journal des travaux de la société), et le troisième Italien (nommé Louis-Vincent de Simoni), qui en était encore secrétaire en 1831, et continué pour 1832.

rédaction des statuts de cette même société. A la seconde réunion, augmentée de deux nouveaux membres, MM. José-Marianno da Silva et Rui, l'ouvrage de M. Sigaux fut soumis à la discussion.

Cette première épreuve, infiniment satisfaisante, et bientôt appréciée, donna naissance à une association beaucoup plus nombreuse, composée de MM. Joaquim-José da Silva, Antonio-Americo d'Urzedo, José-Maria Cambuci do Valle, Octaviano-Maria da Rosa, José Augusto Cesar Mineres, Christovão-José dos Santos (grand opérateur), Fidelis-Martins Bastos, Antonio-Joaquim da Costa-Sampaio, et Antonio Martins-Pinheiro, tous jouissant d'une réputation distinguée comme médecins et chirurgiens, et à laquelle ils ajoutèrent le titre honorable de fondateurs de la société de médecine de Rio-Janeiro, modèle de générosité, de désintéressement et de patriotisme.

Ordre judiciaire au Brésil.

TRIBUNAUX ORDINAIRES.

Les *juises ordinarios*, juges ordinaires, choisis (comme ceux de nos tribunaux de commerce) par les habitants du pays parmi les citoyens les plus recommandables, et les *juises de forà*, juges du dehors, nommés par l'empereur, prononcent en première instance sur les affaires civiles.

On appelle de leurs décisions aux *ouvidores* (auditeurs), magistrats nommés et payés par le gouvernement, et résidant au chef-lieu de la *comarca* (subdivision d'une province); à chaque *ouvidor* est attaché un greffier particulier, désigné sous le nom d'*escrivão da ouvidoria*. Il existe encore dans les grandes villes telles que *Bahia*, *Pernambuco*, des cours de justice nommées *relacão*. On se pourvoit ensuite, contre les arrêts de ces juridictions, à la cour suprême de Rio-Janeiro, nommée *caza de supplicação*, connaissant en dernier ressort de toutes les affaires civiles et militaires. Elle est composée d'un président, *regedor das justiças*, d'un chancelier, et de dix-huit magistrats désignés sous le titre général de *desembargadores*. Huit d'entre eux sont nommés *aggravistas*, et les autres *extravagantes*.

Tel est le *cours de justice ordinaire*, assez semblable à l'organisation judiciaire française. : *les tribunaux de première instance*, *cours d'appel* (royales), *cour de cassation* (mais pour en juger en fait). A côté de cette cour souveraine, nous devons placer la *meza do desembargo do paço*, cour souveraine et spéciale, qui connaît en dernier ressort des affaires judiciaires et de tous les procès des citoyens, tant au civil qu'au criminel. Elle est chargée de l'expédition des grâces et des priviléges, d'accorder la révision des jugements, d'émanciper les mineurs, de faire rendre les biens à ceux qui en ont été dépouillés.

TRIBUNAUX ADMINISTRATIFS ET MIXTES.

A la fois chef militaire et civil, on trouve dans chaque village un *capitão-mõr* remplissant des fonctions analogues à celles de nos *maires*, et un *corregedor*, espèce de bailli chargé d'inspecter les bourgades soumises à sa juridiction et de veiller à l'expédition d'une bonne justice. Ces deux magistrats jugent isolément.

Je place ensuite, jugeant en corps, le *senado da camara* (sénat de la chambre), que je ne puis mieux comparer qu'à nos municipalités : les membres (*camaristas*) sont élus par les citoyens : le trésorier prend le titre de *procurador*, trois *camaristas* ont celui de *véréadores* (gouverneurs). Leurs fonctions sont de recueillir et faire élever les enfants abandonnés, de veiller à l'entretien des chemins, à la construction des ponts sur les grandes routes; dépenses auxquelles la *camara* subvient au moyen de certains droits que lui abandonne le gouvernement. Leurs décisions sont rendues exécutoires par les *juises de forà*.

REGISTRES DE L'ÉTAT CIVIL.

Ils étaient naguère confiés au pouvoir ecclésiastique; mais ils ont été depuis remis entre les mains du pouvoir civil.

Les tribunaux dont les rapports se rattachent le plus à l'administration sont l'*erario regio* (trésor royal); le *conselho da fazenda* (conseil des finances), chargé spécialement de l'administration des biens de la couronne, ainsi que de l'apurement des dettes passives et actives; la *junta do commercio, agricultura, fabricas e navegacao* (direction générale du commerce, de l'agriculture, des fabriques et de la navigation), qui réunit en même temps toutes les attributions du tribunal de commerce, et dont les membres sont choisis parmi les magistrats et les notables négociants.

TRIBUNAUX MILITAIRES.

Il y a beaucoup d'analogie entre le code militaire brésilien et le nôtre, avec cet accroissement toutefois, qu'il est indispensable, en cas de contestations civiles survenues entre un simple citoyen et un officier de la milice bourgeoise, d'obtenir préalablement une permission formelle du conseil militaire pour attaquer, en cas d'urgence, cet officier devant les tribunaux ordinaires. En général, tout ce qui est relatif aux armées de terre et de mer est porté devant le *conselho supremo militar*, tribunal installé en 1808, et qui connaît en même temps des prises. Souvent, pour juger, il s'adjoint des magistrats civils d'un ordre supérieur.

TRIBUNAUX ECCLÉSIASTIQUES.

Au premier rang se place la *junta da bulla da cruzada* (junte de la bulle et de la croisade), qui perçoit le prix des dispenses ecclésiastiques, ensuite la *meza da consciencia et ordens* (bureau des affaires ecclésiastiques et ordres militaires). Ce tribunal possède une juridiction civile confiée au clergé en la personne d'un prêtre qui a le titre de *vigario de vara*. On peut appeler de ses décisions au vicaire général du diocèse (*vigario geral*). Lorsque, dans un procès entre un prêtre et un laïque, le laïque est demandeur, la cause se plaide devant le juge ecclésiastique que nous venons de nommer. Le *vigario de vara* est en outre *juiz dos casamentos* (juge des mariages). On ne peut pas contracter d'union sans son consentement. Quoique les parties soient parfaitement d'accord, dit M. A. de Saint-Hilaire, à qui nous empruntons ce curieux document, il faut nécessairement qu'il se forme un procès devant le *vigario de vara*, et le résultat de ce procès bizarre est une provision que l'on paye dix à douze mille reis environ (soixante à soixante-quinze francs), ou davantage, et qui autorise le curé à marier les deux parties (*); quelquefois ces frais montent jusqu'à cinquante

(*) Voyage au Brésil de M. A. de Saint-Hilaire.

mille reis (trois cents francs), ou davantage. Le savant voyageur fait observer avec justesse que, par cette législation vicieuse, les indigents sont entraînés à vivre dans un coupable désordre.

TRAITEMENTS DE L'ORDRE JUDICIAIRE.

Nous ignorons s'il y a eu quelques réformes dans cette branche de l'administration; mais, il y a quelques années seulement, les juges, cumulant plusieurs emplois de la magistrature, avaient un revenu beaucoup plus considérable que celui attaché à leur traitement. Un *juiz de forà*, en qualité de juge proprement dit, ne touche que quatre cent mille reis (deux mille cinq cents francs); et le revenu total de celui de *Villa-Rica* s'élevait naguère à huit cent mille cruzades (vingt-cinq mille francs). Le traitement d'un *ouvidor* est de cinq cent mille reis (trois mille cent vingt-cinq francs), et son revenu effectif est souvent quadruplé.

Les membres *camaristas* (de l'espèce de municipalité connue sous le nom de camara) sont censés remplir leurs fonctions gratuitement; mais, sous le nom de *propina*, on leur accorde une gratification qui est prise sur les revenus de la *camara*, et qui varie suivant les districts. Ainsi, par exemple, les camaristas de *Villa do Principe* reçoivent quarante mille reis (deux cent cinquante francs); ceux de *Caetè* soixante mille reis (trois cent soixante-quinze francs). Chaque *camara* a un greffier qui touche des appointements et n'a point de voix dans le conseil; cet officier est un de ceux qui, tous les trois ans, se mettent à l'enchère *à Villa-Rica*.

LÉGISLATION SUR LES INDIENS.

Maintenant, et pour préciser la complexité des différents tribunaux, j'ai pensé devoir faire connaître à mes lecteurs quel a été, depuis la conquête du Brésil, l'état civil des aborigènes.

Dans les premières années de la conquête du Brésil, aucun règlement positif n'émanait de la métropole pour protéger les Indiens, ou pour s'opposer à leur destruction. Durant leurs guerres avec les Portugais, ils étaient fréquemment réduits en esclavage, et conduits d'une capitainerie dans une autre, pour que leur asservissement présentât plus de sécurité, ce qui pouvait bien être considéré comme une sorte de traite; et plusieurs tribus disparurent sous ce régime. En 1570, un règlement de *Sébastien* essaie de le modifier, et *déclare les Indiens libres :* il est sans exécution. En 1595, un édit de Philippe II *réduit à dix ans* le nombre *des années de captivité* imposées aux Indiens condamnés à l'esclavage. En 1605, un nouveau règlement *déclare les Indiens libres*. L'année 1609 voit paraître de *nouvelles ordonnances en leur faveur*. En 1611, des peines graves sont infligées à ceux qui *se trouveraient en contravention avec les lois favorables aux indigènes*. Ce n'est toutefois qu'en 1755, sous le ministère de *Pombal*, que les *aborigènes ont été déclarés définitivement libres ; privilège* instantanément peu respecté par la dureté des *Portugais gouverneurs de provinces*, restés plus ou moins dans un système d'hostilité, mais efficacement protégé, depuis 1822, par ce *même pouvoir*, alors confié par l'empereur à des mains brésiliennes capables d'activer les moyens de civilisation, pour utiliser promptement ces bras acclimatés si précieux pour l'agriculture, et à laquelle se rattache la prospérité de leur sol natal.

Culte Religieux.

PROCESSIONS.

Les cérémonies de la religion catholique, introduites au Brésil par les missionnaires portugais, ont conservé jusqu'à présent leur caractère de barbarie, c'est-à-dire, l'exagération dont ils avaient besoin pour frapper l'imagination des sauvages indiens, en leur présentant des images sculptées et coloriées, et surtout d'une proportion gigantesque. Ces mêmes missionnaires avaient senti avec justesse que l'aspect de ces figures humaines, êtres intermédiaires entre l'homme et la Divinité, ferait naître dans l'imagination des sauvages la supposition d'une grandeur et d'une force extraordinaire dans le nouveau Dieu qu'on leur enseignait.

De là l'introduction des processions brésiliennes, imitées des processions espagnoles. Cette sorte de cérémonie religieuse est devenue pour la ville de Rio-Janeiro une occasion de luxe et de divertissement public, dans lequel brille la toilette élégante de toutes les dames, qui profitent de la fête pour se montrer aux balcons des maisons devant lesquelles passe le cortége. On y remarque aussi la vanité des confréries religieuses attachées à chaque église, dont l'orgueil cherche à se distinguer en étalant dans ces promenades l'extrême richesse des ornements qu'elles entretiennent à grands frais, sans vouloir cependant en changer le mauvais goût.

On compte à Rio-Janeiro huit processions principales, savoir : celle de *San-Sebastiaõ,* le 20 janvier, fête du saint; celle de *Santo-Antonio,* le jour des Cendres, à quatre heures du soir; celle *Nosso Senhor dos Passos,* le second jeudi de carême; celle *do Triompho,* le vendredi qui précède le dimanche des Rameaux; celle *do Enterro,* le vendredi saint; celle *do Corpo de Deos,* le jour de la Fête-Dieu, et qui se répète le jour de l'octave; enfin celle *da visitaçaõ de Nossa Senhora,* le 2 juillet.

PROCESSION DE SAINT-SÉBASTIEN.

(LA PREMIÈRE DE L'ANNÉE.)

La procession instituée en l'honneur de *saint Sébastien,* protecteur de la ville de Rio-Janeiro, a lieu le 28 janvier, huit jours après la fête du saint. Elle sort à quatre heures après midi de la chapelle impériale, et s'arrête à la *Seà Velha* (vieille paroisse), regardée comme la plus ancienne de la ville. *L'église de Saint-Sébastien,* située sur la montagne des Signaux, est la première qu'on aperçoive en entrant dans la baie.

Le cortége se compose d'un détachement de cavalerie, qui ouvre la marche; suivent en file les bannières de toutes les confréries qui précèdent la nombreuse réunion de leurs députations; après elles, les gens de la maison impériale, les membres *da camarà municipale* (conseil municipal), précédés de leur étendard; puis, l'*image, sculptée en bois et coloriée, de saint Sébastien* représenté debout et attaché à un tronc d'arbre (*). La figure du saint, entièrement nue, porte le large ruban et la décoration de commandeur de l'ordre du Christ, enrichie de diamants. Les émoluments attachés à son grade sont touchés afin d'être employés à l'entretien de sa chapelle.

(*) Sa hauteur est d'environ trois pieds.

La statue, élevée sur un plateau très-richement orné, est portée par des membres du conseil municipal; vient ensuite tout le clergé des églises de Rio-Janeiro, précédant, avec celui de la chapelle impériale et la musique qui y est attachée, le dais sous lequel marche l'*évêque de Rio-Janeiro*, en qualité de *premier chapelain;* il est suivi de quelques dignitaires, tels que les ministres, présidents des chambres, ou autres; enfin un fort détachement d'infanterie de ligne et sa musique ferment la marche.

Le cortége entre dans l'intérieur de l'église Saint-Sébastien, y dépose sur le maître-autel la petite statue du saint, et alors la troupe qui reste en dehors fait trois décharges de mousqueterie et se retire. Ce signal est celui de la séparation des membres du cortége. Aussitôt toutes les rues adjacentes se remplissent spontanément de voitures qui ramènent les plus riches personnages qui viennent de figurer, tandis que ceux d'une médiocre fortune font envelopper le costume de cérémonie qu'ils viennent de quitter, et en chargent leurs esclaves, qui les suivent avec le précieux paquet.

Le clergé disséminé se sépare en groupes de deux ou trois individus, que l'on rencontre emportant chez eux l'énorme cierge qui leur est donné comme jeton de présence. D'autres membres subalternes du clergé escortent les nègres qui portent sur leur tête les *taboleiros* (plateaux de bois à petits bords) remplis de divers ornements d'église, recouverts par des espèces de petites nappes de mousseline brodée, garnie de dentelles. Mais, au milieu de cette cohue, les plus embarrassés sont les porte-croix et leurs acolytes porteurs de grands chandeliers, s'efforçant, comme on le pense bien, de rentrer le plus vite possible et sans cérémonie dans leurs églises respectives.

Enfin, après cette journée de fatigue, le lendemain, à l'heure ordinaire de l'ouverture des églises, on voit la petite *statue de saint Sébastien* reparaître sur le maître-autel de la chapelle impériale, où elle est revenue incognito.

PROCESSION DE SANTO ANTONIO.

(LA SECONDE DE L'ANNÉE.)

L'immense *procession de Saint-Antoine* se compose de *douze groupes de figures colossales,* dont, à la vérité, les têtes, les pieds et les mains seuls sont de bois sculpté et colorié, tandis que le reste du corps n'est qu'un léger mannequin revêtu d'un costume de velours ou de soie.

Ces groupes imposants, resplendissant de gaze d'or et d'argent qui figure des nuages et des rayons souvent parsemés de têtes de chérubins, offrent à l'œil d'énormes masses fixées sur des plateaux richement recouverts de velours cramoisi, galonné et frangé d'or. Plus ou moins pesants, ils sont portés par quatre, six, ou huit hommes, revêtus du costume de la confrérie de cette paroisse.

DESCRIPTION DE CETTE PROCESSION.

L'avant-garde est composée d'un sous-officier et de quatre cavaliers de la garde de la police; puis vient un groupe d'anges grotesquement vêtus, et du genre de ceux qu'a dessinés Albert Durer; ensuite le porte-croix et les chandeliers surmontés de grands cierges garnis de fleurs en cire colorée, d'oiseaux, et de petites têtes de chérubins de la même matière, groupés ensemble et soutenus par des tiges élastiques. Le *premier groupe* représente *un roi et une reine debout,* vêtus de grandes robes de soie vert clair un peu blanchâtre; chacun d'eux porte un chapelet à la main. Chaque groupe est précédé d'un jeune garçon ou d'une jeune fille vêtue en costume d'ange, portant un écriteau explicatif fixé à l'extrémité supérieure d'un bâton argenté. Le *deuxième groupe* se compose d'*un saint Antoine* debout, et d'un Christ aussi debout et revêtu d'une grande robe de soie vert clair; il tient à la main une croix de bois assez large, et saint Antoine une autre de bois rond, très-mince, entièrement dorée. Le *troisième groupe* figure un concile présidé par un pape assis sous un petit dais à dossier et devant une petite table ronde recouverte d'un tapis de velours cramoisi, sur laquelle se trouve étendu un grand papier portant une inscription ; quatre cardinaux sont également assis autour de cette table, et un religieux franciscain est à genoux (*). Le quatrième, *un roi et une reine debout;* le cinquième, *un saint Bénédito nègre* aussi debout, vêtu d'une robe noire liée à la ceinture par un cordon blanc, et tenant un petit crucifix à la main, qu'il a l'air d'adorer. Le sixième est formé d'*une Notre-Dame de la Conception* debout, et entourée de nuages de gaze d'argent parsemés de têtes de chérubins. Le septième, *une Madeleine repentante,* à genoux, ayant devant elle un petit crucifix planté en terre; elle tient un cilice à la main. Le huitième, *un Christ en croix,* le bras droit détaché, et le reste du corps penché vers un saint Antoine à genoux et en adoration; le neuvième, *un saint Jacques debout,* ayant à sa gauche son chien porteur d'un petit pain à la gueule; le dixième *un saint Louis, roi de France,* debout, tenant à la main les trois clous et la couronne d'épines, dont la partie inférieure est enveloppée d'un petit morceau de damas cramoisi, galonné d'or. Il est affublé d'un manteau bleu étoilé, d'une perruque de médecin, dont les trois marteaux sont mobiles, de moustaches à l'espagnole, et a devant les pieds un tabouret, où se trouvent posés le sceptre et la couronne. Le onzième, *une sainte Isabelle, reine de Portugal,* debout, parée d'un manteau jaune et d'une couronne d'or. Enfin, le douzième est *un Christ en croix,* au pied duquel est un saint Antoine à genoux et en extase. *Ce dernier groupe* est suivi des moines, du dais et de la musique militaire de l'infanterie, qui forme l'arrière-garde.

Cette procession, qui possède à juste titre la réputation d'offrir à la vue des fidèles le plus grand nombre d'images en relief, reste plus de quatre heures en marche; elle rentre presque à la nuit close, et le chemin qu'elle parcourt est constamment rempli d'une multitude de spectateurs nationaux et étrangers.

La piété considère cette fête comme le premier jour de carême, et l'incrédulité comme la continuation du carnaval. Cependant tout s'y passe avec le plus grand ordre. Sa marche est interrompue par beaucoup de poses, parce que l'énormité du poids de quelques-unes de ces machines empêche les confrères porteurs de faire plus de trois à quatre cents pas sans soulager leurs épaules meurtries, en dépit de l'épaisseur des coussinets qui entourent l'extrémité des portants, et de la multiplicité des points fixés pour se relayer.

Ajoutez à cette première cause de fatigue la première difficulté aussi de descendre, en conservant l'aplomb de ces énormes masses, sur une pente rapide et prolongée qui se trouve au sortir du couvent de Saint-Antoine.

C'est pourquoi, lors du retour de la procession, la fatigue générale des porteurs et la faveur de l'obscurité justifient une espèce de désordre, en ce que le clergé et les deux plus hauts groupes reprennent gravement le chemin de la pente, tandis que le reste des groupes, dont la proportion le permet, prend une autre direction pour remonter à travers les différentes portes qui divisent une suite de beaux escaliers en pierre pratiqués latéralement, et

(*) Qu'on se figure ce groupe plus grand que nature placé sur son plateau, et l'on se fera facilement l'idée de la fatigue des *porteurs à moustaches*. En effet, les confrères, devenus moins fervents, salarient aujourd'hui des soldats de la ligne, auxquels ils prêtent leur costume pour porter les groupes les plus pesants pendant cette longue et pénible marche.

arrivent plus facilement ainsi à l'extrémité supérieure de la pente. C'est cette partie de la procession qui rentre, dis-je, avec la précipitation qu'inspire le bonheur de se délivrer d'une pénible corvée.

Enfin tous ces groupes, rangés une seconde fois symétriquement sur leurs piédestaux, restent exposés aussitôt après à l'adoration des fidèles, qui viennent augmenter par leur affluence la chaleur étouffante que cause la quantité innombrable de cierges allumés qui semblent embraser l'église de *Santo-Antonio*.

L'arrangement des groupes terminé, les confrères, encore couverts de sueur, se rassemblent gaiement dans une des salles de leur consistoire, où les attend un splendide banquet. Exclusivement admis dans cette salle, ils s'y livrent librement, tout en réparant leurs forces, aux plaisanteries qu'inspire le ridicule de cette corvée, qui les amuse par habitude, mais qui leur cause maintenant une sorte de honte, et par cela même soulève leurs sarcasmes.

Cependant cette première impression, produite par le gigantesque des statues coloriées offertes processionnellement, conserve encore aujourd'hui son prestige sur la classe ordinaire de la population, et surtout chez les femmes, libres ou esclaves. A genoux, pénétrées de componction, et osant à peine regarder l'image en bois d'un saint dont elles implorent l'assistance, selon le caractère des pouvoirs qui lui sont spécialement concédés, elles redoublent de prières pour obtenir, à l'aide de son efficace intercession, le pardon des péchés dont elles craignent les suites, ou d'heureux résultats qu'elles désirent ardemment; crédulité à la vérité encouragée depuis trois siècles par les soins des chapelains, intéressés à entretenir une pieuse correspondance par l'intervention des messes votives.

PROCESSION DE NOSSO SENHOR DOS PASSOS,

NOTRE SEIGNEUR PORTANT SA CROIX.

(LA TROISIÈME DE L'ANNÉE.)

Le second jeudi de carême, le *souverain, les seigneurs de sa cour et les ministres,* se réunissent à la chapelle impériale des Carmes, entre sept à huit heures du soir, pour porter processionnellement une *image, sculptée en relief, du Christ à genoux portant sa croix,* figure du double de la grandeur naturelle. Elle est fixée sur un plateau enrichi de sculptures et de draperies à franges d'or; le tout est recouvert d'un baldaquin fermé par quatre rideaux réunis par des nœuds de rubans. Toutes ces draperies sont de brocart violet foncé et or.

La robe de *Notre Seigneur* est de serge violette foncée, liée à la ceinture par une corde dont les nœuds sont formés par des enlacements combinés avec adresse. Ce groupe ainsi renfermé ne laisse voir qu'environ trois pieds de la croix, dont l'extrémité inférieure excède le derrière du plateau (*). Huit porteurs sont employés au transport de cette masse: l'*empereur*, à droite, et son capitaine des gardes, à gauche, soutiennent sur leurs épaules les deux portants de devant (**), et les personnages les plus distingués s'emparent des autres portants.

Sur les neuf heures, le bourdon de la chapelle impériale annonce la *sortie de la procession,* qui, après une demi-heure d'une marche coupée de quelques poses indispensables, arrive à *l'église de la Miséricorde,* où se trouve un autre piédestal préparé pour recevoir le fardeau sacré. L'empereur, après l'avoir déposé sur cette nouvelle base, monte en voiture et disparaît; chacun des autres porteurs aussitôt en fait autant, et les curieux restent dans l'église.

(*) Cette figure, avant la procession, est pendant deux ou trois heures exposée sur un piédestal, au milieu du chœur de la chapelle impériale.

(**) Sous le règne de Jean VI, le roi et le prince royal occupaient cette place.

COMPOSITION DU CORTÉGE.

Un détachement de cavalerie de la garde de la police ouvre la marche, et précède la bannière de la *confrérie de Nosso Senhor dos Passos*. Cette bannière est en soie violette très-foncée, et bordée de galons et de franges d'or; elle est portée et escortée par des membres de la même confrérie, dont le costume, mais uni, est de la même couleur. Une double haie formée d'archers (gardes du palais) escorte la figure de *Nosso Senhor dos Passos*, cachée sous son baldaquin, et entourée de seize lanternes allumées, fixées à l'extrémité de grands bâtons peints en couleur violette et bariolés d'or; ces lanternes sont portées, en signe de dévotion, par de simples particuliers. Suit le clergé de la chapelle imperiale, quelques chanteurs de sa musique, et le dais, sous lequel se trouve l'évêque, portant dans ses mains une croix sur laquelle ne figure plus le corps du Christ, qu'on a enlevé; et enfin viennent les ministres et grands dignitaires de l'État. Un fort détachement de la milice ferme la marche.

Le cortége dissous, les membres de la confrérie découvrent la figure, et les dévots du quartier viennent jusqu'à minuit baiser le talon de la figure de *N. S. dos Passos*, ainsi que l'extrémité du cordon de sa ceinture, qui pend sur le devant du piédestal.

L'église, cette nuit-là, est toute resplendissante de lumière; deux confrères immobiles restent à genoux sur la première marche du maître-autel, tenant chacun un cierge allumé à la main, jusqu'à ce que deux autres viennent les relever : cérémonie qui se renouvelle de quart d'heure en quart d'heure, jusqu'à ce que le lendemain soir, à quatre heures, une nouvelle procession vienne rapporter l'*image de Nosso Senhor dos Passos* à la chapelle qu'elle a quittée la veille.

Le vendredi, lendemain de cette procession, depuis la pointe du jour jusqu'à quatre heures de l'après-midi, l'église de la Miséricorde est constamment remplie d'une foule de dévots curieux, qui, après avoir fait leur prière, vont baiser humblement le talon du pied gauche de la statue, qui est représentée ainsi agenouillée: après cette faveur, ils déposent leur aumône dans un immense plat d'argent posé sur le même piédestal.

Un large marchepied, placé derrière la figure et contigu au piédestal, facilite cette démonstration publique d'humilité. L'attitude que l'on est forcé de prendre pour arriver jusqu'au talon du Christ est très-pénible, quoique le degré le plus élevé du marchepied dont on se sert pour y monter soit de niveau avec le plan qui supporte la figure. L'usage, en effet, prescrit de se trouver à genoux au moment où l'on donne le baiser, de sorte que la personne qui veut accomplir cette pieuse pratique est obligée de s'appuyer d'abord sur les deux genoux, de se pencher ensuite en avant, et de poser successivement ses deux mains sur le même plan, afin de pouvoir, en allongeant extrêmement le cou, atteindre l'*énorme talon*, que l'on ne doit rigoureusement toucher qu'avec les lèvres.

C'est dans cette circonstance difficile que les Brésiliennes trouvent, à la faveur de la piété, un moyen de plus pour déployer publiquement la grâce naturelle, parfois un peu étudiée, que leur inspire le besoin de plaire aux nombreux spectateurs qui se tiennent réunis dans ce lieu, pour rendre justice à la souplesse et à la coquetterie de cette pantomime.

Les personnes les plus dévotes de la classe ordinaire ont l'habitude, en descendant du marchepied, d'aller faire une autre génuflexion devant le piédestal, pour y baiser encore un nœud placé à l'extrémité de la corde qui forme la ceinture de la robe du Christ; ce nœud révéré, pour plus de commodité, ne se trouve qu'à deux pieds et demi du sol.

Et les plus pauvres se contentent de cette dernière consolation ; aussi voit-on constamment une foule d'hommes, de femmes, de tout âge et de toutes couleurs, attendant patiemment leur tour, et profiter avec empressement de l'avantage de baiser gratis l'*extrémité du cordon de Nosso Senhor dos Passos*, jusqu'au moment du retour de la sainte figure à la chapelle impériale.

Effectivement, ce même jour, vers les quatre heures de l'après-midi, le son des cloches de l'église de la Miséricorde annonce la sortie de la procession retournant à la chapelle, et dont voici la composition du cortége :

Quelques cavaliers de la garde de la police ouvrent la marche, comme de coutume; paraissent ensuite la bannière de la confrérie de *Nosso Senhor dos Passos*; la réunion générale des membres de la confrérie formée des employés de différentes classes attachés au service particulier des palais impériaux; une députation de la confrérie de la Miséricorde; la *statue*, portée à découvert par les chanteurs de la chapelle impériale. Elle est, de plus, ornée d'une très-grosse couronne et d'un énorme bouquet de fleurs naturelles. Les lanternes qui l'environnent sont portées alors par les principaux employés, ecclésiastiques, civils ou militaires, faisant partie du service de la cour. Viennent ensuite la musique de la chapelle, son clergé, le dais, les membres de la chambre municipale, les ministres et les grands dignitaires, entourés de deux files d'un fort détachement de fantassins avec sa musique.

Le cortége, en revenant, descend la rue de la Miséricorde, fait le tour du palais impérial, et reprend ensuite les rues qu'il doit parcourir. Enfin, après plusieurs heures de marche interrompue par des stations faites à différents reposoirs, il rentre à la nuit, par la rue Droite, à la chapelle de *Nosso Senhor dos Passos*.

Tout le cortége entre dans la chapelle impériale; la statue seule est portée dans sa *chapelle particulière*, située immédiatement à côté (*). Cette *salle*, consacrée à *Nosso Senhor dos Passos*, est assez petite, et laisse peu d'espace pour contenir l'affluence des curieux. La statue une fois rentrée, on referme aussitôt les portes, que l'on ne rouvre qu'environ un quart d'heure après, temps employé à réinstaller la figure sur son piédestal, et auquel s'adaptent par derrière deux marchepieds réunis par un petit palier; combinaison qui permet d'y monter et d'en descendre assez commodément. Sur ce même piédestal, et très-près du petit palier, vers l'escalier de droite, se trouve placé le vaste plat d'argent destiné à recevoir les aumônes, tellement nombreuses dans cette occasion, qu'on est obligé de le vider de quart d'heure en quart d'heure.

C'est dans cette salle, encombrée par la foule des dévots et des curieux, qu'à la lueur d'une somptueuse illumination l'élite de la société vient montrer tout le luxe de parure dont l'usage permet aux dames d'embellir leur dévotion.

C'est là encore que, jusqu'à minuit, les curieux, hommes répandus dans la société, restent groupés, soit en dedans soit en dehors, attendant les aimables visiteuses qui arrivent de toutes parts, poussées, soi-disant, par l'unique intention de baiser humblement le *talon* et le *nœud* de la ceinture de *Nosso Senhor dos Passos*.

Enfin, sur ce piédestal, devenu ainsi pendant trois heures un véritable théâtre de société, figure tour à tour l'amour-propre de tous les âges et de toutes les conditions. Cependant, il faut l'avouer, une sensation douloureuse l'emporte sur le plaisir de fronder le ridicule, lorsque l'on considère les efforts incertains d'une vieille douairière brésilienne, essayant, à l'aide d'un domestique, une pénible et tremblante génuflexion, qui, dans sa jeunesse, lui valut des éloges si bien mérités, et dont aujourd'hui une plus sincère dévotion lui impose le devoir par une rigoureuse humilité; on voit son fidèle serviteur, placé sur la dernière marche, derrière sa maîtresse, s'empresser de suppléer par ses soins à la force qui lui manque pour se relever et l'aider à descendre, bien lentement encore, du marchepied placé du côté opposé, en laissant derrière elle une file impatiente de la faire oublier!

Mais heureusement lui succède *la riche Brésilienne, déjà sur le retour*, affectant un air de

(*) L'entrée principale de la chapelle de Nosso Senhor dos Passos donne sur la place; elle se compose des deux portes vitrées appartenant au petit corps de bâtiment qui sépare la chapelle impériale de son clocher. Elle a deux autres issues dans l'intérieur, qui communiquent au cloître, ainsi que dans la chapelle. (Voir la planche 1re.)

dignité, même déplacé, pour donner le change sur la difficulté qu'elle éprouve à utiliser le peu de souplesse que lui laissent les entraves multipliées imaginées par son ingénieuse couturière pour comprimer, au profit de l'élégance, l'énormité de son embonpoint.

Ici la scène change : arrivent les *jeunes demoiselles;* et avec quel intérêt ne distingue-t-on pas *la jeune fiancée,* dont le maintien, déjà plus assuré, ennoblit l'air mystique recommandé par le confesseur! Brillante de ses grâces naturelles, et préoccupée du bonheur qu'elle attend, on la voit, au moment où elle se relève, épier, d'un œil furtif mais toujours candide, l'hommage de celui de ses admirateurs présents qu'elle ose nommer dans le monde comme l'objet de son choix.

Il n'est pas jusqu'à la négresse admise au rang de femme de chambre, et comme telle suivant immédiatement sa maîtresse, qui n'imite très-adroitement, dans cette occasion, tout le manége de circonstance, parée qu'elle est des vêtements élégants que l'ostentation de sa maîtresse lui donne, et des bijoux que sa docile complaisance lui a obtenus des fils de la maison ou des jeunes gens qui fréquentent ses maîtres.

Enfin, *la prostituée* (*) ne craint pas de s'y montrer. On la reconnaît facilement à sa mise parfois très-riche, mais outrée, et dont le mauvais goût, quoique recherché, décèle la gaucherie de la classe obscure qu'elle déshonore. Son costume se compose ordinairement d'un corsage de soie, de couleur brillante, surchargé de cordonnets, de petits tuyaux de soie, ou de rubans étroits et de couleur tranchante : posés à plat et contournés d'une manière bizarre, ces ornements sont presque toujours discordants d'harmonie avec le fond sur lequel ils reposent. Une garniture à peu près analogue surcharge le bas d'une jupe blanche de superbe mousseline des Indes; des bas de soie blancs et des souliers d'étoffe de soie bleu de ciel, rose, jaune clair ou vert, complètent sa toilette. Est-elle plus riche, elle porte la jupe de dentelle noire brodée, qui se détache sur un transparent ou dessous d'étoffe de soie, blanc, rose ou jaune, quelquefois même noir, avec des rubans de couleur passés dans les coulisses et aux extrémités des garnitures.

Toutefois, le maintien roide et pincé qu'elle conserve strictement en public donne heureusement le change sur le plus que laisser-aller du tête-à-tête libidineux qu'elle offre dans sa maison. Il est de fait que si les prostituées fréquentent assidûment les églises au Brésil, c'est qu'il n'y a pas d'autres réunions publiques.

En un mot, cet étrange spectacle se termine à minuit, et, aussitôt après la fermeture des portes, le caissier fait verser dans ses coffres la totalité des abondantes aumônes de la soirée; puis, les fermant avec empressement, il se hâte de retourner chez lui, pour s'y reposer de ses fatigantes fonctions, qui l'ont obligé de rester debout pendant huit heures de suite.

Il y a dans la ville une autre *chapelle de Nosso Senhor dos Passos,* très-petite église qui donne son nom à la rue par laquelle on y arrive; c'est là que la confrérie de ce même nom conserve et entretient pendant le reste de l'année ce qui appartient au culte de cette image. On y trouve donc les grandes armoires destinées à contenir les différentes parties, démontées, de la figure colossale, ainsi que les vêtements qui la parent et le reste des accessoires consacrés par l'usage.

Lorsqu'on remonte cette figure, ce sont les dames grandes dignitaires de la confrérie qui se chargent de la revêtir de son costume, et de lui fournir pour sa parure la grosse couronne et l'énorme bouquet de fleurs naturelles dont nous avons parlé.

(*) Elle appartient la plupart du temps à la classe des mulâtresses ou des négresses libres.

PROCESSION DU TRIOMPHE DE JÉSUS-CHRIST.

(LA QUATRIÈME DE L'ANNÉE.)

Le vendredi qui précède le dimanche des Rameaux, sur les quatre à cinq heures du soir, la population de Rio-Janeiro se rassemble pour voir sortir de la chapelle des Carmes la procession *do Triunfo*, c'est-à-dire, de la réunion des souffrances et des humiliations qui composent l'ensemble de la passion de N. S., et dont on porte processionnellement les différentes scènes retracées en relief.

Comme dans les précédentes processions, la garde de la police ouvre le cortége, puis la bannière violette, sur le milieu de laquelle on voit l'inscription : S. P. Q. R. (senatus populusque romanus), brodée en or ; après elle vient un *ange* portant une croix de bois noir à filets d'or, sur laquelle sont clouées deux palmes croisées, surmontées d'une inscription en lettres d'or.

Jésus-Christ forme le sujet de chacun des groupes, exécutés en relief de grandeur naturelle. Le premier représente le Christ à genoux, revêtu d'une robe violette foncée ; le deuxième, le Christ debout, les mains liées, et revêtu d'un pareil costume; le troisième, Jésus flagellé, debout et entièrement nu ; le quatrième, Jésus déjà flagellé, assis un roseau à la main, ayant le dos couvert d'un petit manteau de brocart cramoisi et or ; le cinquième représente encore Jésus flagellé, debout, et avec un manteau semblable, mais plus long ; le sixième, c'est Jésus un genou en terre, portant sa croix, et revêtu d'une robe violette unie, arrêtée par une ceinture, dont l'une des extrémités est pendante ; et le septième est Jésus crucifié, dont la figure est entourée d'énormes rayons dorés. Ce dernier groupe est escorté par six gros cierges de cire brune, enroulés en forme de vis, supposés comprimés par une bandelette d'or. Entre chaque figure sculptée marchent des anges, portant les différents accessoires de la passion. Le dais, de couleur violette, est porté par huit bâtons rouges et or, et escorté de huit lanternes. Une autre figure sculptée le suit, c'est la *Vierge des douleurs* : elle est revêtue d'un manteau violet foncé ; ses deux mains sont croisées sur sa poitrine ; de plus, huit épées nues, arrangées en cercle, semblent fixées dans son sein; une large auréole dorée domine ses cheveux, qu'elle entoure.

La double haie qui borde la procession se compose des membres de la confrérie de la chapelle des Carmes, et des moines de cet ordre qui la desservent. L'arrière-garde est formée d'un fort détachement d'infanterie, que précède sa musique en exécutant des marches funèbres. Les soldats portent le fusil renversé, en signe de deuil.

Le cortége rentré, on repose les figures sur leurs piédestaux, rangés sur deux files de chaque côté de la nef. Elles restent ainsi pendant le jour suivant exposées à la vue des fidèles, qui y vont faire des stations et baiser l'extrémité des cordons de ceinture qui pendent sur le devant du piédestal qui les supporte.

PROCESSION DE L'ENTERREMENT DE JÉSUS-CHRIST.

(LA CINQUIÈME DE L'ANNÉE.)

La procession *do Enterro* (de l'enterrement de N. S. Jésus-Christ), introduite au Brésil par le rite portugais, sortait régulièrement de la chapelle des Carmes à Rio-Janeiro, le vendredi saint, entre huit et neuf heures du soir ; mais depuis 1831 elle sort le jour, à quatre heures après midi. Ce changement d'heure, nécessité par les troubles populaires survenus dans cette ville, a eu pour but de faire disparaître un motif de rassemblement nocturne, qui aurait pu devenir funeste autant à la sûreté publique qu'à la décence religieuse.

Dans le principe, avons-nous dit, elle ne sortait qu'immédiatement après la fin de l'office des ténèbres chanté à la chapelle royale, afin d'en pouvoir utiliser les chantres, qui figurent dans le cortége de la procession *do Enterro,* dont ils font une partie d'autant plus essentielle qu'ils sont destinés à porter et accompagner le sarcophage renfermant le *cadavre du Christ.*

Avant le départ de la procession, l'église des Carmes est remplie de curieux, qui attendent le signal donné pour ouvrir les énormes rideaux de damas cramoisi qui cachent toute l'ouverture de l'entrée du chœur. L'effet de ce signal, que l'on peut véritablement comparer à ce qu'on nomme au théâtre un changement à vue, offre à l'admiration du spectateur étonné le plus riche coup d'œil que puisse présenter un immense groupe, composé de la réunion de tous les principaux personnages qui ont figuré dans cette scène historique, et revêtus de leurs habits de caractère, auxquels il ne manque pas le plus léger accessoire. Ils accompagnent le cortége, et sont supposés assister à l'enterrement de Jésus-Christ; cérémonie qui a donné son nom à cette procession brillante.

Cependant, en examinant de sang-froid tous ces détails, à mesure qu'ils se développent, on y retrouve le style barbare, et aujourd'hui grotesque, du siècle qui les a créés. Comment, en effet, ne pas sourire à l'aspect des incohérences les plus ridicules, si religieusement conservées, lorsqu'on oublie un moment que les inventeurs de ces cérémonies ont été obligés d'outrer les moyens d'impressionner des peuples ignorants qui ne jugeaient qu'avec les yeux?

Néanmoins, il ne serait peut-être pas prudent encore de réformer cette exagération acceptée par la population brésilienne, composée comme elle l'est maintenant de nègres, de mulâtres éminemment superstitieux, et de blancs dont une partie (les vieillards et les hommes mûrs) peut regarder son éducation comme arriérée. En un mot, dévots par habitude autant que par vocation, ils ont besoin de tout ce prestige, et appelleraient profanation du culte religieux la modification la plus raisonnable de ces bizarres cérémonies.

Aussi, dans l'esprit du vieux Brésilien, toute idée d'innovation est-elle d'abord méprisée et ensuite rejetée.

Mais le progrès des lumières qui se manifeste aujourd'hui portera insensiblement les Brésiliens civilisés à effacer peu à peu le bizarre, désormais inutile, dans le culte de la religion catholique tout à la fois si simple et si noble.

Voyons toutefois la composition très-détaillée de cette pompeuse procession.

Après un détachement de cavalerie de la police *vient un trompette à pied, revêtu d'un domino violet foncé*(*). Un confrère, supposé *lévite,* le suit, la tête couverte d'un assez grand voile blanc(**). Ce confrère, ainsi ajusté, porte dans ses mains une croix de bois mince, de six pouces de large et de six pieds de haut, peinte en noir et ornée d'un saint suaire ensanglanté (***). Le porte-croix est escorté par deux acolytes tenant chacun, au bout d'un bâton, un gros cierge brun et or, tourné en forme de vis. Suit un confrère, en costume ordinaire, traînant derrière lui un énorme étendard romain, c'est-à-dire, tenant sur son épaule droite la pique de l'étendard, de sorte que l'étoffe appuyée sur son épaule traîne réellement à terre, ainsi que le bâton. Un *ange,* jeune garçon de dix-huit ans, porte de la même manière une autre petite enseigne romaine. Il précède *trois grands individus* marchant de front, enveloppés chacun, depuis la tête jusqu'aux pieds, d'une robe noire, dont la queue promène environ trois ou

(*) Ce personnage est enveloppé, depuis la tête jusqu'aux pieds, dans une grande robe de pénitent, faite de serge fine violette et unie; deux trous sont réservés pour les yeux. Son instrument est également renfermé dans un fourreau de même étoffe et de même couleur, de sorte que toutes les fois qu'il l'embouche, le sac s'enfle à l'instant; accident qui ordinairement provoque le rire des spectateurs.

(**) Cette coiffure, supposée de deuil, se compose d'un assez grand voile blanc, dont la plus grande partie tombe par derrière, laissant voir le visage du lévite à découvert; et le morceau de corde qui ceint sa tête donne à l'ensemble de sa coiffure, vue par devant, l'air d'un bonnet de femme.

(***) Le milieu du saint suaire pend suspendu en demi-cercle, tandis que ses extrémités retombent, soutenues sur les deux bras de la croix.

quatre pieds d'étoffe sur le pavé; ils ne voient clair qu'à la faveur de deux petites ouvertures pratiquées à la hauteur des yeux. Vient ensuite *un groupe d'une quinzaine d'anges* portant à la main les différents accessoires de la passion, réduits à une petite proportion, et marchant deux à deux, à une assez grande distance l'un de l'autre pour laisser un confrère marcher librement au milieu de chaque couple. Ces *anges* sont représentés par de petites filles et de jeunes garçons de sept à onze ans (*). Les plus petits *anges* tiennent par la main le confrère, qui ne les quitte pas; c'est ordinairement le père ou un parent de l'enfant, ou quelquefois seulement un ami de la famille. Arrive enfin le *palanquin funèbre,* porté par quatre diacres; on y distingue le corps colorié et sculpté en bois de N. S.; il est recouvert dans toute sa longueur d'un voile transparent broché en or. La figure est couchée et portée sur un lit surmonté d'un baldaquin, qui ne diffère que par sa richesse de ceux qu'emploient les confréries pour les enterrements. Il est précédé d'un groupe de chantres et de musiciens de la chapelle impériale, dans le même costume que les porteurs, c'est-à-dire, en *lévites* (**). Les porteurs diacres ne se distinguent des autres lévites que par leur *étole de deuil,* qu'ils portent en écharpe, de gauche à droite. Aux deux côtés du *palanquin* sont rangés les confrères *porteurs de lanternes.* Immédiatement après, suit, sans donner le moindre signe d'affliction, une *Madeleine* (***), gros garçon de quinze à seize ans. A côté de cette *Madeleine* marche un *saint Jean* d'aussi bonne mine, ayant absolument la même mise, à l'exception de la perruque, dont les cheveux sont courts (****); il porte sous le bras un gros livre, afin, sans doute, de compléter le saint Jean évangéliste. Viennent ensuite *huit gros soldats romains,* armés de pied en cap, la hallebarde en main; derrière et au milieu, *un énorme centurion* marche coiffé d'un casque richement orné, ceint d'une écharpe de soie cramoisie, à franges d'or, et tenant à la main une haute et pesante hallebarde, dont à chaque pas il frappe fortement le pavé. *Quatre autres géants,* aussi grotesquement équipés, sont supposés représenter les *princes des prêtres* (*****). Deux de ces *princes,* un peu moins brillants que leurs collègues, portent chacun sur l'épaule une moyenne

(*) Ces anges sont tous coiffés de petites perruques à tire-bouchons poudrées à blanc, surmontées d'un diadème de clinquant, et couronnées d'un bouquet de fleurs ou de plumes assez grandes, que l'on fixe sur le sommet de la tête. Le reste du costume, rappelant un peu celui de Louis XIV, se compose d'une tunique, faisant corsage, de velours cramoisi ou bleu de roi, enrichie de galons ou de dentelles d'or et d'argent. Le bas de la jupe, demi-ouverte, évasée et bordée de franges, est garni d'un assez gros fil de fer, qui lui conserve une forme arrondie, à l'exception de quelques angles retroussés, qui supposent l'effet du vent. Une écharpe de gaze d'argent, soutenue dans ses contours par de gros fils de fer, afin de lui donner une physionomie aérienne, forme un berceau un peu incliné en arrière et au-dessus de sa tête. Ce volume informe, qui ressemble de loin à un soufflet de forge attaché au dos de l'ange, laisse à peine paraître les deux ailes de cygne qui complètent le caractère du costume. Ces *anges* sont, en outre, chaussés de bas de soie blancs; leurs brodequins de velours rouge ou vert, enrichis et bordés de galons d'or, montent jusqu'à mi-jambe: d'énormes girandoles pendant à ses oreilles, et de grosses plaques en faux diamants, qui forment ses bracelets ou se groupent sur sa poitrine, achèvent de parer le malheureux ange, qui, d'un pas lent et compassé, étudie le balancement de toutes les saillies rondes ou pointues dont il est environné, pour conserver un air de dignité pendant les deux ou trois heures que dure son singulier rôle. (Voir la planche qui le représente.)

(**) Ils sont revêtus d'un surplis blanc uni, un peu relevé à la ceinture par une corde, et leur tête est couverte d'un voile blanc retenu par une corde qui sert de bandelette.

(***) Cet homme, qui représente ici une femme, les joues chargées de rouge, est coiffé d'une énorme perruque blonde, pommadée et poudrée à blanc, dont les cheveux lisses tombent abondamment par derrière presque jusqu'aux mollets; une bandelette de clinquant les retient par devant. Sa tunique blanche est bordée d'or, et son manteau, assez ample, est de soie vert tendre, richement bordé de dentelles et de franges d'or. Ses brodequins de velours montent à la moitié de sa jambe. Il tient à sa main un très-petit vase fermé par son couvercle, figuré seulement; le tout sculpté en bois et doré.

(****) Le saint Jean est coiffé d'une perruque pommadée et poudrée à blanc, dont les cheveux, généralement courts, forment cependant quatre tire-bouchons assez longs pour accompagner ses joues.

(*****) Ils portent sur la tête d'énormes bonnets de carton, de forme pyramidale, recouverts de papier doré et argenté, collés en spirale, de manière à laisser voir entre eux la couleur cramoisie du fond. Ils ont, de plus, les yeux cachés par des touffes de cheveux qui leur descendent jusqu'au nez, et le reste de leur visage est ridiculement couvert d'une barbe postiche.

échelle peinte en rouge. Ce groupe est suivi d'un *ange*, assez grand garçon, qui tient à la main un rouleau de toile, sur lequel est peinte en rouge une sainte face, qu'il déroule au moment où il chante, monté sur un petit marchepied qu'on lui présente à chaque repos de la procession. Son chant, d'une lenteur extrême, quitte un instant sa monotonie pour devenir très-aigu, mais reprend insensiblement son caractère primitif. Cependant le ton est assez analogue au style doléant des deux ou trois paroles qui le composent; mais elles sont assez difficiles à comprendre, à cause de la prolongation des sons dont la langueur se confond sans interruption. La dernière figure de cette procession est l'*image de Notre-Dame des douleurs*, dont le piédestal est orné de cyprès. La marche est fermée par un fort détachement de chasseurs à pied, dont la musique exécute par intervalles des marches funèbres : les troupes sont dans la tenue de deuil. Ce cortége religieux est escorté d'une double haie de confrères et de religieux carmes déchaussés, qui desservent la chapelle de cette congrégation.

Après plus de deux heures de marche, le cortége rentre à la chapelle d'où il est sorti, et les groupes de sculpture, replacés sur leurs piédestaux, restent, jusqu'à minuit, exposés à l'adoration des fidèles.

Depuis le retour de la procession jusqu'à cette heure, les marches de l'église, ainsi que la place qui est devant, sont remplies de promeneurs qui se succèdent. Sur les deux côtés de ce même perron se prolonge un double rang de négresses, marchandes de sucreries, assises à terre. Ces brillants étalages, accompagnés de plusieurs lumières, forment une illumination agréable, qui accroît encore l'affluence des curieux et attire les acheteurs.

Aussi, ce second but de promenade change tout à coup le caractère de la scène de douleur à laquelle il succède. On ne s'occupe plus dès lors qu'à faire de petits présents de sucreries, offerts comme un hommage de politesse.

Ainsi se passe la moitié de cette agréable nuit, protégée par la douce température de Rio-Janeiro; et si l'on se sépare, c'est en se donnant rendez-vous pour le lendemain à la brillante fête du samedi saint.

PROCESSION DE LA FÊTE-DIEU,

FESTA DO CORPO DE DEOS.

(LA SIXIÈME DE L'ANNÉE.)

Il existe à Rio-Janeiro, comme dans les autres villes du Brésil, *une petite chapelle* consacrée *à saint George*, considéré comme *le défenseur du Portugal et du Brésil.*

Cette chapelle, le jour de *la Fête-Dieu,* sert de lieu de rendez-vous à la populace, que l'on voit, dès neuf heures du matin, affluer devant la porte, pour en voir sortir le grotesque cortége qui accompagne *la statue du saint*, grande comme nature et faite de carton, revêtue d'étoffe.

On la place sur un beau cheval blanc conduit en main par un piqueur de la maison impériale; mais ce qui amuse beaucoup l'essaim de petits mulâtres et de négrillons qui l'accompagnent, ce sont les fusées volantes que le nègre artificier qui marche devant elle, tire à la main, pendant le trajet de la chapelle Saint-George à la chapelle impériale.

C'est là que le *saint à cheval* attend, devant le portail, la sortie de la grande procession dont il ouvre la marche.

Vers les dix heures du matin, le carillon des cloches de la chapelle impériale, trois girandes tirées sur la place du Palais, et les salves d'artillerie de quatre pièces de campagne, rangées le long du parapet devant la façade du palais, annoncent le départ du cortége. La même explosion se renouvelle à la sortie du dais.

L'artificier nègre marche à une assez grande distance en avant du cortége, et s'arrête particulièrement dans les carrefours, où l'environnent quelques camarades compatriotes, qui passent successivement les fusées qu'il doit tirer. L'approvisionnement de ces projectiles est porté par une mule des écuries impériales. (Voir la planche.) Un piquet de cavalerie lui succède, suivi d'un piqueur à cheval revêtu de la grande livrée de la maison du souverain. Vient ensuite un groupe de huit à dix musiciens nègres formant *la musique de Saint-George* (*). Elle se compose de flûtes, de cors d'harmonie, de trompettes et d'un tambour. Le répertoire de ce corps de musique se compose d'une seule marche, qu'il répète sans interruption jusqu'à la rentrée de la procession; son style plat et monotone décèle la médiocrité de son antique compositeur.

Immédiatement après suit *le saint George* à cheval. Ce mannequin, de grandeur et de couleur naturelles, est richement habillé, et armé d'un bouclier et d'un petit étendard; il porte le grand cordon de l'ordre du Christ (**); son cheval blanc est magnifiquement caparaçonné, et est tenu en main par un piqueur à pied (***). Deux autres valets de pied marchent à côté du cheval, pour contenir avec la main les jambes du cavalier de carton, dont l'assiette incertaine se balance continuellement pendant la marche. Derrière lui se trouve son piqueur particulier (****), qui le suit à cheval, précédant un autre cavalier armé de toutes pièces et tenant un étendard à la main, et moins bien partagé dans les ornements de son cheval (*****). Cette cavalcade se termine par douze chevaux de main très-richement caparaçonnés, et conduits deux à deux (******) par des piqueurs à pied. Ainsi finit le cortége de saint George.

Commencent alors à paraître les douze bannières et les députations des douze confréries, que suivent les dignitaires et chevaliers du Christ, en habit de profès, puis le clergé des

(*) Le costume de ces musiciens nègres consiste en un énorme chapeau de feutre blanc jaune, de forme ronde à grands bords tombants, et une casaque de moyenne longueur, à petites demi-manches recouvrant la partie supérieure de manches plus longues, dans lesquelles passent les bras. Ce vêtement est de serge rouge, et bordé d'un assez large galon de laine jaune; leur pantalon est de toile de coton blanc; leurs souliers blancs, de peau de daim, sont ornés de rosettes rouges.

(**) Son casque, de mauvais goût, est de carton doré, et est surmonté d'un grand panache formé de très-belles plumes blanches. Sa cuirasse à lambrequins fond vert est couverte de riches ornements d'or; les cuisses et les jambes, que l'on suppose armées de fer, sont recouvertes d'un velours noir uni, dont les jointures sont dessinées par des galons d'or. Son manteau, mesquinement ajusté, est de velours vert richement brodé en or; il porte en santoir la décoration de commandeur de l'ordre du Christ, enrichie de diamants, et de plus le grand cordon. Son bras gauche soutient un bouclier de moyenne grandeur, sur lequel sont peintes les armes impériales brésiliennes; de la main droite, il tient l'étendard national renversé, en signe d'humilité; sa pique, ainsi renversée, est appuyée sur le pied droit et adhérente à l'étrier.

(***) La figure toutefois est fixée assez solidement, et ne fait qu'une pièce avec la selle. Le caparaçon ainsi que la housse est également vert et enrichi de broderies d'or. La tête, la crinière et la queue du cheval sont ornées de rubans de diverses couleurs, dont les énormes bouts flottent au gré des vents.

(****) La petite livrée du palais forme le costume de son piqueur: il tient en main une petite lance, au fer de laquelle est attaché un nœud de rubans jaunes et verts; il porte à sa ceinture une longue épée de Crispin, et monte un cheval orné de rubans comme les autres.

(*****) Cet énorme cavalier porte-étendard est revêtu d'une armure complète, sans aucun ornement doré; il porte le casque en tête, avec la grille de la visière baissée. Heureusement tout cela est de carton peint imitant le fer; car, malgré la légèreté de son costume, l'ardeur du soleil provoque encore des gouttes de sueur, que l'on voit ruisseler de son menton, la seule partie de son visage qui soit découverte. Depuis dix ans le même individu représente ce personnage, esclave de son physique gigantesque généralement considéré comme le beau idéal du rôle dont il est chargé dans cette véritable mascarade; il porte en main un grand étendard, au milieu duquel sont peintes les armes du Brésil. Son cheval est entièrement recouvert d'une housse de cuir jaune chamois uni, et sa queue est également renfermée dans un sac de peau de même couleur.

(******) Ces chevaux, très-richement caparaçonnés, sont supposés chargés chacun d'un petit coffre plat, de forme ovale, renfermant, dit-on, les trésors et les bagages du saint protecteur. Cette boîte, du reste, est cachée par une superbe housse de velours vert, enrichie d'ornements d'argent frappés. Un large écusson garnit toute la plate-forme; les angles tombants sont ornés de petits trophées militaires, et le fond est parsemé de larges étoiles.

différentes églises. Au milieu d'une double haie d'archers (gardes du palais), escorte habituelle de la maison de l'empereur, paraissent la musique de la chapelle impériale, son clergé, et enfin le dais, soutenu par huit portants, dont le premier à droite est porté par S. M. I., et celui de gauche, par son capitaine des gardes; les grands dignitaires se partagent les autres. Derrière viennent en groupe tous les individus qui composent le service du palais près la personne de l'empereur, le juge de la cour royale, etc., enfin le commandant des armes, à cheval, et entouré de son état-major. Un détachement d'infanterie de ligne ferme la marche, selon l'usage.

La procession fait, avant de rentrer, le tour du palais de l'empereur, moment où toute la famille impériale paraît aux balcons.

Des factionnaires de la milice et de la ligne sont placés de distance à autre, pour former la haie dans toutes les rues que parcourt le cortége, et se réunissent ensuite par détachements sur la place de la Chapelle.

Trois girandes, tirées sur la place du Palais, annoncent la rentrée du dais sous le portail de la chapelle impériale; à ce signal répondent les salves d'artillerie des forts et de la marine militaire.

Trois décharges de mousqueterie, faites par les pelotons rassemblés près de l'église, annoncent la fin du service divin. Le commandant des armes descend alors de cheval, et la troupe se retire dans ses quartiers.

OCTAVE DE LA FÊTE-DIEU.

Le jour de l'*octave*, la procession ne sort qu'à quatre heures de l'après-midi, et sa marche se borne à faire le tour de la place du Palais. Les étrangers saisissent cette occasion pour voir la famille impériale, qui se montre assez longtemps sur les balcons du palais.

Il n'y a sous les armes que la troupe nécessaire pour former la double haie qui conserve l'espace réservé au passage du cortége.

On tire cependant les girandes d'usage, mais tout est achevé en une heure.

PROCESSION DE LA VISITATION DE LA VIERGE,

A L'HOSPICE DE LA MISÉRICORDE.

(LA HUITIÈME DE L'ANNÉE.)

La fête de la Visitation de la Vierge, qui se trouve le 2 juillet, se célèbre particulièrement à l'hospice de la Miséricorde. Le corps de la chambre municipale se rend à la chapelle impériale, vers les huit heures du matin, pour y assister à la messe qui précède la *procession de la Vierge,* et qui tend à en remettre l'événement en action.

Nous donnerons ici une simple nomenclature de la composition du cortége de la procession de la chapelle impériale, qui commence, comme de coutume, par les soldats de la garde de la police en avant; puis, la bannière et une députation de la confrérie de *Notre-Dame de la Conception,* suivie de son clergé; une autre de Saint-François de Paule; une troisième, des carmes; viennent ensuite les membres du corps municipal, précédés de leurs trois massiers (*), ainsi que de leur étendard, porté par le procureur de la chambre; les huit

(*) Ces massiers, qui dans le principe étaient des valets armés, portent aujourd'hui un costume civil, c'est-à-dire *habit et dessous noir*, par-dessus, un manteau de soie noire. La masse, de deux palmes et demi de hauteur, est de cuivre argenté; elle a la forme d'une petite cassolette fermée, fixée à l'extrémité d'un manche de moyenne grosseur.

dignitaires, *vereadores* (de *verear,* gouverner), porteurs de cannes (*), et le président, *desembargador,* jurisconsulte (**) : suit le clergé de la chapelle impériale. Le dais est porté par des membres de la chambre municipale; et sous ce même dais marche processionnellement un chanoine de la chapelle impériale ayant le titre de monseigneur, coiffé d'une mitre, revêtu des habits pontificaux, et portant dans ses mains une *petite figure en relief, de deux palmes de haut,* sculptée en bois, coloriée, représentant la *Vierge enfant.* Ce cortége s'achemine vers l'hospice de la Miséricorde. Prévenue de sa marche, la confrérie de la Miséricorde sort processionnellement aussi de son église, pour rencontrer à peu de distance de là le cortége de la chapelle impériale.

C'est ainsi que le cortége qui vient de la chapelle impériale, accompagnant l'*image de la jeune Vierge supposée visitante,* et que celui de la Miséricorde, amenant avec lui l'*image de sainte Élisabeth,* supposée venir à quelques pas de sa maison *au-devant de Marie, complètent la scène de la Visitation* (***).

Du reste, afin de ne laisser aucun doute sur cette pantomime, au moment de la rencontre des deux processions, tout s'arrête. Alors le *porteur de sainte Élisabeth* s'avance gravement sous le dais de la Vierge, afin de s'approcher autant qu'il est nécessaire pour effectuer la représentation de cette scène affectueuse, et l'on voit *les deux petites figures s'embrasser,* à l'aide de leurs porteurs, qui se prêtent *à cette démonstration le plus dignement possible.* Tout s'achemine ensuite, d'un commun accord, vers l'église de la Miséricorde.

L'antique cérémonial prescrivait au porteur de sainte Élisabeth de se tenir en avant, quoique sous le même dais, afin de laisser la place d'honneur à la Vierge pendant la marche qui restait à faire; mais aujourd'hui les deux porteurs se placent côte à côte, laissant seulement la *droite à la Vierge,* et entrent ainsi dans l'église de la Miséricorde jusqu'au pied du maître-autel, sur lequel *ils posent* définitivement *les deux petites figures groupées.*

DESCRIPTION DE L'INTÉRIEUR DE L'ÉGLISE.

La décoration intérieure de l'église est la répétition de ce qui se fait partout ailleurs en pareille circonstance; la seule différence est dans la richesse des tentures, toujours cramoisies, ou dans la largeur des galons, employés avec plus ou moins de profusion.

Ici, les murs intérieurs de l'église sont entièrement recouverts d'une tenture de damas cramoisi, que clouent les tapissiers (*armadores*) pour servir de fond à leurs travaux; ils redessinent ensuite, avec des galons d'or et d'argent, des ornements empruntés à l'architecture, tels que panneaux, moulures, pilastres, chapiteaux, etc., fort compliqués, il est vrai, mais aussi d'assez mauvais goût. Ordinairement une écharpe courante relevée en festons orne le dessous de la corniche qui domine le pourtour de l'église; elle est d'étoffe rouge ou de gaze d'argent.

(*) Ces *alcades,* comme en Espagne, portaient, dès le principe, de grandes baguettes blanches; mais aujourd'hui ce sont des cannes de cinq pieds de haut et d'un pouce de diamètre, dont la plus grande partie est dorée, et sur l'extrémité supérieure de laquelle on a ménagé un champ, pour y peindre les armes du Brésil. Le titre de *vereador* vient du verbe *verear* (gouverner.)

(**) Le costume du président est un *manteau à l'espagnole,* fixé sur une *soutane;* le tout en soie noire. Il porte à la main une canne de bois blanc, de deux pouces de diamètre et de six palmes de haut. Le président est *jurisconsulte,* parce que la chambre municipale exerce une autorité judiciaire en matière de police.

(***) La petite statue de sainte Élisabeth est représentée portant le haut du corps en avant, et étendant ses bras ouverts. En 1816, ce cérémonial attirait un grand nombre de fidèles, qui stationnaient patiemment dans la rue de la Miséricorde; mais aujourd'hui le peu de spectateurs qui s'y réunissent pour voir cet épisode prouve que les habitants de Rio-Janeiro, maintenant plus éclairés, sans être moins religieux, renonceraient volontiers à cette cérémonie, ingénieuse dans son principe, mais bien puérile aujourd'hui.

L'église est richement illuminée; les lustres, les candélabres et un nombre considérable de bobèches isolées placées sur l'épaisseur des corniches, ainsi que sur toutes les saillies qui le permettent, sont garnis d'une immense quantité de cierges, dont la lumière produit l'effet le plus imposant.

Le maître-autel ne le cède en rien aux chapelles latérales; les sept degrés qui s'élèvent sur toute la largeur de son retable, sont recouverts d'étoffes d'argent et garnis de chandeliers serrés les uns contre les autres; ensemble qui forme une pyramide ardente (*), à la sommité de laquelle est placé le *groupe de la Vierge* et de *sainte Élisabeth*, dont les têtes sont ornées d'auréoles dorées enrichies de diamants. Enfin cette masse resplendissante qui garnit tout le fond de l'église, et s'élève presque jusqu'à la voûte (**), est surmontée d'un dais d'étoffe de soie rouge ou de drap d'argent.

Des tapis jonchés de feuilles de manguier et d'herbes odorantes couvrent tout le sol de l'église, et disparaissent bientôt sous la brillante réunion de Brésiliennes de tout âge, de toutes couleurs, serrées les unes contre les autres, qui viennent s'y asseoir *à l'asiatique*. C'est dans cette posture, familière pour elles, qu'elles restent immobiles pendant quatre ou cinq heures de suite, pour satisfaire leur amour-propre en rivalisant d'éclat, de richesse et d'élégance, dans une parure maintenant empruntée tout entière à la mode française. Mais ajoutons aussi que l'embonpoint, la vivacité naturelle au bel œil noir, et le sourire agréable d'une jolie bouche laissant entrevoir la blancheur de ses dents bien rangées, sont incontestablement leur apanage national.

La plus grande partie des dames qui remplissent les tribunes, ainsi que celles qui occupent, en bas, les places réservées autour des chapelles latérales, ou très-rapprochées du chœur, sont des membres de la confrérie ou parentes des confrères (***).

Assemblée dans l'église, immédiatement avant le commencement de l'office divin, la direction annuelle de l'hospice de la Miséricorde, confiée aux soins des membres de la confrérie du même nom, rend publiquement, à cette époque solennelle, un compte détaillé de sa gestion, ainsi que des différents événements dont la spécialité se rattache à cette pieuse association; formalité honorée de la présence du corps municipal de la ville, dont la place d'honneur est réservée à l'entrée du chœur, vers la droite, tandis que les membres de la confrérie, assis sur de simples banquettes, occupent le côté opposé. Un seul membre de la confrérie se tient debout, sur la première marche du chœur, le visage tourné vers le peuple, et prêt à lui adresser la parole. En effet, c'est l'agent comptable de la commission de direction annuelle qui, aussitôt le calme établi, va faire la lecture, d'abord du compte rendu des recettes et dépenses de l'année précédente, ensuite de la nouvelle liste des membres élus directeurs pour l'année courante, et enfin des décès et des admissions qui ont eu lieu pendant le cours de l'année qui vient de s'écouler.

Après cette formalité toute civile, le clergé entre et l'office commence : c'est une messe en musique, exécutée à grand orchestre par les chanteurs et les instrumentistes de la chapelle impériale (****) : excellent concert spirituel qui se termine vers les trois heures et demie de l'après-midi. L'office du soir commence à cinq heures; c'est un *Te Deum* en musique, dont l'exécution dure environ une heure; puis les officiants se retirent.

(*) Un intervalle d'un palme et demi est réservé au milieu de chaque degré pour y placer une ligne de vases dorés, garnis de fleurs artificielles, qui, dit-on, représente le chemin du paradis.

(**) Ces petits escaliers, pratiqués dans l'épaisseur de la construction, communiquent aux portes latérales par lesquelles on passe pour aller éteindre ou allumer les cierges du maître-autel, ainsi que pour atteindre jusqu'à l'extrémité supérieure de ces degrés lorsqu'on y expose le saint sacrement, ou toute autre figure.

(***) Les hommes, au contraire, se tiennent debout, et particulièrement les jeunes gens, qui regardent avec beaucoup d'intérêt la vaste tribune grillée où se trouvent réunies, pendant l'office, les orphelines élèves de l'hospice. Mais déjà la coquetterie des grandes commence à dissimuler l'apparence de leur infortune.

(****) Depuis 1829, on a supprimé la musique, dont les frais énormes étaient abusifs; et maintenant le produit de cette économie rentre dans la caisse des secours, où il est beaucoup mieux placé.

Il ne reste plus alors dans l'église qu'un concours de curieux, entrant et sortant successivement, pour jouir du coup d'œil de l'illumination et de la toilette des dames qui y restent volontiers à jaser entre elles, sous l'influence voluptueuse du parfum de l'encens et de l'odeur suave des fleurs naturelles qui embellissent leur coiffure. La chaleur excessive trouble seule cette jouissance; mais les dames doublent le plaisir d'y remédier par le jeu de l'éventail ou du mouchoir, dont les mouvements calculés prennent dans leurs mains des expressions intelligibles et variées; véritable correspondance télégraphique qui s'entretient dans cette circonstance (*) jusqu'à dix heures du soir, moment de la fermeture de l'église.

VISITE PUBLIQUE DANS L'INTÉRIEUR DE L'ÉTABLISSEMENT.

Lors de mon arrivée en 1816, le 2 juillet, *jour de la fête de la Visitation*, le public était admis, suivant un ancien usage, à parcourir, depuis dix heures du matin jusqu'à dix heures du soir, les salles intérieures de tout l'établissement. Mais depuis 1828, cet usage a subi des modifications, dues aux lumières et à l'humanité des médecins qui y sont encore aujourd'hui; ayant alors démontré à la direction l'absolue nécessité de faire fermer les portes à cinq heures et demie (*heure de l'Ave Maria*), parce que, ont-ils dit, le mouvement perpétuel de la foule des curieux, et l'élévation de la température qui en résulte dans l'intérieur des salles pendant douze heures de suite, devenaient une aggravation funeste à la situation physique des malades.

D'après ces considérations, la prudence l'emporte sur l'habitude; et depuis ce temps on accorde huit heures seulement à la curiosité publique, pour parcourir l'intérieur de l'hospice.

En visitant d'abord le rez-de-chaussée, on trouve les salles des blessés, confiées spécialement aux soins des chirurgiens; les laboratoires de pharmacie; les cuisines de l'infirmerie; les réfectoires; les loges des fous, pratiquées dans les deux côtés du passage voûté qui conduit à une très-grande cour où se trouve la classe de dissection, ainsi que la porte intérieure du cimetière commun de l'établissement; car la confrérie se charge des enterrements de charité et de l'inhumation des cadavres trouvés par la police ou exécutés par ordre de la justice (**).

Les salles du premier étage sont consacrées au traitement des malades, et suivies spécialement par les médecins. Cet étage se divise en six grandes salles principales, dont trois très-grandes pour les hommes; les autres, moins spacieuses, pour les femmes : il contient encore des loges pour enfermer les folles, et une cuisine pour l'infirmerie.

(*) Effectivement il est facile, pour le spectateur initié dans ce mystère, de voir la femme fixée avec intérêt y répondre en affectant de passer doucement et à plusieurs fois son mouchoir sur ses lèvres, en dirigeant en même temps un regard d'intelligence qui encourage ou soutient la correspondance; innocente démonstration, dont la nuance variée décèle cependant depuis l'agacerie enfantine jusqu'au manége de la femme prostituée.

(**) La pendaison est l'unique moyen d'exécution de la peine de mort prononcée par le tribunal criminel.

MAISON DE SECOURS POUR LES ENFANTS TROUVÉS.

Le public est admis, pendant le même espace de temps, à visiter également le petit hospice des enfants trouvés, situé sur la même place, en face de l'église de la Miséricorde. Ce petit bâtiment, composé d'un étage, est d'une architecture régulière. Le *tour* se trouve au milieu de la façade dans un petit arrière-corps qui ressemble un peu à une fausse porte. Un escalier assez étroit, pratiqué à chaque extrémité de ce petit édifice, communique au premier étage, composé de trois salles uniquement consacrées à l'allaitement des enfants. On y trouve trois files de berceaux garnis de baldaquins blancs uniformes, ornés de rubans, et dont les rideaux ouverts et retroussés laissent voir les nouveau-nés emmaillottés avec l'élégance brésilienne, et exposés sur la courte-pointe de leur lit. S'ils sont très-petits ou jumeaux, on les place deux à la fois sur le même lit. Chaque nourrice est assise par terre, les jambes croisées, à côté du lit de son nourrisson. Le costume de ces femmes, toujours d'une extrême propreté, est néanmoins varié d'élégance et de richesse : parce que ces nourrices, en effet, sont des négresses louées par l'administration qui en remet le salaire à leurs maîtres. Aussi juge-t-on par l'élégance des négresses de la fortune des maisons auxquelles elles appartiennent.

Un grand nombre de ces orphelins, sortis de l'adolescence, sont entretenus chez des artisans bien famés, en y payant par leur industrie, d'ailleurs gratuite, la nourriture et les soins qu'ils y reçoivent (*). Vers la fin de l'octave de cette fête, un jour est affecté aux *dotations annuelles* fondées en faveur des orphelins parvenus *à l'âge nubile* (**).

SITUATION PHYSIQUE DU GRAND HOSPICE.

Le bâtiment, tout à fait adossé à la montagne, a par conséquent un de ses côtés privé d'air, mais il en est dédommagé par l'avantage de recevoir du côté opposé la *viraçao do mar* (le vent de mer) qui vient du large par la barre, en face de laquelle il est situé. Le plus grand inconvénient est l'humidité constante qui résulte de son exposition. Aussi la direction, toujours animée d'un sentiment de philanthropie, a-t-elle demandé à différentes époques des projets de reconstruction de cet établissement sur un terrain plus favorable qui est à sa disposition. Mais jusqu'à présent les projets ont été jugés comme insuffisants.

Néanmoins, pour remédier autant que possible à l'insalubrité de l'exposition, la direction a fait faire de grandes améliorations en 1822. Témoin oculaire, c'est un hommage que je dois rendre à la vérité et au mérite, en transmettant ici le nom de *M. Fabrégas*, membre de la confrérie, dont le zèle et les lumières introduisirent dans l'hospice un assainissement notable, tant par les changements heureux pratiqués dans les constructions, que par les modifications opérées dans les détails intérieurs; modifications qui facilitent aujourd'hui le traitement et la guérison des maladies. Je l'ai vu moi-même diriger et inspecter personnellement la fin de ces grands et utiles travaux.

(*) On a des exemples que des personnes, respectables par leurs mœurs, jouissant d'une honnête aisance, privées d'enfants, adoptent de ces infortunés; et l'on pourrait en citer plusieurs qui figurent aujourd'hui dans la société.

(**) Les feuilles périodiques font connaître aux prétendants les moyens d'obtenir les renseignements assez indispensables dans cette circonstance.

Quelques traces, reconnaissables encore, des anciennes constructions du rez-de-chaussée suffisaient à prouver que ces salles, dans leur état primitif, privées de jour et d'air, ressemblaient plutôt à des cachots réservés aux victimes condamnées à mourir asphyxiées qu'à un asile ouvert aux pauvres malades par la charité publique.

Aujourd'hui ces salles sont claires et très-aérées; de plus, à l'extrémité de chacune d'elles, se trouve une chambre pratiquée à demi-étage, dont la légère devanture en bois, évidée à la manière moresque, laisse tous les moyens de surveillance au chef infirmier qui y passe la nuit.

Les amis de l'humanité ne doivent pas un faible hommage à cette corporation toute charitable, entre les mains de laquelle le bienfait ne s'est point usé, car elle a su former des sommes considérables, pour les employer avec un véritable succès en faveur de l'humanité souffrante.

PRINCIPE DE L'ÉTABLISSEMENT DE L'HOSPICE DE LA MISÉRICORDE.

L'hospice de la Miséricorde doit son existence à la générosité d'un seul Brésilien, mort à Rio-Janeiro, vers l'an 1730. Ce fut par piété qu'il ajouta au legs du terrain le don de sa fortune, assez considérable, pour entreprendre la construction d'une église et d'une maison de reclusion pour les femmes. Les aumônes achevèrent ce qu'avaient seulement commencé les pieuses intentions du premier donateur.

Cet établissement, trop spacieux pour le nombre, heureusement restreint, des détenues, fut transformé par le gouvernement en hôpital militaire, dans lequel on admit aussi quelques malades indigents; et, par suite, l'établissement de reclusion pour les femmes fut transporté dans un couvent d'une des presqu'îles formant l'entrée de la baie.

La prospérité croissante de la ville de Rio-Janeiro augmenta la population au point que l'hôpital ne put bientôt plus suffire à sa double destination. Ce motif détermina la translation de l'hôpital militaire dans l'ancien couvent des jésuites, situé sur la montagne du *Castel* (château fort). De cette manière, le premier hospice resta enrichi de toutes les améliorations faites par l'administration militaire, et devint assez important pour exiger une administration spéciale dont l'État ne pouvait prendre les charges.

Alors l'exemple du premier fondateur inspira un second élan de charité qui fit face à tous les besoins. Deux époux, par un mouvement de générosité sympathique, consacrèrent la totalité d'une fortune colossale à l'*établissement régulier d'une confrérie de la Miséricorde*, existant encore aujourd'hui sur les bases de son antique organisation. Les clauses d'admission dans la confrérie sont le don préalable d'une somme déterminée, et, de plus, l'obligation de payer une contribution annuelle réglée par les statuts : l'esprit de corps ou l'amour-propre fait le reste.

C'est lui qui excite la générosité de l'homme riche, travesti en pénitent, lorsque sa pieuse vanité laisse des traces d'une bienfaisance que l'on appelle admirable; un autre, plus chrétiennement injuste, ne se fait pas scrupule de frustrer son héritier légitime, et lègue à l'hospice des sommes considérables en expiation de ses péchés qu'il croit indignes de pardon; enfin le célibataire dévot, exempt au moins de remords testamentaires, adoucit l'amertume de sa dernière heure en pensant que le don de son patrimoine va, dans quelques minutes, accroître l'héritage des malheureux que sa main déjà froide ne pourra plus désormais secourir. En un mot, quelle que soit la différence des motifs secrets qui ont successivement réuni, depuis cent ans, les prosélytes de cette institution charitable, il existe des rues entières dont toutes les maisons lui appartiennent. Une petite inscription uniforme, placée au-dessus de chaque porte, l'annonce publiquement; des agents de l'hospice en perçoivent les loyers, et ordonnent les réparations urgentes. D'autres propriétés sont encore disséminées dans les différents quartiers de la ville.

Les sommes léguées en numéraire sont versées dans une caisse autorisée à les faire valoir. Lors de l'arrivée de don João VI à Rio-Janeiro, la confrérie a obtenu de la bonté du monarque deux loteries annuelles, dont le tirage se fait à son profit sous le nom *de loteries de la Miséricorde :* leur produit net s'élève jusqu'à deux cent cinquante mille francs.

Cette corporation jouit aussi de l'antique privilége de se présenter au pied du trône pour demander la grâce ou au moins la commutation de la peine d'un coupable condamné à mort : immédiatement après le jugement, la confrérie nomme une députation chargée de choisir entre elle un orateur zélé dont le crédit et l'éloquence puissent, sous le prétexte d'une œuvre de charité, employer jusqu'aux scrupules de la superstition pour ébranler la juste fermeté du monarque. Cette demande, souvent inutile, devint plus d'une fois une scène de deuil pour toute la cour pendant le séjour de Jean VI au Brésil.

Les prérogatives personnelles d'un confrère s'étendent à *des secours* en cas d'infortune, et, dans la prospérité, à une protection efficace pour l'écoulement des produits de son industrie; de plus, il a droit à la place attribuée au rang d'ancienneté dans les assemblées publiques, à l'inhumation dans les catacombes, à un service funèbre gratuit, et enfin à la conservation de ses ossements dans une boîte plus ou moins richement décorée, et exposée publiquement tous les ans dans les catacombes, le jour de la commémoration des morts.

Une collection plus agréable à voir est celle des portraits en peinture des différents donateurs, depuis l'époque de la fondation de l'établissement. Ces portraits, d'une dimension uniforme, sont commandés et payés par la confrérie : ils ne s'exécutent qu'après la mort de l'individu : ce qui semble assez singulier au premier abord, mais qui s'explique facilement, parce qu'en effet la plupart des donations ne sont faites que par testament. Mais les parents et les amis s'empressent de fournir les documents nécessaires au peintre, tels qu'un portrait fait du vivant de la personne, ou un buste que l'on a fait sculpter par prévoyance de ses bonnes intentions. Tous ces portraits sont en pied ; au-dessus est inscrite la date de la mort de l'individu qu'il représente; et dans les plus anciens, une vue de l'hospice de la Miséricorde dans l'état où il se trouvait forme le fond du tableau. La composition et l'exécution naïves des plus anciens portraits attestent la bonhomie des habitants de la ville de Rio-Janeiro. Peu à peu, et à mesure que leur date se rapproche de nous, on y remarque une influence progressive de l'école italienne. On trouve ensuite dans les peintures comprises entre 1800 et 1822 une exécution soigneuse cherchant, quoique timidement, des principes de perfection qui ont paru se développer avec une progression rapide et soutenue, pendant les dernières années qui ont précédé 1831.

Les premiers fondateurs, dont le costume est exact, sont représentés modestement le chapeau à la main, s'appuyant quelquefois sur leur canne, et debout au milieu de la rue; les derniers, posés avec plus de génie, sont représentés en habits de velours ou de soie, et supposés écrivant ou appuyés sur un bureau où ils laissent voir des papiers rangés de manière à présenter l'énonciation, soit en lettres, soit en chiffres, de la dotation qu'ils laissent à l'hospice de la Miséricorde. Je citerai surtout par ordre de date deux noms, ceux de MM. José Léandre et Simplicio de Sà, artistes nationaux dont le pinceau se distingue dans ces dernières productions.

On voit aussi dans une des salles de l'hospice des orphelins le portrait en pied du fondateur de cet établissement; son costume annonce le grade militaire qu'il occupait dans la milice.

Ce qui pourrait étonner, c'est qu'aucun de ces confrères n'est représenté dans le costume solennel affecté à leurs fonctions publiques. Mais il est probable qu'au contraire on a voulu éviter la mesquine uniformité du costume de la confrérie, afin de ménager la mémoire des riches donateurs, qui, fiers de leur rang dans la société, étaient flattés d'en conserver des traces dans le portrait qui devait leur survivre. C'est d'ailleurs un moyen pour la confrérie de se conserver la bienveillance des familles riches pour en obtenir une part d'hérédité.

On a remarqué, dans la réélection de la direction annuelle de 1831, l'influence du patriotisme sur le choix des membres de cette nouvelle administration temporaire, dont l'intégrité des lumières et la philanthropie, reconnues dès longtemps, promettent des améliorations et des économies. Les noms de MM. *Péchote*, habile professeur de chirurgie, et *Évariste Ferreira de Viéga*, homme de lettres, député, et président de la direction, suffisent pour justifier cette espérance. En effet, dans le cours même de cette année (1831), l'état prospère de la caisse avait déjà permis de supprimer les dons imposés aux nouveaux confrères. Il suffira désormais de s'engager à donner gratuitement à l'hospice le secours de leurs connaissances, autant du moins que leur position de fortune le permettra. Cette mesure produira indubitablement une très-grande économie en garantissant des services gratuits dans les différentes branches de l'administration.

La confrérie de la Miséricorde compte environ six cents membres, dont la majeure partie fut renouvelée au commencement de l'année 1831.

Le grand *hospice de Charité* d'une ville au Brésil est généralement mis sous la protection de *Notre-Dame de la Miséricorde*, titre équivalant à celui d'Hôtel-Dieu donné à ces sortes d'établissements en France.

On compte à Rio-Janeiro plusieurs hospices civils particuliers, tels que celui de *Saint-François de Paule, de Santo-Antonio, de Nossa-Senhora do Porto* (Notre-Dame de l'Accouchement). Ces hospices sont ouverts gratuitement aux membres de leurs confréries respectives. Néanmoins on y admet des malades étrangers moyennant une rétribution (*).

Le titre commun est celui d'*hôpital civil de la Charité*, sous la protection de la Vierge. Cependant on y révère un *Nosso-Senhor dos Passos*, qui y a toujours sa chapelle. L'hôpital de la ville du Desterro (capitale de l'île Sainte-Catherine) est cité comme l'un des plus beaux; il fut fondé par le philanthrope *Joaquim*, qui vivait encore en 1831, et pouvait avoir alors *soixante-dix ans*. Ce vieux franciscain, retiré de sa famille depuis l'âge de seize ans, après avoir abandonné sa part de patrimoine, fit le voyage de Rome comme pèlerin, visitant sur sa route les maisons de charité et les colléges qu'il rencontrait. Il revint ensuite au Brésil pour fonder dans sa patrie des établissements utiles au soulagement des malheureux et à la propagation de l'instruction publique.

A *Porto Allegre*, capitale de la province de Rio-Grande, l'hopital civil de la Charité fut fondé, il y a 22 ans, par l'avocat *Joaquim Francisco*, natif de *Minas Geraës*, et continué ensuite par le magistrat *Louis Correia Texeira*, de Bragança (**), riche propriétaire, conjointement avec *Jose Feliciano Fernandes Pinheiro*, aujourd'hui *vicomte de Santo Leopolde* (***). Il put recevoir des malades le 1er janvier 1826 : leur translation édifia tous les

(*) Admission établie, afin d'obtenir de certains priviléges accordés aux hospices publics.

(**) Député de sa province, puis sénateur à Rio-Janeiro, où il mourut en 1826.

(***) *Jose Feliciano* se rendit à Lisbonne comme député brésilien de la province de Rio-Grande, et convoqué par les cortès. Il revint, en 1822, dans sa patrie, devenue indépendante; il y fut nommé président de sa province (dignité correspondant à celle de préfet); nommé ensuite ministre de l'intérieur, il vint à Rio-Janeiro à la fin de 1826, y fut nommé membre du conseil et sénateur; mais, ayant quitté le portefeuille, il retourna à Porto Allegre, où il fut un des zélés fondateurs de l'hospice de la Charité, ne dédaignant pas de donner l'exemple de l'humilité en revêtant le costume de gouverneur, pour recueillir publiquement les aumônes qu'il allait demander comme membre de la confrérie de la Charité. Son portrait en pied, ainsi que celui de Correia de Bragance, est exposé dans la salle du conseil, comme fondateur de l'hospice civil. Son zèle ne s'arrêta pas là; il fonda, en 1830, la chapelle du Saint-Sacrement, contiguë à la paroisse de la même ville : on admire la perfection avec laquelle sont exécutées les boiseries de la chapelle, toutes en bois du pays, et travaillées par des Allemands, habitants de la colonie de Saint-Léopold, fondée encore par le même *Jose Feliciano*, en 1826, non loin de Porto Allegre de Rio-Grande.

spectateurs. Cette œuvre pieuse s'exécuta processionnellement, depuis l'hôpital militaire, où ils étaient déposés, jusqu'au nouvel hospice civil qui les attendait. Chaque malade, en effet, enveloppé dans son hamac, fut porté par deux membres de la confrérie.

La file nombreuse de ces douloureux fardeaux, transportés avec tous les égards dus à l'humanité souffrante, fut, pour les généreux porteurs, l'occasion de compléter leurs œuvres de charité; aussi ce cortége, s'avançant modestement, au milieu des bénédictions et des larmes de reconnaissance offertes à leur attendrissante philanthropie, trouva-t-il à chaque pas la récompense de ses mérites.

L'*hôpital civil de Porto Allegro* est un des plus beaux du Brésil; il se fait remarquer par ses spacieuses distributions qui permettent, pour chaque malade, une chambre particulière dont l'entrée donne dans des corridors communs, vastes et bien éclairés. Il est composé de trois étages, et est situé sur le terrain le plus élevé de la ville.

NOUVEL HOPITAL MILITAIRE.

Presque à côté de l'hôpital civil on a construit, peu de temps après, un *nouvel hôpital militaire*, placé sur un terrain un peu moins élevé, mais dont l'exposition est également salutaire. Le bâtiment est de forme carrée, composé de trois étages bien distribués et parfaitement aérés. Son ensemble est cependant plus petit que celui de l'hospice de la Charité. Ces travaux furent accélérés par les soins de M. le brigadier *Salvador Jose Maciel*, président (gouverneur civil) de la province, et l'établissement fut en état de servir dès l'année 1828. Il mérite, par les heureuses innovations qu'il renferme, toute la reconnaissance des militaires brésiliens.

Enfin, la plupart des nouveaux hôpitaux, au Brésil, dignes de rivaliser, à plus d'un titre, avec ceux de la France, l'emportent surtout par le choix de leur emplacement, qui concilie tout à la fois le besoin des malades et l'exigence de la salubrité publique.

Superstitions conservées au Brésil.

Il est facile à un peuple dont le génie est subtil et les désirs ardents, de trouver des aliments à la superstition, surtout s'il vit sous un climat exagéré et par cela débilitant. L'activité de son imagination croissant en sens inverse de son énergie physique, domine le reste de ses facultés énervées.

C'est par cette raison qu'au Brésil on voit un grand nombre d'hommes, devenus paresseux par suite de la prostration de leurs forces physiques, choisir pour base de leur croyance le *fanatisme*, comme plus propre à justifier l'état de misère dans lequel ils se laissent croupir par indolence.

D'autres, moins indolents, mais plus pauvres, et cependant susceptibles encore de crainte ou de remords, deviennent fanatiquement dévots, dans l'espoir de cacher un crime à l'aide d'un secours divin, ou, parfois, d'obtenir une injuste vengeance.

En un mot, au Brésil on voit se reproduire, sous toutes les formes, la faiblesse superstitieuse, fille de la crainte et de l'espérance.

Ajoutez à cela que, depuis trois siècles, la population brésilienne s'est formée successivement du mélange des Européens et de la race indigène, vaincue par la crédulité, et civilisée seulement à force de tromperies mystérieuses inventées par les missionnaires (*), et l'on ne sera plus alors étonné de retrouver encore, dans les esprits d'un grand nombre d'habitants, des puérilités accréditées par tradition jusqu'à nos jours.

Mais au Brésil, comme chez tous les peuples ignorants, ces pratiques superstitieuses ont été ordonnées par l'homme éclairé qui, en les donnant, a voulu les préserver de quelques abus malfaisants. Voilà pourquoi l'on essaye encore aujourd'hui de faire croire aux jeunes mariées brésiliennes qu'elles doivent éviter soigneusement l'*odeur d'une rose*, capable, dit-on, de *nuire à la conception*.

Cette prohibition, primitivement protectrice de la délicatesse du système nerveux, si impressionnable à l'influence des odeurs, a dû, sans doute, par la suite, la rigueur de son observance superstitieuse au calcul des maris jaloux qui ont voulu, par avance, discréditer les premières tentatives symboliques des adorateurs qui chercheraient à courtiser leurs femmes. Après quoi il a suffi d'un *oui* ajouté par les belles-mères, pour accréditer cette superstition dans l'esprit des jeunes épouses : ainsi, résignées par un amour maternel anticipé, on les voit religieusement sacrifier, le lendemain des noces, cette *rose* qu'elles adoraient la veille. Chez cette jeune femme, toutefois, la *superstition* naît de la candeur, et n'est plus, à vrai dire, que le *délire de la vertu*, que l'on se plaît à respecter.

Ajoutons, cependant, qu'on ne parle aujourd'hui de cette défense qu'aux femmes nerveuses, qui se trouvent effectivement en grand nombre à Rio-Janeiro. Quant aux maris jaloux, ils sont condamnés par le progrès des lumières à voir *naître et mourir les roses* entre les mains de leurs *épouses enceintes*, presque toutes aguerries contre ce préjugé qui entravait le manége de la galanterie reçu dans la bonne société.

Passons maintenant au *domaine de saint Jean*, dont le culte religieux doit en partie son extension à l'avantage qu'il a eu d'être le patron de don João V, roi de Portugal, fondateur de la prospérité du Brésil.

EFFET SALUTAIRE DE L'ORAISON RELIGIEUSE ADRESSÉE A SAINT JEAN-BAPTISTE.

Cette œuvre superstitieuse consiste à se trouver, la veille de la Saint-Jean, au bord de la mer, prêt à y *prendre un bain à minuit sonnant;* on doit entrer à reculons dans l'eau et s'y mouiller jusqu'à la ceinture, en adressant la prière suivante au patron du jour : *Saint Jean, plonge à la mer tout le malheur qui me menace* (San João bota n'a agoa salgada... le reste sous-entendu.)

Cette purification religieuse (**), instituée depuis plus de deux cents ans au Brésil par les missionnaires, est encore pratiquée aujourd'hui ponctuellement par beaucoup de mulâtresses et négresses libres, qui toutes, vivant d'intrigues, sont continuellement exposées à la perte de leurs bonnes fortunes, et souvent de leur santé : trop heureuses, lorsque leur étoile protectrice leur laisse seulement l'alternative d'un des deux malheurs. Cette vie, pleine d'anxiété, ne contribue pas peu à entretenir la ferveur de leur superstition.

Aussi, de tous côtés, trouve-t-on sur le rivage un grand nombre de *baigneuses* de ce genre, pendant la nuit qui précède le jour de la Saint-Jean-Baptiste.

(*) Ce fut en 1550 que les jésuites vinrent au Brésil; ils débarquèrent à Permanbuco, gouverné alors par *Thomé de Souza*. Ils trouvèrent aussi un protecteur dans *Alvarès*, chef d'une tribu d'Indiens.

(**) En supprimant tout ce qu'il y a de mystique dans cette pratique, prétendue religieuse, on ne trouve réellement qu'un bain très-salutaire à prendre pendant une belle nuit, et d'une manière prudente, puisqu'elle prescrit en y entrant d'éviter le choc de la lame. Il n'y aura donc à cet égard aucune raison physique qui tende à discréditer cette partie de plaisir.

Cette *pratique* se répète avec cette différence dans la formule de prière, *tomar fortuna* (prendre du bonheur). On demande au saint *de procurer du bonheur*.

Le *bain religieux*, dans cette circonstance, ne purifie pas autant de souillures; la dévotion qu'elle exprime appartient à des cœurs plus purs, qui demandent au saint de leur procurer le bonheur licite qu'ils réclament de sa protection.

A cette époque, on trouve dans les maisons de campagne situées au bord de la mer, de nombreuses sociétés réunies pour prendre part à ce divertissement nocturne, dont il ne reste que la forme seule, qui a survécu à l'entier oubli de l'intention; car il est aujourd'hui du bon ton d'afficher d'en dédaigner le but.

Cependant, soumis intérieurement à la tradition religieuse, la plupart des acteurs prennent furtivement le temps d'y faire leur petite invocation secrète. Les plus expansifs singent l'hypocrisie en articulant les paroles à haute voix, d'une manière affectée; beaucoup d'autres, moins scrupuleux, les entrecoupent franchement par de grands éclats de rire; enfin, dissimulant par divers moyens cette pratique superstitieuse qui les a tranquillisés au fond de l'âme sur leur avenir, ils espèrent tout du saint, et se livrent ensuite sans réserve à toutes les démonstrations d'une folie bruyante et variée, qui dure pendant le reste de la nuit.

La même superstition attribue aussi une heureuse propriété à une racine d'*herva de ruda* (herbe de rue), arrachée la veille de la Saint-Jean pendant que *minuit sonne*.

L'éducation pieuse d'une Brésilienne lui fait connaître une grande collection de préservatifs et de curatifs mystérieux, cachés dans divers végétaux. Par exemple, c'est sous la protection de saint Jean-Baptiste qu'est placée la culture de l'*herbe de rue* (herva de ruda), et à laquelle la superstition attribue une *influence universelle sur le bonheur*.

Cette plante merveilleuse est cultivée respectueusement dans les jardins, et son grand débit en fait aussi l'objet d'une spéculation infailliblement lucrative. Dans la classe moyenne, une bonne mère de famille, par amour pour ses nombreux descendants, ne manque pas de se trouver dans son jardin la veille de la Saint-Jean, *à minuit sonnant*, pour y arracher une racine d'*herva de ruda*, qu'elle conserve avec soin jusqu'à ce qu'elle devienne parfaitement sèche. On se sert ensuite de ce bois pour sculpter des *petits avant-bras* dont le poing est figuré fermé.

Ces *petits amulettes* ont ordinairement un pouce de longueur; mais ils se réduisent successivement en quatre lignes.

Après les avoir fait bénir, la bonne mère les distribue à ses enfants et petits-enfants. Les jeunes nourrissons, surtout, en ont souvent cinq et six suspendus au même collier.

Ces amulettes portent le nom générique de *figues*, parce que dans le principe on sculptait simplement des petites *poires* ou *figues* consacrées au même usage. Au moment où on les suspend au cou de l'enfant, la croyance prescrit de réciter une oraison adressée à saint Jean-Baptiste, qui indubitablement doit le préserver de toute sorte de malheurs.

Le luxe, dédaignant la racine de l'*herbe de rue*, et ne s'attachant qu'à la forme du talisman, permet aux femmes riches de le porter fabriqué en corail, en or, en malachite, souvent même monté en boucles d'oreilles et suspendu à un collier analogue au reste de la parure. Enfin, parmi ceux fabriqués en or, on en remarque d'infiniment petits et toujours attachés à une petite chaîne de même métal, que l'on porte en bagues, bracelets, boucles d'oreilles et colliers.

Il est rare qu'une négresse marchande circule dans les rues sans avoir son petit *amulette* suspendu au cou; ce qui ne l'empêche pas d'en porter aussi à sa ceinture deux autres mêlés à cinq ou six talismans de forme et de nature différente (*).

(*) Chez les pauvres gens, comme chez les sauvages, la superstition a attribué une influence salutaire à tous les débris d'histoire naturelle. Ils conservent religieusement sur eux une graine *rouge* d'un pouce de diamètre, une autre *noire* de même grandeur, une troisième *jaune clair*, un petit *cône* de bois ou de corne, un *ongle de chat*,

Je cite maintenant l'influence d'un *coup de fusil* tiré à minuit dans un manguier (arbre à fruit).

On ne sera pas moins étonné de la bonhomie superstitieuse du propriétaire brésilien, qui, pour obtenir une heureuse récolte pendant l'année, implore la protection de saint Jean-Baptiste en tirant *un coup de fusil dans un manguier, à minuit précis*, la veille de la fête du saint protecteur.

Il ne reste, pour justifier cette superstition, que l'avantage de faire tomber une certaine quantité de fruits qui, par leur chute, laisseront profiter la végétation de ceux qui auront échappé au plomb du fusil; ou celui, peut-être, de détourner par une détonation des maraudeurs occupés de leurs vols nocturnes.

Et je termine par la petite pièce de *monnaie jetée dans un brasier*, la veille de la Saint-Jean.

L'heure de la scène est toujours *à minuit*, avec cette différence que l'action se passe dans une rue de la ville et devant un des petits bûchers allumés, comme feux de joie, en face des maisons particulières habitées par des personnes qui portent le nom de saint Jean-Baptiste.

Comme la dévotion universelle des jeunes demoiselles se réduit à demander au ciel la *conservation des parents*, la *possession d'un amant fidèle* et un *mariage avantageux*, on la trouve, au Brésil, augmentée de l'inappréciable prérogative de correspondre directement avec saint Jean-Baptiste, qui est supposé transmettre sa réponse à la faveur d'une pratique superstitieuse.

Cette pratique consiste à jeter 1 *vintem* (deux sous et demi) dans le brasier ardent, à minuit sonnant, de faire retirer la pièce de monnaie lorsque le feu est éteint, de la conserver soigneusement jusqu'à l'année suivante, pour la donner comme aumône au premier pauvre mendiant qui se présentera *à pareille époque* et *à minuit sonnant*.

On demande à cet homme son *nom*, qui par analogie doit infailliblement indiquer *celui du futur* que le ciel destine à la jeune croyante.

Pour se rendre compte des chances que présente ce calcul superstitieux, il faut d'abord remarquer que le *nom propre* d'un Brésilien est toujours surchargé de nombreux prénoms, mais qui commencent toujours par l'un de ces quatre, Jean, Joseph, Antoine ou Pierre; noms dont la banalité laisse aux jeunes demoiselles une vaste carrière d'illusions favorables sur l'assiduité des jeunes gens admis dans leur société.

Cette douce superstition, fondée sur les rapports combinés de *noms de saints*, alimente en second lieu et sans crime l'espoir des jeunes demoiselles, qui se trouvent autorisées à faciliter *sans remords* les épanchements des prétendants élus par le saint oracle de l'année. Ajoutez à ce concours de circonstances, qu'il est d'usage au Brésil d'appeler chaque personne uniquement de son premier nom de baptême; de manière que dans la conversation les noms de *Jean*, de *Joseph*, d'*Antoine* et de *Pierre*, précèdent toutes les interpellations. Aussi, quelle délicieuse matinée que celle de la Saint-Jean! chaque visite, chaque rencontre, chaque adieu procure une douce émotion à la jeune superstitieuse, qui conserve dans son cœur la liste des numéros sortants de cette loterie mystique, si heureusement inventée pour lui donner des amants et des maris en perspective.

Douce illusion, qui fera longtemps encore trouver, au Brésil, des jeunes personnes, surtout dans la classe moyenne, assidues à jeter chaque année 1 *vintem au feu, la veille de la Saint-Jean!*

un *ergot* de volatile, etc. Tous ces présents, donnés avec bonne foi et reçus avec crédulité, doivent, chacun selon sa propriété spéciale, vous préserver des maux si nombreux qui menacent l'humanité. Une négresse ou mulâtresse nourrice cherche avec superstition à se procurer une grosse perle ronde, faite d'*émail bleu de ciel*, de cinq ou six lignes de diamètre, pour la suspendre à son cou: elle lui suppose en effet la propriété d'améliorer le lait de ses seins; aussi appelle-t-on cette perle *pierre-lait*.

ANCIENNE CROYANCE DE LA POUDRE D'OR TRANSFORMÉE EN PETITS CRUCIFIX DE CUIVRE.

Dans la province des Mines, au seizième siècle, les jésuites, pour accréditer les miracles de la religion chrétienne, rassemblaient diverses familles d'Indiens catholiques, et leur enjoignaient d'enfouir dans de petites fosses tout l'or qu'elles pourraient se procurer pendant un jour ou deux; le dépôt recouvert, elles recevaient l'ordre de ne plus revenir au même lieu qu'au bout de quarante-huit heures. Au jour indiqué, les Indiens revenaient, et, après une courte invocation chrétienne, se mettaient en devoir de rouvrir les fosses, dans lesquelles il ne se trouvait que des petits crucifix de cuivre (supposés d'or), qu'ils remportaient avec enthousiasme, admirant leur transformation miraculeuse.

INFLUENCE MYSTÉRIEUSE ATTRIBUÉE A SAINT-ANTOINE.

En 1650, le port et la ville de Bahia craignaient une invasion des Hollandais, qui, à la suite d'un combat naval, projetaient d'y faire une descente. Le gouverneur militaire, après avoir fait ses dernières dispositions de défense, alla pieusement se jeter aux pieds de l'image de saint Antoine, qui se trouve dans la chapelle du couvent de cet ordre religieux située même à la barre.

A peine était-il en oraison qu'un terrible orage survient, force l'escadre à gagner le large en se dispersant, et délivra ainsi la ville qui ne la revit plus.

Le gouverneur, ivre de piété et de joie, crie le premier au miracle; les religieux le répètent et profitent de l'enthousiasme général pour faire croire au peuple qu'ils ont vu, le même jour, saint *Antoine* revenant au couvent, encore *mouillé des eaux de la mer.*

Dans cette circonstance, la protection miraculeuse du saint libérateur lui fit accorder, comme récompense, la *dignité de gouverneur général de la province,* dont il reçoit le traitement annuel, que l'on emploie à son culte particulier.

La pieuse générosité des habitants de la ville s'empressa de pourvoir aux frais de la réédification de l'église de Saint-Antoine, où l'on voit encore aujourd'hui sa statue tenant à la main la *canne de gouverneur,* attribut caractéristique de ce grade.

Ce triomphe éclatant échauffa le génie des frères du couvent de Saint-Antoine, qui, ayant affirmé l'avoir vu revenir *mouillé de l'eau de la mer,* l'ont supposé ensuite *allant la nuit* dans les rues *à la recherche des nègres fuyards.*

Pour accréditer ce miracle, ils eurent soin de faire sortir, pendant la nuit, un ou deux frères qui, chacun de son côté, arrêtaient effectivement les nègres fugitifs qu'ils trouvaient errants dans la ville.

Lorsque le frère attrapait un nègre, il lui liait les mains avec les pans de son cordon, et le sommait d'indiquer la maison de son maître. Arrivé, il frappait à la porte et remettait l'esclave *au nom de saint Antoine,* dont il figurait le personnage à la faveur de la nuit; puis disparaissait aussitôt, en disant d'un ton mystérieux : *Saint Antoine te remet ton esclave fugitif.*

Les révérends pères étaient bien certains d'avance que cette sainte générosité serait payée le lendemain par le propriétaire du nègre, qui effectivement s'empressait, par dévotion, de venir au couvent commander au moins une messe et déposer quelques aumônes, en action de grâces : trompé par les apparences de la veille, il accroissait ainsi le nombre des superstitieux *tributaires de saint Antoine,* qui, dans les circonstances fâcheuses, étaient toujours prêts à acheter sa protection si efficace.

Les fréquentes répétitions de la spéculation de ces moines ont rendu le saint tellement redoutable aux yeux des nègres, que le nom de *saint Antoine*, qu'ils ont toujours à la bouche, est devenu pour eux *l'exclamation familière* dans les moments de frayeur.

PETITE STATUE DE SAINT ANTOINE CONSERVÉE COMME PROTECTRICE DE LA MAISON.

Du reste, saint Antoine ne joue pas toujours un rôle aussi beau, et souvent le patron vénéré devient la victime de ses adorateurs déçus; ce qui arrive plus d'une fois lorsque sa protection, générale d'abord, est réduite à l'enceinte de la maison.

En effet, chaque Brésilien un peu superstitieux conserve dans sa maison une petite statue de bois peinte, représentant *un saint Antoine portant l'enfant Jésus dans ses bras*. Elle est la protectrice de l'établissement.

Au jour de sa fête, on dresse dans la maison un petit autel sur lequel on pose la statue du saint, surchargée ridiculement de nœuds de rubans de différentes couleurs. Elle est environnée d'une multitude de cierges allumés, au pied desquels on groupe les fleurs apportées par les convives. L'illumination de l'autel commence, chez les plus dévots, la veille de la fête, à huit heures du soir, et se continue, sans interruption, pendant vingt-quatre heures.

Mais arrive-t-il un malheur dans la maison, la première punition qu'on inflige au saint, c'est la privation du petit Jésus, et sur-le-champ on le retire de ses bras. Si le malheur se renouvelle ou devient plus affligeant, on enlève à saint Antoine tous ses rubans et on le garrotte : ainsi fortement comprimé entre les nœuds d'une corde moyenne, on le descend dans le puits, de manière à avoir les pieds mouillés. La petite statue reste dans cet état jusqu'à la première preuve d'amélioration qui se manifeste, et attribuée indubitablement à l'influence des prières que le saint a adressées à Dieu, pour se délivrer de l'état de gêne dans lequel on l'a mis. Si, au contraire, le malheur s'aggrave, on plonge davantage la petite figure dans l'eau, et successivement jusqu'au menton.

Si enfin les calamités continuent, on retire saint Antoine du puits, et il est délaissé, avec mépris, dans un coin obscur, jusqu'à ce qu'un malheur nouveau ranime la superstition du maître de la maison, qui, subjugué par l'habitude, implore spontanément la miraculeuse assistance du saint, auquel il *restitue tous les honneurs dus à son culte.*

RÉVEIL DU SAINT, PROVOQUÉ LA VEILLE DE SA FÊTE.

Le besoin si naturel à l'homme de se préparer un avenir heureux a, depuis deux siècles, établi au Brésil la coutume de tirer, dans les rues, des pétards et des bombes dont on suppose la détonation capable de réveiller, pour le jour de sa fête, le *saint patron présumé endormi* durant tout le reste de l'année.

C'est pourquoi la veille de la fête de *saint Jean*, de *saint Antoine*, de *saint Pierre* ou de *saint Joseph*, on tire de toutes parts des pièces d'artifice, dans les rues, sur les places, ainsi que devant la porte de l'église *du saint dont on célèbre la fête*, et cela pour forcer le saint à prendre une part plus active à la félicité de ses adorateurs particuliers. On recommence les détonations au soleil levant, le jour de la fête, et pendant les intervalles indiqués entre les cérémonies religieuses, qui se prolongent jusqu'à huit ou neuf heures du soir, au milieu des feux de joie, des girandes et des illuminations.

Le grand divertissement nocturne est de lancer des paquets de pétards et de petites bombes au milieu des différents bûchers allumés dans toutes les rues de l'arrondissement de la paroisse, ainsi que devant des maisons particulières des autres quartiers de la ville. Ce feu roulant de détonations s'entremêle aux bruyants *vivat san João! santo Antonio!* etc., répétés confusément par la populace blanche et noire, qui s'amuse à franchir les bûchers à demi éteints.

Ce qui expliquerait le motif intéressé des premiers crédules qui s'efforcèrent *de réveiller le saint la veille de sa fête*, c'est que, même aujourd'hui, pour ridiculiser le manque de générosité ou de fortune d'un homme qui régale mesquinement ses amis, le jour de sa fête, on lui dit que *son saint patron dort encore*.

Je passerai sous silence les détails d'un million de puérilités consacrées, par tradition, à alimenter les spéculations des superstitieux, et terminerai par l'énumération des *dignités militaires concédées à saint Antoine*, dans différentes provinces du Brésil.

En effet, il est probable que saint Antoine, simple et vertueux anachorète qui a refusé de paraître à la cour de Constantin; qui, pendant cent cinquante ans, a vécu volontairement dans l'humilité la plus profonde, n'aurait jamais cru figurer militairement, un jour, dans le nouveau monde, comme *maréchal des armées du roi et commandeur de l'ordre du Christ à Bahia; colonel et grand-croix du Christ à Rio-Janeiro;* ou même, plus modestement, comme *simple chevalier de l'ordre du Christ à Rio-Grande*, et *jouissant du revenu attaché à toutes ses dignités.*

Aussi la simplicité de son vêtement contraste-t-elle d'une manière singulière avec l'éclat d'un énorme crachat et des autres décorations enrichies de diamants que l'on suspend au cou de ses statues, et qui tranchent ridiculement sur la couleur brune de sa robe de bure.

Notes relatives au Cérémonial et aux Fêtes qui suivirent le débarquement de D. Joao VI au Brésil.

A cinq heures et demie de l'après-midi, le 19 mars 1808, le prince régent don João VI, la princesse dona Carlota-Joaquina, son épouse, les princesses leurs filles dona Maria-Thereza, dona Maria-Isabel, dona Maria d'Asumpção et dona Anna de Jesus, le prince don Pedro, l'infant don Miguel, et l'infant d'Espagne o senhor don Pedro Carlos, débarquèrent du canot royal; la reine dona Maria Ire, mère du régent, qui était dans un état de souffrance assez grave, fut transportée dans sa chaise à porteurs et conduite directement au palais dans l'appartement qui lui était réservé. Les gentilshommes qui l'accompagnaient sont MM. les marquis d'Angeja père et de Pombal.

Les dignitaires qui suivirent la cour furent le marquis de Valadas, le marquis de Belas père et le marquis de Belas fils, le comte de Vianna, le comte de Figneira, le comte de Belmonte, le marquis de Barba, le marquis d'Allégrété, le marquis de Lavradio, le comte Barreiro, le vicomte de Villanova, le comte d'Anadia, le marquis d'Aguiar, le comte de Linhares et le comte son fils, don João, don Francisco, le vicomte de Magè, celui d'Andaluz, le premier aumônier, les prélats monseigneur Almeida et monseigneur Nobréga, le marquis de Torrès-Novas, le comte de Valadars, Joaquim-José de Souza Lobato père et fils, premiers valets de chambre.

La cour fut reçue par le comte dos Arcos, vice-roi et gouverneur de la capitainerie de Rio-Janeiro, par les ministres, les chanoines de la cathédrale, les chefs des ordres religieux, les officiers supérieurs de mer et de terre, et tous les notables de la ville entourés du peuple, qui encombrait la place du Palais ainsi que les rues par lesquelles devait passer le cortége.

A l'extrémité supérieure de la rampe sur laquelle le prince débarqua, on avait élevé sur une estrade un autel paré de tous les accessoires religieux ; le prince, ainsi que toute sa famille, s'y agenouilla : alors le haut clergé de la cathédrale, revêtu des grands ornements sacerdotaux et assisté des chanoines, fit l'aspersion de l'eau bénite, et, selon le cérémonial du rite catholique romain, donna le crucifix à baiser aux illustres débarqués.

Toute la famille royale se leva ensuite; les princesses montèrent dans les voitures de la cour, ainsi que la veuve du prince don José, dona Maria-Benedita, et sa sœur l'infante dona Maria-Anna, qui étaient débarquées depuis deux jours et habitaient déjà le palais avec les deux plus jeunes princesses royales, dona Maria-Francisca et Isabel-Maria. Elles se rendirent à la cathédrale, la *Sé-Velha,* pour y attendre l'arrivée du reste du cortége, qui devait y venir à pied.

Le prince régent, ses deux fils et son neveu furent conduits sous le dais porté par les membres *vereadores* de la chambre du sénat de Rio-Janeiro; le reste de ce corps suivait escorté de son étendard. La marche se dirigea par la place du Palais à la rue Droite, et tourna par la rue du Rosario jusqu'à l'église de la cathédrale, qui se trouve placée à son extrémité. Le dais accompagna les princes jusqu'à la tribune d'honneur qui leur était préparée dans le chœur et à la gauche du maître-autel. Puis, après le *Te Deum,* le cortége, reprenant le même ordre, reconduisit les princes jusqu'au palais par le même chemin.

La troupe formait la haie des deux côtés des rues que devait parcourir le cortége ; on avait orné de tapis d'étoffes de soie tous les balcons sur lesquels se trouvaient réunis une foule de spectateurs qui s'empressaient de couvrir de fleurs le dais à son passage.

Ce fut au milieu des cris d'allégresse et du parfum des fleurs et des feuilles odorantes répandues sous ses pas que le prince régent don João et ses deux fils arrivèrent pour la première fois à leur palais de Rio-Janeiro. Cette entrée solennelle fut annoncée par le son des cloches de toutes les églises de la ville et les salves d'artillerie des forteresses et des navires de guerre stationnés dans la baie de Rio-Janeiro. Le soir, il y eut illumination générale et des salves répétées par intervalles.

FÊTES DONNÉES A L'OCCASION DU MARIAGE DE LA PRINCESSE ROYALE DONA MARIA THEREZA.

Vers la fin de 1810, les convenances politiques et le rapport d'âge déterminèrent l'union de la princesse *dona Maria Thereza*, fille aînée de *don João* VI, avec le jeune *don Carlos, infant d'Espagne*, son cousin, amené par la cour au Brésil; et Rio-Janeiro, devenu rival de Lisbonne, vit, dans cette circonstance, se déployer dans son sein tout ce que le génie portugais s'efforça de prodiguer pour la célébration de cette illustre alliance (*). En effet, on y éleva un cirque pour y exécuter des exercices de taureaux et des *cavalhadas* (espèce de carrousel). Il y eut une représentation d'apparat au théâtre royal et de nombreuses illuminations dans toute la ville.

(*) Le jeune époux, victime de sa faible complexion, mourut au bout de dix-huit mois de mariage, laissant un fils héritier de son nom.

CÉRÉMONIE DU BANDO. — PROCLAMATION DE LA PROMESSE DE MARIAGE.

Cet acte civil, qui précède d'une huitaine de jours la célébration du mariage, appartient exclusivement à l'autorité municipale; son but est de proclamer les mariages ou naissances des princes du sang.

Tout ce qui compose le cortége est à cheval, et conserve dans sa marche l'ordre suivant : un piquet de cavalerie de la garde royale de la police, un corps de musiciens, des officiers de justice, les *almotacès* (juges vérificateurs des poids et mesures), les membres du sénat de la chambre précédés de leur président; suivent les chevaux de main, richement caparaçonnés, appartenant aux écuries du souverain, et tenus par des valets de pied revêtus de la grande livrée de la cour, un corps de musique militaire et un détachement de cavalerie de police; la marche est fermée par les domestiques en livrée, à cheval comme leurs maîtres.

Le costume du corps municipal se compose d'un habit noir, d'un gilet et parements blancs brodés en or ou en argent, bas de soie blancs, manteau de soie noire, collet et revers blancs brodés en or et en argent; le chapeau noir relevé par devant, à la Henri IV, est garni de plumes blanches, dont trois plus grandes retombent sur le côté relevé du chapeau; le bouton et la ganse sont en diamants; les chevaux ont les crins ornés de nœuds de rubans dont les énormes bouts flottent en liberté.

Pendant sa marche, le cortége est précédé d'un nègre artificier qui tire des fusées volantes à chaque carrefour du chemin qu'il doit parcourir; ainsi se passe la journée, tout entière employée aux diverses stations indiquées dans chaque quartier de la ville; la première proclamation se fait avant huit heures du matin au palais de *Saint-Christophe*, sous les croisées du souverain, et se termine, comme toutes les autres, par *le vivat en l'honneur du roi et des deux futurs époux;* acclamation répétée par le peuple, au bruit des fanfares exécutées par les musiciens du cortége, et tout se remet en marche.

Quant aux préparatifs de cette fête, ils offrirent d'autant plus de difficulté dans leur exécution, qu'à cette époque la culture des arts était encore en enfance au Brésil, et qu'il n'y avait à Rio-Janeiro que quelques timides peintres de portraits.

Cependant *Manuel d'Acosta*, artiste portugais, architecte et peintre décorateur du théâtre de la cour, n'avait sous ses ordres que quelques jeunes gens spécialement employés au service de cet établissement qui les absorbait, et les rendait tout à fait insuffisants comparativement aux immenses travaux préparés de toutes parts.

Dans cette pénurie affligeante, le ministre de la police, courtisan dévoué, et confiant dans son pouvoir despotique, s'imagina de faire des peintres comme on faisait des soldats. On vit donc des gardes de police, apostés à cet effet, arrêter les passants (blancs ou noirs), et leur demander leur profession : comme il n'y avait guère que des tailleurs, des barbiers ou des cordonniers, ils leur ordonnaient *de se faire peintres*, sous peine d'aller en prison, puis les *conduisaient au cirque*. Alors ces misérables esclaves, retenus sous le nom de peintres de marbre, d'ornements et de moulures, ne voyant dans leur captivité que l'obligation d'étendre bien ou mal des teintes pour mériter un salaire journalier, employaient le double de temps et de couleurs à faire et à défaire par obéissance ce que l'on exigeait d'eux. Aussi cette mesure absurde ne produisit pour résultat que des décors informes et quelques mauvais barbouilleurs qui, six ans après, c'est-à-dire lors de notre arrivée, gagnaient leur vie à offenser impunément la vue et le sens commun par la barbarie de leur touche ignorante.

MARIAGE DU PRINCE ROYAL DON PEDRO AVEC L'ARCHIDUCHESSE LÉOPOLDINE-JOSEPH-CAROLINE.

PRÉPARATIFS DES FÊTES POUR LA RÉCEPTION DE L'ARCHIDUCHESSE.

Une des princesses royales du Brésil venait de passer à Madrid pour y épouser le roi d'Espagne, et le récit récemment parvenu à Rio-Janeiro des fêtes qui s'y donnèrent à l'occasion de l'arrivée de cette princesse, excita les négociants brésiliens à rivaliser avec les Espagnols; ils résolurent donc de faire élever des arcs de triomphe pour orner le passage de l'archiduchesse, au moment de son débarquement à l'arsenal de marine. Cette tardive détermination ne laissa que douze jours pour élever trois arcs de triomphe, dont le premier était à l'entrée de la rue Droite, près de celle *dos Pescadores,* le second, à peu près au milieu, et le troisième à son extrémité, près de la chapelle des Carmes.

Quoique dans l'incertitude de pouvoir achever la totalité des travaux commandés, on travaillait avec la plus grande activité, et heureusement tout fut prêt pour le 12 novembre 1817, jour où le vaisseau royal le *Joaõ VI,* à bord duquel était l'archiduchesse Léopoldine-Joseph-Caroline, fut signalé le matin à la hauteur du *cap Frio.* Il entra dans la barre de la baie de Rio-Janeiro, avec les deux embarcations nationales qui l'escortaient, à cinq heures de l'après-midi, par un beau temps nommé des marins *petit frais,* et fut salué de plusieurs coups de canon à la hauteur du premier fort. Arrivé devant l'*île das Cobras,* il fut salué par tous les bâtiments de guerre de toutes les nations.

A peine le vaisseau avait-il jeté l'ancre à la pointe inférieure de cette île, que l'on aperçut le *grand canot royal,* qui venait de Saint-Christophe prendre à terre la reine et les princesses ses filles, dont la voiture était venue s'arrêter au point du débarquement préparé à l'arsenal de marine. Le canot royal ayant abordé, le prince royal s'avança pour recevoir la reine et les princesses, qui se placèrent dans la chambre vitrée où étaient le roi et son autre fils don Miguel, ainsi que la jeune veuve sa fille. Le canot partit et alla visiter l'archiduchesse à son bord; la famille royale ne quitta l'archiduchesse qu'à neuf heures du soir.

Le lendemain, au soleil levant, les salves d'artillerie annoncèrent la solennité de ce jour. A dix heures, le grand canot royal, resplendissant de dorures et escorté de deux autres barques presque aussi riches, revint chercher au même point que la veille la reine et les princesses; embarquement qui se fit avec plus de cérémonial, parce que toute la maison du roi était assemblée sous le petit portique préparé à cet endroit par le corps du génie maritime. La famille, ainsi réunie, alla aborder le vaisseau royal; l'archiduchesse descendit de son bord, et fut amenée au son de la musique, qui se mêlait au bruit de l'artillerie et des *vivat* des matelots montés sur les vergues de toutes les embarcations qui environnaient le point de débarquement.

Les officiers de la maison du roi mirent pied à terre les premiers, puis après eux les jeunes princesses, la princesse veuve, l'infant don Miguel, le prince royal conduisant l'archiduchesse, la reine conduite par son premier écuyer, et le roi.

La voiture de cérémonie attendait les quatre plus augustes personnages de la fête, et les deux autres voitures qui suivaient furent remplies par les princes et princesses de la famille royale. Une longue file d'élégantes voitures formait un brillant cortége fermé par un détachement de cavalerie légère. On se dirigea vers le palais, en sortant par la porte de l'arsenal et suivant la rue Droite, dont on parcourut toute la longueur en passant sous les arcs auprès desquels on avait pratiqué des amphithéâtres pour des musiciens. Les balcons et les croisées de toutes les maisons étaient ornés de tentures de soie cramoisie; toutes les femmes aux fenêtres agitaient leurs mouchoirs en signe d'allégresse; d'autres attendaient le passage de la voiture pour en couvrir l'impériale de fleurs effeuillées qu'elles jetaient à pleines mains. Enfin la fumée des parfums, l'harmonie des orchestres, les distiques galants placés sur le passage, et le bruit continuel des *vivat* répétés sur tous les points, rien ne fut négligé pour embellir la réception de l'archiduchesse autrichienne. Le roi, galamment, faisait remarquer à sa nouvelle fille les applaudissements qui étaient sa part dans l'allégresse générale.

La famille royale descendit au palais, et passa par les communications intérieures pour se rendre à la chapelle royale. Après la *messe* et le *Te Deum*, la cour rentra dans les appartements pour prendre place à un dîner somptueux. Après le repas, elle reparut au balcon, au bruit des *vivat* du peuple empressé de voir la jeune mariée; presque aussitôt toutes les troupes rassemblées sur la place du palais défilèrent en ordre et au son de leur musique, saluant militairement la nouvelle princesse royale brésilienne. La nuit vint, la cour remonta en voiture, et, à la lueur des illuminations, reprit le chemin qu'elle avait parcouru le matin.

Arrivée à l'arsenal, elle s'embarqua dans le canot royal, escorté de cent autres embarcations; et cette flottille, ornée de verres de couleur, se dirigea vers Saint-Christophe, dont le palais, tout illuminé, était déjà occupé par les personnes que le service et le cérémonial devaient y rassembler.

Un trait de la sollicitude paternelle de don João VI fera juger de la bonté de son âme. Lorsque les deux nouveaux époux arrivèrent au palais de Saint-Christophe, le roi dit à la princesse, en la conduisant voir ses appartements : *Je pense que cette pièce, quoique meublée encore simplement*(*), *vous sera agréable*. En effet, la première chose qu'elle y remarqua fut *le buste de l'empereur d'Autriche*, son père, que le roi avait eu soin de faire venir de Vienne. La princesse, en le voyant, laissa échapper des larmes de joie; alors le roi, lui prenant la main, lui dit : *Comme vous êtes très-instruite, je ne puis pas prétendre vous offrir quelque chose d'inconnu; mais je suis persuadé que vous trouverez du plaisir à parcourir ce volume, que je vous prie d'accepter*. La princesse, encore tout émue du bonheur de posséder le buste de son père, ouvrit *le livre*, qui n'était autre chose qu'une superbe collection de tous les portraits de sa famille, commandée à Vienne, comme le buste. La princesse, cédant à la reconnaissance, se précipita sur la main du roi, qui lui dit : *Ma chère fille, le bonheur de mon fils est assuré, ainsi que celui de mes peuples, puisqu'ils auront un jour pour reine une bonne fille, qui ne peut être que bonne mère*. Scène attendrissante qui a couronné cette belle journée!

La cour passa la journée suivante à Saint-Christophe; il y eut *baise-main* (réception) le matin, et concert le soir. Le surlendemain, troisième jour d'illumination, la cour vint au théâtre, et le spectacle ne finit qu'à deux heures après minuit. Depuis, la cour ne quitta plus Saint-Christophe, où le cercle devint très-agréable, embelli par les ambassadeurs étrangers qui s'y trouvaient constamment.

FÊTE PARTICULIÈRE DONNÉE A SAINT-CHRISTOPHE, LE 22 JANVIER 1818, POUR L'ANNIVERSAIRE DE LA NAISSANCE DE LA PRINCESSE ROYALE.

Le désir que nourrissait le roi de fêter la nouvelle princesse royale, fit imaginer de préparer, pour le 22 janvier, anniversaire de sa naissance, *une fête particulière au palais de Saint-Christophe*, afin de ne pas anticiper sur *celles de l'acclamation* du roi, qui

(*) Le roi avait fait commander à Paris, chez M. Jacob, un fort bel ameublement qui arriva un peu plus tard, à cause des contrariétés qu'éprouva, pendant une traversée de quatre mois, *le Dauphin*, navire qui le transportait.

devaient, par leur caractère politique, être célébrées plus généralement et avec plus de faste dans la capitale.

La cour chargea donc *Manoël d'Acosta*, architecte, peintre décorateur des palais du roi, d'organiser une fête à Saint-Christophe, à l'instar de celles que l'on donne en Europe. Comme architecte, il s'empara des trois quarts de la cour du palais, pour y construire un petit cirque en planches, et changea toute la galerie ouverte qui règne sur toute la façade du château, en loges de la cour. Par cette ingénieuse combinaison, sans rien déranger dans l'intérieur du palais, toutes les personnes invitées au château trouvèrent des places très-commodes pour jouir de la vue des combats de taureaux et des danses qui furent exécutées sous les yeux du roi. L'espace qui restait en arrière, du côté de la grille d'entrée, fut destiné au feu d'artifice. Plus loin, dans les jardins qui environnent le château, il y fit des dispositions analogues aux différents divertissements qui devaient s'y donner. *Louis Lacombe*, le maître de ballets du théâtre, fut chargé de l'organisation des danses de caractère, variées selon les emplacements qui leur étaient destinés. Il réserva pour le cirque des danses qui s'entremêlaient d'une manière très-agréable avec les évolutions militaires, finissant par une décharge générale de mousqueterie. L'effet qu'elles produisirent fut assez heureux pour qu'à chaque représentation on les fît recommencer. Pendant ces trois jours de fête, il y eut aussi des exercices de combats de taureaux, exécutés par des Américains espagnols, venus de Monte-Video, et qui restèrent à Rio-Janeiro jusqu'aux fêtes de l'acclamation. La pluie seule contraria un peu les illuminations et le feu d'artifice du dernier jour.

Depuis l'arrivée de la princesse, le chemin et les avenues de Saint-Christophe étaient constamment couverts de superbes chevaux de selle et d'élégantes voitures étrangères; aussi, dès ce moment, tout prit un caractère décidément européen à Rio-Janeiro.

FÊTES DONNÉES A RIO-JANEIRO EN L'HONNEUR DE L'ACCLAMATION DE DON JOAO VI, ROI DE PORTUGAL, BRÉSIL ET ALGARVES UNIS.

Aidé de quelques secours de l'industrie européenne, on déployait de toutes parts la plus grande activité à Rio-Janeiro, pour y terminer les préparatifs des fêtes en l'honneur de l'acclamation, attendue depuis plus d'un an; et, à la satisfaction générale, on vit enfin, le 5 février 1818, troisième jour de la proclamation, le cortége du *bando* (*) parcourir, pendant l'après-dînée, les rues et places de la capitale, où tout était préparé pour la solennité du lendemain.

Effectivement, le 6, à la pointe du jour, les salves d'artillerie des forts et des navires de guerre stationnés dans la rade annoncèrent le commencement des cérémonies de cette journée mémorable pour le Brésil, qui l'élevait au rang de royaume.

Pour célébrer l'acclamation du roi don João VI (**), on fit construire en bois une galerie ouverte, adossée au bâtiment qui occupe toute la façade de la place, depuis le palais jusqu'à

(*) Voir la note explicative de la planche qui traite de ce sujet.

(**) Don João VI ne parut point avec la couronne sur la tête; elle se trouvait déposée sur un coussin, à côté de lui, parce que depuis la mort du roi don Sébastien, qui périt en Afrique l'an 1578, au milieu des combats, sa couronne et son manteau royal restèrent au pouvoir des Maures, qui furent maîtres du champ de bataille. La fierté portugaise suppose que don Sébastien, sauvé par la Divinité, doit revenir et rapporter la couronne du Portugal. C'est pourquoi, même aujourd'hui, de certains Portugais ouvrent religieusement leurs croisées au moment des orages, espérant encore le retour du roi don Sébastien. Ces superstitieux s'appellent *sébastianistes*.

la chapelle royale. Elle s'élevait à la hauteur du premier étage du palais, et communiquait avec lui du côté gauche de la place, et du côté droit, avec la chapelle royale. L'escalier de l'entrée publique était pratiqué à cette extrémité, et le trône se trouvait placé à celle qui lui est opposée. Toute la galerie était éclairée par dix-huit arcades : on avait formé, au milieu de la façade du bâtiment, un avant-corps peu saillant, orné d'un fronton couronné par une figure de Renommée. Le reste de la partie supérieure était également surmonté de trophées militaires et de statues placées à chaque angle.

L'intérieur était entièrement tendu en velours cramoisi, enrichi de galons et franges d'or; le plafond, divisé en neuf parties, était orné de tableaux allégoriques, tous analogues aux vertus d'un monarque. Les tribunes étaient adossées au bâtiment. La plus grande était celle de la famille royale, placée dans la travée même du trône, et les quatre autres étaient égales entre elles. L'estrade était exhaussée de deux degrés; et le trône, richement sculpté et doré, était surmonté d'une couronne royale soutenue par deux génies groupés sur la partie supérieure du dossier.

A neuf heures du matin, les salves d'artillerie et les girandes annoncèrent l'arrivée de la cour à la chapelle royale, où elle vint assister à la célébration de la messe du Saint-Esprit, qui se fit avec la plus grande pompe; toute la famille royale était resplendissante de diamants, et tous les costumes de cour étaient aussi remarquables par leur richesse que par leur élégance. Le sermon qui se prononça fut digne de la circonstance par l'éloquence politique et religieuse dont il est un monument. La cour dîna à Rio-Janeiro.

A trois heures après midi les forces militaires prirent position sur la place du Palais. On y rassembla deux brigades; la première, composée du 1er régiment d'infanterie de ligne et des 11e et 15e d'infanterie de police, commandée par le brigadier de cavalerie *Luiz-Paulino d'Oliveira Pinto;* et la seconde, composée de cavalerie de milice et du 2e bataillon de chasseurs et de grenadiers, commandée par le brigadier *Verissimo Antonio Cardozo :* on y ajouta huit pièces de canon de l'artillerie montée. Le lieutenant général *Luiz-Ignacio-Xavier Palmeirim* commandait en chef.

Il y avait ensuite deux gardes d'honneur, une près de la galerie, et l'autre près de la chapelle royale.

On avait posté sur la place de *Rocio* un corps de réserve commandé par le brigadier *José-Maria Rebello de Andrade e Vasconcellos;* il se composait de cavalerie de police, d'infanterie de ligne et d'un parc d'artillerie.

A quatre heures, les girandes, les cloches de la chapelle royale, les salves d'artillerie des forts et de la marine, donnèrent le signal aux cris d'allégresse du peuple qui remplissait la place du Palais, au moment où parut le roi sortant de ses appartements pour entrer dans la galerie de l'acclamation. Il était accompagné des grands dignitaires séculiers et ecclésiastiques, ainsi que des officiers du palais. Ce cortége s'avança dans l'ordre suivant :

D'abord les huissiers, les massiers, les trois hérauts d'armes, les huissiers de la chambre, les gentilshommes de la chambre, les nobles de la cour, les grands et les titulaires, les évêques, les officiers de la maison royale portant les insignes distinctifs de la royauté, marchant au milieu du cortége, le ministre de l'intérieur *Thomaz-Antonio de Villa-Nova Portugal*, le comte *de Vianna* représentant l'huissier-chef portant le bâton blanc, l'évêque premier chapelain, *S. Exc. le comte de Barbacena,* comme premier sous-lieutenant, portant l'étendard royal enroulé, ensuite le capitaine des gardes le *marquis de Bellas,* le *sérénissime infant don Miguel* portant l'épée de connétable à la main, enfin le prince royal et le roi.

Les Brésiliens admiraient don João VI, revêtu pour la première fois du superbe manteau royal de velours cramoisi, enrichi d'un semis de tours d'écussons, des cinq deniers royaux, emblèmes des armoiries du Portugal, et de la sphère céleste, emblème du Brésil; le manteau était fermé sur le devant par une agrafe recouverte de diamants. (Voir la planche 9.) *M. le comte de Parati,* comme premier valet de chambre, portait la queue du manteau.

Le roi, assis sur le trône, reçut le sceptre d'or des mains du *comte de Parati,* auquel il a été présenté par le *vicomte de Rio-Secco.* A la droite du trône se tenait le *prince royal don Pedro,* debout, la tête découverte, et ensuite le *connétable don Miguel,* l'épée nue à la main. Derrière le fauteuil du roi, on remarquait les trois premiers gentilshommes de la chambre, le *comte de Parati, Nuno-José de Souza Manoël,* et le *marquis de Torras-Novas.*

Sur le grand degré du trône, du côté droit, paraissait avant tout S. Exc. l'évêque premier chapelain; après lui, plusieurs autres évêques; sur le même degré, du côté gauche, était le *marquis d'Angéja,* comme premier gentilhomme de la chambre; le ministre de l'intérieur, le premier huissier de la chambre; ensuite, rangés en file, les comtes, vicomtes, barons et officiers du palais. Du même côté, c'est-à-dire, sur l'angle à gauche du dernier degré supérieur de la grande estrade, on voyait le premier sous-lieutenant, portant l'étendard royal enroulé; au second degré étaient les ministres du sénat formant le corps de la chambre; après eux, le tribunal du *desambargo do paço, e consciencia, e ordens,* le conseil de direction de la douane et la chambre de supplication, le conseil suprême militaire, le conseil royal du commerce, celui des arsenaux, celui de la bulle, celui du trésor royal, enfin les députés de l'université de Coïmbre.

Sur les mêmes degrés du côté droit du trône étaient rangés, par ordre de supériorité, les prélats des ordres religieux.

Sur le sol moins élevé, avant d'arriver à la première estrade du trône, se trouvaient les hérauts d'armes, les huissiers, les massiers, ensuite les personnes de distinction invitées. Toutes ces dispositions avaient été ordonnées par M. le *vicomte d'Asseca,* maître des cérémonies.

La première tribune à la gauche du trône, et sous la même travée, seulement élevée à la hauteur de six pieds du sol, avait été réservée pour la famille royale; la reine était la première plus près du trône, ensuite la princesse royale, après les princesses filles du roi; toutes ces dames portaient des plumes rouges, excepté la princesse royale, qui les portait blanches. Derrière elles, on avait pratiqué des places un peu plus élevées, dans le fond de la même tribune, pour les femmes de service auprès d'elles.

Les trois autres tribunes étaient occupées par les femmes de la cour; et la quatrième, plus éloignée, avait été réservée au corps diplomatique.

Voici maintenant quel est le cérémonial de l'acclamation du roi : Le roi debout, le sceptre en main, salue la reine, ainsi que les princesses royales, et s'assied ainsi sur le fauteuil du trône. Aussitôt le premier ministre donne le signal au *roi des armes,* qui, se plaçant au milieu de la salle, au bas de la grande estrade, adresse à l'assemblée ces paroles, qu'il prononce à haute voix : *Écoutez, écoutez, écoutez, soyez attentifs.* Le *desembargador* du palais est introduit sur l'estrade, près des degrés du trône, et adresse au roi un discours dans lequel est exprimé le vœu du peuple, et les conséquences heureuses qu'il espère du choix fait unanimement de son auguste personne pour régner sur lui. Ce à quoi le roi répond : *J'accepte pour le bonheur de mes peuples.* Le *desembargador* se retire en saluant le roi.

Les gentilshommes de service s'empressent aussitôt de placer aux pieds du roi un carreau, et à côté un tabouret garni d'un très-riche coussin d'étoffe de brocart d'or et rouge, sur lequel l'évêque premier chapelain pose le livre des Évangiles ouvert et supportant un crucifix couché.

Ensuite s'agenouillent le roi, le premier chapelain et deux autres évêques, celui d'*Azoto, prélat de Goyaz,* et celui de *Leontopoli, prélat de Mozambique e Rios de Sena;* ces deux derniers comme témoins de la prestation de serment de S. M. Le premier ministre s'approche du roi, et s'agenouille à côté de lui pour lire la formule du serment, à mesure que le roi la prononce en la répétant. S. M. passe le sceptre dans sa main gauche, afin de tenir la droite posée sur le missel et le crucifix, lorsqu'il prononce le serment. Cette cérémonie achevée, le roi se rassied, et les autres personnes reprennent leurs places primitives; le ministre seul reste au milieu de la dernière grande estrade, pour lire à l'assemblée la formule du serment que l'on doit prêter au souverain.

Ensuite le premier valet de chambre et l'évêque premier chapelain reportent le tabouret et le missel plus à la gauche du trône, afin de faire prêter le second serment d'obéissance par les deux princes du sang.

Le même cérémonial recommence pour le serment de l'évêque premier chapelain, du ministre, et des princes don Pedro et don Miguel. Le prince, après avoir prêté le serment d'obéissance selon la formule indiquée par le ministre, se lève pour aller baiser la main du roi, et se remet à sa place. Le prince don Miguel en fait autant après avoir passé dans la main gauche l'épée qu'il tenait, pour prêter le serment, avec la droite, qu'il pose sur l'Évangile et le crucifix; il va, comme son frère, baiser la main du roi, et se remet à sa place; tous les assistants l'imitent.

A ce moment, le premier lieutenant déploie l'étendard royal, en disant à haute voix : *Royal, royal, royal, pour notre très-haut et très-puissant seigneur et roi don João VI;* ce que répètent les hérauts d'armes et les personnes présentes dans la galerie; signal des fanfares, des hymnes exécutées par tous les corps de musique rassemblés sur la place. Après cette première proclamation intérieure, le porte-étendard, ayant salué le roi, descend de l'estrade, et est conduit au balcon du milieu de la galerie par les huissiers, massiers, les hérauts d'armes et les hommes d'armes. Là se trouve préparée, sur la saillie du balcon, une petite estrade à trois degrés, sur laquelle montent le porte-étendard et le roi d'armes; après les trois saluts du drapeau, ils répètent au peuple la même proclamation, à laquelle tous les assistants réunis sur la place et aux fenêtres répondent par des démonstrations de joie et des *vivat* qui se confondent avec le son des orchestres, des cloches, la détonation des girandes et des salves d'artillerie des forts et de la marine.

Après cette proclamation, le roi d'armes, rentré dans l'intérieur, annonce le départ du roi; le cortége se forme, et la marche s'exécute au son de la musique rassemblée sur la place. Les *vivat* se répètent avec enthousiasme, toutes les fois que le roi s'arrête à chaque ouverture d'arcades pour saluer le peuple. Le roi, arrivé au milieu de la façade, se présente sur le balcon, ayant à sa droite ses deux fils, et à sa gauche le porte-étendard royal et le capitaine des gardes. Après avoir salué le peuple à plusieurs reprises, il continue sa marche pour rentrer à la chapelle royale par une communication intérieure; ce qui suspend pour un moment les démonstrations de la joie publique.

L'évêque premier chapelain, accompagné de son clergé, attendait le roi à la porte intérieure de la chapelle pour lui faire l'aspersion de l'eau bénite et lui présenter à baiser la relique du bois de la vraie croix; ensuite il fut conduit, sous le dais, jusqu'à sa place dans le chœur, pour y assister au *Te Deum* exécuté à grand orchestre, et à la fin duquel l'évêque donne la triple bénédiction avec cette même relique magnifiquement renfermée dans une assez grande croix d'or massif enrichie de diamants.

L'office divin ainsi terminé, le cortége se remit en marche par le même chemin, et, retraversant la galerie de l'acclamation, reconduisit le roi jusque dans ses appartements. Il était alors sept heures du soir.

Après une heure de repos, la cour reparut au balcon entourée des membres de la diplomatie étrangère, pour jouir du coup d'œil général qu'offraient les illuminations de la place du Palais, de l'île das Cobras et de toutes les embarcations de guerre de la station, dont les lanternes, ingénieusement combinées, formaient des dessins variés. Ces contours lumineux, diminués progressivement d'effet et de proportion par l'éloignement, se liaient insensiblement à la lueur des feux de joie allumés de l'autre côté de la baie, qui se perdaient peu à peu dans l'espace, en indiquant les différents plans du terrain occupé par les *propriétés rurales de Prahia-Grande,* qu'on ne pouvait apercevoir qu'à la faveur du ton vigoureux des montagnes qui bornent l'horizon de ce côté.

ILLUMINATIONS DES JOURS 6, 7 ET 8.

Au bord du quai, tout à fait en face de la principale entrée du palais, le corps du sénat de la chambre fit ériger à ses frais un temple exécuté en relief, consacré à Minerve et dédié au roi. Ce monument avait dans son ensemble quatre-vingts palmes de haut, deux cent quatre-vingt-dix de façade et le tiers en profondeur. Il se composait d'un large soubassement sur lequel s'élevait un temple carré, à jour, d'ordre dorique cannelé, composé de douze colonnes; dans l'intérieur et au centre se trouvait placée une statue colossale de Minerve protégeant de son égide le buste du roi don João VI, posé sur un piédestal. On y montait par un vaste emmarchement en saillie, dont la tête des murs d'échiffres servait de piédestaux aux grandes figures en relief de la Poésie et de l'Histoire. Le bas-relief du tympan du fronton, peint en transparent, représentait les fleuves des quatre parties du monde offrant au roi les différents produits du commerce. Une figure de Renommée embouchant la trompette couronnait l'extrémité supérieure du fronton. On voyait peinte sur la frise l'inscription suivante : *Au roi, le sénat et le peuple.*

Le monument était placé au milieu d'une enceinte demi-circulaire, formée par un rang de colonnes surmonté d'un entablement et d'un attique. Les entre-colonnements étaient ornés de guirlandes; des trépieds, placés à plomb de chaque colonne, produisaient sur l'attique des points lumineux, pittoresques et majestueux.

L'illumination, exécutée avec intelligence et profusion, dessinait parfaitement tous les détails de cette élégante composition d'architecture entièrement de style grec.

ARC DE TRIOMPHE SITUÉ EN FACE DE LA GALERIE DE L'ACCLAMATION.

Au milieu de la partie du quai faisant face à la grande place du Palais, devant la fontaine, le corps de la *junta real* (direction du commerce) avait fait ériger un *arc de triomphe* de soixante palmes de haut sur soixante-dix de large; toutes les saillies de ses quatre faces étaient exécutées en relief. Ce monument triomphal était élevé en l'honneur du souverain nouvellement acclamé. Il alliait à la sévérité de son style de brillants accessoires. Les deux principales faces de l'arc étaient ornées de quatre colonnes d'ordre corinthien placées sur leurs piédestaux; les entre-colonnements étaient utilisés par des niches où se trouvaient les statues de Minerve et de Cérès, allusives aux sciences et au commerce. Au-dessus de ces niches on remarquait des bas-reliefs, dont l'un représentait le débarquement du roi au moment où la ville de Rio-Janeiro lui présente ses clefs; dans l'autre, on voyait le roi couronné accueillant les arts et le commerce prosternés au pied de son trône. Les colonnes et les entablements supportaient les figures allégoriques, isolées, des quatre parties du monde. Parmi les divers bas-reliefs qui ornaient la partie supérieure de ce monument, on voyait l'écusson des armes du royaume soutenu par des génies; et enfin le couronnement de l'arc offrait à la vue un groupe de sculpture riche et animé, formé de deux fleuves (le Tage et le Rio-Janeiro) appuyés sur les armoiries couronnées du royaume uni du Portugal, Brésil et Algarves. La frise portait cette inscription : *Au libérateur du commerce.* Tous les bas-reliefs de ce monument, peints en transparents, étaient exécutés de manière à pouvoir produire un effet satisfaisant, même pendant le jour. Le reste des sculptures isolées était peint sur des surfaces découpées.

Sur la même ligne du monument était, de chaque côté, un piédestal qui supportait un grand mât, à l'extrémité duquel flottait le pavillon des royaumes unis; deux colonnes isolées, surmontées du chiffre de João VI, étaient placées dans l'intervalle compris entre les mâts et l'arc. Elles s'y rattachaient par des guirlandes de verdure.

L'effet de l'illumination fut aussi heureux dans son genre varié que celui du temple, mais d'un style plus sévère.

OBÉLISQUE DU MILIEU DE LA PLACE.

De plus, ces mêmes négociants avaient fait élever au centre de la place un obélisque dans le style égyptien. La peinture de son extérieur imitait le granit rouge : le soubassement et la balustrade qui l'entourait se trouvaient parfaitement en harmonie avec le caractère de ce monument. Son illumination, extrêmement brillante (*), éclairait toute la place, dont les effets variés présentaient la riche opposition des styles grec, romain et égyptien.

FÊTE DONNÉE LE 7 AU CAMPO SANTA-ANNA.

Son Exc. l'intendant général de la police, protecteur et directeur en chef des fêtes publiques, avait fait transformer une grande partie du vaste *Campo Santa-Anna* en un très-spacieux jardin entouré d'une haie vive et d'un fossé. On avait ménagé quatre entrées communiquant au rond-point auquel aboutissait une assez nombreuse division d'allées qui coupaient le terrain diagonalement. A son extrémité nord, on construisit un assez joli pavillon (*palacète*), d'un style un peu moresque, avec des terrasses sur les deux faces prinpales, l'une intérieure et l'autre extérieure au jardin; elles étaient destinées à servir de loges pour les personnes de la cour, lors des fêtes qui devaient se donner dans ce jardin improvisé.

Aux quatre angles de ce jardin, on construisit, en charpente revêtue de planches, quatre petits forts armés chacun de vingt-quatre pièces de canon d'un très-petit calibre, et la plupart figurés en bois. La plate-forme de ces forts servait d'orchestre à une musique militaire, tandis que le corps du bâtiment servait de café, dont l'entrée donnait dans l'intérieur du jardin, et où l'on distribuait des rafraîchissements gratuits pendant les heures d'illuminations.

Seize statues ornaient une place circulaire réservée au centre du jardin, et au milieu de laquelle était un bassin pittoresque formé d'un rocher factice, d'où s'élançait perpendiculairement un assez grand jet d'eau. Soixante-quatre bustes (termes) et cent deux pyramides lumineuses étaient réparties dans les différentes allées. Il ne fallut pas moins de cinq mille lampions pour suffire à ces fêtes nocturnes répétées trois fois de suite.

Du côté de l'ouest, on avait élevé un petit théâtre au centre d'un bosquet couronné par des palmiers cocotiers et différentes mimoses en fleurs.

L'artillerie des quatre petits forts fit son premier salut le 6, à neuf heures du matin, moment où le cortége de la cour, arrivant de Saint-Christophe, traversa la place pour se rendre à la chapelle royale; et à sept heures du soir, ses seconds saluts s'unirent à ceux de toute l'artillerie de la baie, pour annoncer le moment de l'acclamation du roi don João VI.

(*) C'était la première fois que les Brésiliens voyaient une illumination exécutée en lampions de fer-blanc. L'exécution de ces trois monuments fut confiée aux soins de MM. Grandjean, architecte, Debret, peintre d'histoire, et Taunay, statuaire, tous trois Français, artistes pensionnés du gouvernement portugais, et depuis professeurs à l'Académie impériale des beaux-arts à Rio-Janeiro.

Et le 7, à quatre heures du soir, les salves de cette petite artillerie annoncèrent l'arrivée de la cour, qui venait visiter pour la première fois l'intérieur de ce jardin planté comme par enchantement, et dans lequel on lui avait préparé des divertissements variés, qui se prolongèrent jusqu'à la chute du jour. Ils se composèrent d'une suite assez compliquée d'évolutions militaires entremêlées de danses, réunissant à la fois le noble et le gracieux, et de diverses autres danses grotesques; elles furent suivies d'un spectacle donné sur le petit théâtre improvisé. Avant le lever du rideau, des poëtes et des orateurs récitèrent une infinité de pièces de vers reproduisant, sous toutes les formes, des éloges exagérés qui flattèrent infiniment le roi. Après plus de trois quarts d'heure de compliments entrecoupés des *viva el rei nosso senhor,* la toile se leva, et laissa voir la scène occupée par les acteurs de la troupe italienne, qui chantèrent dans l'idiome portugais les strophes élégantes de l'hymne national, accompagné à grand orchestre. Ensuite les artistes comédiens portugais représentèrent un *Elogio,* espèce de prologue-féerie; le spectacle se termina par un ballet allégorique, dont le dernier tableau offrait la réunion des trois royaumes personnifiés : ce coup de théâtre était orné d'épisodes les plus heureux. Enfin, pour garantir le bon goût et la grâce de ces différents divertissements, il nous suffira de dire qu'ils furent exécutés par les soins de M. *Louis Lacombe,* maître des ballets du théâtre royal, déjà cité dans la description des grandes fêtes nationales.

Le lendemain 8(*), vers les six heures du soir, toute la cour et les personnes invitées vinrent parcourir les allées du jardin et montèrent ensuite sur la terrasse du petit palais, afin de jouir de quelques divertissements qui y avaient été préparés; et à neuf heures la détonation de 101 bombes d'artifice annoncèrent au peuple un nouveau motif de distraction. A ce signal toute la cour se plaça sur les terrasses de la façade du palais exposées au nord, pour y voir tirer un énorme feu d'artifice qui dura plus de deux heures. Le dernier coup de feu offrait, comme de coutume, la façade d'un temple dessinée en feux fixes, dont les intervalles étaient remplis par des emblèmes peints en transparent; le tout surmonté d'une Gloire, au milieu de laquelle on lisait *vive le roi,* dessiné en feu blanc.

A onze heures le souverain et sa famille montèrent dans les voitures de la cour, firent le tour de la place, et employèrent une partie de la nuit à parcourir toutes les rues de la ville, autant par curiosité que pour donner une marque de gratitude personnelle au généreux dévouement que les habitants de Rio-Janeiro faisaient éclater de toutes parts.

La maison de l'intendant de police, située à l'un des angles du *Campo Santa-Anna,* se faisait remarquer par sa brillante illumination. Un grand tableau transparent placé au centre représentait allégoriquement les *trois royaumes unis, agenouillés, couronnant le buste de S. M. don João VI.* L'extrémité supérieure de la décoration était surmontée par les armes du royaume uni couronnées; de nombreuses inscriptions, des emblèmes flatteurs, enrichissaient cette pompeuse illumination variée par des verres de couleur. Le ministre y avait fait joindre des orchestres. La composition et l'exécution avaient été confiées à MM. Bouche et Debret.

Le conseiller *Amaro Veilho da Silva* voulut signaler son dévouement au roi par une fort belle illumination qui de loin attirait la foule des curieux dans la *rue de la Gloire* où elle se trouvait placée. Une multiplicité de distiques remarquables par la finesse de leurs pensées, tracés sur des fonds transparents, ainsi que des figures allégoriques, remplissaient les intervalles d'une décoration architecturale resplendissante de lampions serrés les uns contre les autres. On dut cette composition à M. *José Domingos Monteiro,* ingénieur architecte portugais.

(*) Le 8, à une heure après midi, Sa Majesté, placée sur son trône au palais de la ville, reçut les félicitations du corps diplomatique, des gens de la cour, et d'un grand nombre de personnes admises à l'honneur de baiser la main des souverains.

M. le commandeur Joaquim-José de Séquéira, demeurant à *Mata-Porcos,* sur le chemin de Saint-Christophe, fit élever à ses frais, pour le passage du roi, devant sa maison, un arc de triomphe de 98 palmes d'élévation. Il était de forme antique; tous les bas-reliefs, de grande dimension, étaient peints en transparent. Son inscription portait : *Au père du peuple, au meilleur des rois.* Ce monument était couronné par un groupe de trois Hercules supportant une sphère sur laquelle on pouvait remarquer l'indication des terres du Portugal et du Brésil. Six mille lampions de couleur en dessinaient l'architecture sur ses deux faces. La composition était de M. Bouche, et l'exécution des transparents de M. Debret.

Les trois arcs de triomphe élevés dans la rue Droite, à l'occasion du débarquement de l'archiduchesse Léopoldine, furent conservés et illuminés de nouveau pendant ces trois jours.

On voyait encore l'heureuse influence de l'école française dans les agréables proportions du décor de l'illumination qui ornait la façade du logement du *comte dà Barca,* ancien ministre des relations extérieures et de la guerre, mort dans l'intervalle des préparatifs et de l'exécution des fêtes de l'acclamation. Mais dans cette circonstance son frère ne négligea rien pour mettre en évidence les preuves du dévouement au roi de cet illustre protecteur des arts.

La composition générale représentait un temple à jour, à travers les pilastres duquel on voyait le buste couronné de D. João VI posé sur un piédestal, et les figures allégoriques de l'agriculture, du commerce, des arts et de la navigation, venant offrir leurs hommages au souverain. Toute la masse de l'architecture était dessinée par une illumination formée de petits lampions de fer-blanc très-serrés entre eux, et les figures, de couleur naturelle, ainsi que le fond, étaient peintes en transparent. Ce monument avait 22 pieds de large. La composition et l'exécution en avaient été confiées de concert à MM. Granjean et Debret.

TEMPLE DE LA PLACE DO ROCIO.

En face du théâtre, sur la place *do Rocio,* on s'arrêtait avec intérêt autour d'une fort belle illumination ornée des portraits en pied des premiers personnages de la famille royale, exécutés en transparent par M. *José Léandre,* peintre brésilien. Sur un soubassement s'élevait un pavillon octogone, de caractère moresque, formé de huit arcades supportées par des colonnes; l'entablement était couronné par un attique surmonté d'une coupole. De petites pyramides étaient placées au-dessus de chaque colonne; et une plus grande, élevée sur le centre de la coupole, dominait tout le monument. De huit transparents, les quatre plus larges représentaient les portraits en pied de don João VI revêtu du manteau royal, de la reine dona Carlota, des AA. RR. le prince don Pedro et la princesse Léopoldine, et de l'infant don Miguel; et les quatre autres, plus étroits, représentaient des trophées des quatre parties du monde. Une balustrade isolée du monument lui formait une enceinte.

Tous les hôtels des ministres, les grands établissements publics, les maisons des grands négociants de la ville et même de simples particuliers, se faisaient remarquer de loin par la lueur de leurs illuminations et embellissaient ainsi tous les quartiers de la capitale du nouveau royaume brésilien.

Le calme d'un beau clair de lune et la tranquillité publique ne furent heureusement troublés, pendant ces trois nuits mémorables, que par les *vivat* unanimes répétés partout où passait le cortége royal. Les gazettes annoncèrent même qu'il n'y avait eu aucun sujet d'emprisonnement, s'il faut les en croire, pendant ces trois jours de réjouissances populaires.

Ce fut seulement le 13 mai suivant que se donna au théâtre la grande représentation qui avait été suspendue jusqu'après le carême. Cependant le corps du commerce avait fait construire à ses frais un très-grand cirque au *Campo de Santa-Anna* (*), pour y exécuter des *cavalhadas* (tournois). Tous ces préparatifs, ainsi que l'achèvement d'une fontaine située sur le même *Campo,* firent différer l'époque de ces grandes réjouissances jusqu'au mois d'octobre de la même année.

Ces préparatifs de *cavalhadas* furent nécessairement très-longs, puisqu'il fallait faire parvenir des invitations à un certain nombre de personnes qui, habitant les provinces de l'intérieur, voulurent bien venir figurer à leurs frais et contribuer ainsi bénévolement aux plaisirs de la cour. Il fallait également le temps de se procurer des taureaux sauvages, que l'on ne pouvait tirer que de la province de la *Corytiba.*

Ce ne fut donc qu'au 15 octobre que commencèrent les grandes fêtes, qui se prolongèrent avec toute la solennité possible pendant six jours. On donna six représentations consécutives dans le grand cirque, auxquelles assistèrent toute la famille royale et les étrangers de distinction, et chaque nuit les illuminations se répétèrent.

DANSES DE CARACTÈRE ET DIVERTISSEMENTS DONNÉS DANS LE GRAND CIRQUE.

La réunion des divers corps de métiers fournit les danses de caractère. Toutes avaient été particulièrement enseignées par des maîtres payés aux frais des danseurs. Ces petites troupes étaient au nombre de cinq. La première se composait de jeunes commerçants costumés en guerriers espagnols antiques; la deuxième, d'orfévres mis en Asiatiques; la troisième, d'ébénistes habillés en Courlandais; la quatrième, de cordonniers vêtus en Espagnols modernes, les femmes en nymphes; et la cinquième, des chaudronniers en Cabocles. Chaque corps de danse avait son char et sa musique analogues au caractère de son costume.

ORDRE DE LA MARCHE ET DES ENTRÉES.

Ce fut le *char de Neptune* qui parut le premier; on y remarquait la statue colossale du *dieu,* peinte en couleur de chair, assise au milieu d'une énorme coquille argentée soutenue par des animaux marins, qui, lançant des jets d'eau de toutes parts, arrosaient parfaitement le terrain qu'ils parcouraient. Deux chevaux, grotesquement caparaçonnés, traînaient au pas cette utile machine hydraulique dont les roues étaient à demi cachées par des draperies de gaze d'argent. Il était accompagné d'un cortége dansant, composé de Cabocles masqués, coiffés d'énormes faisceaux de plumes. Le char, après avoir traversé l'arène en divers sens, rentra majestueusement, après avoir épuisé son réservoir.

Le terrain ainsi préparé, on vit entrer successivement la totalité des chars, formant une file qui dirigeait sa marche sur le côté droit de l'enceinte, pour en faire le tour. Chaque corps de danse, accompagné de ses musiciens, était groupé sur son char respectif, et saluait particulièrement la loge de la cour, au moment de son passage devant elle. Ayant achevé de parcourir la circonférence de l'arène, ils se rangèrent en ordre de bataille, et avancèrent de front jusqu'à la moitié du cirque, où ils s'arrêtèrent : à ce signal, les danseurs mirent

(*) Superbe place environnée de maisons, et plus grande que deux fois le Champ de Mars de Paris. Elle sépare l'ancienne ville de la nouvelle.

pied à terre, et marchèrent alignés jusqu'auprès de la loge royale, pour y faire un salut général. Les musiciens, rangés en arrière, exécutaient l'hymne national pendant que le corps de ballet, resté dans l'attitude de génuflexion, exécutait le premier tableau. Après s'être relevés, les danseurs formèrent des quadrilles séparés, disposés de telle sorte que chaque troupe à son tour venait en face de la loge exécuter un *solo*, dont les détails, ingénieusement composés, faisaient ressortir avec plus d'intérêt la variété des costumes. Après avoir terminé les danses par un second salut, chaque troupe remonta sur son char, et le cortége se retira en ordre.

A ce premier divertissement succéda l'entrée des écuyers : leur marche fut semblable à celle des chars, et comme eux, formés en ligne de bataille, ils s'avancèrent de front pour exécuter le *salut de la lance*. Immédiatement après, commencèrent les évolutions de cavalerie. Pour exécuter les autres exercices, ils se divisèrent et se rangèrent en deux bandes, dont les individus sortaient alternativement.

Ces messieurs, très-richement équipés, portaient à la main une grande lance armée, à l'une de ses extrémités, d'un petit fer, et de l'autre d'une petite boule de plomb, faite uniquement pour toucher les objets.

Le *premier* exercice était de pouvoir, en courant au grand galop, toucher avec la lance la quille d'une petite nacelle de fer-blanc remplie d'eau, qui se trouvait suspendue, à douze pieds de haut, à une corde tendue et attachée par ses extrémités à deux poteaux entre lesquels le cavalier passait rapidement. Un coup bien porté devait vider la nacelle. Le *second* consistait à casser, d'un coup de lance, un léger pot de terre d'une moyenne grandeur, suspendu de la même manière, et renfermant un pigeon ou quelque autre oiseau, qui, délivré par la rupture de sa prison, s'envolait rapidement dans les airs, laissant flotter les rubans attachés à ses pattes. Le *troisième* exercice consistait à enfiler avec la lance une *bague* suspendue à la même hauteur que les buts précédents. Dans le *quatrième*, le cavalier se servait du fer de la lance pour piquer et enlever une tête de carton de ronde-bosse, posée sur un petit plateau, à hauteur d'homme. Le *cinquième* était de faire sauter, avec un coup de pistolet chargé à poudre, une tête semblable, et posée comme la précédente; le *sixième*, de ramasser par terre une pareille tête de carton, à la pointe de l'épée. A ce genre d'exercice succédait un *second*, résultant *de la réunion de deux cavaliers courant aussi au grand galop à leur rencontre réciproque. Premièrement* il fallait couper, d'un coup de revers d'épée, une canne à sucre jetée par l'adversaire à la hauteur de la tête de son rival, au moment de leur rencontre. Cette lutte d'adresse se répétait par les deux antagonistes, alternativement et en nombre de fois égal, afin d'établir un terme de comparaison entre leur habileté personnelle. *Secondement*, c'était de courir armé d'un petit bouclier au bras, et parer rapidement des oranges de cire remplies d'eau, jetées par l'adversaire au moment où il s'approchait : exercice qui se répétait comme le premier. Pour rendre à l'œil du spectateur éloigné le coup de l'orange décisif, au lieu de la remplir d'eau, on y substituait quelquefois de la poudre d'amidon, de la hachure de plumes diversement colorées, ou seulement du papier blanc haché. On profita avec adresse des différents modes de maniement de la lance et du pistolet, pour varier les six représentations successives.

A la fin des exercices, les cavaliers formant le front venaient faire le salut de la lance devant la loge du roi, et se retiraient ensuite, couverts de sueur et de poussière, en défilant au galop.

La représentation de chaque jour se terminait par les exercices des jouteurs espagnols, qui combattaient, à pied ou à cheval, des taureaux sauvages.

Le sixième jour, après la fin de la dernière représentation, messieurs les cavaliers et les directeurs de chaque corps de métier qui avaient contribué à l'organisation de la fête, furent introduits dans la loge du roi, et eurent l'honneur de baiser la main de Leurs Majestés et des princesses.

Le costume des cavaliers était l'habit complet à la française, de velours brodé en soie de couleur; chapeau à trois cornes garni de plumes blanches, bourse à cheveux, bas de soie blancs, souliers à boucles. Ils montaient un magnifique cheval entier, fougueux, parfaitement caparaçonné, recouvert d'une housse de velours galonnée d'or ou d'argent, les crins garnis de beaucoup de rubans de couleur et de grelots, etc. Ils ne se servent que d'étriers de bois, selon l'ancienne mode portugaise, mais richement recouverts de garnitures en argent.

NAISSANCE DE DONA MARIA DA GLORIA, FILLE DE DON PEDRO.

Le 7 mai 1819, vers les cinq heures de l'après-midi, trois grandes girandes, tirées sur la *montagne du Castel*, annoncèrent aux habitants de Rio-Janeiro la naissance de dona Maria da Gloria, connue aujourd'hui sous le titre de *dona Maria segunda, reine de Portugal.*

Aussitôt après, les salves de l'artillerie de la marine et des forts, auxquelles se joignit le carillon des cloches de toutes les églises, confirmèrent la nouvelle de l'heureux accouchement de la princesse royale Léopoldine.

Bientôt le chemin de Saint-Christophe à Rio-Janeiro fut encombré par les files de voitures des grands personnages et des autorités constituées, qui allaient complimenter la cour. L'enfant nouveau-né fut ondoyé par S. Exc. monseigneur l'évêque premier chapelain, et tout de suite présenté par son père, le prince royal don Pedro, à Son Éminence le cardinal nonce du pape.

Il y eut trois jours fête à la cour et illuminations à la ville; deux jours de réception à Saint-Christophe, et le troisième consacré à la ville pour recevoir les félicitations des corps militaires de la ligne et des milices.

Six semaines après, on y célébra la cérémonie du baptême de la petite princesse. Le 23 juin, veille de la fête du roi, tout était préparé à Rio-Janeiro pour la cérémonie du baptême de la nouvelle princesse; on avait orné l'intérieur et l'extérieur de la chapelle royale : deux orchestres étaient élevés sur les extrémités de son perron, auquel communiquait un chemin planchéié, qui traversait la place diagonalement, et allait correspondre à la porte principale du palais, aux deux côtés de laquelle on avait également placé des orchestres.

Ce chemin, de huit à dix pieds de large, était recouvert de tapis dans toute sa longueur, et bordé de chaque côté par des murs d'appui, de quatre pieds de haut, revêtus de tentures de damas cramoisi galonné en or. Des poteaux, placés de distance à autre, supportaient de très-grosses lanternes qui servirent à éclairer le retour du cortége.

A cinq heures et demie, le cortége sortit de la principale porte du palais et suivit le chemin qui lui avait été préparé. Un groupe d'archers (espèce de cent-suisses) ouvrait la marche; venaient ensuite les massiers, les huissiers, les premiers valets de chambre, toutes les personnes marquantes du commerce, les employés civils et militaires, les officiers de la maison royale : le roi, entouré de ses ministres, suivait le dais, sous lequel marchait le premier chambellan de la princesse royale, tenant l'enfant sur ses bras, recouvert d'un brocart rouge et or; les bâtons du dais étaient portés par les huit premiers nobles de la cour. Venaient immédiatement le prince royal, la princesse royale à sa gauche et l'infant don Miguel à sa droite, la reine, les princesses royales et leur suite.

L'enfant fut baptisé par l'évêque premier chapelain; le roi et la reine servirent de parrain et de marraine, et le cortége rentra au palais à neuf heures et demie du soir. Le portail, ainsi que le clocher de la chapelle royale, était illuminé avec des lanternes : toutes les croisées de la place, ornées de draperies rouges et de lanternes, étaient occupées par une infinité de dames très-parées et presque toutes coiffées en toques à plumes blanches. A dix heures un quart, on tira le feu d'artifice, qui avait été préparé sur la place du Palais près du quai. Les orchestres étaient occupés par les différents corps de musique militaire, qui jouaient alternativement; ce qui donnait à la soirée un air de fête, et attirait sur la place du Palais un grand nombre de personnes, qui y stationnaient de préférence.

La famille royale, en retournant à Saint-Christophe, parcourut au pas une partie de la ville, pour voir les illuminations, dont quelques-unes étaient ornées de transparents, mais beaucoup d'autres seulement surchargées d'inscriptions.

Ainsi se passa cette journée, qui donna à cette princesse enfant un nom d'autant plus difficile à soutenir, que des grandeurs vinrent s'y rattacher sept ans après, et que sa dignité royale lui fut disputée et enlevée par le prince don Miguel, son oncle, regardé depuis comme usurpateur du trône portugais, contre la volonté de don Pedro, qui en avait disposé en faveur de son héritière présomptive, dona Maria da Gloria.

ANNÉE 1822.—ACCLAMATION DE DON PEDRO, EMPEREUR CONSTITUTIONNEL DU BRÉSIL.

Le sénat de Rio-Janeiro ayant annoncé au peuple la nécessité d'élever le royaume au rang d'empire indépendant, afin de se soustraire à la domination portugaise, fit transmettre sa résolution aux provinces de l'intérieur, qui y adhérèrent par écrit; chacune d'elles élut un procureur général chargé d'apporter la détermination signée de toutes les communes respectives, et de les représenter personnellement à Rio-Janeiro dans l'acte solennel de l'acclamation de l'empereur.

CÉRÉMONIAL DE L'ACCLAMATION DE S. M. LE PRINCE DON PEDRO, EMPEREUR CONSTITUTIONNEL ET DÉFENSEUR PERPÉTUEL DU BRÉSIL, LE 12 OCTOBRE 1822, A RIO-JANEIRO, CAPITALE DE L'EMPIRE.

On choisit, pour la cérémonie de l'acclamation de l'empereur, le petit palais (*palacète*), situé au milieu du Campo de Santa-Anna, précédemment élevé lors des réjouissances de l'acclamation du roi don João VI. On le fit reconstruire solidement et d'un meilleur style d'architecture, en y réservant une seule terrasse du côté du midi. Son intérieur fut décoré de peintures analogues à sa destination, et toutes ses croisées, ce jour-là, furent garnies de tentures de velours et de damas cramoisi galonnées d'or.

A huit heures du matin, on avait rassemblé autour de la place du *Campo Santa-Anna* les 1er et 2e régiments de ligne, ainsi que la troupe qui formait la garnison, et à laquelle on avait réuni son artillerie. Le peuple, rassemblé dans cette vaste enceinte, se portait en foule du côté du midi, et occupait tout le terrain jusqu'au pied de la terrasse du petit palais, attendant avec impatience le moment de l'acclamation du premier empereur du Brésil.

On avait déjà réuni sur la terrasse le corps du sénat, escorté de son nouvel étendard de velours vert, sur lequel apparaissaient les armes de l'empire. Ce drapeau civique était porté par le procureur de la même corporation, *Antonio Alvez de Araüjo*. Près de lui se trouvaient le président *juiz de forà, José-Clémenté Pereira*, les *vereadores* assesseurs, *Jaõa Suares de Buthões, José Pereira da Silva*, etc.

A dix heures arrivèrent Leurs Majestés, en grande pompe, dans un élégant équipage dont les domestiques étaient revêtus de la livrée verte et or, couleurs nationales nouvellement adoptées.

Les dignitaires, ainsi que toutes les personnes invitées qui circulaient dans les appartements du *palacète*, descendirent pour recevoir le souverain et le conduire sur la terrasse. S. M. I. se plaça au milieu du balcon, le plus en avant possible; il avait à sa gauche le président et le corps du *sénat de la chambre* (chambre municipale); à sa droite, un peu plus en arrière, S. M. l'impératrice et la petite princesse *dona Maria da Gloria;* ensuite les ministres et les gentilshommes de la cour. Toutes les autres personnes de distinction, placées en ligne, formaient un second rang en arrière. Cette première apparition excita les *vivat unanimes* du peuple rassemblé sur la place.

Le président du sénat de la chambre s'avança sur le balcon, tout près de S. M., et donna au peuple le signal du silence. Le calme rétabli, il prit la parole au nom du peuple, et adressa au prince un discours dans lequel, au milieu des expressions de respect et d'estime pour son auguste personne, il lui exprima le vœu unanime de célébrer ce jour, à jamais mémorable, en lui offrant, par l'acclamation du peuple, le *titre d'empereur constitutionnel et de défenseur perpétuel du Brésil.* S. M. daigna répondre ainsi : *J'accepte le titre d'empereur constitutionnel et de défenseur perpétuel du Brésil,* parce que, ayant entendu mon conseil d'État et les procureurs généraux, j'ai examiné les représentations des chambres municipales des différentes provinces, qui m'ont convaincu de la volonté générale.

Immédiatement après, le président annonça au peuple la réponse de l'empereur, et lui donna le signal des différents *vivat,* prononcés dans l'ordre suivant et répétés avec enthousiasme. Ordre : *Viva nossa santa religião; viva o senhor don Pedro, primeiro imperador constitutional do Brazil, e seu deffensor perpetuo; viva a imperatrix constitutional do Brazil e a dynastia de Bragança imperante no Brazil; viva a independencia do Brazil; viva assemblea constituente, e legislativa do Brazil; viva o povo constitutional do Brazil.*

La réponse de l'empereur, imprimée sur des feuilles volantes, fut jetée avec profusion au peuple par les personnes qui se trouvaient placées aux extrémités de la terrasse et aux balcons des croisées latérales du *petit palais de l'Acclamation* (nom qu'il conserve depuis). Le *dernier vivat* prononcé par le président servit de signal à la troupe pour commencer les trois décharges de feu roulant et les cent et un coups de canon, dernier salut militaire de la *cérémonie de l'acclamation de l'empereur du Brésil, au Campo de Santa-Anna.*

Les troupes défilèrent pour former ensuite la haie sur le passage du cortége, qui traversa à pied les rues de la ville, en passant sous les arcs de triomphe qu'on y avait élevés.

A la tête du cortége marchaient un train d'artillerie, un fort détachement de cavalerie, plusieurs pelotons d'infanterie de ligne et de milice, les huissiers et portiers du sénat de la chambre, le procureur porte-étendard du même corps : le reste des sénateurs, rangé en file, accompagnait les côtés du dais; l'empereur, en costume militaire, le chapeau à la main, marchait sous le dais; le président et les *vereadores* du sénat de la chambre portaient les bâtons du dais; venaient ensuite les ministres, tous les gentilshommes de la cour, les procureurs généraux des provinces et les notables de la ville : un peloton d'infanterie fermait la marche; derrière lui se pressait une suite nombreuse de peuple, qui l'accompagnait depuis le *Campo de Santa-Anna,* et, s'accroissant à chaque pas, prolongeait tumultueusement l'écho des *vivat* qui se succédaient pendant le trajet. Le cortége arriva ainsi à la chapelle; elle était déjà remplie d'une foule de patriotes brésiliens qu'une gratitude religieuse y avait attirés. *Don Pedro,* conduit seulement jusqu'aux premières marches du chœur, alla s'asseoir pour la première fois sur un *trône impérial,* et assister au *Te Deum* célébré en action de grâces de *l'élévation de l'empire du Brésil,* dont il venait d'*être déclaré le défenseur perpétuel.*

Dans l'intérieur de l'église, chacun était électrisé par la grandeur de cette nouveauté. Les musiciens et les chanteurs de la chapelle rivalisèrent de talent et d'enthousiasme pour compléter l'effet de ce bel ouvrage musical auquel on avait ajouté quelques nouveaux solo. Enfin, dans ce temple, tout sembla prendre un commencement d'énergie et de noblesse jusqu'alors inconnue aux regards brésiliens, qui se retirèrent émus d'orgueil et d'espérance tout à la fois.

L'empereur sortit par les communications intérieures qui conduisent de la chapelle au palais, et se rendit à la salle du trône, dans laquelle il donna le premier *baise-main* impérial. Les fanfares et les salves d'artillerie annoncèrent la fin de cette réception d'apparat. Un instant après, l'empereur parut au balcon pour recevoir le salut militaire des troupes, qui défilèrent en ordre devant lui, et regagnèrent leurs quartiers. La cour retourna à Saint-Christophe, escortée d'un fort détachement de cavalerie de Saint-Paul et de Minas, qui avait pris le service près de l'empereur. Le soir il y eut une grande représentation au théâtre, et de nombreuses illuminations dans la ville; elles se répétèrent pendant six nuits consécutives.

COURONNEMENT DE DON PEDRO, EMPEREUR CONSTITUTIONNEL ET DÉFENSEUR PERPÉTUEL DU BRÉSIL,

CÉLÉBRÉ DANS LA CHAPELLE IMPÉRIALE LE 1er DÉCEMBRE 1822.

La veille de cette cérémonie, le *cortége civil du bando* (promulgation) avait parcouru les places et les rues de la capitale pour annoncer aux habitants la célébration de la *cérémonie du sacre et du couronnement de l'empereur,* qui devait avoir lieu le lendemain, 1er décembre 1822, dans l'intérieur de la chapelle impériale (ci-devant royale des Carmes). En effet, le 1er décembre, au soleil levant, les salves d'artillerie de toutes les forteresses annoncèrent la présence du jour solennel destiné à confirmer, par un acte religieux, le titre politique récemment conféré à don Pedro, ainsi qu'à sa dynastie brésilienne.

A six heures du matin, les postes militaires de la police furent occupés par leurs soldats. Le nouveau corps de cavalerie des gardes d'honneur (espèce de gardes du corps) se rendit à Saint-Christophe pour escorter particulièrement l'empereur et sa famille.

A neuf heures et demie on vit arriver, par le campo Santa-Anna, le superbe cortége dont le luxe égalait celui qui avait été déployé à Lisbonne (*) précédemment, lors du couronnement des souverains portugais. Le peuple suivit avec admiration cette imposante marche triomphale qui s'achemina majestueusement au pas jusqu'au palais, en passant sous les six arcs de triomphe élevés sur son passage, et au milieu des *vivat* répétés de toutes parts.

DISPOSITION DE LA PLACE DU PALAIS.

Les trois fenêtres et le portique de la chapelle étaient garnis de tentures d'étoffes cramoisi galonnées en or.

Le même genre de décoration ornait toutes les fenêtres du palais impérial. On avait pratiqué un chemin planchéié qui communiquait du palais à la chapelle, en traversant diagonalement la place qui les sépare. Il était absolument semblable à celui précité à l'occasion de la cérémonie du baptême de la princesse dona Maria da Gloria.

(*) On conservait à Lisbonne les voitures d'apparat de la cour de Jean V. Elles étaient de fabrique française et avaient été peintes à Paris chez Martin. Plus tard transportées à Rio-Janeiro, les panneaux en furent retouchés par Manoël d'Acosta, peintre portugais (au service de la cour), lors de la cérémonie de l'acclamation de Jean VI; et enfin, restées au Brésil, elles furent restaurées et entièrement repeintes par les artistes de l'Académie des beaux-arts, lors de l'acclamation de l'empereur don Pedro. (Nous y reviendrons en parlant de l'état des beaux-arts.)

RÉPARTITION DE LA TROUPE.

A huit heures du matin le bataillon de grenadiers destiné au poste d'honneur occupa le devant de la chapelle des Carmes. Le deuxième bataillon de chasseurs se plaça dans l'espace qui sépare le palais de la chapelle impériale. Le reste de la troupe se forma en *deux brigades*. La *première* était commandée par le maréchal *Marcello-Joaquim Mendus*, et se composait des 1er et 3e bataillons de chasseurs du 1er régiment de 2e ligne et de la brigade d'artillerie montée. La *deuxième brigade*, commandée par le maréchal *José-Maria Pinto Pexeto*, était composée du régiment de chasseurs de Saint-Paul, du 4e bataillon de chasseurs de l'empereur, des 3e et 4e régiments d'infanterie de 2e ligne, et du 1er régiment de cavalerie de ligne.

MARCHE DU CORTÉGE A PIED, DEPUIS LE PALAIS JUSQU'A LA CHAPELLE.

Depuis dix heures les personnes invitées s'étaient rendues au palais de la ville et y attendaient l'empereur; admises à circuler dans l'intérieur des salles richement préparées, elles se plaisaient à en admirer la nouvelle décoration dont les détails d'un goût moderne laissaient voir de toutes parts l'or et la couleur verte dominer avec une élégante magnificence.

Aussitôt après l'arrivée de la cour on s'occupa d'organiser la marche du cortége qui devait accompagner l'empereur pour se rendre à pied jusqu'à la chapelle. Chaque fonctionnaire alla donc recevoir les instructions du maître des cérémonies et prendre le rang qui lui était destiné. Le signal du départ fut donné à onze heures un quart.

Le cortége sortit du palais dans l'ordre suivant: un détachement de la garde des archers, accompagné de sa musique, ouvrait la marche; venaient ensuite les personnes invitées. Cette réunion, formée d'un assez grand nombre de personnages distingués par leur rang et leur fortune, se faisait remarquer par une tenue très-brillante; puis venaient le roi d'armes et ses deux hérauts, les hommes d'armes, les massiers, ensuite les gentilshommes de la chambre et les officiers de la maison impériale; les aides des cérémonies accompagnaient de chaque côté les personnes de la cour; les procureurs généraux étaient chargés de porter *les insignes* de la souveraineté impériale: ces accessoires étaient placés sur de riches plateaux au petit côté desquels se trouvaient des anses pour en faciliter le transport.

L'épée, le bâton (petite canne à pomme d'or) et les gants, placés sur le même plateau, étaient portés par Leurs Excellences MM. le vicaire général *Antonio Vieira da Solidade* et *Manoël Clémenté Cavalcanté de Albuquerque*, accompagnés par les gentilshommes *Manoël Jacinto Navarro de Sampaio e Mello* et *José Fortunato de Brito*.

Le manteau impérial était porté par Leurs Excellences MM. *Manoël Ferreira*, de la chambre, et *don Lucas-José Obes*, accompagnés des gentilshommes *Antonio-Maria Péreira da Cunha* et *Joaõ-Ignacio da Cunha*.

Le sceptre était porté par Son Excellence *Antonio Rodrigues Vellozo de Oliveira*, accompagné de M. le gentilhomme *Braz Carneiro Nogueira da Costa e Gama*.

La couronne était portée par Son Excellence *José Marianno de Azérédo Coutinho*, accompagné de MM. les gentilshommes *Léonardo Pinheiro da Cunha e Vasconcellos* et *Luiz José de Carvalho e Mello;* suivait Son Excellence M. *le baron de Santo-Amarò*, maître des cérémonies; il était accompagné par les maîtres des cérémonies MM. *Ignacio Alvès Pinto de Almeida* et *José Caétano de Andrade*.

Venaient les huit procureurs généraux, qui soutenaient les bâtons du dais; au côté droit étaient Leurs Excellences MM. *Manoël Martins do Couto Reis* en premier; le deuxième *Vieira de Mattos*, le troisième *Francisco Gomès Brandaõ Montezuma*, et le quatrième *José de Suza e Mello*. Au côté gauche étaient Leurs Excellences MM. *Estevaõ Ribeiro de Rézende* en premier, le deuxième *José Antonio dos Santos Xavier*, le troisième *João de Bittancourt Péreira Machado*, et le quatrième *José Francisco de Andrade Almeida Mogiardim.*

Sous le dais, S. M. I. don Pedro, revêtu de son costume militaire, marchait la tête découverte.

A la droite, un peu en avant du dais, se tenait Son Excellence M. le *comte de Palma*, portant à la main l'*épée nue de connétable*, et immédiatement après lui Son Excellence *José Bonifacio de Andrade e Silva*, premier gentilhomme de la cour; suivait Son Excellence *D. Francisco da Costa de Macédo*, chambellan, et Son Excellence *João José de Andrade*, capitaine des gardes.

Du côté gauche, près le dais, se trouvait Son Excellence M. le baron de *San João Marcos*, gentilhomme de la chambre de S. M. I, faisant les fonctions de premier chambellan, et Son Excellence *Luiz de Saldanha de Gama*, comme premier *riposteiro*.

Derrière le dais suivait le corps du sénat de la chambre de Rio-Janeiro.

Deux files d'archers bordaient la totalité du cortége, et un détachement de gardes du même corps fermait la marche.

Le clergé de la chapelle impériale, en grande pompe, attendait, rangé sous le porche de l'église, ainsi que Son Éminence M. l'évêque premier chapelain, assisté de Leurs Éminences MM. les évêques de *Marianna* et de *Kerman*.

Reçue pontificalement, S. M. I., après l'aspersion faite, fut conduite processionnellement dans l'église, et fit une station à la chapelle du saint sacrement.

DESCRIPTION DE L'INTÉRIEUR DE L'ÉGLISE.

On avait disposé, de chaque côté de la nef, un double rang de longues banquettes destinées aux personnes invitées : le rang le plus rapproché du centre, à droite, devait être occupé par le sénat de Rio-Janeiro; celui de gauche était réservé pour les ministres et les personnages de la cour exempts de figurer auprès du trône pendant la cérémonie; après eux se plaçaient les procureurs généraux des provinces, et toutes les personnes invitées qui avaient fait partie du cortége.

Les tribunes du côté droit de la nef étaient occupées par les dames de la cour, et celles de la gauche par les dames des grands dignitaires et autres invitées. Les tribunes du chœur étaient réservées, comme de coutume, au corps diplomatique et aux officiers de service auprès de l'impératrice, dont la tribune se trouve placée plus bas, dans l'intérieur du chœur, à droite et en face du trône.

Le trône, placé dans le chœur, à la hauteur de celui de l'évêque, occupait le milieu de la face gauche, à laquelle il était appuyé; son soubassement se composait d'une estrade surmontée de trois degrés qui arrivaient à la dernière petite estrade, sur laquelle était posé le fauteuil impérial. Son baldaquin, ainsi que toutes ses autres parties, était recouvert de velours rouge, enrichi de galons et franges d'or.

CÉRÉMONIAL DU SACRE ET DU COURONNEMENT.

Après une courte prière faite à la chapelle du saint sacrement, le cortége conduisit l'empereur jusqu'aux premières marches du maître-autel; il s'y arrêta escorté, à sa droite, du connétable, du premier gentilhomme de la chambre et du premier officier de la maison impériale; il avait à sa gauche son premier chambellan, le premier valet de chambre, le ministre de l'intérieur, celui de la justice, et le capitaine des gardes. Le maître des cérémonies se tenait en avant. L'empereur, entouré des évêques, resta debout pendant le commencement des prières; on lui apporta ensuite un siége, et il s'assit pour entendre le discours adressé par l'évêque, qui commence par ces paroles : *Cum hodie,* etc. Le discours achevé, S. M. s'agenouilla, et, apposant les deux mains sur le missel, prêta le serment dont le ministre lisait la formule, à genoux, à la gauche de l'empereur. L'officiant récita une autre prière, à la suite de laquelle S. M. se leva, et, accompagnée de son cortége, passa dans le cabinet préparé derrière le maître-autel, pour se revêtir des habits destinés à la cérémonie de l'onction.

S. M. rentra dans le chœur, et, prosterné au pied de l'autel, il reçut les onctions avec le cérémonial d'usage. Cette première formalité achevée, il rentra dans le même cabinet servant de vestiaire, dont il sortit, cette fois, recouvert du manteau impérial. Après avoir fait les saluts exigés, il monta s'asseoir sur le trône, d'où il entendit la messe jusqu'à l'avant-dernier verset du *graduel;* à ce moment, le maître des cérémonies vint le chercher, et, descendant du trône, il fut conduit jusqu'au pied du maître-autel, où il reçut successivement des mains de l'évêque l'épée, la couronne et le sceptre.

Don Pedro, revêtu de tous les insignes impériaux, remonta solennellement sur le trône, accompagné, à sa droite, de l'évêque officiant, et, à sa gauche, de celui de *Marianna :* l'empereur, ainsi intronisé, resta debout pendant qu'on chanta le *Te Deum;* il s'assit, et pour la première fois il siégea sur le trône impérial du Brésil portant la couronne sur la tête et le sceptre à la main.

Ce fut le célèbre orateur le P. *Francisco de Sampaio* qui prononça le sermon; il suffit de nommer le prédicateur pour donner une idée de l'éloquence de son discours.

Après l'office religieux, le premier officier de la maison impériale vint placer au pied du trône un tabouret sur lequel était posé le livre ouvert des Évangiles; le ministre de la justice, debout sur l'estrade du trône, se tournant un peu vers le peuple, lut à haute voix la formule du serment qu'allait prêter S. M. I. (Il fut prononcé en latin.) Voici la traduction : Moi, Pierre Ier, fait empereur du Brésil par la grâce de Dieu et la volonté unanime du peuple, je jure d'observer et de maintenir la religion catholique apostolique romaine; je jure d'observer et faire observer constitutionnellement les lois de l'empire; je jure de défendre de toutes mes forces la conservation de son intégrité, je jure ainsi sur les saints Évangiles.

L'empereur ayant prêté serment, le premier sous-lieutenant, porte-drapeau impérial, précédé d'un cortége composé d'une avant-garde d'archers, du roi d'armes, de ses deux hérauts, des hommes d'armes et des massiers, fut conduit à la tribune élevée extérieurement près d'une des portes de la chapelle impériale pour effectuer la proclamation publique du couronnement de l'empereur, dont voici les formalités :

Après les avertissements d'usage (*) donnés par l'organe du roi d'armes, le porte-étendard, ayant déployé le drapeau pour faire les saluts militaires, prononça les paroles suivantes à haute voix : *Le très-auguste empereur Pedro, premier empereur constitutionnel, défenseur perpétuel du Brésil, est couronné et intronisé; vive l'empereur!* A ces paroles répondirent les salves de l'artillerie des forts et de la marine, les décharges de mousqueterie des troupes stationnées sur la place du Palais, le son des cloches et les bruyants *vivat* du peuple rassemblé en foule devant la chapelle impériale.

Le cortége rentra. Alors les aides de cérémonies introduisirent dans l'enceinte du chœur les procureurs généraux des provinces, le sénat de la chambre de Rio-Janeiro, et les représentants des autres corps, dont on forma une file pour passer tour à tour au pied du trône, et y prêter, à genoux, la main posée sur l'Évangile, le serment dont la formule suit. Le ministre de la justice, placé sur l'estrade du trône, lut à haute voix la formule dont voici les expressions : *Au nom du peuple que nous représentons, nous jurons d'observer et garder*

(*) La formule de ces avertissements est la même que celle déjà donnée au cérémonial de l'acclamation du roi don João VI.

notre sainte religion catholique apostolique romaine; nous jurons obéissance aux lois; nous jurons d'obéir à notre légitime empereur constitutionnel, défenseur de l'empire du Brésil, Pierre Ier, et de reconnaître comme tels ses successeurs et la succession de sa dynastie brésilienne, d'après les lois qui seront établies par la constitution de l'empire.

Chaque individu prononçait uniquement *Je le jure!* et se retirait en saluant l'empereur. La prestation du serment étant achevée, le cortége général se remit en marche pour retourner au palais dans le même ordre qu'il en était sorti. L'empereur, en grand costume complet, traversa la place au milieu des cris de joie du peuple, qui se précipitait de toutes parts sur son passage pour jouir de l'aspect de son nouvel empereur.

SIGNATURE DES ACTES DE SERMENT.

A cinq heures et demie, l'empereur, arrivé dans la salle du trône, y siégea entouré du brillant apparat de sa cour. Le maître des cérémonies introduisit le corps du sénat de la chambre de Rio-Janeiro (*), qui se tint près du trône pendant que le ministre de la justice fit la lecture de l'*acte de serment* prêté par l'empereur; après cette formalité, la pièce fut présentée à S. M. I., qui la signa au même instant.

Ensuite le président de la chambre du sénat fit lui-même la lecture de la formule de son serment, et passa immédiatement après dans la salle du *docel* pour en signer l'acte, et le présenter ensuite à la signature des membres présents. Après ces engagements réciproques authentiques, on commença la cérémonie du *baise-main*, dont la fin s'annonça sous le vestibule du palais par la réunion de tous les corps de musique militaire, qui exécutèrent l'hymne national brésilien.

L'empereur et les premières personnes de la cour parurent aux balcons, et les brigades réunies défilèrent en ordre devant Leurs Majestés Impériales.

Le peuple, attiré par la curiosité et l'admiration, se pressait autour des superbes voitures de la cour, qui étaient venues se ranger devant la principale porte du palais, en face de laquelle s'était rassemblé l'élégant corps de cavalerie des gardes d'honneur (**), dont les casques, entièrement dorés, surmontés de crinières rouges, ajoutaient une nouveauté de plus au luxe de la cour impériale.

Au signal du départ, ce long cortége, resplendissant de luxe et de dorures, s'avança lentement à travers la foule pour repasser sous les différents arcs de triomphe qui indiquaient la direction de sa marche, et traversa ainsi la ville au milieu des cris et des saluts qui rehaussaient encore son aspect majestueux.

La cour retourna à Saint-Christophe, et ne revint à Rio-Janeiro que le soir, pour jouir du coup d'œil des illuminations, et assister à la représentation d'apparat qu'on lui avait préparée au théâtre. Les réjouissance snocturnes se répétèrent pendant six nuits consécutives. On trouvera les détails des arcs de triomphe à l'explication des planches.

(*) Corps municipal.

(**) Gardes du corps sans solde.

SECOND MARIAGE DE DON PEDRO, PREMIER EMPEREUR CONSTITUTIONNEL DU BRÉSIL, AVEC UNE PRINCESSE DE BAVIÈRE.

La jeune princesse *Amélie de Leuchtenberg*, née à Milan, le 31 juillet 1812, était fille du *prince Eugène de Beauharnais,* alors *vice-roi d'Italie,* et qui, après l'abdication de Napoléon, se retira en Bavière. Il devint à cette époque prince de Leuchtenberg, et mourut à Munich plusieurs années avant le mariage de sa fille.

Ce fut dans cette capitale que la jeune princesse Amélie de Leuchtenberg reçut le titre d'impératrice du Brésil, par un acte signé diplomatiquement le 2 août 1829. Elle arriva à Rio-Janeiro (*) le 28 octobre de la même année, accompagnée du jeune prince de Leuchtenberg, son frère, de la jeune reine dona Maria Ire, fille de don Pedro, et reconnue reine de Portugal, et de la marquise de l'Oléi, sœur de l'empereur, ainsi que de quelques personnes affidées.

Le second mariage de don Pedro vint renouveler, à Rio-Janeiro, les glorieux souvenirs des heureux événements de l'acclamation du roi don João VI et de l'arrivée de l'archiduchesse autrichienne Marie-Léopoldine-Joseph-Caroline, qui, neuf ans après, descendant au tombeau, emporta les regrets de tous ses sujets, et laissa inconsolables ceux qui avaient eu le bonheur de l'approcher.

Cependant l'empereur, à la fleur de l'âge, possédant déjà une nombreuse famille à peine élevée, était au comble de ses vœux de former un nouveau lien, qui rendait à la fois une nouvelle mère à ses enfants, et au Brésil une jeune impératrice dont les qualités personnelles devaient embellir le trône impérial. Tous les courtisans, partageant cet espoir, s'empressaient chaque jour d'imaginer et de proposer quelques agréables surprises; on parla de faire frapper une médaille, et de beaucoup d'autres projets très-différents; le temps pressait, et l'irrésolution augmentait encore la difficulté des moyens d'exécution; enfin, ce qui prévalut fut la création du *nouvel ordre de la Rose,* que le souverain adopta comme le monument de son second mariage.

Les progrès toujours croissants de la civilisation brésilienne servirent, en cette occasion, les désirs empressés de don Pedro, et l'on enrichit l'intérieur de ses appartements impériaux de toute l'élégance des détails qui charment les habitudes européennes.

Le commerce prit aussi une part active dans les démonstrations d'allégresse publique: les négociants brésiliens, anglais, français et allemands, ainsi que les corps militaires de la garde d'honneur, de la marine et de l'armée de terre, coopérèrent par des souscriptions à faire élever, particulièrement dans les places publiques, des monuments d'un excellent goût, dont l'illumination ingénieuse appelait l'attention au milieu de la lueur générale qui éclaira pendant six nuits consécutives les divertissements variés répandus dans la ville. Je me réserve de donner plus tard les détails des monuments les plus remarquables de ces dernières fêtes.

(*) Ce fut le marquis de Barbacéna qui l'amena.

Événements Politiques.

La spacieuse et fertile colonie du Brésil, après plusieurs siècles d'existence, était destinée à prendre rang parmi les royaumes; et par suite, illustrée du nom d'empire, elle devait relever l'importance de l'Amérique du Sud.

En 1808 l'arrivée de la cour de Portugal à Rio-Janeiro fit naître dans le cœur des Brésiliens l'espérance d'une prospérité exagérée qui ne se réalisa qu'en partie. Toutefois le souverain signala les premiers moments de sa présence par d'heureuses innovations. Ainsi douze jours après son arrivée il promit solennellement de ne jamais laisser établir l'inquisition au Brésil, et tint parole. Il fit, il est vrai, ouvrir ses ports au commerce étranger, créa des académies militaires; mais par malheur le monarque venait entouré d'une vieille cour, et qui apportait chez un peuple neuf toutes les faiblesses, tous les abus d'un gouvernement despotique dégénéré.

Don Jean VI, fils tendre et respectueux, avait un frère aîné destiné à succéder au trône de Portugal comme héritier présomptif de la couronne; aussi dès sa jeunesse se résigna-t-il à la nullité, résignation adoucie par sa vocation religieuse. C'est ainsi que, par goût, il se livra à la retraite claustrale. Mais tout à coup la mort de ce frère aîné le força à abandonner sa cellule pour venir occuper son appartement dans le palais des rois comme prince héréditaire, et successivement comme régent du Portugal, appelé à régénérer un jour la belle colonie du Brésil. Comme homme, sans doute, il fut doué de quelques qualités honorables dans un simple particulier, mais comme roi, il ne possédait aucune notion relative à la science de gouverner. Les circonstances devenaient d'autant plus difficiles pour son autorité, que ses ministres, accoutumés aux effets désorganisateurs du système colonial, laissèrent subsister la désunion qui régnait entre les provinces, et, toujours esclaves de l'habitude, ne surent pas discerner de suite que l'établissement du nouveau royaume entraînait un principe d'administration tout contraire, puisque sa puissance tenait essentiellement à la réunion de toutes ses parties à un centre commun, d'où partait à son tour une impulsion générale pour les vivifier toutes jusqu'à leurs extrémités.

Il serait cependant injuste de poser cette observation générale sans rendre un tribut d'éloges mérités aux qualités particulières qui distinguèrent différents ministres. Honorable et rare exception! Ainsi parmi eux on remarque *don Rodrigo comte de Linhares* (*), doué d'une âme grande et d'une intégrité inaltérable, qu'il poussait jusqu'à l'extrême rudesse; mais concevant d'immenses projets dont il était impatient de voir l'exécution, il fut quelquefois dupe des charlatans qui, pour flatter son imagination bouillante, lui promettaient des résultats trop rapides, et incompatibles avec le manque de moyens d'exécution; l'*ancien secrétaire du roi don José*, le *chevalier d'Araujo, comte d'Abarca,* venu du Portugal au Brésil, nommé aux ministères des affaires étrangères et de la guerre réunis : employé longtemps dans la diplomatie, son affabilité et ses lumières lui avaient acquis l'estime des cours étrangères auprès desquelles il fut accrédité. Véritable ami de la splendeur du Brésil, ce fut lui qui fit venir à Rio-Janeiro des Chinois pour cultiver le thé; des habitants du Porto et de l'île de Madeira, pour soigner la culture de la vigne. On lui doit aussi l'établissement d'une société d'encouragement pour l'industrie, d'une chaire de chimie. On attribue également à ses combinaisons politiques le mariage du jeune prince royal *don Pedro* avec *l'archiduchesse d'Autriche Léopoldine-Joseph-Caroline.* Ce fut lui qui réalisa le projet de former une Aca-

(*) Gouverneur dans l'intérieur, il retourna en Portugal peu de temps après le départ de la cour.

démie des beaux-arts à Rio-Janeiro, en faisant venir, aux frais du gouvernement, une réunion d'artistes français, se constituant le protecteur des arts.

Auprès d'eux vient se placer le *marquis d'Aguiar, ministre de l'intérieur,* principalement remarquable *comme légiste,* et qui mourut en 1818 (*). Le *ministre de la police*, *Paulo-Fernandès Vianna*, n'était pas moins zélé partisan de la prospérité du nouveau royaume brésilien; homme fin, actif, ferme et même despote, il organisa très-bien son ministère, en y glissant toutefois des abus héréditaires de l'antique oppression portugaise; aussi son pouvoir était-il d'autant plus étendu qu'il possédait entièrement la confiance du souverain.

Thomas-Antonio de Villa-Nova e Portugal fut le dernier ministre au Brésil qui servit don Jean VI comme souverain absolu; généralement regardé comme un homme de bien, il réunissait à des connaissances en jurisprudence celles de l'économie politique (**), et désira, mais en vain, encourager l'agriculture, entouré sans cesse par les fripons et trahi par les dilapidateurs. En outre, esclave timide des anciens principes, il ne comprit pas l'énergie ni la grandeur des moyens à développer pour conserver le pouvoir du souverain au milieu des nouvelles prétentions qui produisirent la révolution du Portugal et l'émancipation du Brésil. Louable, mais insuffisant, il fut constamment au-dessous des circonstances, et Portugais partout, il suivit son roi en Portugal.

Avec plus d'énergie et plus de lumières, en sachant se mettre à la hauteur des circonstances, il était facile au gouvernement de fonder lui-même l'empire du Brésil. Les nationaux, devenus indépendants du Portugal, orgueilleux de faire disparaître jusqu'aux dernières traces du système colonial, auraient posé avec enthousiasme la couronne impériale sur la tête de *Jean VI*, qu'ils respectaient encore jusqu'à l'idolâtrie. Et quel avantage pour ce nouvel empereur de régner sur des sujets accoutumés, par tradition, à ployer sous le joug du despotisme, admirant en leur souverain une affabilité naturelle d'autant plus douce à leurs yeux, qu'elle contrastait d'une manière absolument neuve avec l'arrogance des anciens gouverneurs portugais, dont quelques-uns encore tyrannisaient, alors par habitude, certaines provinces du royaume!

Mais il n'en fut pas ainsi. Le roi débonnaire devait être tôt ou tard la dupe d'une intrigue formée depuis plus de huit ans par la noblesse portugaise qui l'entourait (***). Le but commun

(*) Madame la marquise d'Aguiar, veuve du ministre, très-considérée à la cour par sa naissance et son mérite personnel, fut nommée par le roi gouvernante des enfants du prince royal don Pedro; poste honorable qu'elle conserva, au Brésil, jusqu'au commencement de l'année 1831 qu'elle obtint de l'empereur don Pedro Ier la permission de se retirer en Portugal.

(**) C'est au ministre *Thomas-Antonio* que l'on doit l'édification du bâtiment où se trouve le Muséum; il voulait en faire le point central d'un Institut royal : il resta une aile à achever. Ce fut lui qui fit rendre le décret d'organisation de l'Académie des beaux-arts, qui devait former une section de l'Institut.

A cette même époque, il avait déjà fondé, au Brésil, une colonie suisse, sous le nom de *la Nouvelle-Fribourg*, installée dans le district *de Canta-Gallo*. Le maniement des fonds consacrés à cette opération fut confié à une commission spéciale, sous le titre de direction nommée par le gouvernement. On y employa des sommes considérables, qui toutes n'ont pas tourné au profit des colons. Cet inconvénient était inévitable dans un pays où les vieilles habitudes justifiaient les abus.

Il y eut surtout un grand désordre, très-condamnable, lors de la translation des effets appartenant aux colons. Malheureusement pour eux, il fut indispensable de sortir tous les objets contenus dans les grandes caisses qu'ils apportaient, pour en remplir de plus petites, proportionnées à la force des mulets qui devaient les transporter; ce fut dans cette opération que les préposés subalternes se livrèrent indécemment à toute leur rapacité.

Ces pauvres étrangers furent réduits à déplorer en silence la perte d'une infinité de choses précieuses à leur existence.

Le gouvernement ayant négligé de rendre les communications praticables, les colons sont privés, jusqu'à ce jour, de l'exportation des produits de leur industrie agricole.

(***) En 1816, toute la noblesse portugaise, réunie à Rio-Janeiro, s'ennuyant au Brésil, comptait beaucoup sur le retour de la cour en Portugal. Les *ducs de Cadaval* y retournèrent en 1818, en abandonnant un traitement annuel que le roi leur faisait. On rappelait souvent au roi la promesse qu'il avait faite en Portugal, d'y revenir aussitôt le traité de paix conclu entre les puissances belligérantes.

était le retour du souverain en Portugal et la recolonisation du Brésil; les absolutistes espéraient que sa présence ramènerait l'ancien ordre des choses; les plus libéraux voulaient en faire un roi constitutionnel, et ces derniers, pour arriver à leurs fins, laissèrent prévaloir l'opinion des premiers, qui formaient la majorité de la cour.

Les émissaires de la révolution de Portugal vinrent échauffer les esprits au Brésil; déjà plusieurs des plus chers affidés du palais de Saint-Christophe (*) sont menacés de la vengeance publique. Le roi, frappé d'une terreur panique, oublie le bonheur de régner paisiblement en Amérique, et surmontant la répugnance superstitieuse qu'il avait à s'exposer à une seconde traversée, consent à s'embarquer enfin. La noblesse qui doit l'accompagner achève de l'encourager en lui faisant accroire que sa présence à Lisbonne va ramener le calme et l'obéissance (**). Tout se prépare pour le voyage.

La nuit qui précéda la veille du départ fut employée à la translation à bord de la dépouille mortelle de *dona Maria I*, reine de Portugal, mère de don Jean VI, morte à Rio-Janeiro, et déposée au couvent de *Nossa-Senhora d'Ajuda*, le 21 mars 1816. Le cortége funèbre se met donc en marche et s'arrête devant le couvent de Saint-Antoine, pour y recueillir également les restes de l'infant d'Espagne (***) qui vint à Rio-Janeiro avec la cour et qui mourut en 1810, dix-huit mois après son mariage avec l'aînée des princesses royales.

Le *roi* et la *jeune veuve* sa fille, accompagnés du *jeune infant*, son fils, assistèrent à cette cérémonie funèbre et firent partie du cortége, qu'ils accompagnèrent jusqu'au point du débarquement, situé sur la place du Palais. Un escaler attendait pour les transporter à bord de la frégate préparée spécialement pour ce convoi funèbre; et là, ces restes honorés furent placés au milieu d'une chambre ardente qui dut être constamment allumée pendant le cours de la traversée.

Le lendemain la *reine Carlota*, épouse de Jean VI, accompagnée de ses trois filles, se rendit au palais de la ville, pour y recevoir les derniers hommages de ses partisans; de là, accompagnée d'une suite peu nombreuse, elle descendit sur l'*escaler royal* qui la devait conduire à bord du vaisseau, où elle arriva entre six et sept heures du soir.

Aussitôt montée sur l'*escaler*, ce fut avec la démonstration de la joie la plus vive qu'on la vit adresser publiquement ses derniers adieux à ses partisans, qui garnissaient les parapets de la place.

Quant au timide monarque, il s'embarqua de Saint-Christophe à six heures du matin, le jour même du départ, accompagné de *don Miguel* et de la jeune veuve; son *escaler* tint constamment le large de manière à se dérober à tous les regards, jusqu'à son arrivée au vaisseau, qui était descendu en grande rade. Le prince régent don Pedro et sa famille se trouvaient à bord pour recevoir le roi et lui faire leurs adieux. L'ancre levée, le prince ne quitta son père que lorsque le vaisseau fut près de sortir de la barre.

Cette flottille se composait de cinq embarcations portugaises. A huit heures trois quarts du matin, le 22 avril 1821, les saluts de l'artillerie des forts de la baie annoncèrent aux habitants de Rio-Janeiro le départ du souverain fondateur du royaume brésilien, qui s'en éloignait pour toujours.

Après une heureuse traversée, l'aspect consolant de la tour de *Bélem* vivifiait déjà son âme tout émue des dangers de la navigation; mais, hélas! elle était menacée d'une épreuve

(*) Le vicomte *de Villa-Nova*, garde des diamants de la couronne; le vicomte *de Paraty*, premier chambellan, qui, par une injuste préférence, restait toujours de service auprès du roi.

(**) Le ministre *Thomas-Antonio* avait passé une partie de la nuit à Saint-Christophe, s'occupant de rédiger une proclamation royale, qui devait être adressée aux habitants de Lisbonne, à l'arrivée de don Jean VI; on avait eu le soin de faire embarquer une petite presse portative, pour imprimer à bord la proclamation.

(***) Après la mort de l'infant d'Espagne, on fit venir, en 1812, un assez beau tombeau, sculpté en marbre blanc, que l'on avait commandé à Lisbonne, et qui fut placé dans une chapelle de l'église du couvent de Saint-Antoine. On y déposa, depuis, les restes du *jeune prince*, *fils premier-né de don Pedro Ier*.

bien plus cruelle pour lui. La flotte sur les eaux du *Tage s'arrête par ordre des cortès,* et le roi, isolé comme un simple particulier que l'on retient en quarantaine, est obligé d'obéir !

Victime des divers intérêts de ceux qui l'entourent, il sent alors, mais trop tard, la fausse position dans laquelle on l'a mis. On lui impose des conditions rigoureuses, dont une des premières est de souscrire à la domination des lois constitutionnelles, prix de son débarquement, soumis encore à l'heure que l'on voudra bien lui indiquer.

Despote, il possédait deux couronnes : esclave des circonstances, on lui fit abandonner celle du Brésil pour venir racheter bien cher celle du Portugal, que sans doute en secret son amour-propre trouva flétrie ; puis il mourut malheureux (*) !

Il ne devait pas échapper à la vanité des cortès de vouloir recoloniser le royaume du Brésil, dont les avantages pécuniaires et politiques blessaient également leur orgueil et leurs intérêts. Cachant maladroitement leur perfidie, elles lancèrent un décret qui prescrivait au jeune prince royal, marié depuis quatre ans, et père de famille, de rentrer en Europe, afin de voyager pour son instruction sous la direction de son ancien gouverneur le révérend *P. Antonio d'Arabida* (**). Le régent devait être remplacé par un simple gouverneur général, qui, à l'aide des troupes portugaises, selon leur présomption, aurait pu facilement faire exécuter le décret de recolonisation !

Depuis un an à peine, le *nouveau régent* gouvernait, développant chaque jour les vertus d'un jeune prince réformateur ; révolté, depuis l'âge de raison, des innombrables abus de la vieille cour de son père (***), il voulut, dès le principe, tout voir par lui-même.

Toujours à cheval dès la pointe du jour, il se trouvait, au moment où l'on s'y attendait le moins, à la porte d'un établissement public lors de l'ouverture des bureaux, dans lesquels il entrait le premier, pour être témoin de l'inexactitude des employés, sur lesquels il ordonnait un rapport par écrit ; un autre jour, c'était à l'ouverture de la douane, dont il connaissait aussi les différents abus. Passant sur la place *do Rocio,* au moment de la parade militaire, il y commandait quelquefois des manœuvres ; on le voyait également visiter les hospices civils et militaires, ainsi que les arsenaux, dans lesquels on fit de grandes réparations. Tout enfin indiquait en lui le protecteur futur de l'empire du Brésil.

La nature, prodigue envers *don Pedro*, l'avait doué de deux qualités heureuses, l'esprit et la mémoire. Il possédait une âme élevée, de la droiture, le désir sincère de faire le bien par amour et par amour-propre ; une grande force physique, une physionomie expressive et grave, et une certaine brusquerie dans la franchise de ses manières véritablement aimables ; sa parole était vive et facile, sa conversation pleine d'observation et de raisonnement : malheureusement la mobilité de son esprit servit tour à tour, la vanité et les intérêts des intrigants, qui furent les premiers à le sacrifier.

Sur ces entrefaites, les amis du prince régent, qui voulaient le conserver à Rio-Janeiro, lui firent observer la nullité du rôle qu'on lui réservait en Europe, et l'émancipation, inévitable en son absence, du royaume brésilien, soustrait pour toujours à la domination portugaise. Facilement persuadé, il accepta le titre de défenseur perpétuel du Brésil, le 13 mai 1822. (Lettres du Brésil, notes.) Peu de temps après, une frégate portugaise, chargée *de ramener le prince régent en Europe*, vient notifier officiellement à *don Pedro* le décret de recolonisation rendu par les còrtès ; mais cet acte impolitique, désormais inacceptable, anima les esprits au lieu de les consterner. Réunis aussitôt pour venger leur offense commune, les Brésiliens encouragent don Pedro à désobéir aux cortès ; et sous *le titre de*

(*) L'opinion générale attribue une cause surnaturelle à sa mort, parce que, subitement attaqué d'une indisposition, il lutta deux jours contre des accès de colique, auxquels il succomba.

(**) Voir les notes de la fin.

(***) Ce principe d'équité, qu'il montra dès l'enfance, joint à sa franchise naturelle, peut servir à expliquer pourquoi *don Jean VI*, esclave de ses courtisans, tint constamment son fils *don Pedro* éloigné des affaires, jusqu'au moment où il l'investit du titre de régent.

défenseur perpétuel du Brésil, il paraît à leur tête, chasse les troupes portugaises, et déclare l'indépendance du territoire brésilien. (Lettres du Brésil (*)

Ce jeune souverain, âgé de vingt-cinq ans à peine, marié depuis quatre ans, père de famille, sans expérience, nommé régent en 1821, arrivait ainsi à la suprême puissance sans avoir jamais joui de l'avantage d'assister au conseil d'État de son père.

Il n'y avait pas encore de constitution au Brésil; ce fut *don Pedro, premier empereur*, qui assembla à Rio-Janeiro, le 3 mai 1823, les députés des différentes provinces de son empire, afin de s'y occuper de ce travail. Deux sentiments distincts se manifestèrent parmi les représentants de la nation; l'un d'expulser les Portugais du territoire brésilien, et l'autre de se former en république Comme ces deux chances attaquaient également la personne de l'empereur, né à Lisbonne, il crut devoir sauver son pouvoir en danger par la dissolution de l'assemblée constituante et l'exil de plusieurs membres recommandables par leurs lumières et leur éloquence, au nombre desquels se trouvait *José Bonifacio* (**), le plus ferme appui de ses premiers succès politiques.

Ce coup d'État audacieux accrut pour un moment le pouvoir de l'empereur, mais en même temps il l'isola au milieu du peuple stupéfait et alarmé de se voir tout à coup privé du zélé patriote qui avait tenté et obtenu l'indépendance du territoire national.

Cependant, fidèle à sa promesse et au désir sincère de rendre son peuple libre, *don Pedro* rédigea une charte constitutionnelle basée sur les principes d'un libéralisme juste et large à la fois, et renfermant quelques articles dignes de grands éloges. Il l'offrit à la nation, le 11 décembre 1823; mais le peuple, se défiant avec raison d'une autre dissolution arbitraire du corps des représentants, demanda, par l'organe des chambres municipales, que cette charte fût convertie en *pacte* fondamental; et, le 25 mars 1824, on prêta serment à la nouvelle constitution. Alors les deux chambres convoquées commencèrent leurs travaux.

L'habitude de la vanité portugaise, introduite à cette époque dans toutes les classes de la société brésilienne, jointe à l'ignorance d'une foule d'hommes nés dans la servilité, produisit un amalgame de fausses combinaisons, résultat inévitable du mélange d'hommes appelés inopinément aux affaires. De là, l'arrivée au pouvoir de tant de gens incapables, et leur disposition à prêter, par ignorance, les mains aux combinaisons les plus destructives; de là encore ce zèle inconsidéré, toujours aux prises avec la crainte, qui, dans les discussions des premières assemblées nationales, détruisit les avantages du gouvernement représentatif. C'est ainsi que la honte de la servitude fit organiser d'abord les abus d'une révolution, et que la liberté de la presse se signala par des pamphlets dégoûtants des plus grossières personnalités heureusement dédaignées d'un peuple doux et généreux.

En 1828, les élections générales offraient des choix infiniment supérieurs aux précédents; et les nouveaux représentants manifestèrent une volonté prononcée de soutenir le véritable système constitutionnel. Déjà on voyait siéger un assez grand nombre de jeunes députés, fils de familles riches, qui contribuaient aux délibérations de toutes les ressources d'une éducation perfectionnée en Europe. Les deux sessions de 1830 et 1831 furent progressivement remarquables par les éloquentes discussions de plusieurs orateurs, estimables autant par leur érudition que par la pureté de leurs principes patriotiques.

(*) J'ai réservé, sous le titre de *Lettres du Brésil*, des notes infiniment détaillées, et écrites sur les lieux.

(**) Cette disgrâce s'étendit sur ses deux frères *Carlos* et *Martin Francisco*, de plus sur le Brésilien *da Rocha*, nommé, après l'abdication de don Pedro Ier, ministre chargé d'affaires en France. Il se trouvait à Paris, en 1831, lorsque l'ex-empereur y arriva, et reçut sa visite diplomatiquement, le 7 avril de l'année suivante, comme acte de félicitation adressée à son fils don Pedro II, le jour de l'anniversaire de son avénement au trône.

Cependant *don Pedro,* mal entouré, essaya vainement de faire prospérer le Brésil; changeant de ministres, il ne trouvait que des hommes faibles ou corrompus, également dangereux; des gens incapables arrivaient successivement au pouvoir, et ne justifiaient que la prétention d'ambitieux. Le gouvernement, marchant d'une manière indécise, passait alternativement de la rigueur à la faiblesse, et perdait chaque jour de sa considération primitive. Les mécontents accusaient l'empereur de perfidie et de mauvaise foi : il n'était coupable que d'un excès de confiance.

Fatigué de gouverner au milieu des tracasseries toujours renaissantes, se défiant sans cesse de la conduite de ses ministres, *don Pedro,* isolé, se restreignit à un petit cercle intime de quelques serviteurs obscurs et sans éducation; cette conduite scandalisa d'autant plus les Brésiliens, que ces nouveaux confidents étaient la plupart Portugais.

Mais, le 2 août 1829, une nouvelle alliance le tira de cette triste position, et lui fit goûter pour quelques instants le bonheur de la vie européenne, auprès d'une jeune princesse dont les vertus, jointes à une éducation parfaite, répandirent un charme nouveau dans les palais impériaux. Ce fut une occasion de plus pour les courtisans portugais, infatués de leur pays, d'exagérer les délices de l'Europe, afin de dégoûter l'empereur du séjour du Brésil. Mais les Brésiliens eux-mêmes commençaient à se détacher de leur souverain! L'influence des libelles, qui alimentaient de jour en jour la fermentation des esprits, préparait une catastrophe; la disgrâce d'un ministre l'accéléra (*).

Comme les écrivains ultra-libéraux se multipliaient tous les jours, et répétaient sourdement des idées de fédéralisme, l'empereur sentit la nécessité de tenter un nouvel effort de ralliement au pouvoir constitutionnel. Il n'y avait pas un instant à perdre. Comptant avec raison sur le bon esprit des Mineiros (habitants de la province des Mines), il résolut de faire un nouveau voyage dans la province des Mines, pour s'y renforcer de l'influence de ses habitants, honorés par leurs anciennes conquêtes, et dont la constance et le courage ont soutenu le grand œuvre de l'indépendance brésilienne. Accompagné de l'impératrice, et escorté d'une suite peu nombreuse, il effectua son voyage à travers toutes les contrariétés de la saison pluvieuse.

La présence de la jeune souveraine fit tout l'heureux effet que l'on devait en attendre. Leurs Majestés reçurent partout, et surtout à *Villa-Rica,* les démonstrations d'une sincère et véhémente allégresse. L'empereur, s'étant arrêté dans une de ses propriétés, fut bientôt victime de la gaucherie de ses ineptes courtisans, dont la vaine susceptibilité fut la cause de l'éloignement du président de la province. Le souverain voyageur s'empressa de réparer cette inconvenance politique en répandant une proclamation favorable au gouvernement constitutionnel, qui ranima le zèle des *Mineiros.* On se disposait à lui donner de nouvelles fêtes, lorsqu'il repartit aussitôt à l'arrivée de nouvelles alarmantes sur la disposition de l'esprit public à Rio-Janeiro; et, forçant la marche, il était déjà arrivé à Saint-Christophe, qu'on le croyait encore à huit journées de distance. A son entrée dans la ville, on fit éclater quelques marques d'enthousiasme, mais le peuple n'y participait en rien; les seuls qui s'y distinguaient étaient des serviteurs du souverain, des courtisans ou des Portugais.

Les partisans de l'empereur, outrés de la froideur des Brésiliens, s'efforcèrent pendant plusieurs jours de suite de les contrarier par des démonstrations d'allégresse outrée; ce qui, selon l'usage, provoqua des rixes. On cassa les vitres des maisons illuminées, et plusieurs personnes

(*) « Ce fut celle du ministre brésilien *Filisbert Caldeira Brantes*, *marquis de Barbacina*, homme fin, habile « calculateur, et devenu, par l'heureux concours des circonstances, un des plus riches négociants de Bahia. « Il se fixa à Rio-Janeiro vers la fin de 1822, à la suite d'un voyage qu'il y fit pour assister à la cérémonie du « couronnement de l'empereur, première occasion où il se fit agréablement remarquer, à la ville et à la cour, « par le luxe d'une anglomanie recherchée. » (Voir les Lettres du Brésil.)

furent blessées ou tuées. On se plaignait hautement de l'ascendant usurpateur des Portugais au Brésil. *Don Pedro* crut rétablir le calme en nommant un ministère entièrement composé de députés libéraux; mais cela n'arrêta pas les désordres, il était trop tard. L'empereur, au bout de dix jours d'exercice infructueux, leur reprocha leur inaction, les destitua, et les remplaça par d'autres, tous absolutistes. Ce fut le signal du mouvement général : bientôt on vit des mulâtres, rassemblés par bandes, parcourir, les armes à la main, toutes les rues de la ville; quelques personnes même furent assassinées.

Le commandant militaire de la place, *Lima,* vint, au nom du peuple, demander à l'empereur le rétablissement du ministère patriote : *don Pedro* crut de sa dignité de refuser, et préféra abdiquer en faveur de son fils, qui le remplaça au trône de l'empire du Brésil, sous le nom de *don Pedro segundo* (*). Il était plus de minuit; l'empereur convoqua les chargés d'affaires d'Angleterre et de France, auxquels il communiqua cet acte, en réclamant leur assistance pour son retour en Europe.

Les chefs de la révolution acceptèrent aussitôt l'abdication, et le 7 avril 1831, don Pedro s'embarqua de Saint-Christophe avec l'impératrice, la jeune reine du Portugal, une de ses sœurs, et un petit nombre de personnes de sa suite. Il monta à bord du vaisseau amiral anglais qui commandait la rade. L'ex-empereur, à peine embarqué, écrivit à *José Bonifacio* pour lui offrir la tutelle de ses enfants (**). Il fit, en ce choix, preuve de justice et de gratitude. *José Bonifacio de Andrade* a conduit l'émancipation du Brésil; c'est lui qui a fait élever le trône impérial pour y placer don Pedro Ier. Il le laissa s'éloigner comme Portugais; mais *Bonifacio,* plus que personne, était capable de chérir et de défendre la dynastie impériale brésilienne. Il eut quelques sujets de se plaindre de l'empereur; mais, resté son généreux ami, il accepta sans balancer, pour lui donner authentiquement une preuve de son affection. Cette lutte de générosité fait également honneur au sujet et au souverain.

Don Pedro, embarqué sur la *corvette anglaise la Volage,* quitta la baie de Rio-Janeiro le 13 avril 1831, entre sept et huit heures du matin, et débarqua, le 9 juin de la même année, à midi, sur la rade de Cherbourg. Il y fut reçu par le préfet maritime et le colonel de la garde nationale, comme *prince de Bragance* voyageant. La *petite reine dona Maria segunda,* qui passa à bord de la corvette française *la Senne,* débarqua presque le même jour à Brest, où elle y fut reçue comme *reine du Portugal,* sur les ordres donnés par le gouvernement français.

Aussitôt après l'abdication, on nomma une régence provisoire composée de trois membres (***); ce nouveau *triumvirat* se distingua dans sa gestion plus par sa modération que par une capacité transcendante. Le même jour, 7 avril, on proclama *le jeune don Pedro* second empereur du Brésil, au milieu des démonstrations de l'allégresse générale; et s'il y eut encore quelques désordres partiels, ils ne furent que les suites inséparables de ce *coup d'État.* On usa des mesures les plus sages pour calmer l'effervescence nationale, et peu à peu tout rentra dans l'ordre.

La nomination de la régence permanente fut un nouveau motif de prétentions pour les esprits dominateurs. Le républicain, qui se disait croire à l'égalité, n'était pas le dernier à convoiter une *place de régent* à Rio-Janeiro, oubliant pour un moment celle de *président d'une province unie du Brésil,* qui n'était encore qu'illusoire.

(*) Voir l'acte d'abdication, à la fin de cet article.

(**) *Don Pedro* laissa, au Brésil, quatre de ses enfants (un garçon et trois filles). Nés Brésiliens, ils ont tous un droit égal de régner, par ordre de succession entre eux. Ce fut donc pour obéir à la charte constitutionnelle que l'empereur se priva de les emmener avec lui. Cette conséquence décida également la chambre des députés à user du droit d'annuler la nomination du tuteur, attendu qu'elle avait été faite par le souverain devenu inhabile par sa déchéance; mais l'assemblée, reconnaissant la haute capacité de *José Bonifacio*, le réélut au nom de la nation : ce fut un double triomphe pour le cœur du tuteur patriote.

(***) Voir les détails dans les notes à la fin de ce volume.

La grande masse des députés libéraux constitutionnels, satisfaite de l'éloignement du parti portugais, se rallia de bonne foi pour échapper à une nouvelle tyrannie brésilienne; on mit beaucoup de prudence dans le choix des trois membres qui devaient composer la régence permanente. La base de leur combinaison fut de composer un pouvoir qui pût présenter à la fois *la douceur, la justice* et *la fermeté*. On forma donc la réunion de trois hommes capables de produire ce résultat. Ce qui fit écarter des noms célèbres, que l'assemblée voulait judicieusement réserver pour d'autres emplois tout aussi importants.

Au premier abord, le choix en parut extraordinaire; mais la suite en prouva la justesse. On eut donc *une régence permanente* composée de MM. le général *Francisco de Lima e Silva, José da Costa Carvalho* et *João Braulio Muniz* (*), tous deux jurisconsultes. La *régence permanente* fit un changement dans le ministère, et le composa de MM. *Lino Coutinho*, ministre de l'intérieur (député), *Diogo-Antonio Feijo*, ministre de la justice (député), *João-Fernandes de Vasconcellos*, ministre des finances (député), *Lima*, ministre de la guerre (frère du membre de la régence), *Francisco Carneiro de Campos*, ministre des relations extérieures (sénateur).

Aussitôt il se forma au Brésil, comme chez tous les peuples en révolution, *quatre partis différents*, le *constitutionnel*, le *républicain*, le *royaliste*, qui espère toujours le retour du souverain absent, et le *quatrième bourdonnant*, de criards, hommes sans caractère ou mourant de faim, prêts à tout brouiller par instinct naturel ou par convoitise.

A travers le feu roulant des intrigues alimenté par les ambitieux de toutes les couleurs et de toutes les races, égoïstes ignorants qui ne voyaient dans un mouvement révolutionnaire au Brésil que l'avantage de faire des places vacantes, auxquelles ils se supposent le droit d'aspirer, on vit l'esprit constitutionnel dominer les différentes autorités brésiliennes : ainsi réunies, elles parvinrent à entretenir une tranquillité apparente jusqu'à la fin de septembre 1831. A cette époque, le parti républicain, se croyant suffisamment en force, tenta un coup de main.

Du 5 au 6 octobre commencèrent des murmures, des rassemblements séditieux; le dernier jour, des provocations furent faites à la garde civique par des mutins, qui, rassemblés sous le portique du théâtre, voulurent en venir à des voies de fait. On y mit ordre de la manière la plus prudente. Les bons citoyens, depuis ce moment, se tinrent sur la défensive. Le lendemain 7, à la faveur de la nuit, de petits détachements de soldats de l'artillerie de marine, cantonnée dans la forteresse de l'île *das Cobras*, débarquèrent vers les sept heures du soir à *la calle* de l'arsenal de marine, et se rallièrent sur la plage en demandant, les armes à la main, la *déchéance* de la régence et l'établissement du régime républicain. A cette sommation, tout le monde courut aux armes, et le détachement repoussé se rembarqua à la hâte; le reste du corps d'artilleurs, renfermé dans ses bastions, fit feu sur les habitants armés qui, à l'aide des embarcations, poursuivaient les soldats républicains jusque dans leurs retranchements. Le feu s'engagea de part et d'autre, et se continua pendant toute la nuit; on organisa le plan d'attaque, et le 8, à la pointe du jour, les forces militaires se déployèrent en ordre.

Le régiment d'officiers, marchant à la tête des gardes civiques municipales, s'empara de l'île *das Cobras*, et, sous le feu des batteries de la place, prit le fort à l'escalade; maîtres de la place, les véritables patriotes désarmèrent le reste du corps révolté des artilleurs de marine.

Le maréchal *José-Maria Pinto Pexoto* (député de Rio-Janeiro), commandant général des gardes municipales (gardes civiques), fut le premier qui monta à l'assaut; ce mouvement militaire dura du 7 au 9. Mille hommes du bataillon des officiers et seize mille citoyens

(*) Voir les détails (aux Lettres) à la fin du volume.

de la garde municipale prirent part dans cette lutte, par suite de laquelle il y eut un grand nombre de blessés. Les amis de l'ordre et du trône constitutionnel brésilien eurent à regretter le brave patriote *Chavès*, qui mourut à l'attaque de l'île *das Cobras*. Son corps fut rapporté à Rio-Janeiro; on l'inhuma à l'église de Saint-François de Paule : la régence assista à ce convoi funèbre, qui fut suivi de six mille personnes.

Quelques jours après, arriva à Rio-Janeiro un renfort de quatorze cent quinze hommes de cavalerie de Saint-Paul, suivis de leur caisse militaire, dont les fonds, produits par une souscription volontaire, se montaient à une somme de quatre-vingt-cinq mille francs.

Et les deux rapports faits sur les mémorables journées des 7, 8 et 9 octobre 1831, lus à la chambre des députés par les ministres de l'intérieur et de la justice, obtinrent tous les éloges que méritaient leur éloquence et leur fermeté.

ACTE D'ABDICATION DE DON PEDRO Ier, EMPEREUR DU BRÉSIL.

TRADUCTION FRANÇAISE.

D'après le droit que me concède la constitution, je déclare abdiquer bien volontairement en faveur de *mon fils* bien-aimé et chéri don Pedro d'Alcantara.

Au palais de *Bello-Vue*, le 7 avril 1831, l'an dix
de l'indépendance et de l'empire.

PEDRO.

TEXTE AUTOGRAPHE DE DON PEDRO I[o].

Usando do direito que a constituição me concede, declaro que hei mui volontariamente abdicado na pessoa de meu muito amado e presado filhio o senhor don Pedro d'Alcantara.

Boa-Vista, 7 d'abril 1831, decimo
da independencia e do imperio.

PEDRO.

TRADUCTION FRANÇAISE

DE LA LETTRE DE DÉPART DE L'EX-EMPEREUR DU BRÉSIL,

INSÉRÉE DANS LES JOURNAUX DE RIO-JANEIRO DU MOIS D'AVRIL 1831.

Au moment de quitter le Brésil, et dans l'impossibilité où je me trouve de voir mes amis en particulier, j'ai recours à la voie de l'impression pour les remercier authentiquement des obligeants services qu'ils ont bien voulu me rendre, et en même temps les assurer bien sincèrement que, dans le cas où ils auraient reçu quelques offenses de ma part, n'ayant point eu la volonté de les maltraiter, j'en atteste le regret. Je me retire en Europe, avec le sentiment pénible de quitter la patrie, mes enfants et mes vrais amis! L'abandon paternel de ces objets si chers, privation cruelle, même pour le cœur le plus dur, je me l'impose, en les considérant comme les plus glorieux soutiens de l'honneur de mon nom et du trône brésilien.

Adieu patrie, adieu amis, adieu pour toujours!

En rade de Rio-Janeiro, le 12 avril 1831, à bord du vaisseau anglais *le Warspites*.

DON PEDRO DE ALCANTARA DE BRAGANCE ET BOURBON.

TRADUCTION FRANÇAISE

DES ADIEUX DE L'IMPÉRATRICE AMÉLIE,

ADRESSÉS AU JEUNE ENFANT EMPEREUR, ENCORE ENDORMI.

Adieu, cher enfant, délice de mon âme, fils adoptif de mon cœur, toi que mes yeux considéraient avec tant de plaisir! adieu pour toujours! adieu!

Mes yeux, baignés de larmes, ne peuvent se rassasier de contempler ta beauté, à laquelle la sérénité de ton sommeil ajoute un charme de plus.

Ma raison troublée peut à peine se persuader la réalité d'une couronne majestueuse offerte à ton jeune âge, ornant déjà l'innocence angélique dont resplendit ta physionomie enfantine qui me charme!

Ici, le contraste le plus touchant du monde offre le spectacle d'un jeune enfant dont les organes, à peine développés, ne peuvent encore lui faire comprendre la grandeur dont il est revêtu! une couronne, un joujou! un trône et un berceau!

Jusqu'à présent la pourpre amollie n'a servi qu'à obéir à ses mouvements délicats! Lui, au nom duquel on commande les armées, on gouverne un empire, illustre et malheureux orphelin, il reste privé de tous les soins maternels!

Ah! cher enfant, si mon sein t'eût porté, si j'eusse été ta véritable mère, aucun pouvoir n'eût été capable de me séparer de toi! aucune force n'aurait pu t'arracher de mes bras!

Prosternée aux pieds de ceux mêmes qui ont abandonné mon époux, éplorée, je leur aurais dit : Ne voyez pas en moi une impératrice, mais une mère au désespoir; permettez-lui de veiller auprès de votre trésor. Vous désirez le voir en sûreté, ne manquant de rien : qui pourra le garder et le soigner avec plus de zèle? Si je ne puis conserver le titre de mère, je serai sa gouvernante; faut-il être moins? je serai son esclave!

Mais toi, ange d'innocence et de beauté, tu ne m'appartiens que par l'amour que j'ai voué à ton auguste père. Un devoir sacré m'oblige à le suivre dans son exil; je vais avec lui traverser les mers et les terres étrangères! Adieu, adieu! il faut donc te le dire cet éternel adieu!

C'est à vous que je m'adresse, oh! vous, caressantes et gracieuses Brésiliennes, dont la tendresse maternelle ne le cède en rien à celle de vos sensibles tourterelles et de vos soigneux colibris si délicats! faites-vous un devoir de me suppléer parfois; adoptez l'orphelin couronné; que chacune de vous lui donne une place dans son cœur et dans sa famille!

Ornez son lit des feuilles panachées de l'arbuste constitutionnel (*); embaumez l'air qu'il respire du parfum des belles fleurs de votre éternel printemps! enlacez le jasmin, la vanille, la rose, la tubéreuse, la cannelle; et que cette couronne légère serve à délasser son front du pesant diadème d'or qui aura meurtri sa jolie tête encore trop délicate.

Nourrissez-le d'ambroisie, que vous composerez de vos fruits les plus délicieux; la canne sucrée y confondra son eau miellée avec les sucs odoriférauts des attas, des ananas; bercé dans vos bras, que ses sens charmés s'accoutument à la douce mélodie de vos tendres modignes (romances nationales).

Faites fuir loin de son berceau les oiseaux de proie, la subtile vipère, les cruels jararacs, ainsi que les adulateurs qui enveniment l'air que l'on respire dans les cours.

Si la méchanceté et la trahison lui préparent des embûches, soyez les premières à armer vous-mêmes vos maris pour le défendre.

Enseignez sa tendre voix à articuler les paroles de miséricorde, consolatrices de l'infortuné; celles du patriotisme, qui exaltent les âmes généreuses; et de temps à autre, rappelez tout bas à son oreille le nom de sa mère adoptive, pour lui en imprimer le souvenir.

Tendres mères, je vous confie ce gage le plus précieux de la félicité de l'empire et du peuple brésilien; qu'il se conserve, au milieu de vous, aussi parfait et aussi pur que le premier fils de l'homme né dans le paradis terrestre : en le déposant dans vos mains, je sens couler mes pleurs avec moins d'amertume.

Protégez son sommeil; heureuses Brésiliennes, je vous conjure, ne l'éveillez pas avant mon départ. Jolie bouche enfantine, arrosée de mes larmes, gracieusement ouverte par un léger sourire, tu ressembles au modeste bouton de rose encore humide des baisers de l'Aurore. Tu sembles rire au moment où ton père et ta mère t'abandonnent pour toujours!

Adieu, orphelin empereur victime de la grandeur avant que tu saches la connaître. Adieu, ange d'innocence et de beauté! Adieu! reçois ce baiser! cet autre...... et ce dernier! Adieu pour toujours! Adieu!

En rade de Rio-Janeiro, le 12 avril 1831.

TEXTE ORIGINAL.

ADEOSES DA IMPERATRIZ AMELIA,

AO MENINO IMPERADOR ADORMACIDO.

Adeos, menino querido, delicias da minha alma, allegria dos meus olhos, filhio que meu coraçao tinha adoptado! adeos parà sempre! adeos!

O quanto es formozo n'este teu repouso. Meus olhos chorosos nao se podem fartar de te contemplar! a magestade de huma coroa a debilidade da infancia, a innocentia dos anjos cingam tua engraçadissima frente de hum resplendor mysterioso, que fascina a mente.

Eis o expectaculo mais toccante qui a terra pode offerecer. Quanta grandeza, quanta fro-

(*) Le croton panaché.

queza a humanidade encerra representadas por huma criança! huma corrôa et hum brinco; hum throno, e hum berço!

A purpura ainda nao serve senao para estôfo, e aquelle que commanda exercitos, e rege hum imperio, carece de todos os desvelos de huma mai.

Ah! querido menino, se eu fosse tua verdadeira mai, se minhas entranhas te tivessem concebido, nenhum poder valeria para me separare de ti! nenhuma força te arrancaria dos meus braços. Prostrada aos pés daquelles mes mos que abandonarão meu esposo, eu lhes diria entre lagrimas!! nao vedes mais emmim a imperatriz; mas huna mai desesperada. Permitti que eu vigie vosso thesouro. Vòs o quereis seguro e bem tratado; e quem o averá de guardar, e cuidar com maior dévoçao? se nao posso ficar a titulo de mai, eu serei sua criada : ou sua escrava!!!

Mas tu, anjo de innocencia, e de formozura, não me pertences senão pelo amor que dediquei á teu augosto pai, hum dever sagrado me obriga a accompanhal-o no seu exilio, á travez os mares, ás terras estranhas! adeos pois, para sempre! adeos!

Mais Brasileiras! vós que sois meigas, e affagadoras dos vossos filhinhos a pár das rolas dos vossos bosques, e das beija floras das campinas floridas, suppri minhas vezes; adoptai o orfao-coroado, dai-lhe todas hum lugar na vossa familia, et no vosso coraçao.

Ornai o seu leito com as folhas do arbusto constitucional! embalsamai-o com as mais ricas flores da vossa eterna prima vera! entraçai o jasmin, a baunilha, a rosa, a angelica, ocinamomo para coroar a mimoza testa, quando o pezado diadema d'ouro a tiver machucado.

Alimentai-o com a ambrosia das mais saborosas frutas; a atta, o ananás a canna melliflua; acalantai-o à suave entoada das vossas maviosas modinhas.

A fugentai longe de seu berço as aves de rapina, a sutil vibora, as crueis jararacas, e tambem os vís aduladores, que envenenao o ár que se respira nas cortes.

Se a maldade, e a traição lhe prepararem siladas, vos mesmas armai em sua defeza vossos espozos com a espada, o mosquete, e a bayoneta.

Ensinai á sua voz terna as palavras de mizericordia que consolao o infortunio, as palavras de patriotismo que exaltão as almas generosas, e de vez em quando susurrai as seu ouvido o nome da sua mãi d'adopção.

Mais Brazileiras, eu vos confio este preciosissimo penhor da felicidade de vosso paiz, e de voso povo; ei-lo tão bello e puro como o primogenito d'Eva, no paraiso. Eu vo-lo entrego, agora sinto minhas lagrimas correr com menor amargura.

Ei-lo adormecido. Brazileiras! Eu vos conjuro que o não acordeis antes que me retire. A boquinha molhada do meu pranto, ri-se à semelhança do botão de rosa ensopado com o orvalho matutino. Elle se ri, e o pai e a mãi o abondonão para sempre.

Adeos orphão-imperador, victima da tua grandeza antes que a saibas conhecer. Adeos anjo d'innocencia, e de formosura!! adeos! toma este beijo! e este...... e este ultimo! adeos! para sempre! adeos!

Rio de Janeiro, typographia de R. OGIER, rua da Cadeia, nº 142.
1831.

On trouvera, dans les notes historiques qui terminent ce volume, quelques détails intéressants sur ces illustres voyageurs momentanément fixés en France, et d'où je les ai vus repartir pour la réintronisation de Maria II, reine de Portugal, leur fille.

Grand et dernier œuvre de don Pedro Ier, dont la brillante carrière, terminée dans un exil volontaire consacré à l'amour paternel, lui valut, par ses succès en Portugal, l'honneur de la sépulture dans le caveau de ses aïeux couronnés.

État des Beaux-Arts au Brésil.

Membre de l'Institut historique et admirateur intéressé des progrès des beaux-arts au Brésil, je m'estime heureux de reproduire dans cet article le *texte de documents originaux* dont l'exactitude se trouve développée, avec une sagacité éminemment remarquable, par trois jeunes Brésiliens, eux-mêmes mes collègues; double hommage de ma reconnaissance et de ma haute estime pour ces précieux historiens du nouveau monde.

Extrait du Journal de l'Institut historique, 1re année, août, 1re livraison.

RÉSUMÉ DE L'HISTOIRE DE LA LITTÉRATURE, DES SCIENCES ET DES ARTS AU BRÉSIL,

PAR TROIS BRÉSILIENS, MEMBRES DE L'INSTITUT HISTORIQUE.

Parmi les étrangers que l'amour de l'étude attire en France et qui se pressent sur les bancs de l'Institut historique, trois jeunes Brésiliens, M. *Domingos-José-Consalves de Magalhaëns*, M. *Francisco de Sales Torres-Homen*, et M. *de Araujo Porto-Allegre*, ont payé leur bienvenue par de curieux détails sur l'histoire de la littérature, des sciences et des arts dans leur patrie.

« Le prix que j'obtins avant la lutte, a dit M. *Magalhaëns*, membre de la 3e classe, m'a servi d'aiguillon pour achever une entreprise difficile à laquelle je me suis dévoué depuis longtemps, celle d'écrire l'histoire littéraire du Brésil. Les documents épars que j'ai à consulter, lorsqu'il n'existe aucune histoire littéraire de ce pays, demandent beaucoup de temps et d'étude si on veut les réunir, les rapprocher et en tirer quelque chose de neuf. Le Brésil, si fertile en productions naturelles, ne l'est pas moins en rares génies. Elle a eu ses poëtes, cette nation née d'hier, ou plutôt le Brésilien naît poëte et musicien; à l'ombre de ses hauts palmiers, au son d'une agreste mandoline, sa verve s'épanche en accords mélodieux comme la brise de ses forêts vierges. Mais cette majestueuse poésie souvent monotone, toujours dépourvue de traditions, ne pouvait suffire à des esprits avides de gloire: les vieilles divinités de la Grèce et de Rome traversèrent l'Atlantique. L'étude des deux sublimes langues qu'elles ont inspirées, l'introduction des chefs-d'œuvre du Portugal et de la France, la connaissance variée de l'histoire ancienne, tout fit malheureusement sacrifier les beautés d'une nature originale à des fictions sublimes sans doute, mais déjà trop répandues.

« C'est seulement du dernier siècle que datent les meilleurs écrivains du Brésil. *Durão*, dans son *Caramuru*, *Basillio da Gama*, dans son *Uraguay*, chantent comme Homère, sans cesser d'être Brésiliens. L'infortuné *Gonzaga*, moins original et plus antique, ressuscita Anacréon en l'imitant. *Caldas*, philosophe, orateur et poëte, fait redire à la harpe de David les accents de la religion. *S. Carlos* célèbre l'assomption de la Vierge, et il découvre dans le cœur de l'homme des secrets qui avaient échappé au Dante.

« La carrière que j'ai à parcourir n'est pas longue, mais elle sera difficile; avant de l'achever, permettez-moi de vous offrir, messieurs, les poésies de ma jeunesse (*). J'étais mourant quand mes amis les firent imprimer pour charmer l'ennui du passage, pour jeter quelque consolation sur les dernières lueurs de mon existence. Ils voulaient endormir mon âme en la berçant; ils la rappelèrent à la vie : ce livre fut mon sauveur. Je lui dois encore aujourd'hui l'honneur de siéger parmi vous, et de pouvoir, tôt ou tard, rendre quelques services à votre belle institution. »

« Figurez-vous, dit M. *Torres,* membre de la deuxième classe, une nation forcée de rester immobile dans tous les éléments de l'humanité, et de s'absorber profondément dans l'unité d'un despotisme systématiquement oppresseur : vous conclurez de là quel a dû être l'état des sciences au Brésil pendant trois siècles....., d'une extrémité à l'autre de ce vaste continent. Pas une académie, pas une institution littéraire au milieu de ce mutisme de l'intelligence populaire, au sein de cette torpeur dont le despotisme de la métropole frappait tous les esprits; la poésie seule faisait entendre sa voix. La nature étale toutes ses merveilles sous le beau ciel de l'Amérique méridionale; sa vue enflamma de bonne heure l'imagination des Brésiliens. Dès le dix-septième siècle, ils eurent leurs poëtes, poëtes malheureux auxquels il était défendu de pleurer les tourments de la patrie, ou d'entonner des chants à la liberté; car la verge de fer du vice-roi et des capitaines généraux était toujours levée sur leurs têtes pour étouffer un imprudent soupir.

« Parmi ces poëtes je citerai *Bento Teixeira,* auteur de la *Prosopopée; Bernardo Viera,* l'un des défenseurs du Brésil dans sa lutte contre la Hollande; *Manoël Botelho,* qui publia *la Musique du Parnasse,* divisée en chœurs de vers portugais, espagnols, italiens et latins; *Brito de Lima,* qui composa la *Cesarea* à la gloire du gouverneur de Pernambuco, *Fernandes Cesar;* et *Salvator Mesquita,* poëte latin qui écrivit un drame intitulé le *Sacrifice de Jephté.*

« Le commencement du dix-huitième siècle vit fleurir *Francisco de Almeida,* qui publia dans la langue de Virgile son *Orphée brésilien.* Le *Parnasse américain,* et la *Brasiléide,* ou la découverte du Brésil, sont encore des productions de la même époque. Certes ces ouvrages, et d'autres d'un moindre prix, que je passe sous silence, ne sont pas des chefs-d'œuvre; mais ils servent du moins à marquer le point de départ d'une littérature qui n'est pas sans avenir.

« Dans le dernier siècle, en effet, nous la voyons produire le *Caramuru,* poëme national de *Durão,* consacré aux aventures du jeune *Diégo,* jeté sur les plages de *San-Salvador;* l'*Uraguay,* ou la guerre des Misssions, riche conception de *Basilio da Gama; Marilie,* chants élégiaques de *Gonzaga,* infortuné poëte que son patriotisme envoya mourir dans les galères d'Afrique. Que dirai-je du P. *Caldas,* chantre religieux d'un si beau talent, improvisateur si puissant quand il aborde la chaire chrétienne (**)!

« Au commencement du dix-neuvième siècle, la révolution française, qui changeait la face de l'Europe, poussa quelques-unes de ses étincelles au Brésil. Tous les rois chancelaient sur leurs trônes : Jean VI, fuyant le palais de ses aïeux, alla chercher en Amérique un abri contre la tempête. La traversée de ce seul homme couronné intervertit la situation respective du Portugal et du Brésil; le premier cessa d'être métropole; le second ne fut plus colonie :

(*) Volume in-8° imprimé à la typographie impériale à Rio-Janeiro.

(**) Appréciation qui se rapproche de celles faites par MM. Magalhaëns et d'Araujo.

les rôles se trouvèrent changés. De cette époque date l'apparition des sciences au Brésil : des médecins, des mathématiciens, des naturalistes, des littérateurs y affluèrent de tous les points du Portugal. Jean VI, bien que taillé sur le patron des anciens rois, poussait à l'émigration brésilienne; en 1808, année de son arrivée, il transféra à Rio-Janeiro l'Académie de marine consacrée aux sciences mathématiques, aux sciences physico-mathématiques, à l'étude de l'artillerie, de navigation et du dessin; trois ans après, ouvrant l'oreille aux conseils du comte de *Linhares,* son ministre, il fonda dans la même ville une Académie militaire, dont les cours étaient de sept ans, et où l'on enseignait les sciences mathématiques, militaires et naturelles; enfin, quelques années plus tard, deux écoles médico-chirurgicales s'élevèrent à Rio-Janeiro et à Bahia. Dès lors la jeunesse brésilienne, sans traverser l'Atlantique, sans épuiser ses ressources dans un long voyage et dans un séjour plus long encore et plus coûteux, peut disposer, au sein même de sa patrie, de quelques moyens d'instruction, moyens imparfaits sans doute, mais que bien peu de fortunes pouvaient aller chercher en Portugal sous le régime dégradant des vice-rois.

« Dans cette période, où quelque protection est accordée au mérite, le Brésil se couvre d'illustrations scientifiques. Je citerai, parmi les noms les plus recommandables, *José-Bonifacio d'Andrada,* philologue et minéralogiste, qui a écrit de curieux mémoires; le docteur *Mello Franco*, auteur d'importants travaux de médecine faits à l'Académie des sciences de Lisbonne; *le frère Léandre*, illustre botaniste, à qui l'on doit la culture du thé au Brésil; *Silva Lisboa*, homme d'une immense érudition, auteur de divers écrits sur la législation commerciale; et les PP. *S. Carlos* et *S. Paio*, que l'on compare, pour l'éloquence de la chaire, aux premiers modèles que nous ayons.

« Don Jean VI, tout en accordant au Brésil quelques établissements d'instruction publique, craignait, d'un autre côté, les conséquences du progrès des lumières dans ce pays; de là le projet de le rendre stationnaire au point où il était arrivé. Mais un pays dont la configuration et la nature géographique démontrent la division, la variété, l'agitation et la vie, ne livre pas sans résistance ses enfants à la torpeur, à l'uniformité du despotisme oriental. Treize ans s'étaient à peine écoulés depuis l'arrivée de la cour du Portugal, et déjà la nation se refusait au système étroit de Jean VI : son éloignement de la métropole, sa rupture, son émancipation furent l'effet infaillible de nouvelles exigences; troisième et dernière période de l'histoire des sciences au Brésil.

« Cinq ou six ans après le triomphe de l'indépendance, deux écoles de droit furent fondées à Saint-Paul et à Pernambuco; plus de quatre cents élèves s'y livrent, chaque année, à l'étude du *droit romain*, du *droit public*, *interne* et *externe*, du *droit civil*, *criminel*, *commercial*, et de l'*économie politique*.

« Les deux anciennes Académies médico-chirurgicales étaient établies sur le plan le plus vicieux. Quand, depuis fort longtemps, les principales écoles européennes avaient abjuré toute distinction entre la chirurgie et la médecine, les docteurs de la cour de Jean VI posaient entre elles, au Brésil, la plus absurde limite, afin de favoriser les médecins reçus à Coïmbre, université célèbre parmi les Portugais, mais fort peu connue du reste de l'Europe. Les chambres législatives de 1832 en ont fini avec ces défectueuses Académies; et deux facultés de médecine ont été fondées, calquées en grande partie sur celle de Paris. Des chaires de belles-lettres se sont élevées en outre sur tous les points de l'empire, et leurs résultats sont immenses sur la civilisation du pays.

« Aujourd'hui, sauf de très-rares exceptions, les savants du Brésil professent les doctrines françaises; et la série des variations que les idées scientifiques éprouvent en France se reflète exactement dans cette contrée. Qu'on me permette de citer deux exemples. Il y a peu d'années, Locke dictait la loi aux écoles du Brésil. Les rudes coups portés en France à la doctrine des sensations par *Maine de Biran*, *Royer-Collard* et ses disciples, ont retenti là-bas.

La révolution médicale y a suivi exactement la même marche; à la chute du vieil ontologisme ont succédé d'abord les excès de l'irritation, puis un juste milieu (qu'on me passe le mot) entre les divers systèmes. Enfin, dans la législation, dans la philosophie, dans la médecine, dans les sciences sociales, physiques ou mathématiques, le génie naturel du peuple brésilien, libre des entraves longtemps opposées à son développement, et réchauffé par la lumière vivifiante de la liberté, réalise chaque jour les espérances qu'il avait fait concevoir. Encore quelques années, et cette partie de l'Amérique du Sud n'aura rien à envier à ses aînés de l'Amérique septentrionale.»

«Permettez-moi, a dit M. Araujo, membre de la cinquième classe, un retour vers le Brésil; laissez-moi m'y plonger dans le passé et jeter un coup d'œil rapide sur la marche des arts dans ma patrie.

«Malgré tous ces beaux romans dont on se plaît à bercer la crédulité européenne, les indigènes n'ont point, en général, ce type d'originalité poétique qu'on leur dispense trop libéralement chez vous. Pour satisfaire à leurs premiers besoins, il ne leur faut qu'un arc, des flèches, une cabane, un vase d'argile. Des nations cependant manifestent quelques désirs d'industrie; je citerai les *Cavalleiros*, avec leurs tissus de plumes, avec leurs casques portant au cimier l'image de divers animaux, travail grossier sans doute, mais qui n'est pas sans ressemblance avec les œuvres égyptiennes de l'enfance de l'art.

«Si je rentre dans la partie civilisée, j'y vois les arts de nécessité première arriver avec les colons et les belles-lettres, plus tard avec les jésuites. La construction des églises, le besoin de simulacres religieux obligèrent les pères de la foi à se faire suivre de quelques artistes. J'ai vu les dépouilles de la conquête des missions du Paraguay; j'ai admiré leurs colosses d'or et d'argent, leurs tableaux épars, leurs bas-reliefs, leurs dômes, leurs nefs aujourd'hui solitaires; et, comme le voyageur demande à la colonne mutilée du désert quelle main l'éleva, quelle main la détruisit, ainsi je me suis arrêté, perdu dans l'incertitude au milieu de tous ces emblèmes d'une puissance qui n'est plus. Certes, tout ce qui m'environnait n'annonce pas l'enfance de l'art. Le Portugal, au seizième siècle, était déjà en commerce intime avec l'Italie, il en retirait des artistes; et tout le type architectural de ce temps révèle, au Brésil, le goût de la nouvelle école romaine de Bramante et de Buonarotti. On n'y rencontre pas un seul édifice gothique de cette époque; partout, dans leurs monuments, les jésuites ont adopté un type intermédiaire entre le romain et le gothique.

«Deux siècles s'écoulèrent sans que les arts fissent un pas hors des couvents; le gouvernement portugais les circonscrivait dans ces enceintes. De vastes temples furent dessinés et exécutés en Portugal, puis transportés en Amérique, pierre par pierre; tout arrivait numéroté; le Brésilien n'avait qu'à joindre les pièces : il lui était défendu d'appliquer ses facultés intellectuelles aux arts mécaniques les plus grossiers.

«Cependant les colons portugais traînaient à leur suite des milliers d'Africains, se servaient de leurs bras pour extraire l'or des mines; ils s'enrichissaient ainsi. Puis, sous un ciel brûlant, ils éprouvaient bientôt le besoin du luxe; et, pour le satisfaire, ils faisaient apprendre à leurs esclaves la musique, la peinture, talents nécessaires dont leur avidité retirait encore un revenu. Des maîtres envoyèrent leurs nègres étudier en Italie; un de ces nègres, *Sébastien*, décora l'église de Saint-François à Rio-Janeiro. Il y a du génie dans le dôme de cet édifice; on y admire comme un reflet lointain des admirables fresques du Vatican.

«Les couvents eurent aussi leurs esclaves artistes; et la postérité libre qui se presse aujourd'hui sous leurs péristyles ne songe pas seulement qu'ils ont été élevés par des mains chargées de chaînes. L'enlèvement de Pernambuco aux Hollandais, la déroute du malheureux Villegagnon, furent autant de tableaux commandés par les moines au génie qu'ils ravalaient à l'égal de la brute. L'artiste le mieux inspiré n'était à leurs yeux qu'une machine plus heureusement organisée que les autres machines : on s'en servait en le méprisant, tandis que le trafiquant le plus ignoble obtenait tous les hommages; il y avait honneur à recevoir le prix du plus vil échange; le prix du travail le plus sublime était considéré comme au-dessous d'une aumône.

« Cependant, malgré les efforts des Portugais, le génie commençait à dissiper les ténèbres. Des Brésiliens vinrent à Lisbonne composer le meilleur dictionnaire de la langue portugaise; les meilleurs professeurs de l'université de Coïmbre étaient des Brésiliens; et sur les bords du Tage on se disputait les bijoux d'acier que le *mulâtre Manoël-João* fabriquait au fond de la province de Minas-Geraes.

«Vers l'an 1782, le vice-roi du Brésil, Vasconcellos, voulut doter Rio-Janeiro d'une promenade publique; et, à sa voix, des hommes qui gagnaient leur vie à pétrir de grossières images se transformèrent, comme par enchantement, en statuaires habiles. On admire encore dans cette promenade leurs deux crocodiles entrelacés, groupe si ingénieux dans sa forme colossale, avec ce bassin de granit recevant l'eau qui tombe de leurs gueules; ces deux kiosques étrusques, tout couverts de plumes et de coquillages versicolorés, ensemble harmonieux qui domine la mer et se marie aux roches environnantes. Là, point de médiocrité, tout y révèle la main d'un artiste.

« Ces œuvres, et beaucoup d'autres, donnèrent l'impulsion au génie national; en dépit du gouvernement, les arts ne sommeillèrent plus, et ils étaient préparés au progrès quand Jean VI débarqua sur les côtes du Brésil. Ce fut le contre-coup de la révolution française dans cette portion de l'Amérique : les ports s'ouvrirent enfin à l'étranger, et avec l'étranger le pays reconquit la liberté individuelle; seconde période de l'histoire des arts au Brésil.

« Les artistes qui accompagnaient Jean VI ne s'élevaient pas au-dessus de la médiocrité, et pourtant c'était ce que le Portugal possédait de mieux. *Viera* était mort dans l'île de Madeira, *Sequeira* errait dans les contrées étrangères. Les nouveaux venus trouvèrent parmi les nationaux des hommes beaucoup plus habiles qu'eux, entre autres *José Leandre,* qui obtint le premier prix au concours pour le grand tableau du maître-autel de la chapelle royale. L'affluence des étrangers et l'entrée des livres accélérèrent encore ces dispositions naturelles.

« La poésie et la musique marchaient de front dans la voie du progrès. La poésie se livra à l'imitation de l'antiquité; la musique suivit une autre route. Elle rencontra sur son passage une tête de douze ans, dont le premier jet fut une messe à grand orchestre; la cour, surprise, appelait à grands cris *Marcos Portugal;* il arrive, et se trouve face à face avec son rival imberbe, qui n'avait jamais vu ni l'Italie, ni même l'Europe. La lutte commence, l'envie fermente dans le cœur du Portugais; mais le génie du Brésilien était tellement hors de ligne, ses compositions se multipliaient avec tant de rapidité, que l'opinion publique se prononça pour lui.

« Il y avait pourtant de l'agrément dans le faire de *Marcos;* mais son style était mesquin, et sa musique la même au théâtre qu'à l'église. José Mauricio, lui, était doué d'une exquise sensibilité; la nature semblait pleurer dans ses notes mélodieuses, et elles réveillent encore aujourd'hui dans l'âme toute l'émotion qu'il éprouvait en les traçant.

« Depuis 1815 jusqu'à 1816, l'arrivée de musiciens d'Italie porta l'orchestre de la chapelle royale à cinquante chanteurs et à cent instrumentistes. C'est dans cette branche des arts que le Brésil possède le plus d'hommes de talent. Plusieurs composent encore; je dois citer entre autres *Francisco Manoël* et *Candido-Ignacio da Silva.* Déjà *Caldas* et *S. Carlos* excellaient dans la poésie et l'art oratoire; *S. Paio* rappelait aux Brésiliens Massillon; *Monte-Alverne* ressuscitait parmi eux Bossuet : la suprématie des Brésiliens sur les Portugais n'était plus contestable, et l'université de Coïmbre le prouvait dans ses cours.

« Le gouvernement, résolu à se fixer en Amérique, sentit le besoin d'y attirer de plus en plus les beaux-arts. Il tourna ses regards vers la France, et le chevalier Araujo demanda une colonie d'artistes français au marquis de Marialva, ambassadeur de Jean VI à Paris. Sa voix fut entendue : M. *Lebreton,* ancien secrétaire perpétuel de la classe des beaux-arts de l'Institut de France, partit pour le Brésil, accompagné de MM. *Debret,* peintre d'histoire; *Taunay,* paysagiste; son frère, statuaire; *Grandjean,* architecte; *Ovide,* mécanicien; les frères *Ferrez,* sculpteurs et graveurs de médailles; *Pradier,* graveur en taille-douce, et du musicien *Newcom.* L'équipage artistique mouilla dans le port de Rio-Janeiro la veille du couronnement.

« Ici un nouvel avenir se déroule : Rio-Janeiro se pare des ornements d'une autre Athènes; l'art des David et des Percier trouve de dignes interprètes; des galeries, des arcades, des arènes s'élèvent, et les monuments inspirés par les Lebrun et les Bernini sont éclipsés.

« Qui n'eût pensé alors que ce développement n'aurait plus de bornes? Il n'en fut point ainsi; l'intrigue s'efforça bientôt de fermer la carrière au talent; des discussions politiques éloignèrent l'installation de l'Académie; un système soporifique et de médiocrité mina les bases de ce large édifice. Le chevalier *Araujo* mourut, *Lebreton* le suivit dans la tombe; et un ministre lui succéda qui, enchaîné par d'anciens engagements, donna la direction de l'Académie naissante à un peintre portugais, *Henri-José da Sylva.* Ce fut le coup de mort porté au nouvel établissement et aux beaux-arts du Brésil. *Newcom* revient en France; *Taunay,* le paysagiste, l'accompagne; *Taunay,* le statuaire, meurt; les autres attendent encore, retenus par une dernière lueur d'espérance, et *Debret* prend la direction de la peinture du théâtre de Saint-Jean, où il renouvelle les prodiges des Daguerre et des Cicéri.

« Les commotions politiques continuent; le roi passe en Portugal; un autre gouvernement s'installe; sa marche est d'abord incertaine; l'indépendance brille enfin. Alors de nouveaux projets se préparent, de nouveaux travaux s'exécutent, la capitale s'embellit encore, et le Brésilien reconnaissant trouve dans son cœur une nouvelle sympathie plus vive pour la France.

« Malgré quelques entraves, les fondations de l'Académie s'élèvent. *Debret* et *Grandjean,* en infatigables athlètes, sont toujours sur pied, combattant une à une les intrigues qu'on leur suscite : mes éloges sont au-dessous de la vérité. Malgré des persécutions inouïes, malgré des privations incroyables, l'Académie est ouverte; elle obtient pour asile un majestueux édifice de granit, que l'on considère avec raison comme le plus bel ornement de Rio-Janeiro.

« Le 5 novembre 1826, en présence de l'empereur et de la famille impériale, le corps académique est installé; une médaille est frappée pour conserver le souvenir de cet événement. Cependant une lacune existe dans les statuts; elle tend, par des voies détournées, à rendre nuls les progrès de la jeunesse. Le ministre *vicomte de San-Leopolde* a été induit en erreur par le directeur Henri-José da Silva; et le nouveau système d'enseignement est greffé sur les errements vicieux de l'ancien régime. Des masses de jeunes gens se présentent pour étudier; mais ce zèle ne convient pas à tout le monde.....

« Souffrez, messieurs, que je passe ici sous silence des actes qui déshonorent l'humanité, parce qu'ils tendent à arrêter le développement de l'intelligence. Toutefois M. *Debret* persistait à enseigner; douze élèves fréquentaient son cours; et, pendant quatre ans, ceux auxquels leurs moyens pécuniaires interdisaient une assiduité suffisante trouvèrent dans cet honorable Français un père qui vint généreusement à leur aide, qui leur offrit des pinceaux, des couleurs, une toile, souvent même des secours d'une nature plus intime, un cœur enfin dévoré de cet amour de l'humanité si rare parmi les hommes. L'exemple descendit du maître aux élèves, et rien n'égala plus leur union, si ce n'est le respect qu'ils professaient pour leur bienfaiteur.

« Trois expositions publiques eurent lieu. La première fut peu fréquentée; la seconde vit accourir plus de deux mille curieux, et les journaux s'intéressèrent aux travaux des élèves;

mais la troisième, qui dura huit jours, fut vraiment remarquable; les visiteurs affluèrent, les salles furent trop étroites, et l'admiration publique signala des travaux de plus d'un genre. Le cabinet d'histoire naturelle eut un peintre recommandable dans le règne végétal et animal; le théâtre, deux peintres; l'Académie de marine, deux; l'Académie militaire, un; enfin l'histoire nationale fut traduite en poésie muette par les élèves de M. *Debret*. Ceux d'entre eux qui se sont ouvert une plus brillante carrière sont: *Francisco-Pedro de Amaral*, peintre architecte, qui a décoré les palais impériaux et exécuté les belles fresques de la salle des Philosophes, à la bibliothèque nationale, ainsi que les arabesques du palais de dona Maria; *Christo Moreira*, peintre de marine, et professeur de construction navale à l'école maritime; *Simplicio*, professeur des princes, excellent peintre de portraits; *José dos Reis Carvalho*, paysagiste et professeur de dessin à l'école militaire, et *José dos Reis Arruda*, secrétaire de l'Académie des beaux-arts. Me sera-t-il permis de me placer à la suite, moi, leur condisciple, venu à Paris pour me perfectionner (*)?

« A cette époque, une prodigieuse révolution se manifeste dans les idées du peuple brésilien: les peintres, qui jusqu'alors n'étaient pas appréciés, sont admis dans les sociétés les plus brillantes; ils jouissent de l'estime et de la considération générale. L'empereur fait arrêter sa voiture au milieu des rues pour s'entretenir avec des peintres: l'un d'eux laisse échapper son pinceau dans un moment d'inspiration; l'empereur se baisse, le ramasse et le lui rend. Enfin les beaux-arts se répandent dans les familles, et elles sont rares aujourd'hui celles où le dessin et la musique n'entrent pas dans l'éducation des enfants.

« Ce développement rapide donne à *Claudio-Luiz da Costa* l'heureuse idée d'écrire un traité d'anatomie physiologique à l'usage des peintres. C'est un beau travail d'artiste, de savant et de poëte, dont j'aurai l'honneur d'offrir les principaux tableaux à l'Institut historique.

« L'école de M. Grandjean ne prosperait pas moins que celle de M. *Debret*. On remarqua, dans les expositions publiques, des travaux de ses élèves qui n'auraient pas été déplacés aux expositions de Paris. La pratique, chez eux, suivait de près la théorie; leurs édifices, d'un style pur, ayant excité l'admiration des habitants, la ville en fut bientôt couverte; et, grâce à cette ardente jeunesse, elle gagne chaque jour en élégance et en régularité.

« En définitive, messieurs, je puis le dire avec orgueil, les beaux-arts ont trouvé au Brésil un sol fertile; l'école de Rio-Janeiro, fille légitime de l'école de Paris, lui offrira bientôt des enfants dignes d'elle. C'est partout une soif d'instruction qui ne peut s'étancher qu'aux sources de la science. Aussi, voyez la jeunesse brésilienne accourir sur les plages de l'Océan, solliciter l'exil comme une faveur, braver les tempêtes pour toucher le sol de la France; et là, se remettant au travail avec une nouvelle ardeur, consulter nuit et jour ces précieux trésors que votre hospitalité livre à toutes les nations du globe. »

J'ai quitté le Brésil après l'abdication de don Pedro Ier. L'élan vers la littérature, les sciences et les arts, était universel, et je ne crois pas qu'il se soit ralenti depuis. Les chambres ont augmenté le nombre des écoles et des académies; les émoluments des professeurs se sont également accrus. Ils ont aujourd'hui une existence honnête, et peuvent se livrer sans inquiétude aux travaux pénibles de l'enseignement: il est passé sans retour ce temps funeste où les appointements du maître étaient insuffisants pour payer le loyer de l'école.

(*) M. Araujo a figuré dans les expositions comme peintre d'histoire, sculpteur et architecte (voir les livrets donnés à la fin).

MUSIQUE.

Je soumets au lecteur un nouvel exemple de tact et d'érudition du même auteur, M. Araujo, bien remarquable dans ce précieux fragment sur la musique, tiré d'un article inséré dans le premier numéro de l'intéressante *Revue brésilienne*, ouvrage périodique, pétillant d'imagination et de profondeur tout à la fois.

« Le caractère de la musique brésilienne, dit-il, doit sa mélodie, non-seulement à l'harmonie de la langue nationale, mais encore à l'imagination pleine de sensibilité de ce peuple né musicien. Néanmoins, dans ce paradis terrestre, comme partout ailleurs, le caractère musical est soumis à l'influence du caractère particulier des habitants de chacune des provinces de l'empire.

« La musique de *Bahia* (province placée au levant) explique cette différence, lorsqu'on la compare avec celle d'une province du nord du Brésil; et, de même, la musique de *Minas* (placée au couchant) contraste sensiblement avec celle de l'habitant du *sud* du Brésil. La musique de *Bahia* est le *lundum*, dont l'excessive volupté de la mélodie règle le pas d'une allemande dansée par un homme et une femme. Quant à celle de *Minas*, c'est la *modinha*, romance sentimentale pleine de pensées délicates, et qui se chante avec un accompagnement très-chromatique. A *Bahia*, tout est doux, le sol y produit le sucre; et si l'habitant se stimule par des aliments pimentés, ce n'est que pour y entretenir sa lascive indolence.

« Il est de fait qu'au Brésil la chaumière et le palais deviennent le berceau commun de la musique. Aussi y entend-on jour et nuit le son du *marimba* de l'esclave africain, celui de la guitare ou de la mandoline de l'homme du peuple, et l'harmonie plus savante du piano de l'homme riche. Sainte-Catherine et Pernambuco se glorifient du génie musical de leurs habitants. Et, comme en Allemagne, dans les écoles primaires de Sainte-Catherine, on enseigne, en même temps, l'*a b c d* et le *do re mi fa;* avantage qui produit beaucoup de compositeurs, parmi lesquels on distingue aujourd'hui le célèbre *João-Francisco de Oliveiro Coutinho*. Il est déplorable qu'un si grand génie s'éteigne caché dans les rochers qui environnent la ville du *Desterro* (de l'Exportation), capitale de l'île de Sainte-Catherine; car il mérite avec justice le titre d'excellent professeur, parce que, raisonnant son art, il l'exerce avec philosophie.

« On s'étonne cependant que les Brésiliens, passionnés pour la musique, conservent un certain mépris pour les musiciens de profession; et c'est à un tel point, que l'homme riche qui paye généreusement la leçon qu'il reçoit de son professeur de musique, serait intérieurement honteux d'être son ami.

« Ce n'est pas, généralement, que les musiciens ne soient assez estimables par leur conduite; mais ils sont pauvres, et c'est un grand défaut chez un peuple négociant. Il faut cependant en excepter la nombreuse et bonne société de la capitale, qui accueille avec affabilité et traite avec distinction les virtuoses de toutes les provinces du Brésil qui viennent y exercer leurs talents.

« La chapelle royale se flattait d'être le meilleur conservatoire de musique, et de posséder le meilleur orchestre de ce genre; en effet, le *Miserere* du *Pergoletti*, qui charme les étrangers à Rome, était exécuté avec la même perfection, pendant la semaine sainte, à Rio-Janeiro. Ainsi cette capitale réunissait dans son sein un *opéra italien* des mieux montés, une *chapelle royale* composée de *virtuoses* tels que *Fasciote*, *Tannis*, *Maggianarini*, et autres, qui reproduisaient les plus belles compositions de l'Europe, à l'église et au théâtre; avantage qui a dû produire indubitablement un *caractère musical mixte*, composé du style italien et de celui du *mineiro*, essentiellement espagnol. On possède au Brésil de nombreuses compositions musicales de *Marcos*, maître de chapelle, et de *Maciotti*, son collègue, de *Pedro Teixeiro* et de *Francisco Manoël*. *Marcos*, doué d'un génie brillant et gai, ne sut pas mettre de différence de style entre le théâtre et l'église; et *Pedro Teixeiro*, partisan de l'école de *Rossini*, tomba dans le même défaut : ces deux grands talents, qui ne surent point harmoniser le coloris au sujet du tableau, conservèrent cependant une brillante réputation chez nous. *Francisco Manoël* se forma de lui-même; aussi est-il resté original, et se distingue-t-il par une foule de pensées brillantes; mais, encore jeune, il reste atteint de l'apathie artistique de notre patrie maintenant dominée par la politique. Pour donner une idée de la supériorité des moyens de nos chanteurs, nous citerons un *João dos Reis*, basse-taille, qui donnait facilement le *fa* d'en bas dans toute sa pureté, et montait jusqu'aux notes les plus élevées du ténor; un *Candido Ignacio da Sylva* et un *Gabriel*, ténors, tous deux de *Minas-Geraes*, féconde en belles voix.

« Mais avec quelle douleur, à notre retour au Brésil, nous chercherons en vain le bras du maître de chapelle *Marcos* ou de *José Mauricio*, réglant du geste l'ensemble merveilleux et les accords magiques d'un *Gloria* ou d'un *Credo* exécutés par le nombre imposant de cent cinquante habiles artistes! Comment exécuter aujourd'hui le *Miserere*, la *messe de Sainte-Cécile*, cette immortelle production de *José Mauricio*, le *Mozart brésilien*?

« Hélas, chez nous, l'art de la musique marche vers la décadence où l'a mis notre gouvernement par le démembrement de la musique de la chapelle impériale; unique fleur digne rivale de l'Europe, et qui nous distinguait dans toute l'Amérique. Mais renfermés dans un système de réformes et d'économies, le gouffre des besoins est ouvert et demande de l'or. On abat un mur dont les débris, épars aujourd'hui, stérilisent le terrain qu'ils couvrent.....; mais revenons à notre premier sujet.

« Malgré la concurrence des productions italiennes et allemandes, nous possédons une musique brésilienne qui porte le cachet très-particulier de l'école de *José Mauricio*. Son génie extraordinaire sort de la ligne de nos autres musiciens; sa muse préféra la harpe du sanctuaire à celle du théâtre : ses productions sont nombreuses comme ses disciples. Il fut un astre qui brilla successivement sur la colonie, le royaume et l'empire, et éclaira de sa précieuse lumière les Brésiliens voués à la musique; toujours puissant, toujours grandiose, il mourut pauvre!

« Oui, *nouveau Mozart*, exalté par un sentiment tout chrétien, *José Mauricio*, au moment de composer sa propre messe de *Requiem*, suit l'impulsion de son génie qui le dirige à travers les froides demeures de la mort : là, il soulève le couvercle d'une tombe, y descend, médite et pleure sur les cendres de l'humanité. Il sort ensuite, pénétré de terreur, et, voyant la lumière, il s'agenouille devant le maître de l'univers qui lui apparaît assis sur le trône de l'éternité placé au-dessus de la voûte étoilée du firmament; il lui demande une inspiration! Redevenu homme, il emprunte le noir fiel de la tristesse, qu'il détrempe avec ses larmes, et s'en sert pour écrire une musique dont la douceur touchante nourrit l'âme d'une ineffable mélancolie qui électrise délicatement le cœur de l'homme sensible.

« Génie divin! si la mort t'arrêta au milieu de ta brillante carrière, en paralysant à la fois tes savantes mains et tes sublimes inspirations mystiques, au moins tu seras immortel! tu parcourras le monde; et, répandues dans la société, tes œuvres te ressusciteront chaque jour, jusqu'à ce que toute l'Europe t'entende et que l'univers t'applaudisse! »

Rapport fait à l'Institut historique sur le 1er numéro de la Revue brésilienne.

Toujours copiste, je me sers ici, pour émettre ma pensée, du texte si analogue d'un rapport fait à la 2e classe de l'Institut historique, sur ce sujet, par notre secrétaire perpétuel M. Eugène de Monglave. Son indulgente amitié me pardonnera, je l'espère, les énormes coupures que je m'impose en reproduisant ses expressions, dénuées ainsi du charme de leur enchaînement général.

« Quelques jeunes Brésiliens, dit-il, nés sur divers points de cet immense empire, s'unissent de pensée pour publier un ouvrage en leur langue natale, et le lancer à leur patrie à travers l'Océan..... Et la première livraison que j'ai sous les yeux parut, il n'y a pas un mois, en douze feuilles in-8° bien distribuées, bien variées, pleines de pensées et de faits.... A l'heure où j'écris il n'en reste pas un exemplaire.... Ce qui frappe d'abord en parcourant le volume, c'est le charme tout musical de cette langue du *Camoens* transportée à l'autre extrémité du globe, où elle trouve de tels interprètes..... Les rédacteurs annoncent, dans la première livraison de la *Revue brésilienne,* qu'ils s'occuperont d'économie, de sciences, de littérature et des beaux-arts; c'est beaucoup, mais ils ont tenu parole..... Un premier article de M. *C. M. d'Azeredo Coutinho,* sur les *comètes,* nous a paru riche en observations.... Il y a de l'actualité dans les deux savants articles de M. *F. S. Torres-Homen,* intitulés, l'un : *Considérations économiques sur l'esclavage;* l'autre : *Réflexions sur le crédit public.* Ils sont traités avec une érudition et une profondeur qui les rend dignes de figurer avec distinction dans les meilleurs recueils d'Angleterre et de France.... M. *D. J. G. de Magalhaëns,* l'enfant poëte de là-bas, dans un fragment trop modestement intitulé : *Essai sur l'histoire de la littérature du Brésil,* nous introduit dans un monde poétique que la France ne soupçonne pas..... Le Brésilien a secoué le joug imposé à son intelligence; ses chants ne tarderont pas à visiter notre vieille Europe.... Le désert est franchi; M. *de Magalhaëns et ses amis* guident le peuple vers la terre promise. M. *de Araujo Porto-Alegre* est aux arts ce que M. *de Magalhaëns* est à la poésie, ou, pour mieux dire, tous deux sont également artistes, également poëtes; tous deux parlent également aux yeux et à l'esprit..... Des quatre rédacteurs de cette première livraison, trois appartiennent à l'Institut historique, MM. *Torres-Homen, de Magalhaëns* et *Araujo Porto-Alegre.* Nous nous glorifions de ce choix!..... »

Sincère appréciateur du génie brésilien et ainsi disculpé de partialité dans la rédaction d'un article qui excitait mon enthousiasme par sa spécialité, je me trouve une seconde fois heureux d'emprunter à l'écho des salles d'une société savante dont je m'honore de faire partie, les expressions flatteuses de notre secrétaire perpétuel M. de Monglave.

HISTOIRE PARTICULIÈRE DE L'ACADÉMIE DES BEAUX-ARTS.

La cour de Portugal arriva à Rio-Janeiro en 1808, et le désir de s'y fixer détermina, huit ans plus tard, la fondation du royaume brésilien. Dans cette occurrence, M. le marquis de Marialva, ambassadeur portugais près la cour de France, résidant à Paris, s'entendit, en 1815, avec M. *le comte d'Abarca*, alors ministre des affaires étrangères à Rio-Janeiro, pour y former une Académie des beaux-arts sur le plan de celle de France. En conséquence, vers la fin de la même année, M. *le Breton*, à cette époque secrétaire perpétuel de la classe des beaux-arts de l'Institut de France, à la faveur d'un congé, fut chargé par le gouvernement portugais de réunir quelques artistes français de différents genres qui voulussent bien l'accompagner au Brésil, pour y former le noyau de cet établissement.

Cette réunion se composa de MM. J.-B. Debret, peintre d'histoire, élève de David; A. Taunay, membre de l'Institut, peintre de paysage et de genre, qui passa avec sa famille; Auguste Taunay, statuaire, frère du précédent; A.-H.-V. Grandjean de Montigny, architecte, qui amena sa famille et deux de ses élèves; Simon Pradier, graveur en taille-douce; François Ovide, professeur de mécanique; et François Bonrepos, aide-sculpteur de M. Taunay. M. Newcom, compositeur de musique, vint avec M. le duc de Luxembourg, ambassadeur extraordinaire de la cour de France à Rio-Janeiro.

M. l'ambassadeur portugais fit déposer entre les mains de M. le Breton une somme de dix mille francs pour payer le passage des artistes français; et, partis de France en janvier 1816, ils arrivèrent au Brésil vers le commencement du mois de mars de la même année, attendus et désirés du ministre *comte d'Abarca*, qui les présenta à la cour, où ils furent accueillis avec bonté. Ils furent provisoirement logés, meublés et nourris aux frais du gouvernement. Dans la même année, un décret royal signé du *marquis d'Aguiar*, ministre de l'intérieur, accorda un traitement de cinq mille francs à chacun des artistes (*), comme pension alimentaire, avec l'obligation toutefois de rester au Brésil au moins six ans, afin d'y figurer dans l'organisation de l'Académie. Le traitement de M. *le Breton* fut porté à douze mille francs, comme directeur (titre qu'il accepta provisoirement, prévoyant sa prochaine destitution à l'Institut de France, qui eut lieu effectivement peu de temps après).

Au moment de notre arrivée au Brésil venait d'y mourir *dona Maria I*re, reine de Portugal, mère de Jean VI, alors prince régent, qui devait lui succéder comme héritier présomptif de la couronne. Aussi le gouvernement s'occupait-il déjà des projets de fêtes relatives à cette circonstance, qui, par des combinaisons politiques, devaient non-seulement servir pour l'acclamation du souverain du nouveau royaume uni du Portugal, Brésil et Algarves, mais encore pour le mariage du prince royal *don Pedro*, son fils, avec une archiduchesse d'Autriche que l'on attendait au Brésil; et le *comte d'Abarca*, jaloux d'utiliser les artistes français, nous fit charger de la composition et de l'exécution des décors qui embellirent cette cérémonie solennelle.

Sur ces entrefaites arrivèrent les deux frères Ferrez, sculpteurs français, élèves de M. Roland, membre de l'Institut de France, tous deux statuaires, mais excellant, en outre, l'un comme ornementiste, et l'autre comme graveur en médailles. On les employa d'abord

(*) Comme le cours de six années d'expatriation nous parut exorbitant, surtout en raison de la modicité du traitement, on nous observa que, selon l'usage portugais, cette pension viagère, reversible sur la veuve, nous serait continuée dans notre patrie, à la suite d'une résidence de six années au Brésil; que, de plus, le projet du ministre étant de former un Institut des sciences et arts, nous jouirions bientôt d'un double traitement, comme membres de l'Institut et de l'Académie tout à la fois.

comme aides de M. Taunay, et par suite leur talent les fit pensionner par le roi (*). Aussitôt la présentation des artistes à la cour, le ministre *comte d'Abarca* commanda à l'architecte Grandjean le projet d'un palais pour l'Académie des beaux-arts, projet qui fut accepté par le roi; et l'on commença tout de suite les fondations de cet édifice, confié à la protection spéciale du ministre des finances, le *baron de S. Lourenço*. Malheureusement nous perdîmes M. le *comte d'Abarca* au mois de juin 1816, et notre protecteur mourut ainsi sans avoir pu jouir de l'achèvement des fêtes, qui n'eurent lieu que l'année suivante. Mais le ministre des finances restait chargé de l'édification du palais des beaux-arts, classé dans ses attributions; de plus, ce ministre, tout-puissant, honorait M. le Breton de son estime et de son amitié particulière. Les constructions continuèrent donc sans interruption, mais très-lentement. (Cet édifice fut dix années à bâtir.) En 1826 il n'y avait encore que le rez-de-chaussée d'achevé; et, selon les plans acceptés, il devait se composer de deux étages destinés au logement des professeurs. Mais il fut réduit, pour son achèvement, à un seul rez-de-chaussée, par mesure de prompte utilité et d'économie.

Pendant la construction du palais de l'Académie, chaque artiste se livra à des ouvrages particuliers, sans point de ralliement. Le peintre d'histoire cependant fit le portrait en pied du roi dans le costume de son acclamation ; ce tableau passa tout de suite dans les mains du graveur Pradier, qui, après en avoir fait l'eau-forte, obtint du roi la permission de retourner en France pour en achever la gravure au burin, puisque le Brésil manquait encore d'imprimeur et même de papier d'impression convenable. Le même peintre, M. Debret, fit ensuite un tableau du débarquement de l'archiduchesse au Brésil, qui fut également gravé par M. Pradier. On utilisa le pinceau de ce peintre d'histoire pour les décors des représentations théâtrales auxquelles assistait la cour à diverses époques de l'année (**). Néanmoins, M. le Breton, affecté de la mort du comte d'Abarca et de quelques intrigues dirigées contre sa personne, se dégoûta du séjour de la ville, et alla demeurer à la *Prahia Flaminga* (espèce de faubourg formé de maisons de plaisance, sur le bord de la mer). Il y vécut retiré, s'occupant d'un ouvrage de littérature, jusqu'au mois de mai 1819, époque à laquelle il mourut. Les artistes, alors privés de leur directeur, n'eurent plus que le ministre des finances pour appui, parce que, généralement, les autres membres du gouvernement s'intéressaient peu à un établissement dont ils n'avaient pas eu d'exemple en Portugal. Tout à coup, songeant à la vacance qui résultait de la mort de M. le Breton, le ministre baron de *San-Lourenço* se rappela un de ses protégés, artiste portugais, médiocre peintre, chargé d'une nombreuse famille, et qui soi-disant végétait à Lisbonne. Il le fit venir à Rio-Janeiro; et, à l'aide d'un projet d'organisation de l'Académie (rédigé à notre insu, et présenté à la hâte, par le ministre de l'intérieur, au roi), il le fit nommer à la fois professeur à la classe du dessin et directeur des écoles (***). Ce même projet lui adjoignit un secrétaire portugais en remplacement du nôtre, ainsi déchu sans motif.

(*) Voir le résumé des travaux des professeurs français.

(**) J'y travaillai pendant sept ans.

(***) Bien au-dessous de l'emploi qu'on lui destinait, notre peintre portugais, sorti pour la première fois de la capitale, ne sut que reproduire, même assez mesquinement, les statuts de l'Académie de Lisbonne, titre pompeux donné, en Portugal, à une seule classe de dessin, dans laquelle s'alterne l'étude du dessin de la figure et de celui de l'architecture. Ce travail offrit en résultat une économie de fonds, basée sur la suppression d'une partie des artistes français; celle des deux élèves de l'architecte, professeurs de la coupe du trait et de l'appareil des pierres; du professeur de mécanique; de celui de la gravure en taille-douce, à cette époque absent par congé pour terminer deux planches à Paris; et enfin celle de notre secrétaire, injustement déplacé. Du reste, le despote portugais gardait un profond silence sur les autres classes, et en mettait ainsi les professeurs en fausse position, prélude de leur entière élimination : pour balancer cette injustice, il offrit l'admission de trois pensionnaires artistes nationaux, et celle d'un secrétaire portugais à demi-traitement du nôtre.

Ici commencent les intrigues portugaises contre les académiciens français; inévitable conséquence de l'inconvenante introduction de deux Portugais dans un corps académique essentiellement composé de Français (*); faute reconnue par les ministres, depuis notre installation : à ce moment aussi, notre collègue M. Taunay, membre de l'Institut, prit la sage résolution de rentrer en France.

Cependant le ministre de l'intérieur, *Thomas Antonio*, plein de confiance dans le zèle du baron de *San-Lourenço,* ignorait absolument cette intrigue; et, après avoir fait signer au roi le décret d'organisation de l'Académie, fut très-étonné de ne trouver dans le plan présenté par le directeur que les éléments d'une classe de dessin, à l'instar de celle de Lisbonne (**). Il en marqua sa surprise à Grandjean, notre architecte, et le pria de demander à chacun de nous les détails d'organisation analogue à nos classes respectives, pour remédier, avant la signature et la mise en activité, à l'imperfection du travail du directeur (***). Ces notes, remises au premier ministre quelques jours après, passèrent officiellement dans les mains du directeur; mais celui-ci se garda bien d'exécuter ponctuellement des ordres qui renversaient pour toujours ses projets hostiles; et, attendant tout du temps, il se tint dans la plus parfaite inaction, évitant la présence du ministre jusqu'au mois de mars 1821, jour du départ de la cour et du premier ministre, qui la suivait à Lisbonne.

Pendant cet intervalle, nos deux intrus portugais essayaient, par d'astucieuses confidences, de nous décourager en nous disant qu'ils s'apercevaient que le gouvernement, de jour en jour, moins appréciateur des beaux-arts, semblait devoir se contenter d'une simple école de dessin, suffisante à la vérité dans un pays neuf comme le Brésil; tandis que, d'un autre côté, ils nous discréditaient auprès des membres du gouvernement par des calomnies de tous genres, et les effrayaient encore en exagérant les dépenses de notre future installation.

M. le baron de San-Lourenço quitta le Brésil, et nous perdîmes notre unique protecteur!

Mais une nouvelle impulsion politique, donnée par le départ de la cour, changea la destinée du Brésil, et *don Pedro, prince régent,* fut couronné empereur l'année suivante.

Le directeur, épouvanté de nouveau dans cette circonstance favorable aux arts, vit, sans pouvoir les comprimer cette fois, la peinture, la sculpture, l'architecture, et la gravure de médailles, exercées par les professeurs français rivalisant de zèle pour servir la gloire nationale.

Nous avions alors pour premier ministre *José Bonifacio de Andrade,* patriote brésilien, appui du trône impérial, et tout à la fois protecteur des arts, ami des Français et partisan de la mise en activité de notre Académie. Notre directeur, aux abois, entraîné par le mouvement, feignit l'empressement le plus sincère, et, profitant de son titre, obtint la faveur de faire le portrait du ministre; mais, trouvant en lui un savant Européen, il restreignit prudemment ses manœuvres à multiplier les difficultés de notre dispendieuse installation, disait-il, pour déterminer un ajournement provisoire; seul palliatif à son désespoir.

Mais la crise était décisive, et, sous ce ministre érudit, on vit paraître des programmes d'embellissements aussi glorieux qu'utiles mis au concours; et, dans cette lutte où le titre du directeur fut constamment compromis par sa médiocrité, les talents variés des professeurs français réalisèrent les espérances des Brésiliens.

(*) Néanmoins cette faute, dont les funestes conséquences se prolongèrent trop longtemps, ne dut son principe qu'à un motif d'humanité de la part d'un ministre qui ne voulut donner, dans cette circonstance, qu'une position dans le monde à un artiste infortuné, père de douze enfants, et un peu son allié; et, en second lieu, procurer une subsistance à un vieil abbé portugais, fils de Français, et mauvais poëte satirique, parasite opiniâtre et ennuyeux qui l'assiégeait journellement par ses importunités.

(**) Ce qui explique le silence que l'on garda pendant ce travail.

(***) Ce fut vers la fin de 1820.

Cependant quelques indiscrètes confidences, échappées à nos *patelins intrigants*, sur leur idée fixe d'anéantir notre Académie, m'éclairèrent; mais, répugnant à rentrer en France, après huit années de résidence au Brésil, sans avoir atteint le but de notre mission, je me déterminai, pour y laisser au moins des traces de notre utilité, à demander à l'empereur la concession provisoire d'un des ateliers de l'Académie, déjà disponible, pour y exécuter un tableau de grande dimension, représentant la cérémonie de son couronnement, et en même temps commencer l'éducation pittoresque de sept individus déjà voués aux arts, qui désiraient ardemment se rapprocher de moi, pour se procurer des notions théoriques dont ils appréciaient la nécessité : et pour éviter toute conséquence dispendieuse, ma demande se réduisait à la simple possession de la clef du local inoccupé.

Mon dévouement fut accueilli avec empressement par l'*empereur* et les *deux Andrade*, l'un ministre de l'intérieur, et l'autre ministre du trésor. Mais, le croira-t-on? cette volonté unanime et toute-souveraine fut paralysée, pendant plus de six mois, par les habiles manœuvres de notre rusé directeur, dont l'orgueilleuse médiocrité se trouvait constamment en péril (*). Les élèves, affligés de cette indécision, étaient sur le point de louer un local pour leur servir d'école, lorsqu'un coup d'État changea subitement le ministère, et mit le portefeuille de l'intérieur entre les mains d'un des *Carneiro de Campos*, Brésilien protecteur des sciences (**).

Sans perdre de temps, un des jeunes artistes alla expliquer le motif de son anxiété au nouveau ministre, qui fit aussitôt droit à ma demande; et il ne resta plus qu'à trouver le dépositaire de la clef. Quelle fut leur surprise d'apprendre qu'elle était entre les mains de notre silencieux directeur (***)! Forcé dans ses retranchements, mais habile hypocrite, il sut feindre, en la remettant, le regret d'avoir ignoré tout ce qui s'était passé à l'égard de ma demande.

Ainsi placés sous la protection immédiate du souverain (****), le zèle et les progrès des élèves élevaient paisiblement un premier retranchement inexpugnable aux intrigues de la

(*) Il commença par embrouiller les deux ministres sur la spécialité du local, observant au ministre de l'intérieur que ce commencement de construction, d'un achèvement long et dispendieux, appartenant par son adhérence au bâtiment de la trésorerie, conviendrait de préférence à la fabrication des monnaies, tandis que l'on pourrait installer presque tout de suite l'Académie dans une très-belle maison située au *Campo de Santa-Anna*, à proximité du Muséum; et qu'en conséquence il croyait prudent de suspendre pour un instant l'effet de ma demande, du reste très-louable. Constamment occupé, comme peintre du théâtre impérial, et rassuré par la bienveillance du gouvernement, je ne réitérai que par intervalle cette demande, alternativement adressée aux deux ministres, mutuellement indécis sur la spécialité de leurs attributions, pour y faire droit, parce que cela dépendait, disait-on, du ministre du trésor, protecteur de l'édifice, et du ministre de l'intérieur, comme protecteur des artistes; et enfin ce vague, entretenu dans les bureaux par le bavardage du secrétaire, dura jusqu'au changement du ministère.

(**) Dans la suite ce *Carneiro de Campos* reparut plusieurs fois au ministère : on lui dut l'installation de la société de médecine de Rio-Janeiro. Plus tard, il fut un des membres de la régence provisoire.

(***) Il avait été chargé de conserver dans cette salle une collection de tableaux, apportée par M. le Breton pour notre utilité, et qui par suite, achetée par le baron de San-Lourenço, resta déposée provisoirement dans une des salles de la trésorerie, qu'il fallut enfin débarrasser. Dans cette circonstance, notre bavard secrétaire, pour se rendre officieux, dirigea cette opération, et fit maladroitement déposer les tableaux parterre dans cette salle, encore tout humide d'avoir servi provisoirement d'atelier de sculpture. Renfermés sans air depuis six mois, les tableaux furent trouvés à moitié pourris. Eh bien! ce vandalisme, qui méritait la destitution du directeur, lui valut au contraire un accroissement de fortune, parce que, à la faveur de la restauration de cette malheureuse collection, il obtint son logement au Musée, et de plus une gratification comme restaurateur des tableaux de la couronne. Quant au secrétaire, réduit à la moitié du traitement de son prédécesseur, il n'y perdit rien, car le baron de San-Lourenço créa pour lui une place de chapelain de la trésorerie, où il venait tous les matins dire une messe pour les banquettes; et se régalait ensuite, dans les bureaux, de nous noircir chaque jour aux yeux des employés par d'atroces calomnies.

(****) Ce fut au mois de janvier 1824. Les productions des trois premiers mois d'étude frappèrent tellement l'empereur par leur perfection, que le gouvernement détermina l'installation de l'Académie des beaux-arts.

mauvaise foi du directeur, privé jusqu'alors de pouvoirs légalisés par la signature d'un ministre. Le secrétaire, plus adroit et déjà moins insolent, se sentait compromis par l'exagération de ses calomnies. Mais ce n'était encore que le prélude des tribulations toujours croissantes qui devaient assiéger nos deux détracteurs; car *Carneiro de Campos* passa à un autre emploi, et *João Severiano marquis de Queluz*, Brésilien rempli d'instruction, alors ministre de l'intérieur, sut le premier voir à travers leur masque leur honteuse figure, et débrouiller leurs intrigues (*). Il convoqua en effet une assemblée générale des académi-

(*) Instruit par un artiste portugais, nommé Antonio, momentanément au Brésil, ami et admirateur de mes élèves, qu'il venait visiter, le ministre, déjà découragé par la multiplicité des obstacles que lui présentait le directeur, mais ravi de l'installation de ma classe, voulut me voir, et dans un court entretien me fit part de la nullité qu'il trouvait dans le travail présenté par le directeur : il me demanda le motif du retard de l'installation de notre Académie constamment désirée à Rio-Janeiro. Je lui expliquai que l'orgueil et la médiocrité du directeur, et l'intérêt du secrétaire usurpateur, se joignaient pour se défaire de nous à quelque prix que ce fût, et qu'ils travaillaient constamment à paralyser nos talents et à nous éloigner de l'autorité, pour nous transformer en pensionnaires inutiles à l'État. Le trouvant dans une heureuse disposition, je lui offris la convocation d'une assemblée générale de professeurs; il l'accepta en fixant le jour chez lui, me priant d'en prévenir le directeur. Rien de plus plaisant que l'effet de ma mission sur le directeur, foudroyé et réduit au silence par l'absence de son secrétaire, à la vérité difficile à rejoindre, parce que, toujours en campagne, ce parasite verbeux vivait (lui et son cheval) aux dépens des personnes qu'il s'efforçait d'amuser chaque jour par quelques satires ou quelques récits scandaleux. Je laissai donc notre pauvre directeur résolu d'aller personnellement s'excuser sur l'impossibilité de faire prévenir assez promptement tous les académiciens et demander un ajournement à huitaine; ce que le ministre clairvoyant lui accorda par charité. Le secrétaire, redoutant quelques reproches, évita prudemment de se trouver à l'assemblée, et chargea le directeur de l'excuser auprès du ministre. Ainsi débutèrent nos maladroits adversaires, manquant de zèle et de générosité pour satisfaire à une prompte installation désirée par le chef du gouvernement. Le secrétaire acheva de se perdre dans l'esprit du ministre à la première entrevue qu'il eut avec lui dans une maison tierce, en me dénonçant comme intrigant insubordonné donnant des leçons de peinture avant l'ouverture de l'Académie; ce à quoi le ministre répondit qu'au contraire le gouvernement me devait des louanges; et notre ennemi, désarmé, disparut précipitamment, laissant le *marquis de Queluz* nous dire que l'homme le plus déplacé dans le corps académique était, à son avis, le secrétaire. Nous tînmes deux séances; mais le secrétaire inexact ne se trouva pas à la première, qui se passa dans les formes académiques; et nous eûmes pour la première fois connaissance de ce plan mystérieux, qui fut lu avec emphase par le directeur. Il se composait uniquement des détails minutieux d'un cours de dessin divisé en cinq années. Ne pouvant plus comprimer nos éclats de rire provoqués par ce tissu de puérilités échafaudé sur de fausses bases, nous achevâmes sa défaite en lui observant à l'unanimité que ce fatras n'avait même pas le sens commun; et nous nous ajournâmes au surlendemain, pour pouvoir rapporter les notes relatives à nos spécialités. Rentré chez lui, le directeur jeta sa première colère sur le secrétaire, répréhensible de l'avoir laissé isolé parmi les professeurs français. Aussi celui-ci l'accompagna-t-il à la seconde séance, composée de trois professeurs français et de nos deux autorités portugaises. Là, on tomba d'accord de jeter les bases de notre organisation; et, après la lecture du travail complet, dont je m'étais occupé précédemment, il fut résolu de le soumettre provisoirement au ministre, parfaitement au fait de notre langue. Le directeur, atterré par une aussi prompte détermination, l'œil fixé sur son secrétaire, réclamait télégraphiquement du secours. Illuminé dans ce péril imminent, notre poëte, feignant l'enthousiasme d'un secrétaire zélé, se saisit des deux premières pages de l'ouvrage, et les emporta, disait-il, pour les traduire. Ce subterfuge termina la séance avec une apparente satisfaction générale; mais, au fait de leurs expédients temporaires, je recopiai les deux feuilles, et portai le soir même le manuscrit complet au ministre enchanté de notre promptitude. Il le garda pour le lire, et nous donna rendez-vous pour en connaître le résultat. Le ministre, très-satisfait de nous, blâmait déjà la froide lenteur du traducteur tardif à se présenter; aussitôt, le peintre portugais qui m'accompagnait s'offrit pour y suppléer : le ministre accepta sa proposition, qui, en effet, réunissait le double avantage d'une prompte traduction faite par un artiste de concert avec l'auteur du manuscrit. Deux jours suffirent pour achever ce travail, qui faisait concevoir à notre protecteur la glorieuse possibilité d'installer enfin l'Académie des beaux-arts, entravée depuis si longtemps. De son côté, il faisait achever avec activité la construction des salles d'étude au palais de l'Académie, à la faveur d'une réserve de fonds qui s'y trouvait affectée. Le ministre, supposant déjà un motif criminel à l'inapparition du directeur, le somma de lui présenter tout de suite le travail dont il était responsable. Celui-ci s'excusa dans cette entrevue, sur la difficulté d'un travail auquel il fallait ajouter la législation portugaise. Mais sa mauvaise foi, dévoilée en partie, fut complétement terrassée par l'apparition subite d'une traduction complète déposée dans ses mains par l'autorité, qui lui enjoignit de rapporter, dans le plus court délai, ce même travail revêtu des formalités exigées. Mais cette légère addition, même au-dessus des forces du secrétaire, les compromettait tous deux; et, dès ce moment, ils vociférèrent contre ma trahison, disaient-ils, et me vouèrent une haine implacable. A la vérité, il existait dans le système de mon

ciens, qu'il présida chez lui, et nous eûmes pour résultat l'obligation de lui présenter, dans le plus bref délai, un plan d'organisation complète, qui lui fut soumis à la fin du mois suivant. Mais envoyé entre les mains du directeur, ce projet s'y anéantit comme nos premières notes demandées par Thomas Antonio. Néanmoins le directeur voyait avec désespoir les progrès de ma classe en activité et le plan d'installation de sept classes bien connu; car depuis ce moment les ministres qui se succédèrent s'occupèrent tous de l'ouverture de l'Académie, cependant toujours entravée par les manœuvres du directeur et du secrétaire.

travail une *junte directoriale*, composée des chefs de l'instruction des princes, de la Bibliothèque impériale et de celui du Musée, qui dominait le pouvoir tyrannique du directeur portugais; appui nécessaire à l'étude, et préservateur de la funeste destruction projetée par nos deux ennemis. Favorisé par les événements de la guerre du Sud, qui occupait alors tous les esprits, le directeur resta impunément dans l'inaction pendant quelque temps. Mais la nomination du marquis de Queluz au ministère des affaires étrangères créa un nouvel incident qui pouvait forcer le directeur à remettre, dans les vingt-quatre heures, son travail à la nouvelle autorité. Ce dernier péril démasqua cependant l'insuffisance du secrétaire aux yeux du directeur, trop heureux de recourir à un ami portugais, se disant architecte, récemment arrivé de Lisbonne, et déjà l'homme du ministre en place. En une nuit, ce sauveur lui arrangea un barbare mélange de notre travail avec les prétentieuses attributions du directorat portugais, que le directeur, maladroit courtisan, déposa entre les mains de l'empereur; et le travail passa ainsi dans les mains du nouveau ministre, déjà choqué de ce manque de formes du directeur envers lui. Informé en outre de l'existence de notre travail, il m'en demanda une copie pour la confronter avec celui du directeur, et hâta l'achèvement des salles de l'Académie. Sur ces entrefaites, notre nouvel intrigant de Lisbonne, nommé architecte du gouvernement, appuyé de son titre et des calomnies du directeur contre Grandjean, eut l'indécente effronterie de se faire charger de l'achèvement de l'École des beaux-arts, et, par un zèle artificieux, proposa l'ouverture provisoire et économique du cours de dessin, en s'emparant de la salle où je commençais mon tableau, et me laissant une espèce de couloir obscur pour la classe de peinture: triple coup adroitement porté à la fois aux attributions de notre architecte, à mon activité comme peintre d'histoire et comme professeur, et qui établissait, par l'ouverture du cours de dessin, l'autorité du directeur et professeur mis en activité provisoire et sans plan d'organisation sanctionné par le corps de l'Académie. Mais les désastreuses conséquences de cette menée, dévoilées par nos amis puissants, furent arrêtées; et, considérées cependant comme un simple excès de zèle par le ministre, elles n'empêchèrent pas l'architecte usurpateur de continuer l'achèvement des classes de concert avec le directeur investi du pouvoir anticipé. (Cet architecte éphémère perdit progressivement toutes ses attributions; et, réduit à de médiocres émoluments, il quitta le Brésil en 1832.) Au retour d'un voyage dans le Sud, l'empereur amena *José Feliciano-Fernandes Pinheiro* (depuis vicomte de San-Leopoldo), Brésilien zélé, homme de probité, historien érudit, qui occupa tout de suite le portefeuille du ministère de l'intérieur, et, malheureusement pour nous, ancien condisciple de notre secrétaire à l'université de Coïmbre. Mais l'installation des sept classes était trop indiquée pour en retrancher l'enseignement; et, dans ce moment difficile, notre *triumvirat* portugais déploya la plus grande finesse dans ses manœuvres pour tromper cet honnête ministre. Les yeux fascinés par la fumée de l'encens de nos détracteurs, il vint de bonne foi, la veille de l'installation de l'Académie, nous prier de n'opposer aucune entrave à cette grande œuvre pour ne pas donner prise à ses nombreux opposants. L'installation s'effectua donc le lendemain avec toute la pompe portugaise dirigée par notre adversaire; et chaque classe, offrant au-dessus de sa porte l'indication de sa spécialité, promettait aux Brésiliens et aux professeurs un résultat généralement satisfaisant. Mais le lendemain le public apprit avec étonnement que tout individu qui désirait entrer à l'Académie, comme élève, devait se faire immatriculer dans la classe du dessin, avec l'obligation de suivre cinq années de cours avant de passer dans une autre classe. Ainsi les autres salles d'étude, fermées, devaient cependant posséder un professeur sans élèves, tenu d'y venir tous les jours y passer trois heures les bras croisés. Cette absurde conséquence avait été voilée au ministre par des phrases d'amendement, telles que: *cette simple formalité accomplie, l'effet en serait adouci selon la rapidité des progrès de l'élève, etc.*, ce que le directeur nous répéta le lendemain de l'ouverture. J'eus donc la complaisance de faire immatriculer seulement trois de mes nouveaux élèves déjà dessinateurs, mais qui ne peignaient point encore, parce que catégoriquement cette loi ne pouvait avoir d'effet rétroactif sur mes élèves peintres, qui établissaient en même temps l'activité de ma classe. Mais le directeur insolent, me croyant pointilleux, espérait bientôt se débarrasser de moi par des minuties dégoûtantes. Quant à Grandjean, que le Portugais, nouvel architecte du gouvernement, espérait déplacer promptement, il se trouvait avoir, par sa spécialité, le privilége de donner chaque jour une leçon de deux heures seulement aux élèves du directeur qui se destinaient à l'architecture. Ainsi *renaissait le système de l'Académie de Lisbonne, au Brésil.* Le ministre, chargé de nouveaux honneurs, quitta le portefeuille, et le laissa dans les mains d'un jeune Brésilien remarquable par son mérite. Je présentai en quatre lignes la fausse direction donnée aux études pittoresques, en montrant que le dessin, donné comme base de l'art de l'imitation, était un axiome vrai dans son principe, mais qui devenait nécessairement faux dans son application absolue; parce que chacun des professeurs des hautes classes possédait

Le *ministre Résinde baron de Valence*, qui succéda au *marquis de Queluz*, fit continuer l'achèvement des salles d'étude, et enfin le ministre vicomte de San-Léopolde dirigea l'installation de l'Académie, qui eut lieu le 5 novembre 1826. S. M. I. don Pedro Ier assista à la cérémonie de cette inauguration, à la fin de laquelle le ministre lui présenta une médaille d'or frappée à ce sujet, et entièrement confectionnée par Zéphirin Ferrez, graveur en médailles, l'un des pensionnaires de l'Académie.

C'est ainsi que, grâce à deux années d'études anticipées, la classe de peinture offrit au public, le jour de l'ouverture de l'Académie, une exposition très-intéressante, qui étonna par ses productions aussi parfaites que variées; car elle se composait de différents genres, de portraits, paysages, marines, architecture peinte, animaux, fleurs et fruits.

Toujours constant dans sa première idée, mais néanmoins ne pouvant plus éluder l'existence de sept classes, dont se composait l'Académie d'après le travail des professeurs, le directeur employa une dernière ruse pour en paralyser au moins l'activité au moment de son installation; et, à l'aide de la rhétorique astucieuse de son secrétaire, il persuada le ministre que, dans un pays neuf pour la culture des arts, il était prudent *d'ouvrir la seule classe du dessin, comme introduction nécessaire des autres classes;* ce qui réservait à la classe du dessin le privilége de l'immatriculation des élèves, obligés d'y suivre un cours préparatoire de dessin pendant cinq années. Ce raisonnement, juste dans son principe, mais vicieux dans son application en ce qu'il annulait l'activité des autres classes, devait raisonnablement dégoûter les professeurs, et peut-être amener leur destitution pour cause d'inutilité. C'était là l'idée fixe de notre persécuteur portugais. Mais les succès de la classe de peinture mettaient les jeunes peintres déjà formés au-dessus de cette loi additionnelle, qui ne pouvait avoir sur eux d'effet rétroactif, et le coup fut presque manqué; car le ministre fut le premier à l'enfreindre de son autorité privée, en faisant rester dans ma classe un de ses jeunes parents, Araujo Porto-Alegre, doué des plus heureuses dispositions, et qui avait déjà vaincu toutes les difficultés du dessin pendant trois mois d'étude dans ma classe.

Cet exemple de rapidité de progrès donna lieu à des représentations sans nombre adressées aux différents ministres qui se succédèrent, et par cela même fit entrer illégalement des élèves dans ma classe, qui se soutint ainsi brillamment pendant les trois premières années de l'installation, tandis que le cours de dessin, pendant le même espace de temps, ne produisit aucun dessinateur capable d'entrer dans les hautes classes.

indubitablement cette première partie de sa spécialité, mais soutenue encore par des sciences analogues, indispensables appuis des rapides progrès de ses élèves. Je prouvais aussi, par expérience, que trois années de dessin, professées par le directeur d'une manière lente et dénuée d'intérêt, ne produisaient que le dégoût chez le peuple brésilien, vif et perspicace, et que le petit nombre d'individus apathiques qui s'y soumettraient ne produirait que de médiocres artistes. Cette représentation si simple, faite à de jeunes ministres peu versés dans la culture des beaux-arts, était qualifiée, par notre directeur, d'insubordination et de charlatanisme contre un excellent mode d'enseignement révéré à Lisbonne. Il ajoutait confidentiellement que notre système était de tout bouleverser, pour satisfaire notre jalousie contre son talent, en lui arrachant sa place, sans avoir d'égards pour un père de douze enfants! Cette phrase, insinuée à un chef des bureaux de l'intérieur, et répétée à chaque nouveau ministre, fut l'égide qui couvrit leur vandale aristocratie jusqu'aux années 1830 et 1831, que l'assemblée législative s'en mêla. Cependant les succès de nos classes nous valurent quelques heureuses concessions, telles que les expositions publiques déjà citées et l'admission de différents élèves protégés par de puissants personnages. Ainsi la classe de peinture, toujours en butte à nos oppresseurs, se soutint sans le moindre secours du gouvernement: toiles, couleurs, pinceaux, modèles, tout s'y trouve entretenu par le fruit d'innombrables privations ou de respectables générosités.

Quant à moi, fort de ma conscience et de mon expérience dans cette lutte d'amour-propre et de perfides mesquineries, que je ne puis mieux comparer qu'à l'incommodité passagère de la piqûre des insectes des tropiques, je me soutins constamment par les rapides succès de mes élèves, mes amis! Rien n'altéra en moi le sentiment de mon utilité, et l'enthousiasme que m'inspira la culture de mon art sous un ciel si pur, et où la nature déploie, aux yeux du peintre philosophe, la profusion d'une richesse inconnue à l'Européen; inépuisable source de souvenirs délicieux, qui charmeront le reste de mes jours!

Le croira-t-on? la détestable combinaison du directeur était de décourager, dans sa classe, les élèves les plus ardents, par des copies recommencées jusqu'à satiété, qui les révoltaient, et devenaient le motif de leur expulsion comme insubordonnés; tandis qu'il ne gardait que quelques froids copistes, peu désireux et incapables de passer dans les hautes classes. Il espérait ainsi prouver au gouvernement qu'il n'était pas encore temps d'entretenir au Brésil de nombreux professeurs sans élèves.

Mais au contraire, constant appui des succès de l'Académie, j'usai de mon droit de professeur et de la bienveillance de l'empereur pour obtenir une exposition publique à la fin de chaque année scolaire; nouveau motif d'encouragement, mis à exécution par le *ministre José Clémente,* qui renversa tous les projets de notre mesquin directeur, cruel par une vanité mal entendue. Cette honorable émulation alimenta les progrès de l'étude dans les classes de peinture et d'architecture, qui produisirent les deux très-belles expositions des années 1829 et 1830, dont les notices, imprimées aux frais du professeur de peinture, furent gratuitement distribuées dans les salles (*), et dont deux exemplaires sont déposés à la Bibliothèque impériale de Rio-Janeiro (**). Dans ces expositions, la classe du dessin, professée par le directeur, prouva le mauvais goût de son école; et, discréditée progressivement chaque année, elle n'immatricula qu'un seul élève à l'ouverture du cours d'étude de 1831.

Après ce succès, il nous restait encore à surmonter la privation du droit d'immatriculer directement les élèves dans nos classes (obstacle qui les rendait inhabiles à recevoir des prix); mais enveloppées dans la fluctuation des nouvelles nominations, et des chances politiques, nos réclamations pouvaient à peine arriver dans les mains des ministres, qui n'avaient pas le temps d'y faire droit. Cependant, à la fin de 1830, un mouvement d'intérêt de la part de l'assemblée nationale fit sommer le directeur de lui remettre les réclamations partielles de chacun des professeurs de l'Académie des beaux-arts; mais je n'en vis pas le résultat, parce qu'en 1831, présentant trois élèves de ma classe, déjà distingués par des tableaux d'histoire, et sentant de l'altération dans ma santé, je demandai à la régence la permission de retourner pour quelque temps dans ma patrie, au bout de quinze années de séjour au Brésil, et j'obtins un congé de trois années (qui fut depuis prolongé par de justes motifs). Je laissai donc ma classe dirigée, pendant mon absence, par mon adjoint *Simplicio Rodrigues de Sà,* mon élève, excellent peintre de portraits.

J'appris depuis que les notes des professeurs, adressées à l'assemblée, donnèrent lieu à des améliorations provisoires, établies en 1832, dans la marche des études des hautes classes (***).

En un mot, la constante fermeté que j'ai déployée au milieu des intrigues dirigées contre les succès de notre Académie, avait pour but de prouver au gouvernement que le génie brésilien, doué de qualités précieuses pour la culture des beaux-arts, pouvait et devait

(*) Rien ne satisfit plus la tendresse et l'amour-propre des parents ou des amis des exposants que cette attention patriotique, qui leur procurait le bonheur, disaient-ils, d'emporter chez eux les noms imprimés de ces estimables artistes.

(**) Plusieurs de ces exemplaires se trouvent aujourd'hui à Paris, déposés dans les bibliothèques de l'Institut royal et de l'Institut historique, ainsi que le travail des professeurs, imprimé à Rio-Janeiro en 1827.

(***) Plus récemment encore, un Brésilien, arrivé de Rio-Janeiro, m'annonça que, vers la même époque à peu près, notre vieux poëte satirique, privé d'amis et de secours, avait été trouvé mort sur son grabat, logé dans un humide rez-de-chaussée, ne possédant que quelques poules qui erraient autour de lui, cherchant des insectes pour leur nourriture, et un cheval étique, qui, faute de fourrage, commençait à ronger la paillasse de son maître moribond! triste résultat de l'abusive profession *de médire avec art* et *de calomnier plaisamment!*

Quant au directeur portugais, infiniment plus estimable, comme chef de famille, attaqué, un an plus tard, d'une maladie grave, mais entouré de soins empressés, il expira dans des bras qui lui étaient chers, se reprochant, pieusement sans doute, d'avoir mal compris ses devoirs, en entravant si longtemps les progrès dans les arts d'un peuple qui lui donnait l'hospitalité.

produire indubitablement une école capable de se soutenir avec avantage auprès de celles qui fleurissent en Europe; assertion appuyée par tous les étrangers qui vinrent visiter nos deux expositions publiques.

Il ne me reste donc plus, pour terminer l'histoire de l'Académie, que de m'acquitter du devoir bien doux de consacrer ici les noms des élèves fondateurs qui illustrèrent son installation, le 5 novembre 1826, par l'intéressante exposition de leurs ouvrages, fruit incroyable de deux années d'études!

LISTE DES ÉLÈVES FONDATEURS DE L'ÉCOLE DE PEINTURE.

(Portugais)	*Simplicio Rodrigues de Sà.* Pensionné de l'Académie.	Aujourd'hui chevalier des ordres du Christ et du Cruzeiro, peintre de la chambre impériale, maître de peinture de LL. AA. II., et substitut de la classe de peinture de l'Académie des beaux-arts.
(Portugais)	*José de Christo Moreira.* Pensionné de l'Académie.	Chevalier du Christ, peintre et dessinateur de paysage, professeur de dessin à l'École impériale de marine. (Mort en 1830.)
(Brésilien)	*Francisco Pedro de Amaral.* Pensionné de l'Académie.	Peintre, chef et directeur des ouvrages de peinture pour la décoration des palais impériaux et de la Bibliothèque impériale. (Mort en 1831.)
(Brésilien)	*Manoël d'Araujo Porto-Alegre.*	Peintre d'histoire, venu à Paris avec le professeur Debret pour continuer ses études à l'Académie, et admis comme élève du baron Gros. Il partit ensuite pour l'Italie, revint en France, et retourna au Brésil, estimé de tous ceux qui l'ont connu en Europe.
(Brésilien)	*De Souza Lobo,* de Minas.	Professeur de dessin et de peinture au Brésil, pensionné par la générosité du *comte de Palma* et de *monseigneur Miranda,* dont la bienfaisance se déroba modestement aux yeux du public.
(Brésilien)	*José Carvalho de Reis.*	Peintre de fleurs et décorateur, professeur de dessin à l'École impériale de la marine, en remplacement de José de Christo, mort.
(Brésilien)	*José da Silva Ruda.*	Peintre d'histoire naturelle (zoologie), substitut du professeur de peinture de paysage, et secrétaire de l'Académie des beaux-arts. (Mort en 1832.)
(Français)	*A. Falcoz.*	Peintre d'histoire, enseigna momentanément le dessin et la peinture à Porto-Alegre (province du Brésil), et, de retour en France depuis 1835, poursuit à Paris son éducation pittoresque avec distinction parmi les élèves de M. *Coignet,* l'un de nos meilleurs peintres d'histoire.

Si je garde le silence sur quelques autres, qui figurent maintenant dans les provinces de l'intérieur du Brésil, c'est que je me suis restreint à l'époque de la fondation de l'étude anticipée.

La liste des exposants en désignera les noms.

NOTICE DE L'EXPOSITION DE 1829.

(3e année de l'installation de l'académie.)

CLASSE DE PEINTURE.

Dix productions du professeur Debret.

Simplicio Rodrigues de Sà.	Portrait en pied et en buste de S. M. I., et plusieurs autres portraits de personnages marquants.
Josè de Christo.	Vue de la terrasse de l'église de Notre-Dame de la Gloire, avec figures historiques, marines, et paysages.
Souza Lobo.	Études historiques et portraits.
Manoël d'Araujo.	Dessins, portrait en pied de l'évêque de Rio-Janeiro, beaucoup d'autres bustes. Études historiques.
José de Reis.	Sujets de décor théâtral, peints à l'huile. Copies de marine, groupes de fleurs et de fruits.
José da Silva.	Têtes copiées à l'huile, vase entouré de fleurs, études de zoologie, miniatures copiées d'après l'huile, têtes d'étude d'après nature.
Alfonce Falcoz.	Tableaux à l'huile, composés de groupes de têtes antiques copiées d'après la bosse. Même genre, figures en pied. Études copiées d'après nature, d'anatomie; portraits et ébauches. Dessins.
Joaõ Climaco.	Dessins. Études peintes à l'huile, d'après l'antique.
Augusto Gulard.	Études anatomiques peintes d'après la bosse. Dessins.

En tout 47 productions.

SCULPTURE.

Marcus Ferrez, substitut.	Buste du prince Eugène Beauharnais; 3 portraits de femmes; bustes en plâtre.

CLASSE D'ARCHITECTURE.

Quinze dessins du professeur *Grandjean de Montigny.*

Job-Justino d'Alcantara.	14 dessins d'études d'architecture, plans, coupes et élévations; détails d'ornements, etc.
José Correa Lima.	2 dessins, grands détails copiés.
Frederik-Guilherm Briggs.	4 dessins, plans, façades et grands détails.
Antonio Domazo Pereira.	11 dessins, id.
Marcelino-José de Mura.	7 dessins, id.
Joaquim-Lopes de Barros.	10 dessins, id.
João-Zephirin Dias.	8 dessins, id.
Francisco-José da Silva.	12 dessins, id.
Joaquim Francisco.	5 dessins, id.
Jacinto.	3 dessins, id.
Manoël d'Araujo Porto-Alegre.	6 dessins, id.
João Climaco.	3 dessins, id.

CLASSE DE PAYSAGE.

Sans élèves.

Quatre tableaux, vues du pays, du professeur *Félix Taunay.*

EXPOSITION DE 1830.

(4e ANNÉE DE L'INSTALLATION DE L'ACADÉMIE.)

CLASSE DE PEINTURE.

Quatre tableaux du professeur *Debret.*

Portraits en pied et bustes du substitut *Simplicio Rodrigues de Sà.*

Manoël d'Araujo Porto-Alegre.	1 tableau d'histoire, installation de l'Académie de médecine à Rio-Janeiro. 12 tableaux, portraits et études d'après nature.
Francisco de Souza Lobo.	3 nouveaux tableaux et quelques études.
José do Reis.	Paysages, ruines, allégories.
José da Silva Arruda.	5 tableaux, portraits et études d'après nature. Portraits en miniature et quelques études de zoologie.
Alfonce Falcoz.	8 productions; un tableau d'histoire, style grec. Copie d'une esquisse de Rubens, plusieurs portraits, une académie peinte d'après nature.

Domingos-José Gonsalves de Magalhaëns, amateur.	Dessins copiés d'après la bosse; peinture, allégorie funèbre sur la mort du R. P. M. S. Carlos, poëte célèbre. Diverses copies d'après les études peintes de Araujo Porto-Alegre.
Antonio Pinheiro de Aguiar.	Copies peintes d'après des bosses antiques, et des portaits peints par Araujo Porto-Alegre.
Marcos-José Perreira.	Dessins d'après la bosse, études peintes d'après la bosse, et copies de têtes d'étude.
José Correia de Lima.	Études peintes d'anatomie, compositions de groupes d'études de figures antiques; un portrait copié d'après Araujo Porto-Alegre.
José Climaco.	Copies de différentes études, dessins, et l'ébauche d'un tableau, et quelques autres antécédemment exposées.

CLASSE DE PAYSAGE.

Quelques études peintes, du professeur M. *Félix-Émile Taunay*.

Frederik-Guilherme Briggs.	5 études peintes d'après les tableaux du professeur.
Job-Justino d'Alcantara.	5 études, id.
Joaquim Lopes de Barros.	2 études, id.

CLASSE DE SCULPTURE,

MISE EN ACTIVITÉ AU MOIS D'OCTOBRE DE LA MÊME ANNÉE.

João-Joaquim Allão, professeur.

José-Jorge Duarte.	Tête d'enfant, ronde bosse copiée d'après la collection des plâtres de l'École, main d'homme. Id. (terre glaise).
Xisto-Antonio Pires.	Main de femme, pied copié du Bernin, pied de femme (ronde bosse, terre glaise).
Candido-Matheos Farias.	Un bras d'enfant, une main d'homme, un pied de femme (ronde bosse, terre glaise).
Manoël Ferreira Lagos.	Une main de femme, un bras d'enfant (ronde bosse, terre glaise).
Manoël d'Araujo Porto-Alegre.	Le pied gauche du Laocoon, plus grand que l'original (ronde bosse, terre glaise).

Adjoints ou professeurs de cette classe.

Les *frères Ferrez*, sculpteurs, occupés à faire les figures (bas-reliefs) et les ornements qui décorent le palais des beaux-arts, achevé par l'architecte Grandjean depuis l'installation de l'Académie.

CLASSE D'ARCHITECTURE.

Quatorze nouveaux dessins du professeur *Grandjean de Montigny*.

Job-Justinio de Alcantara.	15 dessins, études copiées d'après le professeur.
Antonio Domazo Pereira.	Une élévation géométrale d'un hôpital, composition; et 13 dessins, études copiées.
Miguel-Francisco de Souza.	Plan, coupe et élévation d'une chapelle sépulcrale, composition; et 13 dessins, études copiées.
Frederik-Guilherme Briggs.	7 dessins, études copiées.
Joaquim-Lopes de Barros.	20 dessins, études copiées.
Carlos-Luiz de Nascimento.	6 dessins, études copiées.
José Correia de Lima.	6 dessins, études copiées.
Joaquim-Francisco Pereira.	10 dessins, études copiées.

Le grand nombre des productions insérées dans ces deux livrets servira ici d'éloge à l'activité des exposants.

TRADUCTION DU PREMIER DÉCRET ROYAL QUI NOUS ASSIGNE UNE PENSION VIAGÈRE COMME ARTISTES.

Appréciant, dans l'intérêt de mes fidèles vassaux et du bien commun, la nécessité d'établir une École royale des sciences, arts et métiers, pour promouvoir et répandre l'instruction, ainsi que les connaissances indispensables aux hommes destinés non-seulement aux emplois publics dans l'administration nationale, mais encore aux progrès de l'agriculture, de la minéralogie, de l'industrie et du commerce, qui font la base de l'existence, du bien-être et de la civilisation des peuples, et particulièrement sur cet immense territoire encore dépourvu du nombre suffisant de bras pour la culture et l'industrie; considérant aussi que nous manquons des grands secours de statique, pour utiliser les produits de ce même territoire, dont la précieuse valeur doit, un jour, former du Brésil le plus riche de tous les royaumes; et voulant enfin y ajouter l'étude des beaux-arts appliqués aux arts mécaniques, pour en obtenir la pratique perfectionnée par la théorie, et de plus l'extension des lumières des sciences naturelles, physiques et exactes; je profite aujourd'hui, pour atteindre ce double but, de la capacité, de l'habileté, et de la science de plusieurs étrangers de talent, appelés par ma bienfaisante protection royale, pour les employer comme professeurs dans l'enseignement public de ces beaux-arts; et j'ordonne qu'en attendant l'établissement complet de l'École royale des sciences, arts et métiers, l'on paye, annuellement et par quartiers, à chacune des personnes déclarées dans la relation insérée au bas du présent décret royal, la somme de *huit contos et trente-deux mille reis,* valeur totale des pensions accordées par ma munificence royale et mon zèle paternel pour le bien public de ce royaume. Je leur constitue cette *mercè* (pension viagère d'artiste), payable par le trésor royal, à la charge, par chacun des artistes pensionnés, d'exécuter les obligations respectives formant la base du contrat qu'ils doivent signer, avec l'obligation de résider au moins six ans au Brésil, et d'y professer, selon leur spécialité, la partie de l'instruction nationale des beaux-arts, qui, appliquée ensuite à l'industrie, procurera une amélioration et des progrès réels dans les autres arts et sciences mécaniques.

Signé : le *marquis de Aguiar,* membre du conseil d'État, ministre assistant aux dépêches du cabinet, et président de mon trésor royal; ainsi ordonné pour être exécuté avec les formes nécessaires, sans entrave d'aucune loi, ordres ou dispositions contraires.

Au palais de Rio-Janeiro, le 12 août 1816.

Signé par le Roi notre maître.

Enregistré à Rio-Janeiro, le 22 août 1816, et contre-signé par S. Exc. le président du trésor royal.

Liste des personnes pensionnées par ce même décret royal.

MM.	le chevalier Joaquim le Breton.	1,600,000 reis	(10,000 fr.).
	P. Dillon.	800,000 reis	(5,000 fr.).
	J.-B. Debret, peintre d'histoire.	800,000	»
	N. Taunay, peintre.	800,000	»
	Aug. Taunay, sculpteur.	800,000	»
	A.-V. Grandjean, architecte.	800,000	»
	S. Pradier, graveur.	800,000	»
	F. Ovide, prof. de mécanique.	800,000	»
	H. Levavasseur.	320,000	(1,920 fr.)
	S. Meunié.	320,000	(1,920 fr.)
	F. Bonrepos.	192,000	(1,118 fr.)

Somme totale divisée en onze parties, *huit contos et trente-deux mille reis.*

Rio-Janeiro, 12 août 1816.

Signé : LE MARQUIS DE AGUIAR.

DECRETO.

Attendendo à o bem commum que provem à os meus fieis vassallos de se estabelecer no Brazil huma Escola real de sciencias, artes et officios, em que se promova diffunda a instrucção e conhecimentos indispensaveis à os homens destinados não só à os impregos publicos de administração do estado, mas tambem à o progresso daagricultura, mineralogia, industria e commercio de que resulta a subsistencia, commodidade e civilisação dos povos, maiormente neste continente, cuja extensão não tendo ainda o devido e correspondente numero de braços indispensaveis à o amanho e approveitamento do terreno, precisa de grandes soccoros da statica para aproveitar os productos cujo valor e precio sidade podem vir a formar do Brasil o mais rico e opulente dos reinos conhecidos. Fazendo se por tanto necessario à os habitantes o estudo das bellas artes com applicação e referencia à os officios mecanicos cuja pratica, perfeição, e utilidade depende dos conhecimentos theoricos daquellas artes e diffusivas luzes das sciencias naturaes, phisicas e exactas. E querendo para tão uties fins aproveitar, desde jà a capacidade habilidade e sciencia de alguns dos estrangeiros benemeritos que tem buscodo a minha real e graciosa protecção para serem empregados no insino e instrucção publica da quellas artes. Hei por bem, e mesmo em quanto as aulas da quelles conhecimentos, artes, e officios que eu houver de mandar estabelecer, se pagão annualmente por quarteis a cada huma das pessoas declaradas na relação inserta neste meu real decreto e assignada pelo meu ministro e secretario de estado dos negocios estrangeiros e da guerra, a somma de oito contos e trinta e dous mil reis em que importão as pensões de que por hum effeito da minha real munificencia e paternal zelo pelo bem publico deste reino, lhes faço mercè para a sua subsistencia, pagar pelo real erario, comprindo desde logo cada hum dos ditos pensionarios com as obrigações encargos e estipulações que devem fazer baze do contracto que à o menos pelo tempo de seis annos hão de assignar obrigando se a comprir quanto for tendente à o fim da proposta instrucção nacional das bellas artes applicadas a industria, melhoramento e progresso das outras artes e officios mecanicos.

O marquez de Aguiar do conselho de Estado, ministro assistente à o despacho de gabinete e presidente do meu real erario; o tenha assim entendido, e o faça executar com os despachos necessarios, sem embargo de quaes quer leis, ordens, ou disposisões em contrario.

Palacio do Rio de Janeiro em doze de agosto de mil oito centos e deze seis com a rubrica de el rei nosso senhor.

R.

O marquez de Aguiar.

Relação das pessoas a quem por decreto desta data manda Sua Magestade dar as pensões annuaes abaixo declaradas.

Ao cavalheiro Joaquim le Breton.	1,600,000 reis.
Pedro Dillon.	800,000
João Baptista Debret, pint. hist.	800,000
Nic. Ant. Taunay, pintor.	800,000
Aug. Taunay, escultor.	800,000
A. H. V. Grandjean, architecto.	800,000
Simão Pradier, abridor.	800,000
Francisco Ovide, prof. de mecanica.	800,000
C. H. Levavasseur.	320,000
L. Simp. Meunié.	320,000
F. Bonrepos.	192,000
Sommão as onze parcellas oito contos e trinta e dous mil reis.	8,032,000

Rio de Janeiro, em doze de agosto de 1816.

MARQUEZ DE AGUIAR.

TRADUCTION DU DÉCRET D'ORGANISATION DE L'ACADÉMIE.

Ayant déterminé, par le décret du 12 août 1816, l'établissement de différentes classes des beaux-arts, et pensionné plusieurs habiles professeurs pour avancer l'instruction publique, jusqu'à ce que l'on puisse organiser une École royale des sciences, arts et métiers, dont ces mêmes écoles doivent faire partie intégrante; et jugeant convenable de mettre de suite en activité quelques-unes des classes de cesdites études, je déclare vouloir que, sous le nom d'Académie des beaux-arts, commencent les classes de peinture, de dessin, de sculpture et de gravure, pour lesquelles je nomme les professeurs indiqués dans la relation qui suit ce décret, et qui est signé par *Thomas-Antonio de Villanova Portugal*, de mon conseil, ministre et secrétaire d'État des affaires du royaume, de même que sont nommés plusieurs employés nécessaires à cedit établissement. En outre, j'ordonne que seront établies les classes d'architecture, de mécanique; et que les deux classes, déjà établies, de botanique et de chimie, continuent, comme je l'ai ordonné, dans un local qui leur sera destiné le plus convenablement pour le public et leur activité; faisant toutes une partie intégrante de ladite École royale, jouissant des mêmes priviléges, et observant les statuts ci-dessous signés par le même ministre d'État; ainsi j'en ordonne l'exécution et les moyens nécessaires à cet effet.

Palais de Rio-Janeiro, le 23 novembre 1820.

Signé par le Roi, notre maître.

Donné et enregistré à Rio-Janeiro, le 25 novembre 1820.

Signé par le Président du trésor royal.

DECRETO.

Tendo determinado pelo de doze de agosto 1816, *que se estabelessem algumas aulas de bellas artes, e pensionado a alguns professores bene meritos para se promover a instrucção publica, em quanto não se podia organisar huma Escola real de sciencias, artes e officios, de que as mesmas aulas houvessem, de faser huã parte integrante; et sendo conveniente para esse fim que algumas das classas dos referidos estudios entrem ja en effectivo exercicio: hey por bem determinar que como a nome de Academia das artes precipiem as aulas de pintura, desenho, escultura e gravura, para as quaes nomeio os professores, que vão declarados na relação que baixa com este decreto, e que vas assignada por Thomas Antonio de Villanova Portugal, do meu conselho, ministro e secretario d'Estado dos negocios do reino; assim coma são nomeados os mais officiaes, que são necessarios para o dito estabelecimento. Outro sim ordeno, que estabeleção tão bem as aulas de architectura e de mechanica, e que as duas aulas que ja se achão estabelecidas de botanica e chimica continuem na forma, que tenho ordenado: destinando se lhe por ora o local que for mais conveniente para o commodo do publico, e para o meu servicio; constituendo porem todas ellas huma parte integrante da sobre dita Escola real, gosando dos mesmos privilegios, e observando os estatutos a baixò assignados pelo mesmo ministro d'Estado, que assim o tenha intendido, a faça executar; expedindo as ordens necessarias para esse effeito.*

Palacio de Rio de Janeiro, em 23 *de novembre* 1820.

Com a rubrica de el Rey nosso senhor.
R.

Comprassa et registe se Rio de Janeiro, 25 *de novembre* 1820.

O MINISTRO THOMAS ANTONIO DE VILLANOVA PORTUGAL.

Liste des personnes employées à l'Académie et École des beaux-arts établie à la cour de Rio-Janeiro, par décret du 23 novembre 1820.

Professeur de dessin, *Henrique-José da Silva.*	5,000 francs.
Et comme chargé de la direction des classes.	1,000
Secrétaire, *Raphaël Soyé.*	2,880
Professeur de peinture d'histoire, *J.-B. Debret.*	5,000
Id. de peinture de paysage, *N. Taunay.*	5,000
Id. de sculpture, *Aug. Taunay.*	5,000
Id. d'architecture, *A.-H.-V. Grandjean.*	5,000
Id. de mécanique, *F. Ovide.*	5,000

Pensionnaires.

Pensionné peintre, *Simplicio-Rodrigues de Sa.*	1,875
Id. peintre, *José de Christo Morera.*	1,875
Id. peintre, *Francisco-Pedro de Amaral.*	1,875
Id. sculpteur, *Marcos Ferrez.*	1,875
Id. sculpteur et graveur de médailles, *Zéphirin Ferrez.*	1,875

Rio-Janeiro, le 25 novembre 1820.

Signé *Thomas-Antonio de Villanova Portugal.*

Relação das pessoas impregadas na Academia a Escola real estabelecida na corte do Rio de Janeiro por decreto de 23 de novembro de 1820.

Lente de desenho, Henrique Jose da Silva, vince d'ordenado annual.	800,000 *reis.*
Ecomo incarregado da directoria das aulas.	200,000
Secretario da Academia et Escola real, Luiz Rafael Soye.	480,000
Lente de pintura historica, J. B. Debret.	800,000
Id. de pintura de paisage, N. A. Taunay.	800,000
Id. de esculptura, Augusto Taunay.	800,000
Id. de architectura, A. H. V. Grandjean.	800,000
Id. de mecanica, F. Ovide.	800,000

Pensionados.

Pensionado pintor, Simplicio Rodrigues de Sa.	300,000
Id. pintor, Jose de Christo Morera.	300,000
Id. pintor, Pedro de Amaral.	300,000
Id. esculptor, Marcos Ferrez.	300,000
Id. gravador de medailhas, Zephirin Ferrez.	300,000

THOMAS ANTONIO DE VILLANOVA PORTUGAL.

PRODUCTIONS DES ARTISTES FRANÇAIS A RIO-JANEIRO, DEPUIS 1816 JUSQU'A 1831 INCLUSIVEMENT.

PEINTURE.

DEBRET.

Deux tableaux pour le roi, représentant, l'un, une revue des troupes portugaises, en présence de la cour, à Prahia-Grande; l'autre, l'embarquement de ces mêmes troupes pour Monte-Video. — Le portrait en pied du prince royal don Pedro. — Celui du roi. — Le débarquement de l'archiduchesse Léopoldine; une répétition du même sujet pour la princesse, et variée de point de vue. — Un grand nombre de figures, bas-reliefs, transparents pour les fêtes du couronnement du roi don Jean VI. — Acclamation du roi, tableau de petite dimension. — Plafonds et frises d'une galerie, au garde-meuble de la couronne, dont le reste du décor fut interrompu par le départ du roi. — Portraits (bustes) de l'empereur et de l'impératrice, pour être gravés. — Composition et exécution de cinq arcs de triomphe (sous l'empire). — Décors au théâtre impérial. — Toile d'avant-scène, tableau d'histoire. — Cérémonie du couronnement de l'empereur, tableau de très-grande dimension. — Cérémonie de l'acclamation de l'empereur au Campo Santa-Anna, plus petite dimension. — La cérémonie du second mariage de l'empereur avec la princesse Amélie de Leuchtenberg, petite dimension. — Allégorie sur le même sujet, petite dimension. — Deux allégories relatives à l'auteur de la Flore brésilienne, le R. P. Velozo, petite dimension. — Une autre pour la société de médecine. — Tableaux, sujets de piété, moyenne dimension. — Esquisse pour la décoration du plafond de la salle d'assemblée du palais des Beaux-Arts, etc. — Études laissées à différents élèves.

TAUNAY, PEINTRE, MEMBRE DE L'INSTITUT.

Plusieurs vues (paysages) du palais de Saint-Christophe et de la cascade de Tijouca. — Un tableau, genre historique (petite dimension) de l'acclamation du roi de Portugal Jean V. — Quelques portraits, etc.

GRAVURE EN TAILLE-DOUCE.

SIMON PRADIER.

Deux portraits (bustes) du prince et de la princesse royale. — Portrait en pied du roi Jean VI. — Débarquement de la princesse Léopoldine. — Portrait de Marcos Portugal, compositeur de musique de la cour. (Tous ces ouvrages furent gravés d'après M. Debret.) — Le portrait (buste) du prince d'Abarca; — du marquis de Marialva; — et du comte de Palma (d'après des miniatures). Cet utile et très-habile artiste fut supprimé de la liste des professeurs pensionnés (en 1820), après la mort de M. le Breton, par l'injustice du nouveau directeur portugais.

GRAVURE DE MÉDAILLES.

ZÉPHIRIN FERREZ.

Le sculpteur Zéphirin Ferrez, graveur de médailles, a modelé, moulé, fondu en bronze et ciselé une figure en pied de l'empereur Pedro Ier, de 2 pieds 1/2 de haut. Elle fut envoyée à Rome, comme modèle, pour une copie libre faite (en marbre) par un élève de Canova, et destinée à orner la bibliothèque impériale; la petite figure est restée à Rome chez le chargé d'affaires du Brésil. — Le même artiste a gravé, trempé les coins, et frappé les médailles ci-dessous dénommées, les premières frappées au Brésil :

1re. Pour l'acclamation du roi don Jean VI (avec son effigie). — 2e. Prix d'encouragement national. — 3e. Couronnement de l'empereur (avec effigie). — 4e. Fondation de l'école d'enseignement mutuel (prix). — 5e. Réorganisation de l'école impériale médico-chirurgicale (avec effigie). — 6e. Fondation de la société de médecine (figure allégorique). — 7e. Inauguration de l'Académie des beaux-arts (avec effigie). — Il s'occupait, lors de mon départ, de différentes opérations de fonderie. Toujours sculpteur, il exécuta le bas-relief (terre cuite) du fronton du palais de l'Académie des beaux-arts et beaucoup d'autres sculptures.

SCULPTURE.

A. TAUNAY.

Auguste Taunay, statuaire, exécuta le portrait du roi (buste en terre); la tête du Camoëns, poëte portugais; plusieurs groupes de figures colossales pour les fêtes, etc.

SCULPTURE, PORTRAITS ET ORNEMENTS.

MARC FERREZ.

Le sculpteur Marc Ferrez, frère du précédent, exécuta le portrait du roi (buste en plâtre); — celui de la princesse royale, veuve de l'infant d'Espagne; — de l'empereur; — du baron de San-Lourenço; — de l'empereur de Russie (copie); — du prince Eugène de Beauharnais (copie), et de plusieurs personnages distingués, ouvrages en plâtre et d'un fini précieux. — Figures (bas-reliefs, terre cuite) pour orner la façade de l'Académie. — Beaucoup d'ornements exécutés sur bois, placés dans l'intérieur du même palais. — Une petite figure de l'empereur en pied (modèle en plâtre). — Les deux frères unirent leurs talents pour exécuter une figure colossale de l'Amérique (terre cuite, ronde bosse), placée sous le vestibule de l'Académie; — et un berceau suspendu sur une guirlande de fleurs soutenue par deux sphinx, sculpture en bois et dorée; présent qu'ils offrirent au roi, lors de la naissance de la princesse dona Maria da Gloria, première fille du prince royal don Pedro. Ce chef-d'œuvre de délicatesse d'exécution et de zèle leur valut la pension dont ils jouissent.

ARCHITECTURE.

GRANDJEAN DE MONTIGNY.

Notre habile architecte Grandjean de Montigny ne se distingua pas moins dans les compositions riches et variées des temples, arcs de triomphe, etc., qui embellirent les fêtes du couronnement du roi, et, plus tard, de celui de l'empereur, ainsi que de son second mariage. — On lui doit la construction de l'édifice de la Bourse du commerce; — plusieurs maisons de ville et de campagne, appartenant à de riches négociants de Rio-Janeiro; — de beaux projets (dessins) pour l'embellissement de la place de l'Acclamation, avec figure équestre au centre; — divers autres projets d'embellissement pour la ville et la place du Palais; — l'édification du palais des Beaux-Arts, etc.

MÉCANIQUE.

FR. OVIDE.

Les entraves apportées par la mauvaise direction de la classe du dessin privèrent celle de mécanique de l'activité qu'elle devait avoir; et, sans élèves, le professeur François Ovide put rester alternativement, à la campagne, chez de riches propriétaires, pour y diriger la construction ou l'entretien des scieries et autres mécaniques à l'usage du pays. Il termina pour la cour le moulin à eau situé dans le parc du palais impérial de Saint-Christophe, et depuis longtemps resté inachevé; il fit aussi exécuter une machine hydraulique capable de faire jouer des cascades sur un sol très-élevé, dans une riche habitation des faubourgs de la ville; et il mourut à Rio-Janeiro, vers la fin de 1834.

Lors de mon départ de Rio-Janeiro, le progrès des lumières, chaque jour plus sensible, y laissait à mes collègues une heureuse chance d'utilité pour accroître la série de leurs travaux artistiques; assertion justifiée en partie par les importants travaux commencés aujourd'hui. Tout porte donc à croire que les jeunes Brésiliens voyageurs, déjà recommandables dans les sciences et dans les arts par leurs succès en Europe, soutiendront brillamment, à leur retour, ce premier élan donné dans leur patrie naissante, qui les réclame maintenant comme professeurs pour son illustration.

EXPLICATION DES PLANCHES.

PLANCHE Ire.

Vue de la Place du Palais à Rio-Janeiro.

Le prince régent don Jean VI, timide réfugié à Rio-Janeiro, n'habitait qu'à regret le petit palais du vice-roi, situé presque au centre de la ville (*); aussi s'empressa-t-on de combler ses désirs en lui offrant la *Chacra de Saint-Christophe,* maison de campagne, distante de trois quarts de lieue de la capitale, pour en faire sa résidence habituelle. Ainsi le palais du vice-roi, de tout temps si fréquenté, ne devint plus qu'un édifice d'apparat, utilisé par la cour, pendant quelques heures seulement, le dimanche et les jours de grande réception (baise-main, en portugais).

Cependant la princesse Charlotte, femme du régent, spécialement chargée de l'éducation de ses filles, ne quitta point la ville, et occupa constamment les appartements réservés pour elle au centre de la façade latérale du palais, du côté de la grande place. A son exemple, le jeune prince don Pedro et son gouverneur occupèrent le petit corps de logis qui termine cette même façade vers la chapelle royale.

La salle du trône, placée à l'angle de la façade principale, vers la mer, est éclairée par les deux dernières croisées à la droite du spectateur, et les quatre autres en retour sur la grande place.

Les appartements d'honneur occupent le reste de cette même façade principale. Sous le règne de Jean VI seulement, la dernière fenêtre à gauche éclairait la chapelle particulière du roi. Depuis, cette pièce fut rendue aux appartements de l'impératrice, parallèles à la salle du trône. Les appartements de l'empereur occupent toutes les croisées du centre.

Aussi est-ce au balcon du milieu que paraît l'empereur. Ce fut de cette place aussi que don Pedro annonça au peuple l'indépendance du Brésil reconnue par le Portugal (**), et la ratification de la suspension de la traite des nègres.

Mais ce fut, au contraire, à la seconde croisée en retour sur la place qu'il annonça, comme vice-roi, l'acceptation anticipée de la constitution portugaise, tandis que le roi don Jean VI, seul à la première croisée du même côté sanctionna à haute voix ce que son fils venait de prononcer, en disant au peuple : *So por tudo o que acaba de dizer meu filhio* (Je ratifie tout ce que mon fils vient de dire); dernière apparition du roi aux croisées du palais de Rio-Janeiro.

Ce fut encore à ce même balcon en retour que, plus tard, le prince royal, constitué régent par le départ de la cour pour Lisbonne, annonça au peuple qu'il acceptait le titre de défenseur perpétuel du Brésil, avec l'obligation d'y résider à l'avenir.

(*) Avant la résidence du vice-roi à Rio-Janeiro, ce palais était celui de la monnaie.

(**) On trouve le texte de cet intéressant décret dans les notes historiques.

Enfin, le peuple et les étrangers sont assurés de voir la famille impériale occuper successivement toutes les croisées, aux jours de fête, lorsque différentes processions dirigent leur marche autour du palais, avant de rentrer à la chapelle impériale.

Sous le gouvernement du vice-roi, un passage couvert, soutenu par une arcade, à la hauteur du premier étage du palais, adhérente à l'une des croisées en retour du côté gauche de cet édifice, communiquait à la salle de spectacle construite dans le corps de bâtiment placé à l'angle opposé de la rue qui l'isole de ce côté.

Ce petit théâtre, mesquin sous tous les rapports, était le seul que possédait la ville de Rio-Janeiro. Il fut supprimé en 1809, et remplacé, à cette époque, par une très-grande salle qui existe encore aujourd'hui sur la place *do Rocio*, sous le titre de *théâtre royal de Saint-Jean*.

Toute la partie du fond de la place composée de l'ancien couvent des carmes et de leur chapelle claustrale fut utilisée, comme addition au palais du roi, lors de l'arrivée de Jean VI à Rio-Janeiro. Le point de vue cache au spectateur le passage soutenu par deux arcades, et pratiqué à la hauteur du premier étage du palais, qui sert à franchir la distance qui le sépare du grand bâtiment, dans lequel on a réservé un couloir qui conduit aux tribunes disposées pour les princes et leur suite, à la chapelle royale. Le second étage, destiné au grand commun du palais, est distribué en petits logements pour les gens attachés au service de la cour. On a placé dans le rez-de-chaussée et les vastes cours qui en dépendent les magasins, les cuisines et les logements des gens employés au service de la bouche, ainsi qu'au transport des provisions qui en dépendent.

Le fronton de la chapelle des carmes, encore inachevé en 1808, fut alors figuré en planches, pour couronner provisoirement le portail de la nouvelle chapelle royale; simulacre remplacé depuis avec avantage, en 1823, par un fronton fort riche, construit solidement, et enrichi de l'écusson impérial coulé en fonte bronzée. On dut à cette restauration de la chapelle impériale la construction d'un perron beaucoup plus convenable, dont les nouvelles marches furent entourées d'une grille en fer, qui remplaça une mince balustrade en bois et d'un assez mauvais goût. (Voir la planche de la distribution du nouveau drapeau.)

Vers la fin de 1818, on ajouta au carillon de la chapelle royale un assez beau bourdon, dont le son grave s'entend très-bien du palais de Saint-Christophe. Cette belle cloche, coulée à la fonderie de Rio-Janeiro, fut baptisée solennellement à la chapelle royale, avec toute la pompe que nécessitait la présence du roi, son illustre parrain. On abattit donc les deux petites arcades de l'étage supérieur du clocher de la chapelle, pour en construire une seule d'une ouverture proportionnée à la nouvelle cloche.

Toute la partie gauche de la place, formée par une suite de maisons uniformes solidement construites, était habitée en grande partie, lors de notre arrivée, par des négociants portugais, fournisseurs de la cour, et des employés au service particulier du roi; mais déjà en 1818, lors de l'affluence des étrangers, plusieurs propriétaires de ces maisons convertirent leurs portes cochères en boutiques, et les louèrent bientôt à des Français limonadiers, qui peu à peu s'emparèrent du premier étage pour y placer des billards, et successivement du reste de la maison, pour en former des hôtels garnis. De jolies enseignes bien peintes, et des devantures à colonnes de marbre, venues de Paris, enrichissent aujourd'hui ces établissements recherchés par les étrangers qui désirent passer un moment à la ville ou être logés de manière à communiquer promptement avec leurs bâtiments. On voit de ce même côté une arcade (passage très-fréquenté) qui conduit à des petites rues fort anciennes, où l'on trouve pour contraste le type primitif de l'auberge portugaise, dont le balcon se reconnaît à son énorme lanterne de fer-blanc, enrichi d'un feuillage du même métal et artistement peint en rose et en vert. Ce fanal surmonte une potence de fer à laquelle est suspendue une enseigne où se détache, sur un fond blanc, l'effigie coloriée d'un animal dont le nom est en outre, écrit au bas en ces termes : Ceci est un chat, un lion, un serpent: *isto e hum gato, hum leão, huma cobra.* Inscription naïve qui témoigne la naïveté du tableau.

Ces *hospedarias,* à l'usage des habitants de l'intérieur et situées près des plages de débarquement, ont des magasins, pour y déposer instantanément des marchandises; elles ressemblent assez du reste à celles d'Italie. On retrouve dans la ville le même genre d'enseigne, à la lanterne près, à la porte des traiteurs brésiliens, *casas de pasto.*

Tout le rez-de-chaussée des maisons, en retour sur le côté de la mer, offre des boutiques consacrées aux divers approvisionnements de la ville; tandis que le retour de l'autre extrémité de cette face, qui forme le commencement de la rue Droite (véritable rue Saint-Honoré de Paris), se compose des magasins et des boutiques des riches négociants de Rio-Janeiro.

La fontaine construite avec luxe, et qui décore le quai de la place du Palais, sert également à l'approvisionnement d'eau de ce quartier, et à celui de la marine stationnée dans la baie; des escaliers parallèles, pratiqués aux deux côtés du massif avancé qui lui sert de base, offrent deux points de débarquement, cependant peu fréquentés; tandis que, vers la gauche, s'avance la plus belle partie de ce quai, sur laquelle, de loin, paraît posée la façade du palais, et dont on voit l'escalier de droite; celui de gauche, caché ici, n'est, à vrai dire, qu'une pente douce, point de débarquement effectif, connu sous le nom de rampe de la place du Palais : aussi, les pirogues n'ont-elles pas la permission d'y aborder.

Ce fut sur cette rampe que, le 16 septembre 1815, s'imprima le premier pas de la cour du Portugal; point de débarquement destiné plus tard à recueillir, le 22 avril 1820, les derniers pas de la reine Carlote et de ses trois filles; mais ces traces légères furent bientôt effacées par la foule de Portugais empressée à retourner à Lisbonne.

N° 2 de la Planche première.

Je reproduis ici, sur une plus grande échelle, la vue générale de Rio-Janeiro, indiquée avec le vague du lointain dans la vue de l'intérieur de la baie, déjà donnée à la planche 4 du second volume.

Prise de l'île *dos Ratos,* très-rapprochée de celle *das Cobras,* il m'a été facile, cette fois, de préciser la position et la forme exacte de tous ses détails, tels qu'ils existaient du moins en 1831.

Cette partie primitive et principale de la ville, du côté de la mer, située dans une anse, offre un arsenal aux deux extrémités également saillantes, et la place du Palais au centre. L'arrière-plan qui borne l'horizon, se compose, vers la gauche, de la chaîne de montagnes dominée par le *Corcovado* (le bossu), et son prolongement vers la droite s'unit au groupe de montagnes de *Tijuka,* couronné par le pic appelé le Bec de perroquet, *bico de Papagaio.* Sur ce fond, mais plus rapprochées du spectateur, se dessinent les deux montagnes qui servent, pour ainsi dire, de limites à la partie la plus habitée de la ville. La montagne de gauche est celle des *Signaux* ou du *Castel,* effectivement surmontée d'une forteresse dans l'enceinte de laquelle sont placés les mâts de signaux. Le principal corps de bâtiment du fort était, sous le règne de Jean VI, l'habitation du commandant des armes de la ville; mais aujourd'hui une partie de ce bâtiment sert de maison d'arrêt pour les nègres fugitifs, qui y reçoivent aussi la correction.

En observant la montagne parallèle qui indique le même plan du côté droit, on y voit la maison de l'évêque, que surmonte sa chapelle. Enfin l'extrémité de droite de ce même plateau est couronnée par la forteresse de la Conception; le principal corps de ce bâtiment renferme maintenant une manufacture d'armes dont les produits sont assez estimés.

Toujours du même côté, la pente de la montagne de la Conception conduit au pied de celle de *San-Bento,* surmontée par le couvent et l'église du même nom. Cet édifice d'architecture romaine, et richement décoré dans l'intérieur, borne majestueusement l'extrémité de la rue Droite, et domine en même temps l'arsenal de la marine, dernier point avancé vers la droite de l'anse qui enceint la ville de ce côté; tandis qu'au contraire l'arsenal des armées de terre occupe et défend par ses bastions l'extrémité opposée de la ville plus rapprochée de l'entrée de la baie. Le principal corps de bâtiment qui domine ces fortifications est une espèce de musée où sont les classes d'une petite école des arts et métiers, où se forment de jeunes infortunés sous la protection du gouvernement. Ces jeunes élèves reçoivent une modique paye qui les soumet à une partie de l'étude des beaux-arts, alternée avec l'application de l'industrie relative à la confection de la fonderie et du train d'artillerie, pour sortir de là capables d'être employés lucrativement dans la ville ou même à l'arsenal. Le premier clocher à droite est celui de l'hospice de la Miséricorde; et longeant ensuite le bord de la plage, on y voit la longue suite des casernes d'infanterie formant la place des Quartiers. Ce fut un des points de débarquement de Dugay-Trouin; de ce point commence la plage nommée la *Prahia D. Manoël,* point de débarquement et beau marché qui continue jusqu'au port au bois de construction, contigu au quai de la place du Palais. Immédiatement après le quai, on aperçoit les deux masses de baraques qui forment le marché au poisson, et qui donne son nom à la plage jusqu'au *trapiches* de la Douane, où se déchargent les vaisseaux marchands : à ces quatre masses se rattache le principal bâtiment de la Douane, autrefois celui de la Bourse, et après lequel commence la *Prahia dos Mineiros,* riche approvisionnement de greneterie, poterie, bananes et bois de chauffage. Au-dessus de cette plage commerçante s'élève la belle église moderne appelée la *Candellaria.*

Enfin, le premier plan représente le pied de la roche appelée l'*Ilha das Cobras* (île des Couleuvres), dont les plages du côté de la ville sont occupées par des magasins, et la sommité par une forteresse servant de prison d'État, et dont les bastions couvrent tout ce plateau. Le premier plan cache ici l'extrémité de droite de l'arsenal de la marine, point de débarquement de l'archiduchesse Léopoldine, première impératrice du Brésil.

PLANCHE 2.

Vue de la Ville, prise du couvent de San-Bento.

J'ai dû, pour donner avec exactitude une idée générale de la ville, ajouter à la vue prise de face, et dans toute sa longueur du côté de la mer, une seconde, prise de profil, qui en détermine l'extension du côté de la terre. On retrouve donc ici, sur le plan le plus éloigné, l'extrémité de l'anse formée par l'arsenal des armées de terre, qui se lie au promontoire couronné par l'hôpital militaire et le *Castel,* où sont placés les mâts de signaux et le télégraphe. Sur l'arrière-plan et au milieu de cette première masse, on aperçoit la cime du *Pain de sucre,* limite de la barre. Revenant au bord de la mer et longeant la plage intérieure de l'anse, on y distingue, successivement plus rapprochés, les points de débarquement de la Prahia D. Manoël, un angle du quai du Palais et les hangars avancés de la Douane; mais les premiers de ces hangars laissent voir, au-dessus de leur toiture, l'extrémité pyramidale de la fontaine, parallèle, ici, à la place et au bâtiment du Palais. Au-dessus de la seconde masse de hangars on voit une très-grande partie du bâtiment de la Bourse, monument aujourd'hui envahi par la Douane (*). L'espace qui l'isole du côté de la terre est la *Prahia dos Mineiros.* Les boutiques de ce marché occupent le rez-de-chaussée de la grande masse de maisons, dont l'autre face forme une partie du côté oriental de la rue Droite, qui se prolonge depuis la place du Palais jusqu'au pied de la rampe du couvent de San-Bento : extrémité de l'arsenal de marine, dont on voit l'entrée et une partie de l'intérieur de la première cour. La petite construction éclairée par quatre croisées, et qui fait suite au hangar des canots de la cour, sert de logement aux Indiens rameurs de ces embarcations impériales.

Le premier plan se compose de la toiture des différents ateliers; en suivant la ligne du cadre, on y remarque la chapelle de l'établissement, et la longue couverture des ateliers adossés au mur d'enceinte et interrompue par la porte d'entrée, de forme demi-circulaire, et qui donne sur la rue Droite. Ce fut par cette porte que passa le cortége lors de l'arrivée de l'archiduchesse Léopoldine. Mais revenant au plan le plus reculé, on voit se découper sur l'horizon la chaîne de montagnes d'où s'élève le *Corcovado* (nom qui fait allusion à la forme de sa cime arrondie et inclinée sur le devant, comme le dos d'un bossu); plus loin encore s'y rattachent les montagnes de *Tijuka* dominées par le Pic, *le bec* de perroquet. En se reportant au point central du dessin, la masse de terrain cultivé que l'on aperçoit sur le plan le plus éloigné, est le monticule qui borne la *Prahia Flaminga,* extrémité du faubourg de *Botafogo.* Immédiatement au-dessous, et un peu plus rapprochée, s'élève l'église de *N. D. de la Gloire,* dont la terrasse couronne tout le plateau de cette montagne qui en porte le nom. *C'est de cette terrasse qu'est prise la seconde vue donnée sous le n°* 3. Les groupes de maisons qui semblent en terminer la base, sont les habitations du faubourg de la *Gloire* et de la *Lapa,* coupées ici par la belle église de la Candellaria, dont la toiture se lie avec la montagne sur

(*) La nouvelle bourse, bâtie avec plus de luxe, est placée sur la même plage, à très-peu de distance de la Douane, et plus près du spectateur.

laquelle est bâti le couvent de *San-Antonio,* et les deux chapelles de *San-Antonio* et de *San-Luiz.* Perpendiculairement au-dessous, on aperçoit le petit dôme de l'église *do Hospicio d'a Conceiçaõ,* et plus à droite le portail et les deux tours de la belle église de Saint-François de Paule. A droite du cyprès, on reconnaît la toiture du théâtre à son double rang de lucarnes. Immédiatement après, se trouve l'église de Saint-Pierre, reconnaissable par ses formes arrondies. Les édifices qui terminent, en se découpant sur les montagnes, le dernier plan de la ville, sont les maisons qui bordent le *Campo de San-Anna,* telles que le Musée, la Préfecture, etc., coupés par les tours de Saint-Joaquim. Le plan beaucoup plus rapproché offre la rampe qui conduit à la maison de l'évêque, remarquable par la chapelle qui la domine. Cette construction est élevée sur un des mamelons de la montagne de la *Conceiçaõ,* où se trouve la forteresse qui lui donne son nom. Plus en avant encore, s'élève un des deux moulins placés sur le prolongement de la montagne de *Santo-Bento;* et enfin la terrasse de l'église et du couvent des Bénédictins : la treille, l'arbre, font partie des jardins cultivés appartenant au couvent, clos par le mur de la rampe qui descend jusqu'au commencement de la rue Droite.

Planche 3.

Vue de la ville, prise de l'église de Notre-Dame de la Gloire.

La vue de la ville prise de la terrasse de l'église de *Nossa Senhora da Gloria* ajoute à l'intérêt de ses détails, celui bien pittoresque de l'effet du soleil couchant, qui, au moment de disparaître, colore en violet rougeâtre extrêmement vaporeux la chaîne de montagnes appelée la *Serra do Mar,* point extrême de l'étendue de la baie. Une partie de ces mêmes montagnes, dont la pente semble dentelée, se nomme, à cause de son *contour bizarre,* la chaîne des Orgues. C'est du fond de cette baie que quelques rivières navigables servent à transporter divers produits de l'intérieur, tels que les bois de construction, etc. En se reportant à l'extrémité de gauche du dessin, on y voit la montagne dite de *Saint-Antoine,* belle propriété, cultivée, attenant au bâtiment conventuel de cet ordre, et aux deux chapelles de Saint-Antoine et de Saint-Louis, élevées sur leur belle terrasse, et au bas de laquelle est placée la grande fontaine de la *Carioca.* Les excellentes eaux de cette fontaine y sont amenées par un acqueduc, dont on aperçoit la ligne qui vient se joindre aux arcades plus rapprochées du spectateur, pour correspondre aux conduits descendants de la montagne de Sainte-Thérèse, nom qu'elle emprunte au couvent de femmes qui la domine, et dont on ne peut apercevoir que l'extrémité du clocher avec un angle de la maison claustrale. L'ouverture de ces arcades sert en même temps d'entrée au faubourg de *Mata Cavallos,* du côté de la place de la *Lapa,* sur laquelle se trouve l'église des Carmes, que l'on reconnaît à l'une de ses deux tours inachevée. C'est dans le couvent contigu à cette église que résident aujourd'hui les religieux carmes, qui habitaient, avant l'arrivée du roi, le grand bâtiment situé au fond de la place du Palais (*). C'est à la place de l'église de la *Lapa* (**) que commence *le quai de la Gloire,* correspondant, de ce côté-ci, au faubourg qui en porte le nom. L'anse de la *Gloire* et de la *Lapa,* inabordable par ses bas-fonds, possède un banc très-poissonneux, d'où l'on tire l'approvisionnement qui fait la nourriture de la classe indigente (***).

Si l'on se reporte au pied de la terrasse des chapelles de *Santo-Antonio,* on y aperçoit la mer près la *Prahinha,* petite plage très-fréquentée qui sert de marché et de point de débarquement auprès d'une des extrémités de l'arsenal de la marine. C'est là aussi que commence *la montagne de San-Bento,* couronnée par ses deux moulins, dont le plan prolongé conduit à l'église du couvent de ce nom (lieu d'où j'ai dessiné la vue de la planche n° 2). Le couvent attenant à la même église est caché, ici, par les tours de la *Candellaria,* qui laissent voir, plus à droite, l'extrémité de la montagne et du fort de la Conception. Beaucoup plus en avant, s'élève la montagne du Castel, couronnée par les bastions de cette forteresse reconnaissable à ses mâts de signaux. Sur un mamelon plus près du spectateur, on voit *la basilique*

(*) Ce sont ces mêmes religieux qui desservent aussi la paroisse des Carmes; belle église placée immédiatement auprès de la chapelle impériale, au commencement de la rue Droite.

(**) *Lapa* (en français, caverne peu profonde), auprès de laquelle on a bâti cette chapelle sous l'invocation de la vierge du mont Carmel.

(***) Le poisson nommé *Gallo* et la *Sardine,* tous deux très-succulents.

de S. Sébastien, protecteur de la ville. Plus à droite et sur le haut de la pente, l'hôpital militaire; et en bas l'hospice de la Miséricorde, auquel se joint l'arsenal de l'armée de terre, qui forme la pointe de l'anse de ce côté.

Revenant le long de la mer, on trouve la *Prahia de Santa-Luzia,* plage sur laquelle est placée l'église consacrée à la sainte du même nom, révérée comme *protectrice de la vue.* Aussi ses amulettes sont-ils de petites plaques d'argent avec l'empreinte de deux yeux. De nombreux ex-voto, suspendus au maître-autel, attestent la foi des chrétiens qui l'implorent. Une autre chapelle, placée à gauche dans la même église, n'y attire pas moins de fervents adorateurs : c'est celle de Notre-Dame des Navigateurs, *Nossa Senhora dos Navigantes,* patronne des marins. Plus à gauche on aperçoit la charpente isolée qui soutient le carillon de cette église. Immédiatement après, le mur d'enceinte, vers son extrémité plus rapprochée, ferme un parc où se conservent les bœufs destinés à la tuerie. Elle est installée dans le plus grand bâtiment du second groupe de maisons. Le reste des constructions, plus à gauche, borne, du côté de la mer, la place du couvent d'*Ajuda,* tandis que la ligne de maisons adossées au pied de la montagne, forme l'extrémité de droite de la belle rue d'*Ajuda.* Le grand couvent qui lui donne son nom est placé, ici, à l'extrémité gauche de cette même embouchure. L'église, tout à fait à l'angle, se prolonge très-loin, en retour sur la rue. C'est dans le chœur claustral, dont les croisées donnent sur le côté de la mer, que furent déposés provisoirement les restes de dona Maria Ire, reine de Portugal, mère de Jean VI; reliques remplacées plus tard par la dépouille mortelle de l'impératrice Léopoldine. Le couvent forme le reste de la façade du côté de la mer. Un rang de boutiques, accotées à rez-de-chausée et louées au profit des religieuses, augmente leur revenu, d'ailleurs alimenté par la fabrication des confitures et des sucreries de tout genre, qui les rendent célèbres. Elles tiennent en outre un pensionnat et une maison de retraite pour les femmes mariées ou célibataires qui ont quelque motif de se retirer du monde. Quoique à travers les doubles grilles des croisées, on entrevoit les cellules fraîchement peintes des détenues les plus opulentes, et dont les jolis rubans, pendant en dehors, servent de signaux pour leurs intelligences mondaines avec des promeneurs assidus, instantanément réfugiés dans le jardin public et stationnés aux ouvertures qui donnent sur la place du couvent. Plus en avant, et au bord de la mer, s'élève la terrasse de ce même jardin public, refaite à neuf après vingt ans de travaux. Un de ces avant-corps, placé à l'angle de ce côté, borne le mur qui forme une partie de la place de la *Lapa,* tandis que le côté opposé de cette petite place est formé par un humble groupe de maisons appartenant au faubourg de ce nom.

PLANCHE 4.

Quêteurs des Confréries.

Le coup de canon du matin qui annonce l'ouverture des ports, à cinq heures et demie, comme nous l'avons dit précédemment, met aussi en circulation, dans les rues de la ville, tous les quêteurs des confréries, assurés d'avance d'y trouver déjà les dévots allant à la première messe; les matelots, non moins pieux, venant à la provision; les marchandes installées sur les points de débarquement, et toujours disposées à sacrifier quelques *vintems* à l'espoir d'une heureuse journée; habitude de charité intéressée qui se retrouve chez toutes les négresses âgées, et dont, en un mot, les aumônes réunies forment leur première récolte.

Un peu plus tard, les boutiques et les portes des maisons bourgeoises, successivement ouvertes, leur permettent un accès facile et lucratif, pour le dernier produit de leur quête, ordinairement terminée vers les onze heures du matin.

Ce subside est d'autant plus nécessaire, que l'on emploie, au Brésil, des sommes énormes à l'apparat du culte religieux; luxe spécialement resté à la charge des confréries pieuses dont le dévouement peut se comparer à celui des premiers fabriciens de l'Église catholique, en France. Mais le rite de la dévotion, importé en Amérique par les jésuites, joignit aux sacrifices pécuniaires la pratique de l'humilité, et imposa la corvée de la quête, qui s'exerce encore ponctuellement dans l'arrondissement de chaque paroisse, à Rio-Janeiro, et avec plus d'empressement à l'approche des grandes solennités chrétiennes.

Malgré la sévérité de la règle constitutive de ces corporations, où l'honneur seul des emplois doit indemniser de la perte du temps, les confrères zélés les possédant par piété autant que par amour-propre peut-être, on a été cependant obligé, par modification, de créer des places de *quêteurs*, données à des hommes salariés, qui sont habitués à servir, alternativement, les confréries opulentes. Ces employés, dont la paye est proportionnée au produit de leur quête, deviennent spéculateurs, et s'étudient à varier à propos leur langage dans les rues, pour exercer un certain empire sur les passants; ils savent aussi se ménager un accueil charitable dans les maisons riches et généreuses.

Les *deux quêtes* ordinaires qui les occupent annuellement sont, dans quelques paroisses, celle du *jeudi*, pour *le repos des âmes du purgatoire*, et l'autre du *samedi*, pour *l'office du saint-sacrement*: la *première* entretient de messes le desservant de la paroisse, et la *seconde* est employée à l'achat des cierges, dont on prodigue le nombre dans cette cérémonie. Il est facile de reconnaître, même de loin, à la couleur du vêtement du *quêteur*, le but de sa mission, parce qu'il revêt la *hope* (cape) verte pour les âmes du purgatoire, et celle couleur cramoisie pour l'office du saint-sacrement. Chaque paroisse a sa confrérie du saint-sacrement pour accompagner le prêtre chargé de porter le saint viatique.

Mais au *Brésil*, pays neuf! la ruse se développa avec les progrès de la civilisation, et plus particulièrement dans la classe inférieure. Aussi y voit-on maintenant des hommes pervers se souiller, sans remords, de subterfuges criminels, qu'un innocent préjugé aurait autrefois retenus. Je citerai, à l'appui de cette assertion, *l'emploi consciencieux du quêteur salarié*, qui a fait naître, en 1829, l'exemple de l'abus sacrilége du *filou quêteur*, revêtu d'un costume fané, et recevant à son profit les aumônes consacrées au saint patron qu'il feignait de servir.

Le premier escroc trouva bientôt une foule d'imitateurs dont l'activité nuisit tellement au *produit des quêtes licites*, que cette pieuse spéculation devint instantanément presque nulle.

Une nouveauté aussi inquiétante pour les confréries, éveilla la méfiance de la police; et en une seule matinée, on arrêta, à Rio-Janeiro, plus de *vingt faux quêteurs*, tous inconnus des confréries de la ville, car la plupart de ces mendiants venaient des bourgs voisins.

Quant à la véritable humilité, si elle ne se trouve pas toujours bien prédominante dans l'exercice des devoirs d'une pieuse confrérie, on la retrouve cependant toujours fervente, chez les gens du monde, dans l'accomplissement du vœu, assez en usage, d'offrir à l'église le payement d'une messe, dont le prix est demandé, comme une aumône, dans les rues de la ville. Cet acte d'humilité chrétienne s'adresse à Dieu, en actions de grâces d'une convalescence longtemps inespérée, ou bien comme invocation à la clémence céleste pour obtenir la guérison d'un malade menacé de perdre la vie. Cette espèce de quête se fait spécialement par une femme. Si la quêteuse est d'une classe aisée, on voit une dame parée et suivie d'un ou deux esclaves, s'imposant la mortification de marcher pieds nus et de tendre son plat d'argent, toujours recouvert d'un voile précieux, pour recevoir avec reconnaissance *le vintem de charité* du marchand le plus grossier. Est-elle de la classe indigente, c'est une jeune fille, ou un enfant, accompagnés d'une parente. Cette dernière classe, au *Brésil,* n'est pas la moins charitable; elle se compose en grande partie de nègres libres, peu fortunés, vivant de leur travail, et toujours disposés à soulager ou à recueillir quelques parents, plus infortunés encore.

Explication de la planche des quêteuses.

La lithographie offre dans le groupe du premier plan, une quêteuse pieds nus, et dont le reste de la mise, consacrée aux cérémonies religieuses, décèle une honnête aisance; elle s'humilie en recevant l'aumône d'un marchand de viande de porc, commerçant assez peu estimé. Sur le plan reculé, j'ai placé, au contraire, une vieille négresse conduisant une petite fille de sa couleur, dont l'indigence a réclamé, d'une voisine charitable, la tavaïolle qui la pare, et le plat d'étain qui lui sert à quêter.

Ces deux quêteuses, de deux classes bien différentes, expriment le même vœu. Et si l'innocence de la plus jeune est plus agréable au Créateur, on doit reconnaître aussi, dans la ferveur de l'humilité de la plus riche, une œuvre peut-être plus méritoire.

Quêteurs.

Bien que chacune des confréries attachées aux nombreuses églises de Rio-Janeiro soit dévouée à l'entretien du culte religieux et au soulagement de l'indigence de ses frères, il en est cependant quelques-unes de particulièrement recommandables par les secours qu'elles offrent dans leurs infirmeries : tel que l'*Hospice de la Miséricorde*, appartenant à la confrérie du même nom, l'établissement le plus ancien de la ville.

Cette pieuse association, dont l'immense revenu est fondé sur des donations accumulées depuis plusieurs siècles, se compose encore aujourd'hui de presque tous gens riches eux-mêmes, descendants de ses fondateurs. Des salles ouvertes aux malades, également bien traités, malgré la différence de couleur, par d'habiles médecins attachés à l'établissement; l'inhumation gratuite des cadavres recueillis par la police; des salles prêtées à l'étude de la chirurgie; des pièces disposées pour recevoir les fous; et mille autres secours dictés par une pure philanthropie, ont acquis à cette respectable association d'antiques privilèges auxquels elle se fait gloire de ne pas déroger aujourd'hui, et que je rappellerai plus tard.

Je ne citerai, entre autres obligations, que la mission temporaire du *quêteur de la confrérie de la Miséricorde*, qui, le matin d'un jour d'exécution, demande aux passants une aumône destinée à faire dire des messes de *requiem* pour le repos de l'âme du condamné à mort. Ces frères miséricordieux, répandus dès la pointe du jour dans les rues de la ville, et particulièrement sur le passage du condamné, demandent avec instance l'*esmola para à alma do irmão padecente* (l'aumône pour le repos de l'âme du frère patient). J'aurai occasion de parler plus tard de tous les devoirs pieux des confrères de la Miséricorde, dans cette lugubre catastrophe, heureusement très-rare à Rio-Janeiro.

L'autre *quêteur*, placé sur le dernier plan, est membre de la confrérie de *san Benedito*, saint nègre comme les confrères qui lui sont dévoués, et moderne protecteur de la race noire; car il a été canonisé de nos jours (1).

Explication de la Planche 4.

La scène se passe dans la rue d'*Ajuda*, à Rio-Janeiro, et représente quelques occupations de six heures du matin. L'extrémité de la gauche du dessin est bornée par une partie de la seule porte d'entrée d'un humble rez-de-chaussée, *illustre fabrique de sucre d'orge*, où il se débite sous la forme de *balas*, boulettes de la grosseur du doigt. Ces *balas sucrées* s'achètent enveloppées d'une feuille de papier, taillée de manière à pouvoir tortiller les intervalles qui les séparent, et à en former un chapelet composé de quatre ou huit papillotes, dont le nombre, subordonné à la grosseur, produit en résultat le même poids réglé au prix d'un *vintem* (2 sous 6 deniers de monnaie de France).

A six heures du matin, déjà, le dévot qui revient après avoir entendu la première messe de *Santo-Antonio* ou du *Parto;* l'oisif satisfait de l'air frais de *la barre*, qu'il a respiré pendant une heure sur la grande place du *couvent d'Ajuda*, et le père de famille qui veut, en rentrant chez lui, régaler ses petits enfants, se font également une habitude de passer à la fabrique de *balas da rua d'Ajuda*.

Exempte de charlatanisme, une petite négresse, constamment assise devant un tabouret de bois, sur lequel sont amoncelés les chapelets de *balas*, suffit, comme enseigne, à la porte de ce confiseur, pour le débit considérable de son espèce de sucrerie, admise dans la meilleure société de la capitale.

Mais, surtout aux jours de fête, on voit cet établissement déjà assailli, au lever de l'aurore, par les négresses marchandes colporteuses de *balas da rua d'Ajuda*, qui viennent successivement s'y approvisionner. Enfin, le soir de ces jours extraordinaires, employés à une fabrication non interrompue, les gens de la maison, épuisés de fatigue et privés du temps nécessaire pour empapilloter les *balas*, multiplient le nombre de négresses assises à la porte, pour satisfaire la foule des passants qui, dans leur impatience, se contentent d'acheter simplement au compte, ces espèces de bonbons à peine refroidis, coup de feu lucratif qui se prolonge jusqu'à minuit.

Le réverbère placé immédiatement à côté de la fabrique de *balas*, y attire aussi à cette heure les soins journaliers d'entretien et de propreté confiés à des agents subalternes, dont l'odeur infecte signale aux passants les nègres attachés au service de

(*) Il y a deux autres confréries noires, celle du *Rosario* et celle du *Parto*. La confrérie composée de mulâtres est celle de Nossa-Senhora de Conceição (Notre-Dame de la Conception).

l'entrepreneur général de l'éclairage de la ville. Il n'est pas moins utile d'éviter également, dans le courant de la journée, l'approche des magasins de cette administration, qui offrent aux heures de leur ouverture instantanée un foyer d'émanation de miasmes pernicieux de l'huile de baleine. Ces magasins assez étroits, formés au rez-de-chaussée par de légères cloisons de planches, sont accotés à l'un des murs latéraux de l'École militaire, édifice isolé, qui forme un des côtés de la place très-fréquentée de Saint-François de Paule.

Le groupe du milieu est formé d'une vieille négresse donnant religieusement son *vintem* pour obtenir l'avantage de baiser la vitre d'une petite châsse où est renfermée l'effigie en cire de *la Vierge de la Conception,* qui lui est présentée par un vieillard. Cet homme octogénaire, encore un peu valide, honnête mendiant recueilli à l'hospice de la Miséricorde, porte dévotement un vêtement de couleur *bleu clair,* comme membre de la confrérie de *Nossa-Senhora da Conceição.*

Enfin l'espace qui reste à décrire est rempli par un quêteur salarié, connu dans la ville par ses facéties, et qui fait, en ce moment, preuve de présence d'esprit, en tendant son parapluie entr'ouvert pour recevoir une aumône que lui jette une dame, par la fenêtre d'un entre-sol. (Le site et les deux quêteurs sont portraits.)

PLANCHE 5.

Première sortie d'un Vieillard convalescent.

Le Brésilien, soumis dès son enfance aux pratiques religieuses, est naturellement porté par dévotion, lorsqu'il est atteint d'une maladie grave, à voter un présent, au bénéfice de l'église, pour mériter une convalescence; pieuse obligation approuvée par le confesseur, et que le convalescent s'empresse d'acquitter aussitôt après son rétablissement. Mais, par un sentiment mondain qui se mêle aux devoirs religieux, cette action d'humilité et de reconnaissance envers le Créateur, prend chez l'homme riche un caractère d'ostentation qui éclipse journellement, aux yeux de la multitude, la même œuvre pratiquée par le pauvre, dont l'offrande modeste, mais aussi méritoire, sans doute, se remarque à peine lorsqu'il la dépose au pied de l'autel.

Ces sortes de présents consistent en cierges, dont le nombre et la grosseur s'augmentent en proportion des moyens du donateur; c'est-à-dire, depuis *un* jusqu'à *cent*. Il est plus méritoire à l'homme riche de se présenter à l'église, pieds nus et chargé du poids de son volumineux présent; trop faible ou moins résigné, il le fait porter par un de ses esclaves qui le suit. Mais les pauvres gens croient plus agréable à Dieu de faire présenter leur modique offrande par les mains d'un enfant.

Néanmoins les offrandes de la vanité chrétienne ne se bornent pas à ces simples présents, et l'on a vu souvent de vastes immeubles légués, par de riches propriétaires, à certaines confréries.

Ces maisons se reconnaissent à la petite inscription placée au-dessus de la porte d'entrée, et qui désigne la communauté à laquelle elles appartiennent héréditairement. On peut citer les confréries de la Miséricorde, de Saint-Antoine, de Saint-François de Paule, du Saint-Sacrement, comme possédant des rues entières. Au résumé, les saints protecteurs de l'humanité souffrante sont plus payés, au Brésil, que les médecins, instruments plus immédiats de la guérison des malades.

Explication de la planche.

Le principal groupe du dessin représente un vieillard convalescent descendant de sa voiture, et soutenu par sa fille et son gendre, pour entrer pieds nus à l'église, où il va déposer une partie de sa pesante offrande, dont le reste est porté par un domestique. Ce présent, comme tous les autres objets que l'on offre à l'église, est, selon l'usage, surchargé de rubans.

Sur un plan plus reculé, mais sur la même marche, une négresse, prête à entrer par la seconde porte, tient dans ses bras un jeune enfant chargé de présenter un cierge voté à la même église. Un peu plus loin encore, et au bas des marches de l'église, une vieille négresse indigente, avant de porter son cierge, donne un *vintem* d'aumône à une plus pauvre qu'elle! Véritable pratique de charité chrétienne, que l'on retrouve journellement dans la classe indigente.

Une Dame, dans sa Caderinha, allant à la messe.

La *caderinha* (petite chaise), importée de Lisbonne, s'emploie au Brésil comme la chaise à porteurs en France. Elle sert communément aux dames, pour aller à la messe. La *caderinha* de Rio-Janeiro se reconnaît à son couronnement toujours orné de sculptures plus ou moins dorées, tandis que celle de Bahia, à impériale rase, est généralement plus petite et plus légèrement construite; comparaison que l'on peut faire aujourd'hui dans les rues de Rio-Janeiro. Bien que, dans la capitale, l'usage de la *chaise à porteurs* n'appartienne guère maintenant qu'aux vieilles dames brésiliennes privées de voitures, il n'en est pas de même à Bahia; car cette ville, située en amphithéâtre, et peu favorable à la circulation des voitures attelées, nécessite au contraire l'usage des *chaises à porteurs*, pour parcourir plus facilement ses rues, presque toutes d'une pente rapide. Aussi le citadin n'en sort-il qu'en *caderinha*, ou s'en fait suivre lorsqu'il veut marcher momentanément à pied. Néanmoins on y trouve, pour le service public, des *caderinhas et leurs porteurs* stationnés sur les places désignées, comme les cabriolets à Paris.

C'est surtout à l'active galanterie prédominante à Bahia que peut s'attribuer une grande partie de la circulation des *caderinhas de louage*, voitures si précieuses, par le privilége de pénétrer dans l'intérieur de tous les rez-de-chaussées, avec l'avantage de leurs rideaux bien fermés, qui dissimulent aux yeux des passants le sexe et la figure d'un visiteur intéressé à garder l'incognito.

La *caderinha* de Rio-Janeiro, représentée ici, est celle d'une personne riche et de bon ton, qui se fait porter par ses esclaves en livrée. On peut y opposer le faste de quelques mulâtresses, femmes entretenues, qui profitent des jours de fête pour montrer à l'église tout le ridicule de leur coquetterie de mauvais goût, généralement gauche et outrée, et qui s'affichent, même dans les rues, par le luxe de leur *caderinha*, dont le couronnement est surchargé de sculptures d'une exécution très-délicate à la vérité, et recouvertes avec profusion d'une dorure elle-même variée de couleurs; la même recherche dispendieuse se retrouve dans la teinte brillante de ses rideaux de velours ou de soie, toujours galonnés et attachés par des nœuds de très-beaux rubans.

La femme comme il faut, au contraire, tient ses rideaux fermés, mais se ménage cependant la possibilité de se faire voir, en entr'ouvrant celui qu'elle tient assujetti avec sa main. Une de ses femmes de chambre se tient immédiatement à côté de la *caderinha* pour porter le *sac* et le livre de messe, et transmettre les ordres aux autres esclaves, qui suivent à quelques pas de distance.

La *caderinha*, comme le balcon, est le théâtre de la coquetterie; là aussi le premier geste gracieux d'une dame brésilienne est d'agiter son éventail, qu'elle tient tout fermé. Plus les mouvements sont vifs et réitérés, plus l'accueil est aimable et empressé, surtout lorsqu'il est accompagné d'un sourire affectueux; usage qui se retrouve à Lisbonne comme à Madrid.

Quelques dames, aussi, pour se procurer une distraction pendant le trajet, réunissent les deux rideaux qui forment un des côtés de leur *caderinha*, et entretiennent adroitement, à la hauteur de l'œil, une très-petite ouverture assujettie disgracieusement avec la main et de manière à n'être pas reconnues des passants.

Enfin la *caderinha*, rentrée à la maison, est aussitôt dépouillée de ses rideaux et enveloppée d'une couverture de grosse toile, qui la préserve de la poussière pendant son inutilité. On la hisse ensuite au plafond du corridor d'entrée, mais tout à fait accotée à l'un des murs, pour laisser un passage libre aux barils des nègres porteurs d'eau.

Du reste, les fonctions de la *caderinha* ne se bornent pas à de courtes promenades; nous la retrouverons plus tard figurant avec avantage dans différentes cérémonies religieuses.

PLANCHE 6.

Marchand de Fleurs, le dimanche, à la porte d'une église.

La coutume d'orner de fleurs naturelles la coiffure des dames, au Brésil, a mis en vogue, chez les gens riches, la culture particulière de l'œillet: indépendamment de sa rareté, comparativement à la rose des quatre saisons, le plus en usage, il réunit le précieux avantage de porter un nom à double acception; car *cravo*, en portugais, signifie à la fois *clou* et *œillet*. C'est donc comme symbole que l'œillet, par un raffinement de galanterie recherchée, est envoyé à une dame, pour lui exprimer qu'elle a su fixer un cœur. Ce même présent, à son tour, placé sur la tête de la dame persuadée, sert de réponse, et devient le gage de sa fidélité. Les hommes qui ont reçu un semblable présent le portent à leur boutonnière. Ce cadeau, toujours cher, est par conséquent d'une culture très-lucrative.

Aussi ai-je représenté le domestique d'une maison riche, stationné devant la porte d'une église, le dimanche, pour vendre ces fleurs au profit de son maître, tandis qu'il ajoute, pour son propre compte, la vente en détail de morceaux d'amande de coco, régal économique de la classe moyenne. On peut remarquer aussi le soin qu'a mis le marchand pour conserver la fraîcheur des œillets, en les piquant sur une côte de bananier, qui lui sert en même temps à les offrir.

La dame, à la sortie de la messe, choisit une de ces fleurs, dont le prix sera payé par la négresse, femme de chambre, tandis que les deux autres restent patiemment immobiles.

Le site est portrait, et le costume des femmes qui montent la pente pour arriver à l'église est la *bahetta*, espèce de mise générale.

Le costume de la dame donne un exemple du vêtement d'usage dans les cérémonies d'église; le chapeau le plus élégant, comme le plus simple, en est généralement proscrit. Aussi n'est-il pas rare de voir des Anglaises, femmes d'officiers supérieurs de marine, entrer le chapeau à la main dans les temples catholiques.

Une Brésilienne comme il faut ajuste, sur sa coiffure en cheveux, un très-beau voile brodé, noir ou blanc, qui couvre en même temps la partie supérieure de son corsage, plus ou moins décolleté. La jupe de tulle noir brodé, portée sur un transparent blanc ou de toute autre couleur claire, est la mise la plus décemment riche; et enfin une élégante chaussure termine la toilette de la dévote recherchée dans sa parure.

Ex-voto de Marins échappés d'un naufrage.

On voit souvent se renouveler cette scène de pieuse reconnaissance par des marins naufragés. Elle se passe ici à la porte de l'église de *Santa-Luzia*, dans laquelle se trouve la chapelle de Notre-Dame des Navigateurs. Cette petite église est située tout au bord de la mer, en face de la barre de la baie de Rio-Janeiro. On voit, dans le fond, la continuité de la plage du même nom, qui conduit de ce côté à l'hospice de la Miséricorde, au pied de la montagne de *Saint-Sébastien*, dont la toiture de l'église s'aperçoit d'ici. C'était au bas du palmier qu'était placé l'ancien gibet, aujourd'hui transporté à la *prahinha*, point de débarquement situé à une des extrémités de l'arsenal de marine. On découvre à droite le fort de *Villegagnon*, où sont enterrés les restes du frère de Sully, fait antérieur à l'évacuation de Rio-Janeiro par les Français.

J'ai vu ces marins, débarqués à la prahinha, traverser toute la ville pour se rendre à l'église de *Santa-Luzia*, et y déposer, pieds nus, la voile qui les avait sauvés du naufrage.

Cette voile, mise au pied de l'autel de Notre-Dame des Navigateurs, y fut d'abord bénite; et, après la célébration de quelques prières et une offrande pécuniaire laissée à leur souveraine protectrice, ils la remportèrent avec la solennité qu'ils avaient mise à l'apporter.

L'équipage de ce petit bâtiment caboteur se composait du capitaine, de son second et de son chef d'équipage, tous trois hommes blancs, et de deux nègres mariniers. La paire de bottes suspendue en avant distingue assez ostensiblement la chaussure du capitaine, tandis que les souliers appartiennent aux deux autres personnages blancs.

PLANCHE 7.

Mulâtresse allant passer les fêtes de Noël à la campagne.

Les fêtes de *Noël* et de *Pâques*, toujours protégées par un temps superbe, au Brésil, sont une époque de divertissement d'autant plus général, qu'elles offrent chacune plus d'une semaine d'interruption dans le travail des administrations et les affaires du commerce; relâche momentané, également saisi par la classe moyenne et la classe élevée, c'est-à-dire, celle des chefs d'administrations et des riches négociants, tous propriétaires de biens ruraux, et intéressés par conséquent à faire, pour visiter leurs fabriques de sucre et leurs plantations de café, cette excursion à sept ou huit lieues de la capitale.

Quant aux artisans, réunis chez leurs parents ou chez leurs amis, propriétaires de petits biens de campagne voisins de la ville, ils profitent de ces fêtes pour goûter en liberté les plaisirs qu'offrent ces courtes et peu dispendieuses excursions. Il suffit, en effet, à chaque visiteur d'y faire porter sa natte et sa garde-robe par son esclave. Le soir, au moment du coucher, toutes les nattes, déroulées sur le plancher et garnies chacune d'un petit traversin, forment les lits de camp répartis dans les trois ou quatre grandes pièces du rez-de-chaussée, dont se compose la totalité d'une habitation de ce genre. Le lendemain, à la pointe du jour, le camp se lève, et les plus actifs se divisent pour aller se promener ou se baigner dans les petites rivières qui descendent des montagnes environnantes. L'exercice du matin ouvre l'appétit, on rentre déjeuner; mais on se crée des amusements plus tranquilles pendant la force du soleil, jusqu'à une heure de l'après-midi, moment auquel on se met à dîner. De quatre à sept, on dort; et, après l'*Ave Maria,* le son de la guitare règle la danse, qui se prolonge toute la nuit; délicieux moments de fraîcheur, employés par les vieillards au récit des succès de leur jeunesse, et par les jeunes gens à faire naître quelques heureux épisodes dont le souvenir charmera un jour leur vieillesse.

Mais cette légère esquisse ne donne qu'une très-faible idée des brillantes réunions formées, à la même époque, dans les immenses propriétés des gens riches, qui, par vanité, y rassemblent une très-nombreuse société, parmi laquelle ils ont soin d'inviter des poëtes toujours prêts à improviser de jolis quatrains, et des musiciens chargés d'enivrer les dames de leurs *modinhazinhas* (gracieuses romances). Les maîtres de la maison se réservent, de leur côté, le choix de quelques amis distingués, sérieux conseillers du propriétaire dans l'exploitation du domaine qu'ils parcourent lentement avec lui, tandis qu'au contraire les jeunes conviés, agiles et turbulents, se livrent à cette folle gaieté, toujours tolérée à la campagne. Là, toutes les journées commencent, pour les hommes, par une partie de chasse, de pêche, ou de promenade à cheval; les femmes s'occupent de leur toilette pour paraître à dix heures au déjeuner. A une heure, tout le monde se réunit, et l'on se remet à table; après y avoir savouré, pendant quatre ou cinq heures, à l'aide des vins de Porto, de Madeira et de Ténériffe, les différentes chairs des volailles, gibier, poissons et reptiles qu'offre la contrée, on passe aux vins les plus fins d'Europe. C'est alors que le champagne échauffe la verve du poëte, anime le musicien, et que les plaisirs de la table se confondent avec ceux de l'esprit, à travers les parfums du café et des liqueurs. De là on passe aux tables de jeu; à minuit, on sert le thé, à la suite duquel chacun se retire dans sa chambre, où il n'est pas rare de trouver parfaitement conservés des meubles qui appartiennent à la fin du siècle de Louis XIV.

Le lendemain, pour faire diversion, on va visiter un ami dont la propriété est peu éloignée;

ces échanges de politesse donnent un mouvement de plus aux plaisirs de cette semaine toujours trop rapidement écoulée. Quelques amis intimes et libres de leur temps restent auprès de la maîtresse de la maison, dont le séjour se prolonge six semaines environ au delà des fêtes; ce temps écoulé, tout le monde se retrouve en ville.

La mulâtresse représentée ici est de la classe des artisans aisés. Sa petite fille ouvre la marche, conduisant par la main le petit négrillon son souffre-douleur, et destiné comme tel à son service particulier; vient ensuite la pesante mulâtresse, en jolie tenue de voyage, qui se rend à pied dans une maison de campagne située à l'une des extrémités des faubourgs de la ville; sa négresse, femme de chambre, la suit et porte l'oiseau chéri. Dans cette circonstance, la maîtresse de la maison se contente, par calcul, d'une femme de chambre négresse, pour ne pas compromettre sa couleur. Elle est immédiatement suivie de la première négresse travailleuse, chargée du *gongà,* panier qui contient tout le reste de la garde-robe de madame. La troisième esclave, un peu moins ménagée, porte le lit de la *senhora,* élégant traversin roulé dans une natte fabriquée à *Angolà* (espèce de natte assez bien imitée à Bahia). La quatrième, femme de peine, laveuse et presque toujours enceinte, porte le petit paquet de ses autres compagnes; et la négresse neuve suit humblement le cortége, en portant la provision de café brûlé et la couverture de coton dont elle s'enveloppe la nuit pour dormir.

Concours d'écriture des Ecoliers, le jour de Saint-Alexis.

La fête de Saint-Alexis, patron des élèves des écoles primaires au Brésil, est pour eux l'époque d'un concours annuel d'écriture, duquel résulte l'élection d'un nouvel empereur, habile écrivain et digne successeur de celui qu'il détrône.

Ce travail, terminé la veille du jugement, peuple les rues depuis le matin jusqu'à midi, d'un essaim de petits écoliers, répandus aux environs des classes, et qui assaillent les passants pour les forcer à se prononcer sur leurs pièces d'écriture. Ces concurrents, réunis par couples, vous assiégent en bourdonnant autour de vous. Au milieu de ces criailleries, le juge, entravé dans sa marche, détermine promptement le vainqueur, qui s'empresse de piquer avec une épingle la feuille couronnée; s'enfuyant aussitôt, il abandonne la place à dix autres camarades plus acharnés encore. Enfin ces petits triomphes, remportés au milieu des bourrades des juges et des clameurs des concurrents victorieux, produisent, à la rentrée dans la classe, un jugement définitif du maître, pour l'élection d'un nouvel empereur; nomination strictement basée sur le plus grand nombre de piqûres, dont chacune atteste un avantage remporté sur un nouvel adversaire.

Il n'en est pas de même dans les classes des jeunes demoiselles : là, personne ne sort, et les abords en sont soigneusement fermés. Mais le luxe y exerce déjà son influence, et toutes les pièces d'écriture y sont enrichies de vignettes coloriées, faites à la main. A mérite égal, on donne souvent la préférence à la concurrente qui présente une page au bas de laquelle un habile peintre a tracé l'image coloriée de saint Alexis endormi sur les marches d'un escalier.

Et, par une corruption poussée jusque dans les plus petites choses, la maîtresse sacrifie l'équité à l'avantage de faire décerner le prix d'impératrice à une de ses plus riches élèves, dans l'espoir que la nouvelle majesté impériale payera un dîner plus splendide à ses jeunes compagnes réunies dans la classe, le jour de la fête. Ce banquet, où président déjà la vanité et la jalousie, se termine par un bal et un thé auxquels assistent quelques parents des lauréats.

PLANCHE 8.

Négresses neuves allant à l'église pour recevoir le baptême.

Quoique tombé en désuétude aujourd'hui, l'article de la loi primitive sur l'esclavage, qui prescrivait aux Brésiliens de faire baptiser leurs nègres neufs dans un délai convenu, a cependant laissé les traces de son but moral dans le cœur des propriétaires indigènes: il est rare, en effet, de trouver maintenant un nègre qui ne soit pas chrétien; en outre, considéré sous le rapport politique, ce frein d'une religion si tolérante devient aussi le garant de la sécurité du maître obligé de dominer sur une centaine d'esclaves réunis.

Cette observance est d'autant plus facile pour le citadin, qu'il circule dans les rues quelques vieux nègres libres, correcteurs de profession, et à la fois professeurs enseignant les principes de la religion catholique; et surtout plus appréciés par l'avantage qu'ils ont de parler plusieurs langues africaines, ce qui hâte ainsi les progrès des nouveaux catéchumènes. Il suffit donc d'une simple instruction préliminaire sur la croyance religieuse, pour satisfaire l'exigence du prêtre chargé de baptiser un nègre neuf. C'est ordinairement le plus ancien esclave qui sert de parrain au plus nouveau, et dans une maison riche on concède cet honneur au serviteur le plus vertueux. Cependant cela n'engage à rien dans l'état de servitude, et le maître en est quitte pour une aumône offerte à l'église. On compte quelques églises desservies par des prêtres nègres, telles que la *Sè Velha* (l'ancienne paroisse), au bout de la rue du *Rosario;* la *Lampadosa,* près du trésor public; et *San-Domingos,* près *Saint-Joaquim.*

D'après l'ancienne tradition brésilienne, la cérémonie outrée de l'ondoiement prescrit, même aujourd'hui, de jeter avec une énorme coquille d'argent un très-grand volume d'eau sur le catéchumène. A ce moment le prêtre ou le parrain appuient brusquement la main sur le cou du nègre, qui n'ose presque jamais s'avancer suffisamment pour recevoir la nappe d'eau bénite qui ruisselle bientôt sur sa tête et sa poitrine avant de retomber en cascade dans la cuvette des fonds baptismaux. Cette scène toute chrétienne laisse pourtant une impression de barbarie aux yeux de l'étranger, déjà déconcerté par la teinte uniformément noire de tous les assistants. Quelques-uns de ces nègres, d'un génie plus développé, ou seulement plus âgés et honteux de leur affublement, dont le pantalon contraste d'une manière ridicule avec l'espèce d'élégante tunique qui leur couvre les reins, s'empressent, pendant le trajet, de côtoyer les maisons à une grande distance de leurs parrains.

Ici le parrain, en grande tenue complète, porte une culotte de soie, défroque de son maître, le chapeau et la canne à la main, se présente dans l'attitude la plus respectueuse à son compatriote chapelain, grand preneur de tabac, et qui le reçoit avec la dignité de sa charge. Le rôle de la marraine est la contenance réservée qu'inspire l'approche de l'église, et celui des catéchumènes est la résignation.

L'une des plus longues instructions chrétiennes de l'éducation du nègre est la pratique *du signe de la croix,* reconnue d'un secours si général en Espagne, en Portugal et plus récemment au Brésil. Il doit donc, à l'imitation de son maître, commencer ses prières par effectuer ce signe religieux, avec le pouce seulement porté sur le milieu du front et descendant le long du nez, en recommencer le second sur la bouche, et terminer par un troisième sur le creux de la poitrine, en disant que *le signe de la croix* nous *délivre de nos ennemis!* ramenant aussitôt la main ouverte jusque sur le front, il recommence cette fois *le signe de la croix usité parmi nous,* en prononçant ces paroles, *au nom du Père, du Fils, et du Saint-Esprit,* et termine en baisant le pouce de cette même main.

Il doit aussi, à sa première sortie, implorer chaque jour la protection céleste par ce geste tout chrétien: devient-il marchand, c'est un signe de pieuse reconnaissance qu'il fait avec la pièce même de son étrenne; s'il bâille, on lui recommande de faire précipitamment plusieurs petits signes de croix sur la bouche encore entr'ouverte; est-ce un signe d'improbation, il l'accompagne aussitôt de cette invocation, *Ave Maria* (Ah! Vierge sainte)! ou bien *Deos me livre* (Dieu me préserve)! Si au contraire c'est un serment, il le fait en baisant ses deux index croisés sur la bouche. Ce même serment il le fait encore, seulement avec les deux mêmes doigts croisés; mais alors les mains isolées et portées bien en avant du corps. Enfin ce signe religieux et protecteur encourage également le comédien et le danseur, au moment de leur entrée en scène.

Revenant à la négresse catholique, jouissant de sa liberté et établie fruitière, elle ne manque jamais, en ouvrant sa boutique, d'implanter *une petite croix de bois* au milieu de son étalage, qui, selon sa croyance, doit lui procurer une heureuse vente; à deux pas de là, une matrone, sa compatriote, indique sa demeure par *une croix de bois* d'environ deux pieds et demi de haut, *peinte en noir ou en rouge,* et clouée à la muraille extérieure auprès de sa porte, etc.

L'*Ave Maria* n'impose pas moins d'obligations religieuses au nègre catholique. A l'*Ave Maria du matin* il est tenu de faire le signe de la croix; la même observance se répète à l'*Ave Maria du soir,* mais avec l'obligation de se présenter à son maître pour lui souhaiter la bonne nuit, *boas noites, meu senhor,* et dont il reçoit, en retour, un signe d'approbation par un simple mouvement de tête. Trop heureux, lorsqu'à cette apparition on ne lui inflige une punition réservée depuis le matin pour cette heure de correction. Il fait en outre la prière en commun avant d'aller se coucher.

On lui prescrit aussi le *Salut religieux,* qu'il effectue en demandant préalablement *la bénédiction d'un blanc* qu'il rencontre isolé dans un chemin, ou bien qu'il doit aborder. Dans ce cas, il incline le haut du corps, avance la main droite à demi fermée, en *signe de salut,* et dit humblement *a bens, meu senhor* (la bénédiction, mon seigneur) : il en reçoit la réponse flatteuse (Dieu te fasse saint), *Deos te faça santo;* ou plus laconiquement, *Viva.*

De noir à noir, n'osant pas se sanctifier, ils se souhaitent seulement de devenir blancs par cette invocation, *Deos te faça branco!* qu'ils travestissent par *Deos te faz balanco.* Enfin, *a bens, meu senhor!* est la formule répétée par la négresse qui l'enseigne à ses négrillons, même à son nourrisson, pour lequel elle la prononce en lui guidant le bras qu'elle soutient en avant. C'est, en un mot, pour le noir une démonstration de respect ou d'attachement.

Grand costume des chevaliers du Christ.

Le grand costume des chevaliers du Christ, dans les cérémonies religieuses, est le seul manteau de l'ordre décoré du crachat, posé sur le côté gauche de la poitrine; cette décoration se compose d'une grande croix blanche assez mince, posée sur le champ rouge d'une beaucoup plus large, exécutée en paillon; le tout entouré de rayons d'argent, et surmonté d'un cœur comprimé par une couronne d'épines, d'où s'élève une petite croix rouge. Cet accessoire n'appartient qu'aux dignitaires. Le *manteau,* figuré fermé par devant, par deux brandebourgs qui en font l'ornement, ne s'ouvre que vers le creux de la poitrine, et dégage ainsi la moitié du bras. Quoique d'une étoffe extrêmement légère, puisqu'il est de crêpe blanc, on en porte encore, pour plus de commodité, toute l'extrémité inférieure enroulée et fixée sur la poitrine avec une ceinture (cordon) de coton blanc, dont les énormes glands pendent en avant. Toute cette passementerie est d'un travail très-soigné. Cet ordre, ainsi dénué de ses accessoires militaires, est également porté par les diverses classes de l'État.

La scène représentée ici donne l'idée de l'arrangement du manteau sur les costumes d'un monseigneur de la chapelle royale, d'un maréchal des armes, d'un colonel de cavalerie légère, et d'un officier de la maison royale.

Les réunions solennelles des chevaliers, commandeurs et grands-croix, sont, *le jour de l'Exaltation de la sainte croix,* dans l'église de la *Crux* (chapelle de l'ordre); à la chapelle impériale, *le jour de la fête du sacré cœur de Jésus, et aux deux fêtes Dieu* (*).

(*) Cet ordre fut créé en 1317, par Dom Denis, roi de Portugal.

Planche 9.

Portraits du roi don João VI et de l'empereur don Pedro Ier.

J'ai dû, pour éviter les répétitions sur l'histoire des princes déjà détaillée sous tant de formes, me restreindre à la simple indication des points principaux de leur existence; et, dans ce but, le lecteur voudra bien me pardonner, au nom du laconisme, de lui dire sèchement : *Dona Maria Ire, mère de Jean VI,* régna sur le Portugal à l'âge de 34 ans, et mourut à Rio-Janeiro, en 1816, âgée de 73 ans. *Don Jean VI,* né à Lisbonne en 1767, épousa l'infante d'Espagne *dona Carlotta,* fut régent du Portugal à l'âge de 38 ans, et acclamé, à Rio-Janeiro, souverain du royaume uni du Portugal, Brésil et Algarves, à l'âge de 49 ans; il perdit ensuite la couronne du Brésil, à 55 ans, et mourut à Lisbonne en 1825, âgé de 58 ans.

Ce souverain ne porta son grand costume royal que le seul jour de son acclamation, et privé encore de paraître avec la couronne sur la tête, par suite de l'usage établi depuis la mort du roi *don Sébastien,* resté sur le champ de bataille en Afrique l'an 1580. *D. Sébastien,* dit-on, *enlevé au ciel la couronne sur la tête, doit la rapporter à Lisbonne.* Aussi fut-elle *déposée* à côté de *Jean VI,* sur son trône (*)

Le roi, bon cavalier dans sa jeunesse, mais devenu replet au Brésil, abandonna l'exercice du cheval. Il était d'un tempérament sanguin et d'une petite taille, avait les cuisses et les jambes extraordinairement grosses, et la main et le pied fort petits.

Économe pour sa personne, il fut au contraire généreux envers ses serviteurs. La timidité de son caractère ne nuisit jamais à sa bonté ni à son affabilité, et cependant elle allait jusqu'à la superstition. Très-dévot, et amateur de musique, il entraîna le compositeur *Marcos,* son maître de chapelle, à mêler dans sa musique d'église une teinte brillante de l'opéra buffa, pour ajouter un charme de plus à ces pieuses distractions.

Jaloux et rancunier par vanité portugaise, il ne pardonna pas à son chambellan chéri, *José Égidio* (baron de S. Amaro), d'avoir, en allant au Brésil, abandonné le bord du vaisseau royal, pour aller dans un autre navire soigner la baronne dont la santé altérée réclamait ses soins pendant la traversée; et porta dès lors toute son affection sur le *comte de Paraty,* qui fut le seul chambellan de service auprès de sa personne royale pendant son séjour au Brésil, au détriment même des autres chambellans de la cour. Il étendit aussi spécialement sa grâce particulière sur son premier valet de chambre *Lobat*, sur lequel il amoncela les emplois lucratifs, et le fit en effet garde du trésor des diamants de la couronne. Aussi, ces deux affidés, en butte à la jalousie, furent-ils menacés par le peuple dans les derniers moments de leur résidence à Rio-Janeiro. Disons-le, en un mot, tous les abus d'une vieille cour l'accompagnèrent jusqu'à son départ du Brésil.

D. Pedro d'Alcantara, fils de Jean VI, né en Portugal, *prince du Brésil,* le 12 octobre 1798, arriva au Brésil à l'âge *de* 10 *ans;* et *à* 19 *ans* il y épousa l'archiduchesse d'Autriche Léopoldine. Nommé vice-roi au Brésil, *à* 23 *ans*, il fut, *à* 24 *ans,* proclamé, en 1822,

(*) Il créa l'ordre de la *Tour et l'Epée* à son arrivée à Rio-Janeiro, pour décorer ceux qui l'accompagnèrent au Brésil. Il rétablit, le jour de son acclamation, l'ordre de la Conception, comme protectrice du royaume uni.

défenseur perpétuel et premier empereur du Brésil. Néanmoins, ce ne fut que quatre ans après qu'il fut reconnu allié du Portugal. Enfin il abdiqua *à 34 ans,* et mourut, *trois ans plus tard,* vainqueur à Lisbonne, *en* 1835 (*).

L'empereur portait son grand costume, chaque année, à l'ouverture des chambres; et d'après le cérémonial adopté, prononçait son discours la couronne sur la tête : son entrée et sa sortie n'étaient pas moins accompagnées d'une espèce d'apparat.

Il créa l'ordre *du Cruzeiro,* le jour de son couronnement; plus tard, celui *du Dragon,* uniquement porté par sa famille; et à l'époque de son second mariage, celui *de la Rose,* qui eut à peine le temps de paraître.

Don Pédro Ier, d'une forte et grande stature, était d'un tempérament bilieux sanguin; et, vers la fin de son séjour au Brésil, commençait à devenir d'une grosseur démesurée, principalement sensible dans les cuisses et les jambes; espèce de difformité commune aux descendants de la famille *de Bragance.* Mais, toujours serré avec art dans son vêtement, sa tenue était noble et remarquablement soignée.

Naturellement peu généreux, il était également économe dans sa manière de vivre. Sa bonne foi en fit un réformateur zélé des abus qui l'avaient révolté depuis son enfance, à la cour de son père. Il donna l'exemple des privations pendant sa régence, et le commencement de son règne : temps difficiles où il développa toutes les qualités dignes d'un souverain régénérateur, en conservant cependant une passion déterminée, pour le faste extérieur qui environne le trône (**). Cependant, au théâtre, et à l'imitation de D. Juan VI, il tournait assez souvent le dos au public, négligeant ainsi la politesse des souverains, nécessairement affectueux envers les spectateurs, qui se tiennent respectueusement debout pendant les entr'actes. Mais, depuis son second mariage, il adopta tout à fait les manières françaises, et encouragea même la représentation, au théâtre impérial, de quelques jolis vaudevilles français, joués par des acteurs improvisés de la même nation, jeunes négociants, empressés de se rendre agréables à la nouvelle impératrice, qui ajoutait à tous ses titres celui bien recommandable pour eux, d'être *la fille du prince Eugène de Beauharnais.*

L'idée fixe d'économie que lui imposa le mauvais état des finances, lorsqu'il prit subitement les rênes du gouvernement, lui fit saisir toutes les occasions de thésauriser; et à la faveur de cette prudence, il put, dit-on, placer quelques fonds sur des banques étrangères. Système de prévoyance qui le mit à même d'emporter encore quelques valeurs, avec lui, lors de son départ du Brésil : Heureux, dans cette crise politique, de ne pas être réduit à compter sur les subsides incertains qu'on lui devait accorder, dans son exil volontaire! (Voir la note historique sur son séjour en France.)

(*) Soutenant une guerre contre le parti de don Miguel, il venait de rétablir sur le trône de Portugal sa fille donna Maria Ire.

(**) Il en donna un exemple : au théâtre, pendant une représentation d'apparat : apercevant un de ses chambellans caché dans une loge, et dissimulé sous l'habit bourgeois, il se leva, et le nommant, il lui demanda à haute voix, s'il avait oublié le motif de la représentation du jour. Le chambellan disparut, et revint très-promptement en costume convenable.

PLANCHE 10.

Ordres brésiliens.

Je m'abstiendrai de m'étendre sur l'ancien ordre portugais de *la Tour et l'Epée* (*Torre e Spada*), renouvelé à Rio-Janeiro, par Jean VI, en mémoire de son arrivée au Brésil, parce qu'il date du 13 de mai 1808. En effet, à notre arrivée, nous avons vu, déjà décorés de cet ordre, tous les sujets qui avaient accompagné le régent portugais dans sa traversée de Lisbonne au Brésil.

ORDRE MILITAIRE DE LA *VIERGE DE LA CONCEPTION.*

TRADUCTION LIBRE DU DÉCRET.

La décoration ou étoile désignée par le n° 1, appartient à l'*Ordre militaire de la Conception,* créé par Jean VI, en mémoire de son acclamation, comme roi de Portugal, Brésil et Algarves, cérémonie qui eut lieu à Rio-Janeiro le 6 février 1818.

« Le chef-lieu de l'ordre, dit le texte, est institué dans la chapelle de *Notre-Dame de la Conception de Villa-Viçosa, dans la province de la Lemteja.* Il fut consacré à la Vierge comme protectrice du *royaume* de Portugal, en 1707, par le roi *Jean V,* prédécesseur et aïeul de *Jean VI,* qui le renouvela, avec augmentation de grade, 111 ans plus tard, au Brésil. Pour l'élever au même point d'illustration que les ordres militaires, le roi en est le fondateur et le grand maître. Le second de ces titres doit passer aux rois ou reines ses successeurs, avec le pouvoir de le conférer aux sujets qui en seront dignes. Par dévotion et reconnaissance de l'éminente protection *de la Vierge pour toute la famille royale,* le roi institue *grands-croix effectifs toutes les personnes des deux sexes qui la composent.* Après ces grands-croix effectifs suivent les 12 *honoraires,* ensuite 40 *commandeurs,* et 100 *chevaliers-nés,* enfin 60 *chevaliers servants.* Ces deux derniers nombres pourront s'accroître. Tous ces dignitaires jouiront des mêmes hommages, honneurs, exceptions et priviléges que les autres ordres militaires. Auront droit de porter *le crachat* brodé en or sur le vêtement les grands-croix et les commandeurs. La *décoration* est *le ruban moiré, bleu de ciel, à deux ourlets blancs,* que les grands-croix portent en écharpe de gauche à droite; et les commandeurs le porteront de moyenne largeur, mais en sautoir, pour suspendre la croix au col. Quant aux chevaliers, ce sera à la boutonnière du côté gauche. *Croix :* le plus grand modèle sera porté par les grands-croix et commandeurs, et le plus petit, pour les jours ordinaires. Ce *plus petit* sera pour les chevaliers, de même que pour les servants, avec la différence qu'il sera d'argent, et sans or du tout.»

ORDRE IMPÉRIAL *DU CRUZEIRO*.

N°s 2 et 3. — Cet ordre a été créé le 1er décembre 1822, le premier de l'indépendance du Brésil, jour du couronnement de *D. Pedro, premier empereur et défenseur perpétuel du Brésil.*

La formule de cet ordre fait allusion à la position géographique de la partie australe de cette Amérique où se trouve *la grande constellation du Cruzeiro* (ou croix du sud), et également en mémoire du nom primitif de cet empire, au moment de la découverte *de son territoire,* indiqué par *Cabral, la terre de Sainte-Croix.*

TRADUCTION DU TEXTE.

« L'ordre honorifique, appelé *ordem imperial de Cruzeiro,* sera transmis aux empereurs successeurs du fondateur. *L'empereur* est le *grand maître;* il y a 8 grands-croix effectifs, et 4 honoraires; 30 dignitaires effectifs, et 15 honoraires; 200 officiers effectifs, et 120 honoraires. »

Les personnes de la famille impériale et les étrangers seront réputés surnuméraires, et ne prêteront pas le serment. Les membres honoraires ne pourront pas passer à un degré supérieur sans être, avant, effectifs dans les antécédents. A dater de la première promotion, personne ne pourra être chevalier sans prouver au moins vingt ans de distinction dans le service militaire, civil, ou emploi scientifique. L'empereur se réserve le droit de l'accorder comme récompense extraordinaire pour services, etc.

Règle d'accroissement de grade.

Dans la règle stricte de l'ordre, aucun *chevalier* ne peut passer *officier* sans compter quatre *ans d'ancienneté* dans son grade. Pour passer à *dignitaire,* il faut *trois ans d'officier;* et pour *grand-croix, cinq ans de dignitaire.* Les années de campagne seront comptées doubles pour les militaires.

Décoration.

La décoration est une croix de chevalier à cinq pans, émaillée blanc, entourée d'une branche de cafier et d'une branche de tabac fleuries, surmontée d'une couronne impériale. Au centre se trouve une croix formée de dix-neuf étoiles, sur un champ bleu de ciel (autre allusion faite aux dix-neuf provinces unies de l'empire), et le portrait de l'empereur au revers. La légende, du côté de la croix, porte *Benemeritum Præmium;* et du côté du portrait, *Petrus primus, Brasiliæ Imperator.* Le ruban moiré bleu de ciel (N° 6). Le *crachat,* semblable à la décoration, n'en diffère que par les groupes de rayons qui remplacent les branches de cafier et de tabac. Les *grands-croix* portent le ruban large en écharpe et la décoration pendante au bas. Ils ont le *titre d'excellence* et rang militaire de *lieutenant général.* Les *dignitaires* portent le *crachat* brodé sur l'habit, et la décoration pendue en sautoir; ils ont le titre de *seigneurie* et le rang de *brigadier.* Les *officiers* portent le *crachat* et la décoration à la boutonnière; ils ont le titre de *seigneurie* et le rang de *capitaine.*

Le *premier décembre,* anniversaire de la création, il y a *fête de l'ordre* dans la chapelle impériale, et publication des nouvelles nominations de l'ordre pour les individus qui résident à trois lieues de la cour.

La formule du serment, prêté entre les mains du chevalier de l'ordre, est : *Je jure d'être fidèle à l'empereur et à la patrie.*

Le manteau, de même étoffe que celui de l'ordre du Christ, a les cordons et les glands bleu clair; le crachat brodé et posé sur l'épaule gauche.

L'assemblée législative déterminera les dotations.

Signé au Palais de Rio-Janeiro, le 1er décembre 1822.

José Bonifacio d'Andrade e Silva, premier ministre.

ORDRE IMPÉRIAL *DU DRAGON*.

N° 4. — L'*ordre impérial du Dragon*, dont la décoration, au premier abord, rappellerait presque les contours de celle de la Couronne de fer, se compose, emblématiquement, *du Dragon* (support des armes de la famille de Bragance), portant à son cou un écusson au chiffre de *Pedro Primeiro* (P. I.), et reposant ses ailes semi-éployées au centre d'une couronne toute semblable à celle du royaume de Milan; la couronne impériale du Brésil surmonte ce groupe entouré d'une branche de laurier ou de tabac.

La légende porte, *Fondador do imperio do Brazil.* Le ruban moiré est vert, un peu foncé, à deux liserés blancs. En effet, cette composition toute d'allusion à la dynastie impériale de Bragance explique assez le but de son fondateur, qui l'a créée spécialement pour décorer sa famille, et n'en réservant la concession qu'à un très-petit nombre de dignitaires.

N° 7. — Le crachat se compose du groupe déjà décrit, mais environné d'une légende circulaire placée au centre d'une étoile à cinq pans, que surmonte la couronne impériale. Des groupes de rayons garnissent le vide entre les pointes de l'étoile. Le fond de l'étoile et de la petite couronne à piques est blanc; le champ de la légende, de l'écusson du chiffre et des feuilles, est vert; tout le reste est or.

N° 5 est une espèce de croix distribuée comme récompense aux soldats brésiliens après l'expédition militaire qui a réprimé les troubles suscités à Fernambuco, en 1824, par les ennemis du gouvernement. Cette décoration est de cuivre pour le soldat, et d'or pour les officiers. Elle porte au centre un médaillon à l'effigie de l'empereur, et dans l'intérieur de ses branches la date de sa création, 18. 17. 9. 24., qu'on lit en suivant par ordre le geste du signe de la croix; commençant par *le* 17 (au nom du père), *du* 9e *mois* (et du fils), *de* 18 *cent* (et du saint), 24 (esprit).

Il en existe une autre, mais de forme ovale, qui fut créée en l'honneur des succès de l'expédition de Bahia, après l'évacuation des troupes portugaises.

ORDRE IMPÉRIAL *DE LA ROSE*.

Je termine donc cette série par la description de l'*ordre de la Rose ;* galanterie impériale, destinée à préciser l'époque de la célébration du second mariage de l'empereur.

Sous cette dénomination toute d'harmonie, cette fois, on créa un nouvel accessoire extrêmement précieux à l'élégante toilette de la jeune impératrice Amélie, le premier jour qu'elle monta sur le trône du Brésil. Décoration qui reparaissait autour d'elle, portée par les personnages de la plus grande distinction.

L'*ordre impérial de la Rose* fut créé par don Pedro Ier, empereur du Brésil, le 16 octobre 1829, en commémoration de son mariage avec la princesse Amélie de Leuchtenberg. Ses statuts sont semblables à ceux précédemment décrits.

La décoration est une étoile blanche à six pointes, entourée d'une couronne de roses émaillées de couleur naturelle. Le tout surmonté d'une couronne impériale d'or. La légende en lettres d'or, sur un fond bleu de ciel, porte : *Amour et fidélité.*

Le ruban moiré est blanc, avec une large raie rose entre deux plus étroites et de même couleur.

Ordre éphémère! infortuné précurseur de la sinistre catastrophe qui, dix-huit mois plus tard, annula ton existence et les droits de l'intéressante impératrice, objet de ta création, en forçant, tout à la fois, cette illustre épouse de partager l'exil volontaire que s'imposa don Pedro, fondateur de ces premiers ordres brésiliens! *Précieuses décorations* qui firent palpiter d'enthousiasme le cœur des Brésiliens, fiers de voir les régénérations de leur patrie encore étonnée du nom d'empire indépendant!

Puissent les générations à venir recueillir le fruit de cette brillante conquête, et honorer encore d'un souvenir les généreux efforts des premiers Brésiliens qui y ont contribué!

LE MANTEAU ROYAL N° 1. — *LE SCEPTRE ET LA COURONNE.*

N° 2. — Le respect pour la tradition portugaise, la répugnance de ce peuple pour les innovations, et le consolant dédommagement de reproduire, au Brésil, le simulacre des antiques merveilles de la métropole, étaient les plus sûrs garants de l'exacte imitation de la forme et des détails des insignes royaux, auxquels on eut à ajouter seulement une place plus digne, cette fois, à l'humble sphère, antique emblème de la colonie brésilienne.

Ce thème indispensable dirigea donc le goût et l'habileté dans l'exécution des détails, souvent entravés par la censure des minutieux scrutateurs en crédit à la cour. Cependant tout s'acheva à la satisfaction générale.

A la faveur de notre titre, et munis de recommandations par écrit, nous pûmes voir et admirer à notre aise ces insignes déjà terminés bien avant le jour de la cérémonie de l'acclamation (qui fut différé de plus d'une année).

Nous ne saurions trop donner de louanges à la délicatesse et à la précision de l'exécution du *sceptre et de la couronne.* Le *sceptre, d'or massif* et d'une forme élégante, était dignement terminé par une sphère céleste, découpée à jour. Et la *couronne royale,* aussi d'or massif, assez semblable, dans sa forme générale, à celle des rois de France, offre, à la réunion de ses branches, une fleur de lis à quatre faces qui supporte une boule d'or surmontée d'une croix pattée. Ce modèle d'habileté est garni intérieurement d'une coiffe plissée de velours rouge; ouvrage d'un habile mulâtre brésilien, employé par le joaillier de la cour (Portugais).

Le *manteau royal,* que nous vîmes chez la personne de confiance qui le gardait, nous parut d'une exécution aussi parfaite que les ouvrages d'Europe. Sa forme est celle d'un manteau à queue dont le collet est rabattu en forme de pèlerine : il est de velours rouge et doublé de drap d'argent. Une magnifique agrafe, enrichie d'énormes diamants, ferme le manteau sur la poitrine. Le fond, de velours rouge, est enrichi, à la manière espagnole, d'un semis de petits écussons alternés ; accessoires emblématiques des trois royaumes unis, qui se composent d'une tour brodée en or, d'une sphère céleste aussi brodée en or sur un fond bleu de ciel, et d'un écusson du même fond sur lequel sont cinq quines. Une large broderie, riche de toutes les appositions de travail, de l'art du brodeur, entoure le manteau d'une longueur démesurée, et étale, d'une manière agréable aux yeux du spectateur, l'or, l'argent, et les pierres d'acier poli, employés avec toute la perfection de l'aiguille sur ce velours et sur le drap d'argent qui forme la doublure du manteau.

Les accessoires et le dessin de la broderie, répétés sur une plus grande échelle, donnent une idée exacte de leurs détails.

MANTEAU IMPÉRIAL N° 2. — *LE SCEPTRE ET LA COURONNE.*

Le choix du vert américain, pour la couleur du manteau impérial brésilien, tient à sa dénomination qui le lie au nouveau monde, et lui assurait d'avance des droits incontestables à orner le nouveau trône du Brésil. En effet, sous le *nom de couleurs impériales,* le Brésil entend la *réunion du vert et du jaune :* nuances prodiguées par le patriotisme, depuis le palais du souverain jusqu'à la boutique du marchand.

Quant à la forme du manteau impérial, peut-être un peu singulière à l'œil de l'Européen, elle était également nationalisée depuis trois siècles au Brésil ; car elle est imitée de celle du *Poncho,* seul manteau en usage dans toute l'Amérique du Sud. On ne peut donc contester la raison qui a assigné la forme et la couleur du manteau impérial, retracé ici. Il est de velours vert, brodé en or et doublé en soie jaune, afin d'éviter la fourrure, dont la chaleur eût été insupportable. Sa dimension sera d'environ quatre pieds sur huit. La pèlerine, doublée de soie jaune, qui garnit les épaules et cache l'ouverture du manteau, est de plumes de *toukan,* dont la couleur orangée se prête parfaitement à l'harmonie générale du costume.

La broderie, d'un style assez large, semble rappeler la forme de quelques groupes de feuilles de palmier, et de fruits du même arbre, et de larges étoiles à huit pans, semées sur le fond, complètent la richesse de ce manteau, dont l'exécution mérite de justes éloges.

Couronne et sceptre.

La *couronne impériale,* à branches fermées, est d'une forme elliptique et de grosse proportion. Sa base est garnie d'écussons aux armes du Brésil, alternés avec des fleurons. Le point de réunion de ses branches est enrichi d'une sphère céleste découpée à jour et surmontée d'une croix pattée à quatre faces. Chacune de ses branches figure une palme mince et longue, qui s'élève du centre de chaque écusson. Cette couronne est d'or massif, et les côtes des palmes, le milieu des fleurons, le cercle du zodiaque de la sphère céleste, et la croix pattée sont de diamants du plus beau choix. Leur valeur est estimée à peu près 80,000 cruzados (225,000 francs). Une coiffe de velours vert, garnit l'intérieur de la couronne.

Le *sceptre,* également d'or massif, d'une forme élégante, et dont l'haste porte six pieds de longueur sur dix-huit lignes de diamètre, est surmonté d'un dragon assis sur un socle carré-long, soutenu par un culot allongé, terminé par des moulures successivement diminuées de saillie. Sa construction est combinée de manière à être démontée en plusieurs parties.

La ciselure de ces deux insignes impériaux ne le cède en rien aux ouvrages de ce genre précédemment décrits.

PLANCHE 11.

Vendeur d'herbe de Ruda.

C'est la superstition qui soutient la vogue de l'herbe de Rue (*Ruda*)*, espèce de talisman recherché qui se vend tous les matins dans les rues de Rio-Janeiro. Toutes les femmes de la classe inférieure, dont les négresses forment les cinq sixièmes, la considèrent comme un préservatif contre les sortiléges. Aussi ont-elles le soin d'en porter toujours sur elles, soit dans les plis du turban, dans les cheveux, derrière l'oreille, et même dans l'ouverture des narines. Mais les femmes blanches la portent, plus ordinairement, cachée dans leur sein. Si l'on en croit les rêveries des crédules, cette plante, prise par infusion, assurerait la stérilité, et, plus encore, provoquerait l'avortement; triste réputation qui augmente beaucoup trop son crédit dans le peuple.

On voit très-souvent dans les rues des négresses, le panier de fruit sur la tête, s'écrier, au moment où elles aperçoivent une marchande qu'elles supposent leur ennemie, se posant subitement *les deux index croisés sur la bouche, Crux, ave Maria, Ruda!* (au nom de la croix et de la Vierge sainte, Ruda, secourez-moi!) Veulent-elles prévenir un danger pressant, elles donnent pour conseil : *Toma Ruda, ella correge tudo!* (prenez l'herbe de Rue, elle corrige tout (**)!

Cette plante odorante, à petites feuilles minces et allongées, dont la tige ligneuse et touffue s'élève jusqu'à trois pieds et demi de haut, vient dans les jardins, pour ainsi dire sans culture, et se vend à raison *de dix reis* (5 liards) la branche, portion suffisante pour cinq ou six personnes.

On emploie avec succès, en fumigation, contre les douleurs rhumatismales, ou simplement en friction, ses feuilles préalablement chauffées sur un brasier.

La scène se passe à Rio-Janeiro, et représente *un marchand d'herbe de Rue*, esclave d'une riche métairie, apportant des environs de la ville une grande quantité de ces branches conservées fraîches dans l'eau, que contient le baquet posé sur sa tête. A gauche, une négresse bien vêtue, le *sambourа* au bras, a déjà sa provision *d'herbe de Ruda*, dont elle réserve une partie pour une amie : chargée d'approvisionner la cuisine de ses maîtres, elle a prudemment commencé par acheter le talisman qui va favoriser, sans doute, le bénéfice illicite qu'elle désire prélever sur l'achat du jour. La seconde, à la droite du marchand, fille d'une *négresse libre quitandeira*, achète plus naïvement la provision qu'elle va partager avec sa mère; tandis que la troisième, au contraire, beaucoup plus en butte aux intrigues, franche coquette affichée par son vêtement, s'efforce de se cuirasser d'*herbe de Ruda*, qu'elle a déjà introduite dans les plis de son turban, dans ses cheveux, dans ses oreilles et dans son nez. Sa pipe à la main, l'*intrigante quitandeira* (marchande de fruits), forte de ses artifices, espère désormais une bonne journée.

(*) Herbe de Rue, *Ruhô*, plante amère; vivace; l'odeur de ses feuilles approche de celle de la sariette cultivée.

(**) Je renvoie le lecteur à l'article *Superstition*, qui renferme quelques autres détails sur cette protectrice si puissante.

Chevalier du Christ exposé dans son cercueil ouvert.

Les Brésiliens ont la coutume, dans leurs maisons, d'exposer pendant un jour et plus le corps du défunt, couché tout habillé dans son cercueil ouvert, et placé sur un piédestal que fournit l'*armador* (tapissier chargé des pompes funèbres). On renferme ensuite le cercueil au moment de l'enlèvement du corps, pour le transporter jusqu'à l'église, où on l'ouvre de nouveau. (Le reste des détails se trouve à l'explication de la planche consacrée aux convois funèbres.)

Le chevalier du Christ, dessiné ici, est supposé placé sur l'estrade fournie par l'église au moment de l'office funèbre. J'en ai supprimé les énormes chandeliers qui l'environnent.

Comme profès de l'ordre, le défunt est revêtu du costume complet, qui se compose d'un manteau de crêpe blanc, du casque à panache blanc, et des bottes de maroquin rouge. Le reste du costume de dessous, indique son emploi militaire. Ce n'est qu'au moment de la fermeture définitive du cercueil, qui se fait aux catacombes, que l'*armador* (tapissier) reprend le casque de carton doré et la paire de bottes qu'on lui avait loués (1).

(*) Ces bottes, pour s'ôter plus facilement, sont entièrement fendues par derrière, et se posent ainsi à cheval sur les jambes du défunt.

PLANCHE 12.

Le saint Viatique porté chez un malade.

Dans un pays comme le Brésil, soumis dès son principe à l'influence des distinctions civiles ou militaires de ses conquérants (Portugais), il devint naturel pour les ministres du culte catholique de représenter, par analogie, une série de subdivisions dans le cérémonial religieux, pour rendre catégoriquement tributaires la vanité mondaine et la pieuse ferveur : du reste, système général de tous les cultes, de la plus haute antiquité.

La *translation du saint viatique* n'était pas la moins importante aux revenus de l'autel. En effet, trop souvent considérée comme le sinistre avant-coureur de la destruction d'un être qui vous est cher, elle impose religieusement des sacrifices pécuniaires, prodigués même avec ostentation, dans l'espoir de consoler l'âme du moribond ou de la retenir miraculeusement quelques moments de plus sur la terre.

Qu'elle soit charitable conviction chez un fils vertueux, ou simple démonstration toute formuliste de l'hypocrite spéculateur, tous deux n'en sont pas moins les tributaires de ce culte plus ou moins fastueux.

Dans sa plus grande simplicité, il se compose d'*un confrère,* porteur d'une petite cloche et suivi de deux soldats, la tête découverte et portant l'arme renversée en signe de deuil ; viennent ensuite *quatre autres confrères,* précédant le prêtre, abrité sous un petit dais carré que soutient une branche de fer courbée et emmanchée à un bâton porté *par un confrère* qui marche immédiatement derrière l'ecclésiastique. Une personne ou deux suivent ce modeste cortége. *Le second, un peu plus noble,* ne diffère que par le grand parasol presque plat, de velours cramoisi brodé et frangé en or, qui remplace le dais carré déjà cité. *Le troisième,* enfin, se distingue par un dais à six bâtons, des musiciens nègres, et une arrière-garde militaire.

Chaque paroisse possède *une confrérie du saint-sacrement,* qui est chargée d'escorter le prêtre au moment où il porte le *saint-viatique* à un malade. C'est à la sacristie où on vient réclamer ce pieux secours, certain d'y trouver *un confrère stationnaire,* chargé d'expédier aussitôt un sonneur qui parcourt les rues adjacentes et rassemble, à ce signal, *les confrères* disponibles pour cette corvée religieuse. Si cet appel ne fournit qu'un nombre insuffisant, on le complète par quelques soldats empruntés au poste militaire le plus voisin ; ce qui fait que la croix, les chandeliers et le dais sont presque toujours portés par des confrères à moustaches, revêtus momentanément de la *hope cramoisie* (manteau de soie de la confrérie). Le cortége le plus décent est toujours accompagné d'un petit détachement militaire d'une huitaine d'hommes, commandés par un officier, et tous le shako à la main, précédés d'un tambour et d'un fifre, ou d'une trompette, selon leur arme. Si le hasard veut que ce soit un jour de fête célébré particulièrement à l'église dont l'assistance est réclamée, le cortége s'augmente solennellement aussi du corps de musique nègre stationnaire en dehors du portail, et qui devient alors une avant-garde composée de deux clarinettes, un triangle, une trompette, un tambour et une grosse caisse. C'est alors le détachement militaire qui ferme la marche.

Maintenant suivons la marche du cortége.

Il est difficile, je l'avoue, de se faire une idée de l'épouvantable charivari produit par la musique aigre et discordante de ces six nègres, exécutant de toutes leurs forces des walses, des allemandes, des *lundums,* des gavotes; souvenirs des bals, militairement entrecoupés par la trompette de l'arrière-garde qui les domine par *une marche du pas ordinaire.* A cet assemblage révoltant de chants et de mesures contrariés se joint encore le mouvement plus lent d'un chœur de voix clapissantes et nasillardes d'une trentaine de nègres dévôts qui entonnent les interminables litanies de la Vierge. Cet inexplicable mélange vague d'instruments et de voix humaines est encore enveloppé d'une basse continue d'un tout autre genre : c'est le carillon des cloches de chacune des églises devant lesquelles passe le cortége; tintement gradué qui s'affaiblit peu à peu dans le lointain, à mesure que les sonneurs n'entendent plus la cloche argentine *du confrère* chargé d'en distribuer le double coup de minute en minute. En un mot, cet inexprimable imbroglio *de style et d'harmonie musicale,* qui de près comme de loin agace le système nerveux par sa barbarie révoltante, imprime, en effet, un sentiment d'épouvante dans le cœur de l'homme même bien organisé; effet calculé, sans doute, dans le rite primitif, mais qui aujourd'hui ridiculise cette cérémonie et en efface entièrement la dignité religieuse.

Le cortége arrive enfin à la porte de la maison du malade : on y laisse entrer seulement les personnes nécessaires. Les porteurs accotent à la muraille extérieure le dais ployé et la croix; l'escorte militaire se range en face et de l'autre côté de la rue. La musique des nègres et les chanteurs se placent en aile, et là recommencent de toutes leurs forces, les uns à exécuter des airs de contredanses, et les autres à chanter en même temps les litanies de la Vierge. On assure que très-souvent l'heureuse et charitable éloquence du prêtre profite de ce bruit, tout barbare qu'il est, pour persuader au moribond que *déjà le ciel s'ouvre pour le recevoir,* et que les anges en annoncent le signal par *leur harmonieux concert!* Douce illusion qui charme la crédulité chrétienne de quelques-uns. L'acte religieux fini, le cortége reprend sa marche dans le même ordre; il a seulement de plus un proche parent ou un ami qui se joint *aux confrères,* le cierge à la main, pour reconduire le cortége jusqu'à la sacristie. Les personnes de la maison, encore suffoquées par la fumée de l'encens, referment les portes, et le moribond expire dans le calme de cette atmosphère embaumée. Mais cette lugubre solennité, ordinairement tardive, ne sert que de signal aux préparatifs de l'enterrement.

Translation en voiture.

Si le temps est pluvieux, ou s'il faut aller loin de la paroisse, le prêtre et un jeune sacristain montent dans une *ségé* (cabriolet de louage à deux mules, conduites par un postillon). La voiture va au pas. Le postillon conduit le chapeau bas; à côté de lui et à pied, un nègre l'accompagne, une grosse sonnette à la main dont il sonne trois coups, répétés à la distance de quarante pas. Le sacristain porte d'une main une croix à laquelle est adaptée une petite poignée, et de la gauche il soutient, sur le devant, une énorme lanterne carrée tout argentée, dans laquelle se trouve un cierge allumé. Le prêtre porte le sacrement dans une petite boîte de vermeil, ronde et plate, suspendue en sautoir à deux larges bandes d'étoffes cramoisie ou blanche, richement brodée, en or.

Les familles riches envoient leur voiture et un domestique, pour chercher et ramener le prêtre et son acolyte; ce qui n'exclut pas le nègre sonneur attaché *au service de la confrérie,* et qui précède à pied pendant la route.

La maison du roi, du temps de Jean VI, fournissait une voiture ornée de dorures analogues à son usage, et spécialement destinée à ce service; elle marchait toujours escortée de trois domestiques à livrée, portant à cheval les deux flambeaux et la petite cloche. Ce cortége particulier servait au prêtre de l'église de Saint-Joseph, chargé d'administrer les sacrements aux personnes attachées au service de la cour.

Au mois de mai 1829, lors de la suppression des vieilles voitures du service impérial, celle-ci fut vendue pour être dépecée. Ainsi ce luxe royal, déjà provisoirement suspendu depuis le départ de la cour portugaise, fut ainsi supprimé définitivement.

Comme pour *le cortége à pied,* chaque église, avertie par le coup de cloche du nègre, carillonne à son passage. Et la nuit, chaque citoyen, averti par le même signal, met à sa fenêtre des lumières, qu'il retire lorsque le cortége est passé.

N° 2. *Transport d'un enfant blanc pour être baptisé à l'église.*

L'antique usage de se servir de matrones pour l'opération de l'accouchement se conservera encore très-longtemps dans les deux classes inférieures de la population brésilienne; en effet, lors de notre arrivée, on comptait à peine un petit nombre de familles distinguées, à Rio-Janeiro, qui se servissent d'accoucheur, seulement par ostentation ou dans des cas difficiles. C'est donc par suite de cette confiance que l'enfant d'un blanc est confié aux soins *d'une sage-femme* mulâtresse ou négresse, pour le transporter sur les fonts baptismaux.

Dans la classe ordinaire, c'est à pied, ou mieux encore, dans une chaise à porteurs de louage ou d'emprunt, que la sage-femme porte le nouveau-né à l'église, où le parrain a soin de se rendre isolément.

Si la famille qui la loue est plus opulente, on voit alors la *matrone* grotesquement parée des couleurs les plus discordantes, hérissée de garnitures de mauvais goût, et toute surchargée, non-seulement de gros bijoux qu'elle possède, mais encore de beaucoup d'autres empruntés à ses amies. Qui ne rirait à l'aspect de ce ridicule colosse noir, bouffi de vanité, et que peut à peine contenir la *caderinha* gémissant de son poids, qui provoque la sueur des porteurs accablés?

Chez les gens riches cependant, le baptême se fait dans l'oratoire de la maison (*) par un ecclésiastique, ami de la famille; et dans ce dernier cas, cette cérémonie religieuse, devenue à la fois le motif d'une brillante réunion, n'a lieu qu'à la chute du jour. Les visites, rendues effectivement au nouveau-né, forment une agréable soirée, qui se termine par un superbe thé.

(*) L'oratoire est une pièce peu profonde à l'extrémité d'une galerie ou d'une enfilade d'appartements, et dans laquelle il y a un autel dressé; ou bien, dissimulé dans des panneaux, sous l'apparence d'une armoire qui se développe de manière à découvrir un autel, lui-même entouré de tiroirs capables de contenir les ornements nécessaires à la célébration de la messe.

PLANCHE 13.

Portrait de l'archiduchesse Léopoldine, Ire impératrice du Brésil.

Par un singulier caprice, l'empire du Brésil, placé sous la zone torride, demanda ses deux premières impératrices aux États du nord de l'Europe, et dut ses premières colonies modernes à l'émigration suisse.

C'est ainsi que nous vîmes arriver (en 1817), à Rio-Janeiro, l'*archiduchesse Léopoldine-Joseph-Caroline*, reconnue officiellement à Vienne princesse royale du Brésil. Sa suite se composait de deux nobles de sa cour, d'une dame de compagnie, d'un médecin, d'un ecclésiastique, espèce de directeur, et d'un artiste peintre de fleurs.

Mais la vie intérieure de la cour brésilienne, reléguée au palais de Saint-Christophe, et divisée en petites coteries bien médisantes, déplut bientôt aux bons Allemands : aussi, un an plus tard, ne resta-t-il auprès de la princesse royale que le peintre de fleurs, assez valétudinaire, et qui ne survécut pas longtemps au départ de ses compatriotes.

Ainsi isolée, l'archiduchesse d'un caractère doux, sensible et généreux, dut sans doute se faire difficilement aux manières violentes et presque sauvages, il faut le dire, de son jeune époux. Néanmoins, la bonté paternelle et les prévenances du roi compensaient chaque jour dans le cœur de Léopoldine ce manque affligeant de nos formes européennes; et puis, mère d'une nombreuse famille, elle trouva alors un puissant motif de placer toute son affection.

Amateur des beaux-arts et surtout d'histoire naturelle, en outre bonne écuyère, ses excursions matinales lui procuraient d'abondantes récoltes de plantes et de fleurs, dont elle envoyait avec zèle des copies à son père et à sa sœur Marie-Louise, qu'elle aimait avec prédilection. Je fus chargé de lui faire, par complaisance, quelques-uns de ces dessins. Elle n'osait, me disait-elle, m'en prier qu'au nom de sa sœur, ancienne impératrice des Français. Cette correspondance scientifique était devenue pour elle le motif du seul délassement auquel elle se livrait presque tous les jours, simplement accompagnée par un brave et honnête ecclésiastique, émigré français (*), alors chapelain particulier de l'empereur, et spécialement de service auprès de leurs personnes; honneur qu'il méritait par son respectueux dévouement.

(*) Le jeune abbé *Boiret*, à peine curé, échappa au régime de la terreur en France, et émigra en Portugal avec un ami de séminaire. Il fut accueilli sur cette terre hospitalière comme professeur de langue française, et reçu dans quelques maisons nobles; ce premier pas le conduisit au même emploi à la cour de Jean VI régent. Estimé de la princesse Carlotte, femme du régent, il suivit ses jeunes élèves au Brésil. Don Pedro, régent à son tour, le nomma professeur de sa jeune famille, et un an plus tard il cumula le titre de chapelain particulier de l'empereur. Ainsi, de service permanent, il ne quittait plus la famille impériale dans ses promenades comme dans ses voyages.

Néanmoins, son cœur toujours français cherchait constamment à obliger ses compatriotes; il fit beaucoup de bien. Ce fut même à l'assiduité de ses soins qu'un des fils Taunay dut la faveur de succéder à son père comme professeur de la classe de peinture de paysage, privilége consacré à Lisbonne comme une juste reconnaissance envers la mémoire d'un artiste recommandable.

Malheureusement des chagrins domestiques, de nature même à provoquer le divorce entre simples citoyens, furent l'objet constant des ennuis de l'impératrice pendant les dernières années de sa vie.

Encore enceinte, elle succomba à un traitement trop violent (un vomitif), qui provoqua son avortement, et à la suite duquel, attaquée du typhus, elle expira dans les angoisses d'une crise inflammatoire : estimée et regrettée de ses sujets, elle laissa inconsolables tous ceux qui l'avaient pu connaître!

Ses admirateurs eux-mêmes regrettaient que cette longue suite de dégoûts altérât en elle les grâces de son sexe. Presque toujours en habit d'amazone, coiffée d'un chapeau de feutre, on pouvait à peine apercevoir la blancheur de son teint qui, à chacune des fêtes solennelles, rivalisait si puissamment avec l'éclat de son costume impérial. (On trouvera plus tard les détails de sa pompe funèbre.)

Portrait de la reine Carlota, mère de don Pedro.

La reine dona Carlota, fille du roi d'Espagne et femme de Jean VI, était d'une très-petite stature, et même un peu contrefaite; sa physionomie expressive et la vivacité de ses yeux noirs décelaient son origine espagnole. Du reste, pleine de moyens, elle s'entourait de gens d'esprit, vivait séparée du roi, et logée au palais de Rio-Janeiro, s'occupant spécialement de l'éducation de ses filles qui ne la quittaient jamais. Tous les jours à neuf heures du matin, la reine, accompagnée des princesses royales, se présentait à Saint-Christophe et y entendait la messe avec le roi, puis s'en retournait avec elles à la ville; mais elles revenaient auprès du souverain pour y dîner en famille. Ce n'était qu'à quatre heures de l'après-midi que commençait la promenade. La voiture de la reine partait la première, et quelques minutes plus tard le roi sortait en calèche découverte, et accompagné de sa fille aînée déjà veuve. Don Pedro et don Miguel occupaient les places du devant de la voiture. La reine avait une maison de campagne à *Mata-Porcos*, aux environs de Saint-Christophe, où elle passait la saison des grandes chaleurs. Mais deux ans avant son départ, elle en acheta une autre à Catêté, dans une jolie vallée au pied du *Corcovado*. Ces deux maisons servaient de but à ses promenades de l'après-dînée. La reine visitait tous les jours son amie intime, la vicomtesse de Villa-Nova, femme de son âge, et d'une des premières familles de Lisbonne. (Le vicomte de Villa-Nova était premier valet de chambre et confident du roi.)

Quant au roi, ses promenades s'étendaient depuis l'île du gouverneur jusqu'à *Bota-fogo;* il revenait ensuite à Saint-Christophe, pour les réceptions du soir qui étaient nombreuses, mais auxquelles la reine n'assistait pas.

L'idée fixe de retourner à Lisbonne contribuait beaucoup au dégoût que la reine éprouvait au Brésil. Et en effet, à son départ, elle manifesta sa folle joie d'une manière même injurieuse pour les Brésiliens, en s'écriant : « *Je vais donc enfin retrouver une terre habitée par des hommes!* »

Mais opprimée à Lisbonne par le système constitutionnel, on la vit, aussitôt après la mort du roi, rancunière et vindicative, animer constamment la violence de don Miguel son élève. Elle mourut avant la rentrée de don Pedro en Portugal.

Portrait de la princesse de Leuchtenberg, seconde impératrice du Brésil.

Si la noble et élégante stature de la princesse de Leuchtenberg séduisit l'empereur et les Brésiliens, ses manières affables, sa parfaite éducation, la douceur de ses pensées, exprimées avec tant de grâce, ne devinrent pas moins au palais le modèle de la civilisation européenne, qui, imparfaite encore, se reflétait déjà autour d'elle. Déjà aussi on savait dans la capitale le système régulier établi par l'impératrice au palais de Saint-Christophe. Certaines heures avaient leur genre d'études; d'autres appartenaient aux soins maternels qu'elle prodiguait à sa famille adoptive; d'autres encore à ses délassements; et les Européens, admirateurs de l'influence de la jeune souveraine, louaient avec enthousiasme quelques premières réformes dans le service intérieur du palais. Grâce à elle, avaient disparu certaines formes également flétrissantes pour le caractère politique du ministre et la position élevée du général d'armée. Elle ne put, en effet, tolérer l'usage portugais qui les sommettait tous deux aux fonctions de chambellan, et les obligeait comme tels au service de la table de l'empereur, où ils ne devaient poser chaque plat qu'après une profonde génuflexion. Don Pedro crut devoir souscrire aux nobles représentations de la fille du prince Eugène de Beauharnais; mais plusieurs de ces réformes, trop hâtives encore, furent insensiblement reconquises par l'habitude du système portugais. Cependant on dut à cette seconde union le rétablissement dans le palais de l'ordre convenable à la dignité du trône, sensiblement altérée pendant le veuvage de l'empereur.

Toutes ces qualités sociales ne purent cependant dompter la brusquerie naturelle de don Pedro, qui se manifesta, même aux yeux des Français, pendant son séjour à Paris, et en particulier à une soirée aux Tuileries. En conversant familièrement avec l'impératrice (duchesse de Bragance), il laissa échapper, par habitude, une épithète grossière qui, bien que prononcée à voix basse et en portugais, fut saisie par Louis-Philippe, habile à la traduire; puis le roi pour lui en faire sentir l'inconvenance, adressa un instant après à don Pedro quelques paroles en portugais.

Stupéfait et humilié d'avoir été compris, il s'aperçut, mais trop tard, qu'il était en présence d'un monarque regardé à juste titre comme le plus scrupuleux observateur des vertus conjugales.

L'intéressante princesse Amélie de Leuchtenberg semble ne devoir qu'effleurer ce qui est bonheur dans la vie. Toute jeune, elle voit son père abandonner le trône de Milan pour secourir Napoléon, qui l'entraîne dans sa chute. A la fleur de l'âge, à peine impératrice, il lui faut quitter le Brésil et suivre en France son époux, comme duchesse de Bragance; à peine épouse, elle voit mourir don Pedro en Portugal, avant d'avoir consolidé sa victoire. Une consolation lui sourit dans l'union de son frère avec sa belle-fille dona Maria, et en moins d'une année la jeune reine est déjà veuve.

Mais toujours noble et généreuse, au faîte des grandeurs comme dans l'adversité, elle n'a jamais démenti cette belle philosophie qui enrichit les Leuchtenberg des vertus du prince Eugène de Beauharnais.

Telle fut, jusqu'en 1835, la carrière politique de cette auguste princesse, liée tour à tour à la gloire et aux vicissitudes d'un trône dans les deux hémisphères!

PLANCHE 14.

Le dessous de la porte cochère d'un homme riche.

Personne n'est plus heureux que l'esclave d'une maison riche au Brésil. Destiné à une spécialité, il s'y renferme et jouit paisiblement de ses heures de loisir. Nous voyons ici le nègre chargé du nettoyage de la voiture, libre de son temps, surtout lorsqu'elle ne sort pas, se livrer à son industrie, à la vérité restreinte à la fabrication des chapeaux de paille; mais cette spéculation, assez lucrative, lui suffit pour se régaler avec ses amis, et entretenir encore ses maîtresses, dont la coquetterie et la gourmandise cependant ne laissent pas de devenir très-dispendieuses.

On peut juger par la distribution de ce rez-de-chaussée, de l'entrée de chacune des maisons à porte cochère de Rio-Janeiro. On y trouve, comme ici, l'indispensable banc pour les clients accoutumés à attendre patiemment le réveil ou le retour du maître de la maison. L'usage des cordons de sonnettes, encore inconnu, laisse subsister l'ancienne coutume asiatique de frapper plusieurs coups dans les mains pour s'annoncer : signal auquel descend le nègre valet de chambre, et qui se charge de vous introduire, et de vous éconduire au besoin.

La seule différence qui distingue la maison d'un ministre, est le militaire de planton sous la porte cochère, et qui correspond avec le valet de chambre; connaissance fort utile à se ménager pour éviter de revenir mille fois en vain. (Chaque ministre adopte un soldat de cavalerie qui lui sert d'escorte ou d'estafette, et qui, bon physionomiste, lit dans vos traits si vous êtes généreux.)

La porte cochère sert donc de remise, tandis que la seconde, placée sous l'escalier, communique aux écuries qui se trouvent dans une cour, ordinairement contiguë à un jardin.

La personne que le domestique introduit ici est un homme comme il faut, tandis que l'autre paraît un patelin fournisseur, accoutumé aux épithètes humiliantes qu'il reçoit volontiers avec le montant de son mémoire, et sur lequel il s'est réservé un très-honnête bénéfice, indépendant de l'énorme diminution qui satisfait l'amour-propre du débiteur rançonné. En un mot, tout s'arrange au Brésil comme dans les beaux hôtels de Paris.

N° 2. *Le Bando* (Proclamation).

On retrouve dans cet exemple du plus simple cortége, le costume des principaux personnages qui composent *le Bando* (proclamation); *cérémonie toute municipale*, dont nous avons précédemment parlé en peu de mots, à l'occasion du cérémonial du mariage du prince royal.

L'usage prescrit la répétition de cette proclamation pendant les trois jours qui précèdent une fonction très-solennelle; telle que la naissance, le mariage, ou la mort d'un prince. Dans cette circonstance, les plus notables des citoyens briguent l'honneur de figurer dans *le cortége du Bando*.

En effet, *le Bando* qui annonça le couronnement de l'empereur est cité comme le plus nombreux cortége qui ait parcouru les rues de Rio-Janeiro.

On admirait cette imposante cavalcade, bruyamment précédée de nègres artificiers, tirant des fusées volantes dans les carrefours, et d'une avant-garde composée d'un peloton de cavalerie de la police, suivi du corps de musique d'une légion de milice bourgeoise; venaient ensuite les huissiers de la chambre du sénat (municipalité). L'un d'eux était chargé de la proclamation de l'acte officiel. Ces *merinhos* marchaient immédiatement devant le corps du sénat, assisté de son président et de son trésorier *procurador*, porte-étendard; ensuite se mêlaient à ce groupe les citoyens notables en grand costume, et suivis du corps de musique de la garde de police, derrière laquelle venaient les domestiques, et un second peloton de cavalerie de la police, formant l'arrière-garde.

Une foule de peuple accompagnait le cortége pendant sa marche, et l'entourait à chaque station, au moment de la promulgation, terminée chaque fois par un *viva nosso imperador constitutional, e defensor perpetuo da Brasil!* vivat répété par toutes les personnes présentes.

Le président du sénat, jurisconsulte, se reconnaît à sa *vara* blanche (assez gros bâton blanc de quatre pieds de long), tandis que les *vereadores* (dignitaires du même corps), la portent plus mince, noire et enrichie de l'écusson du Brésil et de plusieurs ornements peints en couleurs et en or : le reste du costume est commun à tous les sénateurs et bourgeois notables. La cravate de superbe dentelle, la ganse et le bouton en diamants, et la riche broderie en or, argent, ou en soie de couleurs variées, indiquent par leur belle qualité le degré de fortune du fonctionnaire qui les porte. Le riche notable déploie également son luxe dans le beau choix de sa monture magnifiquement caparaçonnée. Dans cette circonstance aussi, la mule chargée des fusées, et conduite par deux valets de pied en grande livrée, provenait des écuries de l'empereur.

PLANCHE 15.

Mariage de nègres, esclaves d'une maison riche.

Il est également de la décence et du bon ton, dans une maison riche au Brésil, de faire marier les négresses, sans cependant trop contrarier leur inclination dans le choix d'un époux; cet usage est fondé sur l'espoir de les attacher davantage à la maison.

En effet, naturellement très-passionnés, ce n'est qu'aux dépens de leur service que les domestiques nègres peuvent aller visiter leurs maîtresses; ce qui porte les plus hardis à découcher furtivement; premier déréglement qui les entraîne souvent au vol, afin de se montrer amants généreux. C'est donc pour parer à ces funestes conséquences, que chez les gens de la haute classe, on voit presque toujours la première femme de chambre de madame épouser le cocher de monsieur : et ainsi de suite pour les autres négresses employées au service des appartements, à l'égard des domestiques de confiance du maître de la maison. Déjà plus particulièrement protégés, ces époux légitimes sont assurés de recevoir des cadeaux lors de la naissance de chacun de leurs enfants; de manière qu'il n'est pas rare de voir ces ménages, pour peu qu'ils aient de l'ordre, s'amasser des rentes fondées par les profits véritablement considérables qu'ils doivent à leurs maîtres ou aux nombreux amis de leur maison. Aussi le créole se glorifie-t-il d'être issu d'un couple marié. Dans la cérémonie du mariage, c'est le domestique d'un rang supérieur qui sert de parrain à son inférieur; et c'est la vierge qui sert de marraine à tous. Mais pour obvier à la monotonie de ce prénom, le rite catholique, au Brésil, offre un choix très-varié dans la foule de titres protecteurs ajoutés au nom de la mère de Dieu : tels que *Maria da Conceição* (Notre-Dame de la Conception), Notre-Dame des Carmes, de la bonne Mort, de la Gloire, (Assomption), Mère des Hommes, Notre-Dame des Plaisirs, des Anges, des Protections, de la Montagne, etc.

Un fait remarquable, c'est que la négresse, douée à un point extraordinaire de l'ardeur des sens, bien que fidèle et chaste dans le lien du mariage, ne résiste pas au désir de conquérir l'amour de son maître par des soins recherchés et l'expression gracieuse de ses touchantes affections, qu'elle voile avec soin sous l'apparence de l'humilité; et ce manége, il faut le dire, leur réussit dans toutes les conditions.

Explication de la planche.

La scène se passe à l'entrée de la nef d'une église : on y reconnaît, comme dans toutes les autres, la seconde porte à chambranle isolé (espèce de paravent en bois), et un peu plus en avant encore, une partie des deux consoles qui soutiennent la tribune de l'orchestre où se trouve l'orgue. Au bas de ces piliers commencent les balustrades qui longent, de chaque côté, les deux ou trois chapelles latérales jusqu'aux marches du maître-autel. Le sol est garni de planches qui recouvrent les caveaux destinés aux sépultures. Les plates-bandes en pierre indiquent l'épaisseur du mur qui divise ces caveaux, ordinairement de six à huit pieds de profondeur, et dans lesquels on entretient une certaine quantité de terre, pour recouvrir chaque corps et l'isoler de six pouces environ. L'inhumation se faisant par ordre numérique et successif, il est d'usage d'exhumer les ossements au bout d'un an, afin de laisser des sépultures vacantes. Ces ossements sont conservés, amoncelés dans un charnier placé dans une cour adjacente à l'église.

A cet ancien usage a succédé la construction des catacombes dans une galerie ouverte, contiguë à l'église; innovation infiniment multipliée depuis 1816.

Mais en 1830, une loi de salubrité publique a prohibé l'inhumation des corps dans l'intérieur des églises, et a amené l'établissement des cimetières à l'instar de ceux de France.

De ce groupe de nouveaux époux, le couple du premier plan est celui dont le physique annoncerait des qualités morales supérieures, et celui du second plan serait le moins bien partagé.

Le maintien des négresses est imité de celui de leurs maîtresses; elles tiennent comme celles-ci l'éventail enveloppé dans leur mouchoir blanc.

Le moment représenté est celui de la bénédiction du nœud conjugal, dont le cérémonial prescrit au futur époux de poser la main sous l'extrémité de l'étole présentée par le prêtre, et à la fiancée de poser la sienne sur cette même partie de l'étole, dont l'extrémité les enveloppe toutes deux : le prêtre les bénit.

Mais, pour abréger la cérémonie, l'officiant fait une exhortation générale, et donne ensuite la bénédiction nuptiale à chaque groupe en particulier.

Le parrain (postillon-cocher) assiste à une distance respectueuse.

N° 2. *Enterrement d'un négrillon.*

Cette planche offre deux exemples *du convoi funèbre d'un négrillon;* le plus fastueux, et qui occupe le milieu de la scène, nécessite la location temporaire, non-seulement de la *Caderinha* drapée de damas, mais encore du petit cercueil enrichi de bouquets de fleurs artificielles, et de l'auréole de clinquant que fournit *l'armador* (tapissier des pompes funèbres). L'enterrement achevé, tous ces accessoires retournent au magasin du tapissier, auquel on paye de 2 à 4,000 reis (de 12 à 24 francs), selon la fraîcheur des objets fournis, le salaire des porteurs restant à la charge des parents du défunt.

Mais ce luxe n'appartient, en général, qu'aux maisons riches qui veulent exercer dignement une œuvre de piété pour un *anginho* (petit ange) (*). On voit cependant aussi la négresse libre, un peu opulente, et toujours membre d'une confrérie pieuse, s'imposer une pareille dépense comme devoir.

Quant au second enterrement, infiniment plus simple, il ne nécessite qu'un porteur pour le cercueil, et revient au plus à 8 francs; néanmoins, pour l'indigent qui utilise son *taboleiro* (petit plateau de bois), qu'il recouvre d'un tavaïolle pour y placer le corps, il n'en coûte que la commission du nègre porteur, et même dans le cas où il n'est pas emprunté au voisin : dernière ressource de l'extrême pauvreté.

Si la perte de cet esclave enfant laisse à la maîtresse de la maison le consolant espoir de posséder un petit ange qui, au ciel, intercède pour elle, cette même perte n'est pas moins sentie par le cœur du maître, privé d'un capital de 2,000 francs peut-être, qu'eût représenté cet immeuble vivant.

Néanmoins, au Brésil, la mortalité des négrillons, généralement assez grande, est bien compensée par l'étonnante fécondité des négresses, douées en outre d'une constitution physique favorable à l'accouchement, facilité chez elles par l'extrême petitesse du crâne nègre.

Le négrillon naissant est d'une couleur rouge jaunâtre; on aperçoit seulement autour des ongles des pieds et des mains, et aux parties génitales, une teinte un peu brunâtre, qui s'étend peu à peu, en huit jours, sur le reste de l'individu.

(*) La négresse qui accompagne est une des esclaves un peu âgée de la maison, et le plus souvent la marraine du négrillon.

Il est donc bien reconnu que ce n'est pas l'ardeur du soleil, sur le sol africain, qui donne la couleur noire à la peau du nègre : on sait en effet que sa teinte brune foncée réside dans le tissu muqueux et réticulaire du malpighi placé sous l'épiderme. Cet épiderme est une concrétion de la mucosité malpighienne, qui transsude continuellement par les petits vaisseaux du chorion, et forme ce pigment noirâtre et huileux qui enduit la peau du nègre. Enfin cette teinte jaunâtre chez le négrillon naissant brunit peu à peu en quelques semaines, fonce à mesure que le nègre grandit, devient d'un beau noir luisant dans la force de l'âge, puis se ternit, pâlit même dans la caducité, à l'époque où les cheveux grisonnent.

Est-il malade, on le voit se décolorer et devenir livide. Bien plus encore, la transparence du tissu est telle que l'œil exercé voit rougir le nègre répréhensible.

Quoique toutes les races ne soient pas également noires, les individus de chacune d'elles qui deviennent plus noirs sont aussi les plus robustes, les plus actifs et les plus mâles; tandis qu'au contraire, ceux qui ne sont que bruns ou couleur marron sont faibles et dégénérés.

La teinte noire du nègre ne s'arrête pas à la peau, elle se retrouve partout: le sang est plus foncé, la chair est d'un rouge plus brun, la portion corticale de la cervelle est très-noirâtre, la moelle allongée est d'une couleur jaune grisâtre; chez lui la bile est d'une teinte plus foncée, etc.

Puis, si l'on examine les proportions de sa tête, on y trouve la face excessivement développée, comparativement au rétrécissement du crâne, généralement plus petit d'un neuvième que celui d'un Européen; différence dont on se rend compte en les remplissant tous deux d'un liquide : ce qui expliquerait l'infériorité de ses facultés intellectuelles reconnue parmi nous.

La physiologie attribue à la grosseur de la moelle épinière du nègre, son extrême disposition aux sensations et aux excitations nerveuses. Fléau de plus dans son esclavage!

Les cicatrices de sa peau restent grises, et les brûlures se dessinent par un blanc rosé. On reconnaît également, à la blancheur de la peau, la paume des mains d'une négresse laveuse, et la plante des pieds d'un nègre marcheur.

En résumé, les savants naturalistes s'accordent à démontrer que le nègre est une espèce à part dans la race humaine, et voué, par son apathie, à l'esclavage, même dans sa mère patrie.

PLANCHE 16.

Enterrement d'une femme nègre.

Il n'existe de différence entre le cérémonial *du convoi funèbre d'une négresse* et celui d'un homme de la même race, que la composition du cortége *uniquement formé de femmes*, dans le premier, à l'exception des deux porteurs, du maître des cérémonies et du tambour. Ce tambour porte pour caisse une boîte en bois, de moyenne grandeur, sur laquelle il exécute par intervalles une espèce de roulement, assez lugubre en effet, avec la paume de ses mains; et comme cette caisse se porte simplement sous le bras, le tambour est obligé de s'accroupir de temps en temps, et de la poser sur ses cuisses pour effectuer sa batterie. Mais il s'élance, aussitôt que le cortége le joint, pour regagner du terrain : retraite qui explique les intervalles des roulements, du reste remplis par les psalmodies du cortége féminin aux accents magiques, dont l'influence excite un grand nombre de compatriotes du même sexe à venir s'associer à cette pieuse réunion. Chez la nation Mozambique, les paroles de ce chant funèbre sont plus remarquables par leur sens entièrement chrétien; car chez les autres, elles se réduisent à des plaintes sur l'esclavage, et encore sont-elles assez grossièrement exprimées.

Je rapporte ici le texte mozambique exprimé en portugais.

Nos estamos chorando nosso parenté, não encherguemos mais; vai em baixo da terra atèo dia de Juiz, hei de seculo seculorum, amen.

Nous pleurons notre parent, que nous ne verrons plus; il va dans la terre attendre le jour du jugement, jusqu'à la fin des siècles, ainsi soit-il!

Lorsque *la défunte* est de la classe indigente, ses parents ou ses amis *profitent de la matinée* pour transporter *le corps dans un hamac*, et le déposer par terre le long du mur d'une église, ou bien encore près de la porte d'une *venda* (boutique d'épicier). Là, une ou deux femmes entretiennent une petite chandelle allumée près du hamac, et invitent les passants charitables à compléter, par de modiques aumônes, la somme exigible pour les frais de sépulture à l'église, ou plus économiquement au cimetière de l'hospice de la Miséricorde, car ce dernier genre d'inhumation est réglé à 3 pataques (6 francs), le transport funèbre restant à la charge de l'hospice.

Cette exposition publique attire infailliblement des curieux parmi lesquels on remarque plus particulièrement, comme contribuables, les compatriotes de la défunte. Pauvres comme elle, ils ne déposent, le plus souvent, chacun qu'une pièce de *dix reis* (5 liards), la plus petite pièce de monnaie en circulation. Mais le grand nombre supplée à la modicité de chaque offrande; car il est sans exemple qu'un indigent reste, faute d'argent, sans sépulture.

La scène se passe devant la *Lampadoza*, petite église desservie par un clergé nègre, et assistée d'une confrérie de mulâtres.

Le nègre, maître des cérémonies, une baguette à la main, paré d'une double cotte formée par deux mouchoirs de couleur, et son torchon en turban (rodilha), fait arrêter le cortége devant la porte que l'on n'ouvre qu'au moment de l'arrivée, pour éviter la foule des curieux, ses compatriotes.

Le tambour profite de ce moment de halte pour faire entendre son roulement, tandis que les négresses déposent à terre leurs divers fardeaux pour accompagner par des battements de main, les chants funèbres en l'honneur *de la défunte transportée dans le hamac*, et accompagnée par *huit parentes* ou *amies intimes, dont chacune pose une main sur le drap mortuaire*.

A cette bruyante pompe funèbre se joint le son de deux petites cloches, dont le maigre carillon est presque couvert par le sifflement des tourillons rouillés qui les supportent.

Plus que tout cela, l'ombre de la nuit répand une harmonie funèbre sur tous ces détails; car le cérémonial, selon la coutume brésilienne, ne commence qu'à la chute du jour.

N° 2. *Enterrement d'un fils de roi nègre.*

Il n'est pas extraordinaire de trouver, parmi la foule d'esclaves employés à Rio-Janeiro, quelques *grands dignitaires éthiopiens*, et même *des fils de souverains* de ces petites peuplades sauvages. Mais il est à remarquer que *ces illustrations ignorées*, privées publiquement de leurs insignes, n'en sont pas moins vénérées de leurs anciens vassaux, aujourd'hui leurs compagnons d'infortune au Brésil. J'ajouterai que ces *espèces d'hommes de bien*, dont la plupart prolongent leur carrière jusqu'à la caducité, meurent généralement honorés de leurs maîtres.

Il est donc d'usage, chaque fois que dans la rue, tous deux en commission, le ci-devant sujet rencontre le souverain de sa caste; il le salue respectueusement, lui baise la main, et lui demande sa bénédiction. Toujours dévoué et confiant en ses nobles lumières, il le consulte aussi dans les circonstances difficiles, etc. Mais grâce à sa haute naissance, *le noble esclave* retrouve chez ses sujets les moyens de se procurer la somme suffisante au rachat de sa liberté; et dès ce moment il se livre scrupuleusement à son industrie, pour effectuer le remboursement de sa dette sacrée.

Alors, retiré économiquement dans un petit rez-de-chaussée situé dans quelque impasse, ou une petite rue de traverse, il recouvre toute sa grandeur au milieu de ses haillons; là, *revêtu de ses insignes*, il préside annuellement sa cour, réunie dans sa bicoque, pour célébrer les solennités africaines.

Enfin, lorsqu'il vient à mourir, on l'expose enseveli, étendu sur sa natte, le visage découvert, et la bouche enveloppée d'un mouchoir (*). Et dans le cas où l'on ne possède aucune des pièces de son costume africain, le plus artiste de ses sujets y remédie en traçant sur la muraille le portrait en pied et de grandeur naturelle *du monarque défunt, revêtu de son grand costume enrichi de ses couleurs*; chef-d'œuvre artistique d'une naïve et servile imitation, qui stimule le zèle religieux de ses vassaux, empressés de verser à deux mains de l'eau bénite sur le corps vénéré. Mais ensuite, le plus difficile pour eux est de ressortir de ce petit réduit encombré de monde, et de traverser la foule des curieux qui en assaillent la porte.

Il est aussi visité par des députations des autres nations nègres, représentées chacune par trois dignitaires: l'un diplomate, revêtu d'un gilet, d'un pantalon noir, chapeau à cornes assez gras et plus ou moins déchiré; le second est le porte-drapeau, tenant à la main une grande gaule au haut de laquelle est enroulé un petit lambeau d'étoffe de couleur; et le troisième est armé, comme capitaine des gardes, d'une petite baguette entourée d'un ruban étroit, ou simplement ornée d'un nœud: quant à son costume militaire, il n'exige, à la rigueur, qu'un simple pantalon pour cacher sa nudité. Chaque députation, à son arrivée, est introduite par son capitaine des gardes, qui se sert de son arme pour s'ouvrir un passage à travers la foule, et ressort de la même manière.

(*) C'est à l'usage qu'ont les nègres de placer une pièce de monnaie dans la bouche du défunt que l'on doit attribuer la nécessité de lui envelopper la partie inférieure du visage avec un mouchoir serré par un nœud.

Quoique aucun ornement funèbre ne désigne l'extérieur de la porte de la maison du défunt, on la reconnaît cependant, même de loin, au groupe permanent de ses sujets qui psalmodient en s'accompagnant de leurs instruments nationaux peu sonores, mais renforcés par le battement de mains de ceux qui les entourent : batterie composée de deux coups vifs et d'un lent, ou variée par trois coups précipités et deux lents, mais généralement exécutée avec autant d'énergie que d'ensemble. A ce bruit monotone, entretenu depuis la pointe du jour, se mêle par intervalles la détonation de pétards et de gros marrons, jusqu'à six ou sept heures du soir que commence l'organisation du cortége pour le convoi.

La procession commence par le maître des cérémonies que l'on voit sortir de la maison mortuaire, pour faire reculer, à grands coups de rotin, la foule nègre qui obstrue le passage; il est suivi du nègre artificier qui continue sa manœuvre à coups de pétards, et derrière lui s'élancent trois ou quatre nègres voltigeurs, faisant des sauts périlleux ou la roue, et mille autres cabrioles pour animer la scène.

A ces apparitions turbulentes succède la sortie silencieuse des amis et des députations qui escortent gravement *le corps porté dans un hamac recouvert d'un drap mortuaire.* Enfin la marche est fermée par quelques autres aides de cérémonies, armés de rotins, servant d'arrière-garde pour maintenir à une distance respectueuse les curieux qui suivent. Le convoi s'achemine ainsi vers l'église, indubitablement l'une des quatre entretenues spécialement par des confréries nègres, telles que la *Sè velha, nossa senhora da Lampadoza, do Parto*, et de *S. Domingo.*

Pendant la cérémonie de l'enterrement, la détonation des pétards, le bruit aigu du claquement des mains, l'harmonie sourde des instruments africains, accompagnent les chants des nationaux de tout sexe et de tout âge, rassemblés sur la place devant le portail de l'église.

Enfin le cérémonial terminé, les soldats de la police, à leur tour, dispersent également à coups de houssine les derniers groupes flâneurs, pour que tout soit achevé dans les formes brésiliennes.

Planche 17.

Premières médailles frappées au Brésil.

Ce fut encore à la colonie d'artistes français, appelés à Rio-Janeiro en 1816, que l'on dut *la première production numismatique gravée et frappée au Brésil :* monument durable et authentique de l'époque de son élévation au titre de royaume uni au Portugal, qu'il échangea plus tard contre celui d'empire indépendant.

En effet, pendant le cours de 1816, première année des préparatifs de ce grand œuvre politique qui fit naître, sous toutes les formes, des monuments de reconnaissance et de dévouement, *le sénat de la chambre de Rio-Janeiro* sentit l'importante nécessité *de consacrer une médaille à la gloire du nouveau royaume Brésilien.*

Dans cette occurence on s'adressa aux graveurs de la monnaie : mais ils ne purent que très-imparfaitement copier les coins, eux-mêmes informes, et tirés d'Angleterre, pour frapper *les pièces de monnaie d'or.* Plus d'une année s'était déjà écoulée en infructueux essais, lorsqu'un Français, graveur de médailles, arriva à Rio-Janeiro; heureux hasard qui ranima les espérances du sénat : et l'artiste commença la gravure de l'effigie royale, tandis que Grandjean, notre architecte, s'occupa de son côté de la composition du revers, représentant un temple dédié à Minerve où se trouvait le buste du roi couronné par la déesse. Programme arrêté en même temps par les sénateurs, pour l'illumination qu'ils faisaient élever à leurs frais. Toutes les difficultés d'exécution semblaient ainsi aplanies, quand malheureusement, au bout de quelques mois de travail, le graveur fut surpris par un accès d'aliénation mentale qui le détermina à quitter le Brésil; et pour la seconde fois la confection des coins fut ajournée indéfiniment.

Ce ne fut en effet qu'en 1820, époque de l'organisation de l'académie des beaux-arts, que le classement des professeurs fit distinguer, comme graveur de médailles, *l'un des deux frères Ferrez,* statuaires. La gravure de l'effigie royale entrant alors dans ses attributions, il en fit le sujet d'une première médaille qu'il présenta au roi. Ce plein succès, aussi rapide qu'inattendu, rassura plus que jamais le sénat sur l'accomplissement de son vote; et grâce à l'activité du graveur, on vit paraître dans la même année *la médaille si long-temps désirée et consacrée à l'avénement au trône de Jean VI,* fondateur du royaume uni du Portugal, du Brésil et des Algarves.

Ces deux premiers monuments numismatiques occupent la première ligne dont le centre offre le côté de l'effigie qui leur est commune.

Les deux médailles frappées sous l'empire composent la seconde ligne dont le centre est occupé par l'effigie impériale qui leur est également commune. *La première* est celle consacrée à la fondation de l'empire du Brésil; *et la seconde* à l'installation de l'académie impériale des beaux-arts de Rio-Janeiro.

Enfin, *les deux dernières* placées sur la troisième ligne sont : celle avec effigie impériale, frappée en mémoire de la réorganisation de l'académie médico-chirurgicale de Rio-Janeiro, par un décret impérial de 1826; et l'autre, celle de l'installation de la société de médecine de Rio-Janeiro, effectuée le 24 avril 1830, et autorisée par un décret impérial. (Voir l'article *Instruction publique*).

Il en existe plusieurs autres, telles que celle de l'institution de l'enseignement mutuel, une autre d'encouragement d'industrie nationale, etc. Toutes ces médailles furent gravées et frappées par le même auteur, *M. Zéphirin Ferrez, notre collègue.*

Nota. Des épreuves de ces trois premières médailles font aujourd'hui partie de la collection de ce genre conservée à la Bibliothèque royale de Paris.

PLANCHE 18.

Costume des ministres.

Pour motiver l'analogie de costume entre les ministres et les chambellans à la cour de Rio-Janeiro, il suffit d'observer que l'ancien système de servitude générale établi en Portugal autorisait le roi à ranger également dans la classe de ses chambellans, le sujet de la plus haute noblesse, le diplomate ou le militaire du premier mérite; et qu'il est naturel de trouver le reflet de ces formes au Brésil, gouverné par la cour de Lisbonne (*).

Le petit uniforme représenté ici ne porte de broderie qu'au collet et aux parements, mais avec le même caractère de dessin de ce grade, tandis que le grand uniforme est brodé sur toutes les coutures. L'habit est de drap vert, doublé en soie, culotte de casimir et bas de soie blancs, chapeau à plumes.

Anciennement chaque ministre avait pour estafette un soldat de cavalerie; mais depuis le mois d'octobre 1825, époque de l'entrée au ministère du vicomte de Barbacèna (Filisbert), on les remplaça par des courriers du cabinet, ou plutôt courriers des ministres. Leur costume est : l'habit bleu à collet et parements rouges, galonnés en or, pantalon bleu garni de cuir, bottes à l'écuyère, chapeau ciré. Le courrier suit la voiture de son maître.

Le ministre intendant de la police est le seul escorté par un soldat de cavalerie de la police.

C'est au courrier qui stationne sous la porte cochère du ministre que l'on s'adresse en entrant.

(*) Il n'est pas sans intérêt pour l'histoire portugaise de consigner ici que la ferme volonté de se soustraire à ce joug humiliant détermina *les deux jeunes ducs de Cadaval* à refuser tout emploi à la cour de Jean VI, leur cousin, pour conserver le noble privilége d'échanger leurs visites contre celles du roi leur parent, et sans obligation *au baise-main*. Cet acte d'émancipation froissa infiniment la vanité royale à Rio-Janeiro.

Planche 19.

Un notable Brésilien baisant la main de l'empereur arrêté à parler à un officier de sa garde.

Don Pedro, à peine régent, développa éminemment toutes les qualités d'un souverain régénérateur; par-dessus tout, ami de la droiture et jaloux de connaître en détail le besoin de ses sujets, il consacra paternellement un jour de la semaine à une audience publique à Rio-Janeiro. Là, tous les samedis depuis neuf heures du matin jusqu'à deux, et depuis quatre jusqu'à six et demie de relevée, tout citoyen, indistinctement admis à lui parler, lui adressait un placet. Chaque demande était ensuite examinée par le conseil d'État, et le demandeur pouvait, deux jours après, aller lire la réponse inscrite sur un registre ouvert au public, pendant la matinée, à la secrétairerie d'État. Mais les partisans portugais, qui se trouvaient encore au pouvoir, entravèrent cette marche en persuadant au prince que, régent, il ne pouvait prendre aucune détermination définitive sans la sanction préalable des *cortès* de Lisbonne (*). Et restreint dans ses limites, il continua seulement l'usage du *beija mão* (baise-main), *réception aux jours de fêtes;* ce qui explique cette expression portugaise, c'est que l'admission à l'honneur de baiser la main du souverain, tradition orientale de la plus haute antiquité, transmise par les Portugais au Brésil, dégénéra même en obligation de prodiguer cette marque d'esclavage à tout sujet qui s'approche de son protecteur. Aussi, journellement et par habitude, l'empereur présente sa main à baiser à tous ceux qui se pressent sur son passage; et si, par une exception très-rare, il l'a refuse, cela devient une marque publique de défaveur pour le sujet repoussé.

On sent donc que cette démonstration de faveur reprend toute sa dignité primitive aux jours de réception à sa cour, où chaque personne admise, en s'approchant du souverain, le salue, fait une légère génuflexion, et lui baise la main en le quittant.

Cérémonial qui a donné naturellement la dénomination de *baise-main* à toutes grandes réceptions affectées aux jours solennels indiqués ici par *dias de grande galla,* de *pequéna galla,* (grand et petit gala) (**).

(*) Peu de temps après, tout reprit une nouvelle forme par l'émancipation du Brésil.

(**) GRANDE GALLA. BEIJA-MAO.

Souhaits de la nouvelle année.........	1er janvier.
Résolution de don Pedro de rester au Brésil.	9 janvier.
Serment prêté par l'empereur à la constitution de l'empire..................	25 mars.
Naissance de dona Maria, deuxième reine de Portugal......................	4 avril.
Ouverture de l'assemblée générale......	3 mai.
Acceptation du titre de défenseur perpétuel du Brésil par don Pédro Ier...	13 mai.
Fête de S. M. l'impératrice Amélie......	10 juin.
Anniversaire de sa naissance..........	31 juin.
Proclamation de l'indépendance du Brésil...........................	7 septembre.
Naissance de S. M. I. don Pedro Ier et son acclamation..................	12 octobre.
Fête de S. M. I.....................	19 octobre.
Anniversaire du couronnement de l'empereur don Pedro Ier.............	1er décembre.
Naissance du prince don Pedro II....	2 décembre.
Fête de Notre-Dame de la Conception, protectrice de l'empire...........	8 décembre.
Première octave de Noël...........	26 décembre.

L'artiste suppose ici l'empereur entrant sous le vestibule du palais, et suivi d'un chambellan et d'un premier valet de chambre. Le chambellan, comme l'indique la note de la planche 18e, porte l'habit de cour des grands dignitaires, mais distingué par sa clef d'or, insigne de son rang; tandis que le premier valet de chambre, placé derrière lui, porte une broderie d'un caractère plus simple, et une clef d'argent.

Le premier motif, un peu mesquin, du dessin de la grande broderie adoptée sous l'empire, et composée d'une branche de riz mêlée à des palmes, fut remplacé plus tard par le faisceau de plumes renouvelé de la broderie de la cour de Portugal : changement qui froissa le parti brésilien, en ce qu'il y voyait une réminiscence du régime absolu. Je dois cependant avouer, comme dessinateur, que l'effet de cette dernière broderie est plus large et plus riche.

Je reproduis, à la gauche de la planche, le détail des deux broderies du chambellan, et à la droite, le dessin plus simple de la broderie du valet de chambre.

PEQUENA GALLA. BEIJA-MAO.

Naisssance de la princesse impériale dona Paula Marianna .... 17 février.

Naissance de la princesse impériale dona Januaria .... 11 mars.

Anniversaire du deuxième mariage de l'empereur, et de la naissance de la princesse impériale Francisca Carolina .... 2 août.

PLANCHE 20.

Quinta Real de Boa Vista ou Palais de Saint-Christophe.

La Quinta Real de Boa Vista, la maison de campagne royale de Belle-vue, doit son nom à sa belle position, et offre le double intérêt de la transformation d'une simple maison rurale en une habitation royale, dont les améliorations successives, commandées par l'accroissement du Brésil, en firent un beau palais impérial.

Simple habitation d'un riche colon, choisie avec prédilection, en 1808, par le prince régent D. Jean VI, comme demeure habituelle, Saint-Christophe subit quelques additions indispensables pour loger le souverain et sa fille aînée, mariée avec l'infant d'Espagne D. Carlos. Peu de temps après, un architecte anglais arrivé à Rio-Janeiro substitua à la simplicité uniforme de cette *chacra* une décoration extérieure d'un style gothique beaucoup plus digne d'une cour européenne : et nous vîmes l'un des quatre pavillons, projetés aux angles de l'édifice, déjà achevé en 1816; époque à laquelle l'artiste anglais quitta le Brésil. Bientôt, la solennité du couronnement du roi et du mariage du prince D. Pedro, motivant un nouvel embellissement, la cour en chargea un architecte portugais, employé comme peintre de décors (*); et qui, naturellement, rentra dans le style portugais. Tout resta ainsi jusqu'en 1822, où l'avénement de D. Pedro au trône impérial exigea d'autres dispositions intérieures d'un caractère plus élevé, et à la suite desquelles on commença les fondations du second pavillon sur la face principale du palais. Mais la mort de Manoël d'a Costa, en 1826, détermina l'empereur à prendre un jeune architecte français (**), déjà à son service, qui présenta les projets d'une entière restauration infiniment préférable par la pureté du style. Exécutés avec activité, l'extérieur du second pavillon, ainsi que la façade du corps du bâtiment étaient déjà achevés, lorsqu'en 1831 l'empereur et l'architecte durent se retirer en France.

Depuis, et jusqu'à 1836, le palais impérial de Saint-Christophe n'a subi aucune autre amélioration.

Ici se terminèrent donc tous les efforts du luxe européen sur ce manoir, dans lequel, grâce à son isolement, Jean VI avait commencé à se remettre de l'effrayante catastrophe, qui l'avait relégué au Brésil. Retraite, dans laquelle il passa douze années assez paisibles, et d'où l'arracha le mouvement politique de Lisbonne, le 22 avril 1821, quatorzième année de sa résidence au Brésil.

Palais réservé à une plus haute destinée, et abandonné dix ans plus tard, mois pour mois, le 7 d'avril 1831, après vingt-trois années de séjour, par D. Pedro Ier, empereur du Brésil. Illustre solitude, qui vit D. Pedro enfant développer ses facultés physiques; à peine adolescent, jouir des douceurs du mariage et de la paternité, et supporter, encore bien jeune, le terrible poids d'une couronne impériale! Peuplé de brillants souvenirs, aujourd'hui simple maison de plaisance, privée de ces grandes et brillantes réceptions, de ces importantes conférences diplomatiques, le palais de Saint-Christophe s'honore encore de recevoir la jeune famille régnante, qui vient s'y délasser, par intervalles, du joug de l'étude imposée à sa grandeur prématurée.

(*) Manoël d'a Costa.
(**) Pézerà. (Voir les notes de l'arrivée de la cour au Brésil.)

Explication de la planche.

J'ai pensé que le meilleur moyen d'offrir au lecteur la série des additions de construction qui firent, en quinze années, un palais impérial d'une simple maison de campagne brésilienne, située à Saint-Christophe (*), était de composer un tableau comparatif de ses accroissements, reconnaissables chacun par la différence du style d'architecture; différence qui explique en même temps la marche progressive et si rapide de la civilisation chez ce peuple régénéré depuis 1816.

Le n° 1 donne l'aspect du pied-à-terre offert, en 1808, comme maison de plaisance, à la cour de Jean VI, lors de son arrivée à Rio-Janeiro. Simple habitation, néanmoins digne du titre de modèle des plus spacieuses maisons rurales brésiliennes par l'étendue de *sa varenda,* ou galerie à vingt colonnes, cet indispensable abri contre l'ardeur du soleil en décore la principale façade, qui est surmontée d'un premier étage; véritable luxe dans une *chacra* (maison de campagne). On la voit, selon la coutume, placée sur un plateau, et dominer ainsi toute la propriété qui en dépend.

Sous le n° 2, je donne le premier accroissement, d'un goût déjà plus européen, car le style en est gothique. Il se compose d'un pavillon colossal, construit à l'une des extrémités de la façade principale, décorée d'une galerie éclairée par dix-sept arcades (en ogive). On y voit aussi le devant du plateau consacré à la cour d'honneur convenablement fermé par une grille à trois entrées, rapportée au troisième dessin, sur une plus grande échelle.

Comme cette première innovation, qui date de 1816, ouvrage d'un architecte anglais, est facile à distinguer, de loin, par ses masses, je l'ai placée dans la vue générale du site qu'elle domine, et dont l'extrémité vers le mur est couronnée par l'antique lazaret, utilisé depuis pour caserner les troupes destinées à la garde du palais. Au pied de cette même colline on aperçoit la petite jetée en bois, point de débarquement qui regarde le nouveau chemin de Saint-Christophe, et duquel, le 7 avril 1831, *D. Pedro* Ier s'embarqua pour quitter, à jamais, le palais impérial de Saint-Christophe, dès lors concédé à son successeur *D. Pedro* IIe, son fils, en faveur duquel il avait abdiqué le même jour.

Dans le troisième dessin du palais, je reproduis les détails plus en grand, de ces mêmes masses, mais décorées cette fois en style portugais qui caractérise la restauration faite en 1822, à l'époque de l'avénement au trône de *D. Pedro* Ier, empereur du Brésil. Néanmoins la grille d'honneur ne subit de changement que dans l'écusson qui couronne la porte du milieu, et dans lequel on substitua aux armoiries du royaume-uni celles de l'empire du Brésil. Toute la construction de cette grille est en terre cuite blanche, montée par morceaux, dont les ornements, finement estampés, furent fabriqués à Londres, sur les dessins et d'après les ordres de l'architecte anglais, auteur de la restauration en style gothique. On regrette néanmoins que la porte du milieu, ainsi que toute la partie droite de cette clôture, restées impraticables depuis leur érection, ne servent réellement que d'ornement provisoire à un mur de terrasse, auquel on a réservé une entrée latérale, la seule accessible, grâce à une pente douce ménagée de ce côté.

Mais tandis que la restauration du palais impérial de Saint-Christophe prenait, chaque jour, un cachet plus grandiose, le goût européen introduit à cette époque dans les maisons de campagne des faubourgs de Rio-Janeiro, habitées par des étrangers, présidait également aux plantations nouvelles, commandées par l'empereur, pour l'embellisement du parc de

(*) Antique village indien, longtemps habité par les aborigènes, dépossédés du territoire envahi par les Européens, qui y fondèrent la ville de Rio-Janeiro.

Saint-Christophe : et l'on vit alors s'embellir la *Joanninha* (petit pied-à-terre), ainsi que ses dépendances, qui composent la partie basse de ce domaine, si pittoresquement arrosée par la petite rivière de *l'Ingenhio velho*. Effectivement, en moins de deux ans, cet admirable site anglo-brésilien présenta un nouveau charme au palais, et devint, à juste titre, un but de promenade habituelle pour la jeune famille impériale.

Au milieu de cette succession rapide d'innovations naquit le désir d'embellir la cour d'honneur d'un jet d'eau en utilisant la source d'une petite pièce d'eau établie, comme ornement, dans la partie du jardin, au pied d'une des faces latérales du palais. Mais comme cette source est placée à trente pieds en contre-bas du sol du bassin projeté, la nécessité d'une machine hydraulique fit adopter un appareil de fabrique anglaise, suffisant aux premiers essais, en attendant le perfectionnement à la faveur duquel on obtient maintenant un assez fort jet d'eau, qui s'élance d'une cuvette exhaussée au centre d'un bassin carré, entouré d'une grille d'appui de même forme, et aux angles de laquelle on a placé des réverbères pour compléter l'illumination de la cour d'honneur.

Revenant à la distribution intérieure du palais, il nous reste à indiquer que le pavillon était spécialement destiné au logement du roi, et que les petits appartements des personnes de service près du monarque, avaient leurs portes pratiquées dans la galerie vers l'extrémité rapprochée du pavillon; tandis que les deux dernières, à l'extrémité opposée, donnaient entrée aux salles du conseil et du trône. On avait placé la chapelle du château, et les appartements du prince royal D. Pedro, dans le petit arrière-corps de logis élevé en aile, et dont l'escalier de service donnait dans la cour des remises, située sur la face opposée à la galerie (ou varanda). On avait réuni dans cette même cour quelques dépendances, et le petit commun, etc.

Enfin, la quatrième vue, prise de la cour d'honneur, réunit l'addition du second pavillon, composé de deux étages, et déjà habité, en 1830, par leurs Majestés Impériales : quant à la distribution intérieure, il suffira de dire que l'utile et l'agréable ingénieusement réunis y prouvent le talent de notre jeune architecte français, M. Pézéra, auteur de la dernière restauration, malheureusement restée inachevée dans son ensemble, par suite du départ de D. Pedro Ier, en 1831.

PLANCHE 21.

Brûlement du Judas, le samedi saint, au moment de l'alleluia.

Le sentiment des contrastes, qui féconde si spécialement le génie des peuples méridionaux de l'Europe, se retrouve également ici chez le Brésilien, habile à faire succéder au spectacle lamentable des détails de la passion de Jésus-Christ, portés processionnellement pendant le carême, *la pendaison solennelle du Judas*, le samedi saint. Pieuse justice dont il fait le motif d'*un feu d'artifice, tiré à dix heures du matin, au moment de l'alleluia,* et qui met en mouvement toute la population de Rio-Janeiro, joyeuse de voir les lambeaux enflammés de cet apôtre pervers, dispersés en l'air par l'explosion des pétards, et consumés aussitôt, au bruit *des vivat* de la populace. Scène répétée au même instant sur presque toutes les places de la ville.

C'est donc au premier son de la cloche de la chapelle impériale, qui annonce la résurrection du Christ, et commande le brûlement du Judas, que ce double motif d'allégresse s'exprime à la fois par les détonations de l'artifice, les salves de l'artillerie de la marine, celle des forts, les joyeuses clameurs de la populace, et le carillon de toutes les églises de la ville.

En effet, il faut l'avouer; saisir l'occasion d'un contraste aussi tranché, tiré du sujet même, et qui, achevant pieusement le carême, efface dans l'espace de dix minutes, aussi ingénieusement, l'austérité de ses formes, c'est le triomphe de l'invention chez un peuple vif, et infiniment impressionnable.

Si nous passons aux préparatifs de la scène, nous voyons aussi la classe indigente, facile à se prêter aux illusions, figurer un Judas, en bourrant de paille un vêtement d'homme, auquel elle ajoute un masque coiffé d'une bonnet de laine pour conformer sa tête : quelques pétards placés dans les cuisses, les bras, et la tête, répondent de sa dislocation au moment désiré. Enfin, un jeune arbre apporté de la forêt lui sert économiquement de potence; et toute la populace du quartier est parfaitement servie. Notez qu'il est de rigueur de faire tous ces préparatifs pendant la nuit, afin d'être prêt à l'exécution à la pointe du jour.

Mais dans le quartier du commerce, si l'illusion est plus complète, elle devient aussi plus dispendieuse. Et les commis marchands se cotisent pour faire exécuter, par le costumier et l'artificier réunis, une scène composée de plusieurs pièces grotesques qui augmentent de beaucoup cette réjouissance, toujours terminée par la pendaison du Judas, exécutée par le diable qui lui sert de bourreau : *nec plus ultra* du poétique de la fiction et de l'imitation des mouvements du groupe des deux figures, dont le balancement est entretenu et varié par la chasse des fusées qu'elles renferment, et qui les consument à la fin : dernier coup de feu qui excite le plus bruyant enthousiasme.

Servis par le concours des circonstances, nous vîmes régénérer le luxe de cette antique réjouissance du carême, tombée depuis plus de vingt ans en désuétude : plus tôt, prohibée au Brésil, depuis la présence de la cour portugaise, toujours en garde contre ses rassemblements populaires; crainte trop justifiée à l'approche des nouvelles constitutions libérales; car, trois jours avant son départ de Rio-Janeiro, le samedi saint de 1821, on vit sur les places de la ville, le simulacre de la pendaison de quelques personnages marquants dans le gouvernement, tels que le ministre intendant général, et le commandant des forces militaires de la police.

Or depuis, le système de liberté favorisa le développement de l'apparat de cet amusement resté, il faut le dire, absolument étranger aux allusions politiques, et spécialement restreint au génie de l'artificier et du costumier. Aussi, ses progrès furent-ils si rapides, qu'en 1828, époque la plus brillante de ce divertissement rajeuni, une ordonnance de police enjoignit à l'artificier plus d'économie, afin de prévenir prudemment les incendies, surtout dans les petites rues, et reprocha en même temps aux citoyens l'abus d'énormes dépenses aussi frivoles qui faisaient honte à leur patriotisme. Ce reproche fit son effet, et les dépenses furent plus moderées.

Quant aux détails des pièces dont se compose le feu d'artifice, ce sont de petits groupes de figures grotesques ingénieusement fabriquées avec de simples feuilles de papier collées et coloriées, toujours fixées sur un petit plateau tournant horizontalement. Mais l'indispensable et la plus capitale est *le Judas, en blouse blanche* (*); pendu à un arbre, et tenant à la main une bourse figurée pleine d'argent. De plus il porte sur sa poitrine un écriteau, presque toujours conçu en ces termes : *Voyez la représentation d'un misérable supplicié pour avoir abandonné son pays et trahi son maître.* Un diable noir et le plus laid possible, à cheval sur les épaules du patient, fait l'office du bourreau, et semble serrer, par le poids de son corps, le nœud coulant de la corde qui étrangle sa victime.

Plus ingénieusement encore, le diable, attaché par la ceinture de manière à glisser le long de la corde du Judas, est suspendu à trois ou quatre pieds au-dessus de la tête du patient, par une autre corde que détend subitement l'effet d'un pétard, et qui laisse tomber le bourreau à cheval sur le cou du Judas. Ce coup de théâtre d'un grand effet donne l'imitation parfaite de la pantomime d'une pendaison, encore assez longtemps prolongée, et présente le spectacle de cet horrible groupe constamment agité, à travers les tourbillons de fumée, par l'éclat des fusées renfermées dans les deux mannequins. Puis tout finit par une dernière explosion qui le lance, de toutes parts, en mille parcelles enflammées, bientôt réduites en cendres (**).

Qu'on se figure ce chef-d'œuvre de l'artificier, hissé à quarante ou cinquante pieds de haut, attaché à un arbre colossal dont les branches garnies de rubans le couronnent en le dépassant de plus de vingt pieds, et l'on se fera une idée de cette scène imposante qui provoque, non sans quelque raison, les hurlements de joie de la populace rassemblée dans la rue, et les applaudissements des spectateurs aux balcons.

(*) Diminutif du long domino blanc à capuchon, costume d'un condamné judiciairement.

(**) Comme le thème religieux est de rendre le diable persécuteur du criminel, le dragon qui allume le feu est toujours un serpent ailé, qui s'élance du piédestal d'un lucifer, supposé ordonnateur de l'exécution du supplice, et qui s'embrase également à la fin.

Je reproduis deux groupes des beaux feux d'artifice, avec cette différence cependant, que dans celui, plus compliqué par le mouvement du diable, qui retombe sur le Judas, le costumier se montre plus strict imitateur en représentant le diable (bourreau nègre chargé de chaînes, comme on le voit dans les exécutions judiciaires).

PLANCHE 22.

Vivres portés à la prison, et donnés par la confrérie du Saint-Sacrement.

Si la législation portugaise, transmise au Brésil, dispense le gouvernement de nourrir les détenus, système barbare qui réduit le prisonnier indigent à recourir, pour sa subsistance, aux aumônes des passants (*), lorsqu'il est privé de parents ou d'amis, son sort déplorable est, au moins, adouci par la philanthropie de la confrérie de l'Hospice de la miséricorde, qui fournit, tous les jours, deux énormes chaudières, remplies de soupe faite au bouillon de têtes de bœufs, débris qu'elle affecte spécialement à cette œuvre d'humanité, et qu'elle complète par un supplément de farine de manioc : prévision charitable qui commande, chaque jour, son tribut d'éloges, au moment où l'on rencontre la chaîne des prisonniers chargés de ces comestibles, sous l'escorte de la garde de la police.

De plus, cet exemple de secours fraternels est suivi, une fois seulement chaque année, la veille de la Pentecôte, par la confrérie du Saint-Sacrement. Son volumineux présent qui remplit, jusqu'aux bords, deux chars à bœufs, se compose de viande fraîche, de lard, de viande salée, de haricots noirs, d'oranges, et de farine de manioc. Mais le prix de l'achat de cette offrande prématurée portée à la prison, dès le matin, la veille de la fête *do Spirito Santo* (Pentecôte), est bientôt remboursé à la confrérie par les nombreux présents de toute espèce de comestibles qui abondent, le soir même, dans toutes les divisions de la confrérie du Saint-Sacrement, réparties dans chaque paroisse de la ville. Ces offrandes sont mises solennellement à l'encan le soir de la fête, pour en affecter, au profit du culte, le produit, seule dotation de cette même confrérie (*).

Le dessin représente l'entrée de la prison, située rue de *la Prainha* (petite grève); déjà l'un des deux chars entre à sa destination; il est orné de branches de *manguier* comme le second qui le suit. Et déjà aussi, l'avant-garde du cortége est arrêtée à la porte. Le petit détachement de cavalerie de la police stationne rangé à gauche, tandis qu'à la droite, le corps de musique nègre exécute des airs de contredanses, pour solenniser l'arrivée du convoi. Les deux drapeaux qui précédaient le premier char, attendent également pour se réunir à ceux qui suivent la seconde voiture, et terminer ainsi le cérémonial de la marche. Un des chefs de l'expédition emporte ensuite le reçu du gardien de la prison, et tout le cortége se disperse pour rentrer individuellement.

Les confrères quêteurs en activité le long du chemin, font baiser aux passants un petit simulacre du Saint-Esprit, et reçoivent les aumônes des dévots. Le prisonnier de corvée, pour implorer la bienfaisance des passants, baise gratis la petite image (**); tandis que des négresses, placées sur le premier plan, s'empressent religieusement de fournir leur offrande en récompense de la même faveur.

(*) Nous reviendrons plus tard sur l'extension du cérémonial de la fête *do Spirito Santo*.

(**) Une longue chaîne à laquelle est attaché le prisonnier de faction en dehors, lui donne la possibilité de venir jusqu'au ruisseau de la rue de la prison, pour implorer et recevoir les aumônes des passants; un tabouret de bois, placé auprès de la muraille, lui sert pour se délasser pendant son heure de faction.

Le site est portrait. La partie du bâtiment en retour, dont une partie s'aperçoit au-dessus de l'extrémité de la façade la plus reculée d'ici, est la prison des femmes (*).

A Rio-Janeiro, la place de geôlier de la prison est fort lucrative, et par cela même très-recherchée; elle ne s'accorde que par la protection spéciale du ministre intendant de la police. Aussi, son protégé l'ancien directeur du théâtre royal (*José Fernandez de Almeida*), d'un génie très-entreprenant, était-il parvenu à faire construire déjà une grande partie des gros murs d'une nouvelle prison, située à la ville neuve, près du nouveau chemin de Saint-Christophe : ce qui lui assurait d'obtenir, en récompense de ses soins, la place de geôlier de ce nouvel édifice. Mais sa mort entrava l'achèvement de son entreprise, restée depuis abandonnée, au moins jusqu'à mon départ.

Garde d'honneur de l'Empereur.

N° 2. On dut la création du corps militaire de la garde d'honneur impériale à l'exemple du dévouement de la cavalerie de Saint-Paul, arrivée la première à Rio-Janeiro, le 3 juin 1822, pour soutenir, contre les troupes portugaises, les droits du *prince D. Pedro*, récemment reconnu *défenseur perpétuel du Brésil indépendant* (**).

En effet, toujours belliqueuse, et digne de son antique renommée, elle se constitua patriotiquement *la garde d'honneur* du nouveau souverain du Brésil, pendant cette crise qui fut décisive.

Depuis on créa, lors du couronnement de l'Empereur, un corps spécial de cavalerie sous le nom de *Garde d'honneur*, formé de volontaires des différentes provinces de l'empire du Brésil; et dont les députations sont admises à un service temporaire et annuel; à l'époque seulement de l'anniversaire des grandes solennités nationales.

Tous confondus sous le même uniforme, on ne les distingue qu'aux lettres initiales gravées sur la plaque qui fixe sur la poitrine la bandoulière de la giberne : *Saint-Paul* est désigné par SP; *Minas* par M; *Rio-Grande* par R G; *Rio-Janeiro* par R J; etc. Ces gardes du corps marchent avec l'Empereur, et l'escortent sur le champ de bataille. Néanmoins, l'escadron de Rio-Janeiro est seul chargé du service ordinaire pendant le reste de l'année.

Le chevron renversé surmonté d'une cocarde verte, placé sur le bras gauche du garde d'honneur est le signe de l'indépendance brésilienne; il fut attaché au bras *du prince D. Pedro défenseur du Brésil*, par les paulistes, au moment où il quitta leur ville après y avoir apaisé, par sa présence spontanée, un mouvement de rébellion contre son autorité. Ce signe fut porté par tous les employés du gouvernement, jusqu'au 3 août 1825, moment où l'Empereur placé au balcon du palais de la ville, le détacha publiquement de son bras

(*) Je parlerai aussi de l'oratoire placé dans l'une des cours de la prison; et dans lequel, assistés d'un confesseur, les condamnés à la peine capitale, passent trois jours de retraite accordés avant l'exécution de leur arrêt.

Nota. La première prison de Rio-Janeiro était placée à l'extrémité reculée de la rue qui longe la gauche du palais. Elle fut remplacée, sous le gouvernement du dernier vice-roi, par celle que l'on voit ici. Dans cette circonstance, on utilisa d'abord une partie du rez-de-chaussée voûté de l'ancien établissement, en y installant le bureau de la poste aux lettres, et l'on mit les archives à l'étage supérieur; mais à la fondation de l'empire, on mit à la disposition de l'architecte Manoël d'a Costa toute la partie supérieure de ce même bâtiment, pour y construire une salle d'assemblée des députés. Son entrée principale donne sur la rue qui longe le palais, et une autre entrée particulière donne en retour sur une petite place, aussi du côté du palais.

Il ne reste donc plus aujourd'hui pour perpétuer le souvenir de l'ancienne prison, qu'une rue étroite et longue en face de l'entrée du bureau de la poste aux lettres, et qui aboutit à la place de la fontaine de la Carioca, en conservant son nom de Rue de la prison, *Rua da Cadea*.

(**) La cavalerie de Minas s'y joignit, également, aussitôt son arrivée.

annonçant la paix conclue entre le Portugal et le Brésil, émancipé par le traité qu'il venait de ratifier en présence de lord Stuart, envoyé extraordinaire du roi Jean VI.

Plus tard, l'influence de la civilisation si remarquable dans les préparatifs du second mariage de l'Empereur, détermina le choix du nouveau modèle de casque, de style bavarois, adopté par la garde d'honneur, pour la réception de l'impératrice *Amélie de Leuchtenberg, princesse de Bavière* (*).

Costume des Archers.

Le corps royal et militaire *des Archers*, d'origine portugaise, échangea depuis longtemps son arme primitive contre la hallebarde. Sous la tenue de suisses de porte de la maison de Bragance (**), les archers font un service d'honneur dans l'intérieur du palais, mais seulement pendant les jours d'apparat. Comme autrefois nos cent Suisses, on les voit, dans les grandes cérémonies publiques et religieuses, accompagner le souverain, soit en file serrée auprès de sa personne, ou aux deux côtés de sa voiture. Véritables soldats de parade, ils ne sont point casernés; bien qu'ils aient pour capitaine un des premiers personnages de la cour, et qui, comme tel, monte dans la voiture du souverain, ou l'escorte à la portière de sa voiture, selon l'exigence du cérémonial.

Toutefois sous l'empire, les couleurs nationales remplacèrent, dans leur vêtement, celles du Portugal (***); et le jeune souverain, ami de la rectitude militaire, exigea que les archers marchassent au pas; il leur assigna un petit uniforme pour les solennités secondaires; de plus, il leur créa un corps de musique, spécialement formé des excellents musiciens allemands, venus à bord du vaisseau Royal, qui amena l'impératrice Léopoldine au Brésil. Cette délicieuse harmonie se composait de cors anglais et d'un trombone; innovation infiniment flatteuse pour ce corps de valets enrégimentés, primitivement conduit par un médiocre tambour et un détestable fifre. Dans cette circonstance, *le marquis de Prahia-Grande*, courtisan en faveur et camarade d'enfance de *D. Pedro* Ier, fut nommé leur capitaine; et le marquis d'Itanhaï, leur porte-drapeau (****). (Voir le cérémonial du sacre.)

Le *simple archer* jouit en même temps de certains privilèges civils; et protégé-né de l'Empereur, on le retrouve huissier, dans les différentes répartitions de l'administration, ou bien fournisseur breveté de la cour.

Ce fut le 15 août 1825 que parut le petit uniforme des archers, pour la réception solennelle de lord Charles Stuart, débarqué à Rio-Janeiro devant le palais, où il arriva au milieu d'une haie, de ces militaires, formée depuis son canot jusqu'à l'entrée de la salle du trône. (Charles Stuart était l'envoyé extraordinaire, ministre plénipotentiaire du roi de Portugal, et chargé de traiter avec l'Empereur, de l'émancipation du Brésil. En effet, cet acte, contracté entre les deux puissances, fut rédigé le 29 août de la même année, et ratifié le jour suivant, par D. Pedro Ier, empereur du Brésil.)

(*) C'est ce modèle moderne que je donne ici, malgré l'anachronisme formé par la présence simultanée du signe de l'indépendance, placé sur le bras du cavalier.

(**) Le costume portugais donné ici est l'habit rouge, galon jaune, la veste et la culotte bleues, galonnées d'argent, les bas de soie blancs, souliers à boucles d'or; le baudrier fond blanc, galons de laine bleue et rouge. L'épée à pommeau or et argent; chapeau à claque, galonné d'argent, cocarde nationale; les cheveux coupés à la Titus, et poudrés. Les officiers portent la bourse (souvent attachée au collet de l'habit).

(***) Drap vert, et les accessoires jaunes et blancs.

(****) Le drapeau des archers, est de velours vert, brodé et frangé d'or, et presque entièrement couvert d'ornements qui accompagnent l'écusson des armes impériales placées au centre du drapeau.

Planche 23.

Embarquement, à Prahia-Grande, des troupes destinées au blocus de Monte-Video.

La décision prise, depuis si longtemps, par le gouvernement portugais, de s'emparer de *Monte-Video* pour servir de frontière au Brésil, du côté des possessions espagnoles, eut enfin son exécution en 1816; et tout était préparé pour former *le blocus de cette ville espagnole*, lors de notre arrivée à Rio-Janeiro.

Mais le séjour momentané de la cour à *Prahia-Grande*, motivé par les premiers jours du deuil *de la reine mère Dona Maria* Ire, y fit stationner plus longtemps les troupes portugaises destinées à cette expédition. Cependant, à la suite des évolutions militaires offertes, chaque jour, comme distraction au régent, le maréchal Beresford, généralissime des troupes portugaises, organisa une dernière grande revue, terminée par une petite guerre simulée dans ce site pittoresque, qui présentait successivement des positions variées pour l'attaque ou la défense d'une multitude de mamelons encore assez élevés, et entrecoupés de sables mouvants, et de vallées humides couvertes de roseaux.

A cette heureuse épreuve de tactique militaire, donnée le 12 mai 1816, succédèrent quelques jours de repos, précurseurs de l'embarquement général de ces mêmes troupes, et qui s'effectua, également en présence de la cour, sur le rivage de Prahia-Grande, le 21 mai de la même année.

Il m'était donc imposé, comme historiographe *des ducs de Bragance*, de retracer ici le tableau fidèle du premier mouvement des hostilités portugaises, qui alluma la guerre du sud au Brésil, contre les Américains Espagnols; hostilités prolongées pendant plus de quinze années, sous leur gouvernement.

La scène se passe à l'embouchure de la rue, assez courte, qui conduit à la petite place où est située la maison occupée par le roi.

Sur le premier plan, et debout, *D. Jean VI, D. Pedro, D. Miguel*, et *l'une de ses sœurs*, nommée à la cour la *jeune veuve*, forment le groupe inséparable que l'on rencontrait tous les jours, se promenant à cheval ou en voiture.

Le second groupe assis, formé uniquement de la *princesse Carlote, femme de Jean VI*, et *de quatre de ses filles*, qu'elle ne quittait jamais, est accompagné par leur gouvernante et les chambellans de service, placés derrière et debout. Immédiatement après les princesses assises, se tient debout le général *Beresford*, accompagné de son aide de camp aussi officier anglais; il préside à l'embarquement, tandis qu'un peu plus loin, le général *Licor*, et son lieutenant, tous deux Portugais, inspectent une colonne de chasseurs qui défile pour s'embarquer. A droite, sur le premier plan du tableau, défile la tête d'une seconde colonne de la même arme, dirigée le long du rivage. Dans le lointain on aperçoit le commencement de l'embarquement, sur des canots, de petites barques et des pirogues, qui vont aborder les bâtiments de guerre destinés au transport de l'expédition.

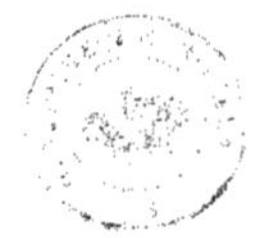

Planche 24.

Fruits du Brésil.

La médecine brésilienne, si riche en nombreux spécifiques indigènes extraits du suc de ses plantes, de l'écorce et des gommes de ses arbres, ne néglige pas non plus l'emploi de plusieurs espèces de fruits à substance curative, dont quelques-uns même figurent parmi les desserts des meilleures tables, soit dans leur état de maturité, soit sous la forme de conserve. C'est donc avec ce double motif d'intérêt que je reproduis ici un groupe de fruits, presque tous rangés sous la puissance de la science médicale.

Ordre établi dans l'indication des détails du groupe de fruits.

Il suffira, dans chacune des quatre divisions linéaires établies sur le cadre du dessin, et allant de gauche à droite, de chercher l'intersection des lignes de chaque lettre ou chiffre répétés.

Celles 1, 1, par exemple, dont l'une perpendiculaire, et l'autre horizontale, donneront l'*Ananas couronné,* ainsi de suite; de même que A A, etc.

(1) *Ananas couronné.* Couleur rouge foncé, goût très-parfumé.

(2) *Ananas couleur verte,* même goût. Ce végétal se plaît dans les sables; sa culture est tellement facile au Brésil, qu'il suffit de repiquer le bouquet de feuilles qui le couronne, pour en avoir le fruit dans la même année; tandis que les rejetons, au contraire, n'en produisent qu'au bout de deux ans. Il se fait un grand commerce de sirop de ce fruit, fait à Bahia; il est employé comme *un puissant diurétique.* On sert l'Ananas sur la table dans son état de maturité, ou confit dans le sucre. L'*Ananas sauvage* est extrêmement *caustique,* et *cause de violentes coliques.*

(3) *Coco tucum* (prononcez toucoum). Ce fruit renferme un gros noyau osseux, recouvert d'une pellicule noire très-semblable à celle du gros raisin noir, dont elle rappelle le goût aigrelet; légèrement rafraîchissant et assez sain, il est le régal des enfants.

(4) *Canne à sucre*, de grosse espèce dite de Cayenne (partie supérieure de la tige); d'un plus grand rapport, on la cultive avec soin au Brésil, de préférence pour la distillation de l'eau-de-vie, parce que son sucre cristallisé s'altère assez promptement.

(5) *Fruit du Cajou* (arbre assez grand à feuilles très-larges, odeur de laurier). Ce fruit, de nature molle, et recouvert d'une peau assez épaisse, couleur soufrée, renferme un jus sucré légèrement acidulé, à odeur d'orange, ou plutôt de résine fortement prononcée. Il se mange cru; très-rafraîchissant, il est, dit-on, *antisyphilitique.* La limonade faite avec ce fruit, quoique d'un goût fort agréable, laisse cependant une certaine âpreté sur la langue. La semence, espèce de noix qui couronne cette pomme, est d'une substance farineuse et caustique; mais, rôtie et ainsi dégagée de son huile essentielle, elle n'est plus malfaisante, et conserve un goût de noisette, fort agréable au palais.

(6) *Coco d'indaya,* recouvert d'une pellicule velue très-fine; sa masse de bois, très-épaisse et jaunâtre, enserre deux petites amandes.

(7) *Orange tangerine,* petite espèce très-estimée, d'un goût vineux, et extrêmement sucrée; elle s'offre en présent. On la cultive dans les jardins. Elle se sert sur table par groupes de plus d'une douzaine, et garnies de leurs feuilles en forme de bouquet.

(8) *Coco cataro,* de forme ronde et recouvert d'une écorce de bois, d'un brun-verdâtre, luisante, et assez dure quoique très-mince. Son très-gros noyau est enveloppé d'une substance muqueuse, qui a le goût du beurre frais, et réputée *pectorale.* On l'appelle aussi *Coco de quarezma,* Coco de carême. (On retrouve le Coco entier à travers les fruits noirs du Coco toucou.)

(A) *Limon cédrat;* il est remarquable par sa grosseur et son arome.

(B) *Limon doux,* connu chez nous sous le nom de *Bergamote,* par son odeur orangée; son suc abondant n'est qu'une eau très-fraîche et insipide, mais *très-rafraîchissante,* et ne devient sucrée que dans son état d'extrême maturité, qui se trouve heureusement dans la saison des grandes chaleurs. Il se vend très-bon marché; aussi s'en fait-il une prodigieuse consommation. Son écorce se sert en conserve sucrée.

(C) *Café.* La branche représentée ici donne l'exemple de la fécondité de cet arbre qui, pendant toute l'année, porte des fleurs, des fruits verts et des fruits mûrs. Le degré de maturité de cette graine se décèle par la couleur rouge éclatant de sa pellicule, qui renferme alors un jus extrêmement sucré autour de son amande divisée en deux lobes, et dont les oiseaux sont très-friands.

(D) *Maracuja* (maracouja), petite espèce. Verte, elle est bonne à confire dans le sucre, et, dans cet état, sa chair, d'un goût légèrement résineux, rappelle celui de la prune; tandis que mûre, et alors de couleur jaune, elle offre seulement à sucer un gluten sucré qui enveloppe ses pepins. (Perpendiculairement au-dessus des deux parties ouvertes se trouvent deux de ces fruits entiers).

(E) *Coco d'iri.* Une pellicule velue recouvre son enveloppe ligneuse très-compacte, brun foncé, et de trois lignes d'épaisseur, qui renferme une amande, au centre de laquelle un vide d'environ un pouce contient une eau blanche dont la saveur rappelle celle du beurre frais. Il est le régal des enfants et des nègres.

(F) *Coco guriry,* autre régal des enfants; c'est une espèce de noisette verte à coque mince et très-dure, dont l'amande a le goût de crème de lait légèrement acidulée; du reste, cette amande, comme toutes celles des Cocos en général, laisse dans la bouche un résidu semblable à de la sciure de bois.

(G) *Coco d'endè,* vient en grappe très-volumineuse, et se débite par grain à raison de deux sous et demi la pièce. Il est couleur jaune d'or tacheté de rouge-brun très-foncé. Sa pelure lisse recouvre un noyau osseux enveloppé d'une couche épaisse de filaments huileux, aussi couleur d'or, et dont la saveur rappelle celle du beurre frais, qu'il remplace, coupé par morceaux dans les ragoûts. L'huile de Coco d'endè, mise en bouteille pour l'usage de la cuisine, fait une branche d'industrie à *Bahia,* où cette espèce de palmier est très-commune.

(H) *Gurmichamo* (Gourmichamo), espèce de cerise brunâtre, dont la peau assez épaisse recouvre un gros noyau osseux, qui ne laisse qu'à sucer un jus sucré légèrement acide. Le calice de la fleur, resté adhérent au fruit, est imprégné d'un goût extrêmement résineux. On le dit très-rafraîchissant, et il se mange en grande quantité sans inconvénient.

(I) Feuille de Mamão. Cette feuille d'une espèce de figuier, et d'une grande proportion, rivalise par sa riche découpure avec celle de l'acanthe. De plus, on obtient en la pilant un lait *puissant détersif* pour nettoyer les plaies les plus envenimées. De même qu'en faisant une incision au corps de l'arbre, ou au fruit vert, on en recueille abondamment un lait qui, mitigé avec du sucre, s'emploie comme *excellent vermifuge* (voir plus bas la description de ce fruit).

(K) *Régime de Bananes vertes*, grosses espèces dites *da terra* ou *de Saint-Thomé*, placées sur leur tige natale. Au Brésil le bananier est cultivé même par les sauvages; il se plaît dans les terrains humides.

(L) *Fleur du Bananier;* son extérieur, semblable à une tulipe fermée et d'un violet-rosâtre, est un composé de feuilles superposées les unes aux autres, dont chacune d'elles en s'ouvrant découvre à sa base un régime de cinq ou six petites bananes fleuries qui, parvenues à un certain degré de force capable de supporter l'ardeur du soleil, sont dégagées par la chute naturelle de leur enveloppe. Il arrive toujours que la quantité de séve absorbée par la nutrition des régimes de bananes amoncelés à la base de la tige productive, diminue ensuite d'énergie vers l'extrémité supérieure de cette hampe floréale, au point qu'en effet elle se dégarnit successivement de ses embryons dégénérés.

(*a*) *Enveloppe du Coco de Bahia;* sa surface est une écorce lisse qui comprime une masse assez épaisse de filaments ligneux comparables pour la grosseur à la racine du chiendent, seconde enveloppe du noyau, depuis sa base jusqu'à son extrémité supérieure. Mais pour l'utiliser, l'industrieux Brésilien scie, tout à la fois et par le travers, la totalité du fruit enveloppé; puis il retire le noyau, et se sert ensuite des deux parties coniques de cette même enveloppe, garnies de leurs filaments qui, dans leur situation, remplacent le chiendent d'une brosse de frotteur, pour nettoyer et lisser leurs parquets, en les lavant avec de l'eau et du sablon. Les blanchisseuses se servent aussi du tégument, couleur jaune d'or, qui lie les filaments entre eux, pour colorer une eau acidulée avec le jus de citron, dans laquelle elles rincent le nankin pour rappeler artificiellement sa couleur primitive jusqu'au dernier lavage.

(*b*) *Coco de Bahia,* ainsi appelé parce que cette belle espèce s'y trouve en grande quantité, et forme une branche d'exportation. Le bois du noyau représenté entier ici, mais tout à fait dégarni des filaments qui l'entourent, et scié à deux doigts de sa base, se garnit d'un petit manche de bois pour en faire une cuiller à pot qui sert généralement à prendre de l'eau et même à la boire. (Voir à la planche des vases usuels, 2e volume.) Le noyau ouvert, groupé à côté, laisse voir l'épaisseur du bois et de l'amande, ainsi que sa concavité où se trouve renfermée l'espèce de lait que l'on se plaît à boire. Quant à l'amande, elle se vend partagée par morceaux, pour se manger fraîche ou bien en conserve sucrée.

(*c*) *Cajà,* fruit à peau lisse et de couleur jaune; renferme un jus sucré contenu entre la peau et le noyau.

(*d*) *Mélancià,* absolument semblable aux melons d'eau d'Italie, et à ceux cultivés dans les autres contrées méridionales de l'Europe. Les amandes de ses pepins servent spécialement à la fabrication de l'orgeat au Brésil, encore privé de la culture de l'amandier.

(*e*) *Canne à sucre du pays;* beaucoup moins grosse que celle de Cayenne, elle est cependant préférée pour la cristallisation beaucoup plus durable de son suc. On la vend aussi dans les rues, pendant son état de maturité, coupée en petits rouleaux, dont une douzaine se paye deux sous et demi de France. Chaque morceau, dégagé de son enveloppe ligneuse, offre un faisceau de fibres spongieux, qui, en l'écrasant sous les dents molaires, produit dans la bouche le volume d'un verre d'eau fraîche et très-sucrée.

(*f*) *Orange nombril* (Laranja imbigo). Espèce sans pepin, très-estimée, et qui s'importe de *Bahia ;* elle se distingue par son goût fin et sa saveur infiniment sucrée. (On peut juger de l'intérieur de cette espèce par une moitié coupée qui la surmonte.)

(*g*). *Araça do campo.* Petit fruit de couleur jaune, dont on mange la chair. Il vient en très-grande quantité sur un assez gros arbre, à feuilles de poirier. Ce fruit plaît généralement aux Français qui le mangent arrosé de vin sucré, et y retrouvent ainsi le goût de la groseille à maquereau, et un léger arome de la fraise.

(*h*) *Maracujà,* grosse espèce, en forme de poire, fruit d'une plante grimpante; mùr et de couleur jaune plus ou moins rougeâtre, il n'offre de bon à manger qu'une ou deux cuillerées de gluten sucré qui enveloppe ses pepins. On peut juger de l'intérieur par une moitié coupée, groupée immédiatement au-dessous du fruit.

(*j*) *Feuille de Bananier ;* on la retrouve dans tous les marchés, servant d'enveloppe aux différentes denrées qui s'y vendent.

(*k*) *Fruit de Carde* ou du *Cactus* à raquettes, très-commun dans les haies, aux environs de Rio-Janeiro. Sa forme est oblongue, sa couleur est carminée, et il renferme au centre une substance blanchâtre, aqueuse, sucrée et inodore, nutrition de ses pepins. Espèce de corps fluide rafraîchissant. (Voir une moitié coupée placée au-dessous.)

(*l*) *Manga.* Fruit assez gros, d'un arbre semblable au noyer. La chair orangée de la *Mangue*, un peu juteuse, a le goût résineux, mais racheté par un aigre-doux agréable à la bouche : enfin on la mange avec plus de plaisir, lorsque les morceaux en ont été préalablement plongés dans l'eau fraîche, pour les dégager un peu de leur huile essentielle. Son noyau est oblong et extrêmement plat.

(*m*) *Cambuca* (Cambouca). Il est ouvert et laisse voir son noyau. Sa peau est assez épaisse, et son jus acidulé à odeur d'abricot; on en suce seulement le mucilage qui enveloppe le noyau, parce que la chair a beaucoup d'âpreté. Ce fruit est regardé par les indigènes comme *très-rafraîchissant.*

(I) *Pignons,* fruit d'une espèce de sapin de l'intérieur du Brésil, dont la pomme, du double de la grosseur d'une tête humaine, est d'une forme presque ronde. Ces Pignons s'achètent enfilés par douzaine; on les mange cuits dans l'eau comme les châtaignes, dont ils rappellent absolument la saveur. Cette farine cuite est en partie la nourriture des Indiens sauvages de l'intérieur du Brésil.

(*II*) *Pitanga*, fruit d'une espèce de myrte; sa peau est d'un rouge foncé et luisante ; il est de forme ronde et à côtes très-prononcées. Parmi ces espèces de framboises on en trouve qui conservent une amertume et un goût sauvage, que ne peut atténuer le sucre, tandis que la plupart, douces et sucrées, se servent au dessert, dans leur état de maturité ou en confiture.

(*III*) *Limon acide;* petit citron d'un pouce de diamètre seulement, et qui donne cependant un quart de verre de jus, assez doux et très-aromatisé, dans son état de maturité. Son écorce fortement odorante est très-amère. Le petit citron est encore employé dans le lavage, comme mordant, pour fixer les couleurs des toiles peintes.

(*IV*) *Mamão* (Mamaon). Ce fruit d'un des figuiers de l'Inde, et qui figure dans les desserts, quoique bien distinct par sa tige laiteuse et corrosive, détaché de l'arbre, rappelle cependant davantage la famille des cucurbitacées par sa forme générale, et son jus fade a une légère odeur de citrouille : aussi le mange-t-on baigné dans le vin sucré.

(*V*) *Goïaba.* Le Brésilien mange crue la chair assez acide de ce fruit, qui a le goût de fraise, et en même temps l'odeur très-forte d'urine de chat; *il est très-pectoral.* On en fait aussi un grand commerce de confitures sèches, très-agréables au palais et réputées *apéritives.*

(*VI*) *Petites Bananes de jardin.* Espèce très-estimée sur les meilleures tables. Rôtie sur les charbons, elle acquiert la saveur de la pomme de rainette cuite.

(*VII*) *Jambo* (Jambou), fruit d'un assez gros arbre, à feuilles déliées; sa chair croquante un peu juteuse donne une eau légèrement sucrée, à très-forte odeur de rose.

(*VIII*) *Bananes de Saint-Thomè,* à leur point de maturité; détachées de l'arbre vertes, et conservées jusqu'à ce qu'elles soient devenues couleur d'or et tachetées de noir; indication de l'état de fermentation légèrement vineuse appelée maturité par les indigènes. Elles offrent au palais une substance un peu pâteuse, fraîche et sucrée, qui rappellerait un peu à l'Européen la saveur d'une glace framboisée. Ce fruit, très-abondant au Brésil, devient la nourriture générale de toutes les classes, depuis le sauvage, l'esclave et l'indigent, jusqu'au riche propriétaire. La chair rôtie de la *Banane,* amollie et susceptible de conserver son extrême degré de chaleur, s'emploie comme excellent *cataplasme* contre les *douleurs rhumatismales,* et même comme *supuratif,* en cas de nécessité.

(*IX*) *Jambuticaba,* enfin, est un fruit très-commun et rafraîchissant; sa peau est épaisse, brune et luisante; son noyau fort; son jus sucré, légèrement acidulé; son goût résineux.

Planche 25.

Les Etrennes de Noël.

Les trois époques marquées au Brésil pour l'envoi des cadeaux sont les fêtes de Noël, le premier jour de l'année et les Rois. Mais plus particulièrement aux jours de Noël et des Rois, il est indispensable d'envoyer des présents de comestibles, tels que gibier, volailles, cochon de lait, pâtisseries, conserves de fruits, liqueurs, vins, etc. A cette époque aussi, on renouvelle le vêtement des esclaves, conséquence qui fait naître l'obligation d'accorder généralement des gratifications aux subalternes.

Néanmoins entre gens comme il faut, ces cadeaux, d'un choix plus délicat, sont envoyés sur des plats d'argent, et également enveloppés d'une mousseline extrêmement fine, plissée avec art, et fixée par un nœud de ruban dont la couleur est toujours interprétative; langage érotique compliqué par l'addition, heureusement combinée, de quelques fleurs innocentes.

La nuit qui précède le jour des Rois n'est pas moins solennisée. En effet, des troupes de musiciens vont donner des sérénades sous le balcon de leurs amis qui, en échange, les invitent à monter pour prendre des rafraîchissements, et continuer leur concert dans le salon, jusqu'au jour naissant.

Mais pour la classe inférieure, composée de mulâtres et de nègres libres, cette nuit devient un carnaval improvisé; aussi les voit-on, déguisés et formés en petites troupes escortées de leurs musiciens, parcourir les rues de la ville, et même, à la faveur d'une belle nuit, pousser leur excursion fort avant dans la campagne, où ils finissent par entrer dans une venda (boutique de comestibles), et s'y établir jusqu'au lever de l'aurore.

D'autres, au contraire, préfèrent organiser de petites salles de bal, où ils se divertissent bruyamment à danser une espèce de *lundum* à pantomime indécente, qui provoque les joyeux applaudissements des spectateurs, pendant toute la nuit.

Voilà ce qu'est devenu au Brésil l'anniversaire de la visite des Mages!

Le dessin représente l'arrivée de deux cadeaux, de proportion différente : le premier, porté par trois nègres entrant dans une porte cochère, est protégé par la lettre d'envoi placée entre les bouteilles de vin de Porto; tandis que la présentation du second, plus modeste et un peu galant, est confiée à l'intelligence de la négresse chargée de le porter dans un humble rez-de-chaussée.

La scène se passe près du jardin public; on en aperçoit au loin le mur, dont une partie donne sur la place du couvent d'*Ajuda*, et l'autre en retour sur la mer.

N° 2. *Costume d'un ange revenant de la procession.*

Le faste religieux des confréries dans les cérémonies de l'Église se manifeste également dans l'intérieur des familles des confrères empressés de fournir des *anges* aux processions du carême. Outre la dépense de la location, assez chère, du costume de ce caractère, dont la bizarrerie est scrupuleusement maintenue, l'amour-propre des parents se plaît à surcharger encore *ce jeune ange* de sept à huit ans, d'une infinité de pierreries fausses ou vraies, montées en bracelets, boucles d'oreilles, plaques, diadème, etc., pour briller davantage dans cette corvée d'honneur qui flatte tout particulièrement un père ou un oncle confrère gradé, tout fier de figurer à la procession tenant son *ange* par la main, et marchant au pas, pendant plus de deux heures, en accueillant dans ce trajet le salut de ses nombreux amis qui viennent en parler, soit à sa réunion du soir, soit même pendant plusieurs jours; ou bien encore en applaudir l'habitude annuelle. Visite d'autant plus usitée, qu'elle a pour but d'offrir *au cher ange*, encore un peu fatigué, des bonbons achetés sur les marches de l'église où est rentrée la procession.

Le personnage qui conduit ici l'*ange* par la main, est un membre de la confrérie des Carmes (*).

(*) La nécessité de compléter le grand nombre d'anges qui figurent dans les processions, y a fait admettre les jeunes individus, sans différence de sexe.

PLANCHE 26.

Diverses formes de Cercueils.

On distingue, dans les pompes funèbres brésiliennes, deux espèces de cercueils pour l'exposition et le transport des corps, généralement enterrés à visage découvert. Le dignitaire et l'homme riche sont déposés dans *le grand caisson* fermé par un couvercle à charnière; tandis que le citadin de médiocre fortune est transporté dans une caisse sans couvercle.

Ce sont les *armadores* (tapissiers entrepreneurs des pompes funèbres et des fêtes d'église) qui se chargent de la confection des caissons, dont le prix augmente en raison du nombre et de la largeur des galons d'or et d'argent fin ou faux au choix, qui les enrichissent.

La série des couleurs adoptées pour les cercueils se compose du noir galonné en or et argent pour les hommes; du cramoisi ou rouge foncé, galonné en or, pour les femmes mariées, ou veuves; du bleu de ciel galonné en argent, pour les demoiselles; et du rose ou bleu de ciel galonné en argent, pour les enfants âgés de moins de huit ans, *anginhos* (petits anges).

N° 1. *Simple cercueil sans couvercle*, pour transporter un petit ange, et garni de ses accessoires; le fond est, selon l'usage, en taffetas blanc, et recouvert à l'extérieur de même étoffe, mais de couleur rose et galonné d'argent. — N° 2. *Un grand caisson à couvercle*, vu par le pied; il est doublé de soie blanche, et recouvert de velours noir galonné en or. — N° 3. *Un petit caisson à couvercle* commandé pour un petit ange; il est recouvert en soie rose et doublé de blanc, galonné d'or ou d'argent; son couvercle entr'ouvert laisse distinguer les deux petits châssis qui le composent, et le cadenas qui en fixe la fermeture. La clef de ce cadenas reste au pouvoir du plus proche parent, lorsque le cercueil est définitivement placé dans la case des catacombes où il reste enfermé et muré pendant un an. — N° 4. *Jeune fille*, en costume de sainte, exposée sur *son caisson sans couvercle;* de même que celui des petits anges, le caisson est couvert en soie bleu de ciel galonné en or et argent; *le costume de la jeune fille* se compose d'un manteau de soie ou de velours enrichi de dentelles d'argent, ainsi que sa tunique de soie; elle est coiffée d'un voile et d'une couronne de roses artificielles à feuillage de clinquant. — N° 4 bis. *Un semblable caisson* vu en plan. — N° 5. Homme vêtu du costume mortuaire le plus commun et de serge noire, confectionné au couvent de Saint-Antoine, par les nègres tailleurs, et vendu au profit des religieux. *Son simple cercueil*, loué à l'hospice de la Miséricorde, est recouvert d'un drap ou d'un vieux velours noir, et galonné en or faux. — N° 6. *Caisson de même forme*, où est déposée *une femme* qui a exigé par dévotion d'être enterrée sous le costume de sainte Thérèse. — N° 7. Plan d'un semblable caisson loué avec les bandelettes qui servent à enlever le corps pour l'enterrer, ou à le déposer dans la case qui lui est destinée; on a seulement la précaution de lui couvrir le visage avec un mouchoir, avant de jeter la chaux qui doit le consumer, ou la terre qui va le fouler: dernier emploi du plus simple cercueil, qui ne laisse après lui que le *mode d'ensevelissement* du malheureux esclave placé sous les deux derniers numéros.

Le N° 8 désigne donc le *corps d'un esclave nègre, humblement enseveli* dans la natte qui lui servit de lit jusqu'à sa mort, et devenue maintenant son cercueil.

Enfin le N° 9 indique la misère du plus indigent cultivateur réduit à enterrer son esclave enseveli dans deux feuilles de bananier, liées avec des lanières de *pao-pit* (feuilles pourries d'aloès et séchées au soleil).

N° 2. *Convoi funèbre d'un membre de la confrérie de Notre-Dame de la Conception.*

Nous avons placé ici, par analogie, le convoi funèbre d'un membre de confrérie, pour présenter l'usage brésilien de transporter un corps dans un palanquin funèbre; du reste, très-semblable au *cataletto italien,* et qui exclut tout cercueil. Exemple importé du pieux dévouement de la confraternité des pénitents, dans les régions méridionales de l'Europe.

On retrouve cependant ce mode de transport plus strictement usité à Rio-Janeiro, dans les confréries peu fortunées; telles que celle de *Nossa Senhora da Conceição*, par exemple, spécialement composée de mulâtres, tous unis autant par leur couleur que par la médiocrité de leur fortune (*).

Pour faciliter le placement et le déplacement du corps dans ce lit portatif, on en a rendu la couverture mobile, en la contenant seulement par de petites pointes de fer adhérentes aux montants, et qui les pénètrent par de petites ouvertures ménagées aux quatre angles.

L'espèce de béquille à croissant de fer que tient à la main chacun des porteurs, lui sert, en la plaçant sous le portant, à délivrer son épaule du poids du lit, lors des poses indispensables pendant le trajet (**); repos qui s'annonce au cortége par l'exclamation, *Deo gratias*, et renouvelée pour se remettre en marche.

Perpendiculairement au-dessous du lit, on aperçoit, entre les porteurs, quelques cases fermées des catacombes, simplement construites dans l'épaisseur d'un mur d'appui.

Quant au costume de cette confrérie, il se compose d'un scapulaire et d'un manteau d'étoffe de laine couleur bleu de ciel, sous lesquels est une soutane blanche, de même étoffe.

(*) Deux autres, précédemment citées, sont celles de *Saint-Joaquim* et de *la Lampadosa*.

(**) Dans les processions, ces supports se distribuent aux porteurs des groupes de figures sculptées.

PLANCHE 27.

Costume des Desembargadores.

Comme le costume des desembargadores, qui fait le sujet de ce dessin, se rattache à l'article précité de l'ordre judiciaire, nous décrirons donc spécialement l'organisation de la cour suprême séante à Rio-Janeiro, tribunal composé d'un président, *regidor das justicias*, d'un *chancelier*, et de dix-huit magistrats désignés sous le titre de *desembargadores*, dont huit sont nommés *aggravistas* et les autres *extravagantes*; magistrats auxquels est confiée la marche des affaires.

Nous les voyons ici descendre de voiture à la porte du palais de justice, rue *do Lavradio*. Un de leurs domestiques, chargé du sac de velours qui renferme les dossiers des procédures, les attend pour les suivre dans les salles. Quelques clients postés à l'entrée de la porte se rappellent humblement à la bienveillance des juges. Les deux serpes emmanchées en forme de hallebardes et posées en dehors de la porte principale du tribunal, annoncent au public que l'on s'occupe en ce moment du jugement d'un procès criminel. Cette arme est en effet portée par les deux valets du tribunal qui escortent le patient lorsqu'il marche au supplice.

Ce supplice est la pendaison, le seul en usage au Brésil. Mais lorsqu'elle est le châtiment d'un assassin, le bourreau coupe ensuite la tête et les mains du cadavre pour les enfiler à des piques qui surmontent chaque pilier des fourches patibulaires, où elles deviennent la pâture des oiseaux de proie.

Quant au condamné, il est soumis, pendant les trois jours qui précèdent l'exécution de son arrêt, à l'appareil religieux du culte catholique qui l'environne jusqu'à son dernier soupir; et cette formalité, conservée dans toute son intégrité primitive, est rangée dans la spécialité des attributions de la confrérie de la Miséricorde.

Pendant ces trois jours de retraite passés dans un oratoire qui dépend de la prison, le patient est assisté, jour et nuit, par un des trois confesseurs franciscains appartenant à l'hospice de la Miséricorde, et qui se relayent successivement. Là, ils partagent avec leur pénitent la nourriture délicate qui leur est envoyée de l'hospice, jusqu'au moment (dix heures du matin) où le bourreau entre pour revêtir le condamné du costume d'usage; toilette qui se fait au milieu des oraisons récitées à haute voix par les confesseurs réunis. A dix heures trois quarts, le cortége sort de la cour particulière de la prison où se trouve l'oratoire.

La marche est ouverte par un détachement de cavalerie de la police qui précède les trois huissiers du tribunal, et dont l'un fait une pose (à peu près tous les deux cents pas), pour lire, à haute voix, la sentence de mort qui va être exécutée : derrière eux, suit à cheval le rapporteur, en manteau de soie noire, chapeau à plumes relevé à la Henri IV; après ce corps de justice, s'avance la bannière de la confrérie, escortée de deux grands chandeliers et suivie d'une douzaine de confrères à la tête de leur clergé; un de ces ecclésiastiques porte un grand crucifix en bois peint couleur de chair, et précède immédiatement le patient qui marche pieds nus, un petit crucifix entre ses mains jointes et liées; il est soutenu par deux de ses confesseurs; son costume est un domino blanc dont le capuchon, jeté en arrière, laisse voir le nœud des deux cordes passées autour de son cou, l'une très-grosse, et l'autre de l'épaisseur, au plus, du petit doigt. Il est suivi des deux nègres bourreaux accouplés par une grosse chaîne passée au cou ou à la jambe. L'un deux, absolument derrière le patient, soutient avec ses deux mains la longue queue du domino, et l'extrémité des deux cordes enroulées. Le second porte sur l'épaule un grand sac qui contient deux énormes couteaux, tout en fer, avec lesquels ils doivent couper les cordes, à la fin de l'exécution. Les bourreaux sont escortés par les deux nègres valets du tribunal, armés de leurs serpes (espèces de hallebardes déjà décrites). Leur costume est un habit et une culotte de drap violet (couleur de deuil), collet, parements et jarretières jaunes. Ils marchent jambes et pieds nus, et la tête découverte. Ils sont suivis de deux autres nègres, mais simplement vêtus, dont l'un porte un tabouret de bois, et l'autre un grand panier rempli de comestibles, comme volailles rôties, pâtisseries, confitures, vins, liqueurs, etc.; dernier groupe du cortége, protégé contre l'affluence des curieux, par une arrière-garde composée d'infanterie, de chasseurs, et de la garde de la police.

Sorti de la prison, le cortége se dirige vers la place de *Santa Rita*, et le condamné vient s'agenouiller en dehors de la porte de l'église de ce nom, pour assister au commencement de la messe du *requiem* consacrée au repos de son âme. Néanmoins, il est forcé de se retirer avant l'élévation (*), et continue sa route jusqu'à la place de l'exécution. Là, on le fait asseoir sur le tabouret de bois, et la bannière placée devant lui pour masquer à sa vue le gibet, pendant qu'on lui réitère la lecture de sa condamnation. Aussitôt les confrères qui l'entourent lui font prendre quelques aliments confortatifs.

Cette dernière œuvre de charité terminée, les deux confesseurs le conduisent au pied de l'escalier des fourches patibulaires; on lui fait baiser les plaies du grand crucifix de bois qu'on lui présente. Ensuite le cortége religieux se retire, et se range au pied des piliers, tandis qu'un des confesseurs et les deux bourreaux aident le condamné à monter, à reculons, l'escalier assez large, jusqu'à l'avant-dernière marche, sur le bord de laquelle il s'assied. L'un des bourreaux, monté sur l'une des traverses, y attache les cordes en multipliant les tours; et son compagnon au contraire, placé plus bas sur l'escalier, lie les pieds du patient. Pendant ces préparatifs qui durent près de deux minutes, le confesseur ne cesse de l'exhorter jusqu'au moment où on lui baisse le capuchon sur le visage, et se tournant ensuite vers le peuple, l'ecclésiastique s'écrie : *Mes frères, unissons-nous, et crions miséricorde pour l'âme de notre frère patient qui va s'élancer vers l'Éternel.* Pendant cette exclamation, le bourreau qui a attaché les cordes, se met à cheval sur les épaules du condamné, tandis que l'autre lui soulève les jambes et le jette de l'escalier en le faisant tourner. Déjà le confesseur est allé rejoindre le groupe de la confrérie. De son côté le bourreau, toujours à cheval sur les épaules du pendu, y reste cramponné jusqu'à ce que l'élasticité des membres de la victime annonce qu'elle a succombé. Alors les deux bourreaux, montés sur la traverse, hachent avec leurs grands couteaux les enroulements des cordes, et le cadavre tombe. Aussitôt les confrères *crient miséricorde,* et s'empressent de s'assurer si le justicié est mort; parce que, dans le cas contraire, ils ont le droit de s'en emparer, et de lui sauver la vie (circonstance très-rare).

L'exécution terminée, le rapporteur, escorté des huissiers du tribunal, se retire, ainsi que le cortége religieux. Le corps est mis sur un lit portatif recouvert d'un drap mortuaire, et rapporté sans escorte au cimetière de l'hospice de la Miséricorde pour y être enterré, tandis que les valets de justice et une escorte de la cavalerie de la police reconduisent à la prison les deux bourreaux enchaînés. La sonnerie funèbre des églises et la quête pour les frais des messes de *requiem,* commencées depuis la pointe du jour, cessent en même temps.

(*) Parce que, selon l'usage du Portugal, un condamné marchant au supplice est gracié par la présence seule de l'hostie ou du souverain; motif qui fait éviter de le faire passer devant les églises et le palais du monarque.

Au reste, ces exécutions furent tellement rares à Rio-Janeiro, que je n'en ai vu que deux, pendant un séjour de quinze années : une pour assassinat commis par deux ouvriers nègres sur la personne de leur maître, cordonnier mulâtre; et l'autre, pour conspiration contre le gouvernement impérial.

N° 2. *La statue de saint George et son cortége, précédant la procession de la Fête-Dieu.*

Je ne reproduis ici que les principaux groupes du grotesque cortége de saint George, dont tous les détails sont consignés dans la description de la procession de la Fête-Dieu (page 29 de ce volume).

Les groupes se composent d'une partie des musiciens nègres, de la figure de saint George adhérente à la selle du cheval, sur laquelle il est représenté tenant à la main un étendard renversé, en signe d'humilité devant notre Seigneur; son premier piqueur le suit; vient aussi à cheval son capitaine des gardes armé de toutes pièces, et tenant aussi un étendard à la main (*).

Malgré son armure de carton peint de couleur de fer, on voit sa sueur ruisseler sur sa poitrine, et s'échapper de son menton mal caché par sa visière.

(*) Cet énorme champion est un membre de la confrérie de la paroisse des Carmes, et qui figure également avec succès à la procession de l'enterrement de Jésus-Christ, le vendredi saint, dans le rôle et sous le costume du *chef des centurions*. (Voir également la description de cette procession.)

PLANCHE 28.

Catacombes.

Le genre de construction de catacombes que je présente ici était encore tellement récent à Rio-Janeiro lorsque nous y arrivâmes, en 1816, que l'on citait alors deux églises (*) seulement qui possédassent ce mode de sépulture élevé à frais communs, et exclusivement réservé à perpétuité pour les membres de leurs confréries.

Tandis que, selon l'ancien usage, le sol des autres églises, livré aux sépultures, était entièrement couvert de longs rangs de trappes en bois, de dimensions tumulaires (**), on trouvait aussi, dans les couvents, des tombes à couvercles de pierre rangées dans le cloître appelé charnier.

Mais bientôt cette salutaire innovation dans les sépultures trouva tant de partisans, qu'en 1829 il n'y avait plus de confrérie dans la ville qui n'eût fait construire ses catacombes, soit dans une cour, ou dans une partie de jardin contiguë à leur église.

Maintenant voici le cérémonial qui accompagne un confrère à cette dernière demeure. Pendant l'office funèbre, le corps est exposé, à visage découvert, dans son cercueil, et placé sur un piédestal préparé spécialement dans le chœur de l'église. Les prières achevées, on ferme le couvercle du caisson; ensuite, six confrères le transportent processionnellement jusqu'aux catacombes, et le replacent sur un second piédestal : on ouvre de nouveau le couvercle, et l'on commence les dernières prières d'usage, auxquelles assistent une nombreuse réunion de confrères. L'office terminé, on referme le caisson pour le déposer tout près de la case qui lui est destinée, et enfin on rouvre pour la dernière fois le couvercle. Un frère servant, porteur du bénitier, présente le goupillon à chacun des confrères qui défilent, par rang d'ancienneté, à la suite de leur clergé. L'aspersion terminée, un second frère servant stationné au pied du cercueil, et près d'un petite caisse remplie de chaux déjà un peu humectée, en présente, sur une très-petite pelle, à chaque assistant qui en jette successivement sur le corps du défunt.

On referme ensuite le caisson, et l'un des parents emporte la clef du cadenas qui unit les deux parties du couvercle. Enfin on place le corps dans la case qui l'attend, et tous les assistants, en se retirant, font place aux maçons chargés de murer aussitôt, avec des briques et de la chaux, le devant de cette sépulture, qui ne se rouvre qu'au bout d'un an, à peu près, pour en retirer les ossements, en présence d'un membre de la famille qui les fait renfermer, sous clef, dans une autre petite caisse plus ou moins ornée, et sur laquelle est tracée une inscription qui indique également les noms, qualités du défunt, et l'âge auquel il a succombé.

Cette nouvelle caisse, ajoutée à beaucoup d'autres, est conservée dans une chambre destinée à cet usage et dépendante de l'édifice. Ainsi ce dépôt, dont la famille ne conserve que la clef, reste à perpétuité au pouvoir de la confrérie.

(*) L'église des Carmes et celle de Saint-François de Paul. Ce sont les catacombes de la paroisse des Carmes qui font le sujet du dessin de cette planche.

(**) Voir la planche 15.

On trouve aussi, dans ces catacombes, des salles préparées avec des compartiments plus petits, pour la sépulture des enfants des confrères.

Mais la sordide spéculation a pénétré dans ce champ de repos fraternel, et y concède aux familles riches étrangères à l'association le privilége de louer des cases, à la charge d'en enlever les ossements au bout d'un an. Néanmoins, si elles préfèrent les laisser, leurs petits sarcophages restent gardés avec ceux des confrères : abus tout à fait en opposition avec la loi primitive de ce pacte religieux.

Cet abus, cependant, n'a pas peu contribué dans la suite, à l'accroissement du luxe dans l'exposition annuelle de ces sarcophages, le jour de la commémoration des morts; fête funèbre où l'expansif Brésilien confond la tendresse filiale et le luxe, pour attirer l'attention publique sur l'objet de sa pieuse douleur.

Visite aux catacombes, le jour de la commémoration des morts.

L'anniversaire de ce jour de deuil solennel, un concours général de la population de Rio-Janeiro obstrue les entrées des diverses catacombes, ouvertes depuis sept heures du matin jusqu'à midi à la curiosité des visiteurs, qui se portent en plus grand nombre, particulièrement à *St-Antonio*, à *St-Francisco de Paula*, et à *la chapelle des Carmes*, dont les catacombes sont d'une construction plus élégante. Ce n'est que vers les dix heures que les confréries respectives vont y chanter l'office des morts; et des messes basses de *requiem* qui se succèdent sont offertes à la dévotion des assistants, tout le temps que les portes restent ouvertes.

Les premières expositions, modestes et naturellement peu nombreuses, n'offrirent qu'une ou deux rangées de petites cassettes en bois hautes d'un pied, et de deux pieds de long, peintes en noir, et sur lesquelles on avait écrit, en blanc, les noms, qualités, âge et date de la mort de l'individu dont les ossements s'y trouvaient renfermés. Mais, à dater de 1816, on vit déjà contraster de petits sarcophages d'une meilleure forme, et progressivement des chefs-d'œuvre d'ébénisterie, dont les veines bien choisies suffisaient à leur embellissement, tandis que les caractères de leurs inscriptions plus soignés étaient peints en or, ou faits par incrustation.

Néanmoins, depuis 1827, l'influence des arts inspira à ces ouvriers, encore sans théorie, le désir de se distinguer par des formes nouvelles dans leurs productions; et livrés à la fougue de leur imagination, ils composèrent des monstruosités, dont la bizarrerie et la richesse satisfirent cependant l'amour-propre de l'héritier rançonné. 1830, particulièrement, vit paraître beaucoup d'espèces de cassolettes, en bois, supportées par trois ou quatre pieds assez élevés et en fer, dont les enlacements compliqués ressemblaient à des fragments de balcons. D'autres supports, au contraire, d'un contour froid et grêle, semblaient attester la stérilité du compositeur, ou l'économie de l'acquéreur qui les avait commandés.

Il faut l'avouer, tout cela fraîchement peint, richement doré ou argenté, attire l'œil et séduit effectivement la foule des curieux, pour la plupart admirateurs de l'imitation crue et discordante d'un marbre imaginaire sur lequel se trouve placée une plaque ovale de cuivre à fond bruni, dont le brillant permet à peine de lire l'inscription gravée en mat. En un mot, l'étranger se croit transporté dans un vaste magasin rempli de meubles groupés sur des estrades de différentes proportions, et enrichis de gazes ou galons d'or et d'argent, appliqués à triples rangs sur des fonds de velours noir, cramoisi, rose ou bleu de ciel : et chacun entouré d'une multitude de bougies allumées.

Auprès du monument le plus riche, on voit le domestique nègre, en livrée, soigner un somptueux luminaire supporté par d'élégants candélabres d'un goût moderne ; d'autres sont d'un goût plus ancien; à côté, un autre plus modeste encore n'a que des chandeliers de bois doré empruntés à une chapelle particulière, et gardés par un vieil esclave simplement vêtu, dont le respectueux recueillement atteste les sincères regrets.

Au milieu de l'expression muette de tant de souvenirs douloureux, j'ai vu une veuve, entourée de sa nombreuse famille encore jeune, se faire ouvrir publiquement la caisse funèbre assez simple qui contenait, depuis trois années, les ossements de son mari défunt; et après avoir pris le crâne, en considérer attentivement la face pendant quelques secondes, la replacer ensuite; et cherchant parmi les fragments du squelette, prendre une des plus petites vertèbres, la renfermer soigneusement entre les plis du mouchoir qu'elle tenait à la main, et, la plaçant sur son cœur, se retirer fondant en larmes.

Mais loin d'être aussi attendrissant, l'aspect général de cette réunion ne présente réellement, pendant la matinée, qu'une multitude de femmes de tout âge et de toutes classes, qui ne vont honorer les morts, sous un deuil élégant, que pour se faire admirer des vivants, empressés autour d'elles, de les admirer de près.

N° 2. *Sarcophages.*

Les petits sarcophages, destinés à renfermer les ossements exhumés au bout de l'année, sont rangés, ici, par ordre de date, de manière à en démontrer la perfection graduée depuis 1816 jusqu'à 1831. On y trouve donc, d'abord la petite boîte de bois fermée par l'humble serrure à moraillon. A côté d'elle brille déjà le coffret, chef-d'œuvre d'ébénisterie, mais éclipsé plus tard par l'élégante forme d'un petit sarcophage supposé en marbre, et recouvert d'un drap mortuaire: idée fixe qui dirigea, depuis 1827, toutes les variétés de formes jusqu'à 1830, époque à laquelle parut l'innovation d'un support en fer et enrichi d'ornements dorés, dont je retrace une des meilleures compositions.

PLANCHE 29.

Quête nommée la Folie de l'Empereur de Saint-Esprit.

L'on appelle à Rio-Janeiro *la Folie de l'empereur du Saint-Esprit* une troupe de jeunes garçons, joueurs de guitare, de tambour de basque, de triangle, précédés d'un tambour; joyeuse escorte d'un porte-drapeau, dont le chapeau, plus richement décoré de fleurs et de rubans, rappelle le costume un peu plus simple, mais toujours enrubané, de toute la troupe musicienne. Ils parcourent ainsi les rues de la ville, en chantant des couplets analogues à la fête, et adressés aux fidèles soutiens du trône de l'empereur du Saint-Esprit (petit garçon de douze ans au plus), qui les suit gravement à quelques pas de distance, et tenu par la main d'un des deux confrères qui l'escortent.

C'est pendant la semaine qui précède la fête de la Pentecôte que se fait cette quête d'apparat, pour stimuler la générosité des fidèles charitables. Le costume du petit empereur se compose d'un petit habit à la française de drap écarlate galonné d'or, d'une culotte de même couleur, d'un gilet de soie blanc brodé en couleur. Il a un chapeau à plumes sous le bras, l'épée au côté, des bas de soie blancs, des souliers à boucles d'or; est poudré à blanc et porte la bourse. Il est décoré d'un crachat et porte en sautoir, une large plaque dorée sur laquelle se détache un Saint-Esprit argenté. Plusieurs quêteurs précèdent et suivent le cortége.

Je n'ai représenté ici que le prélude de la lutte un jour engagée devant moi entre le porte-drapeau et un singe qui, l'instant d'après, se jeta sur l'étoffe du drapeau et le tirait à lui, tandis que son adversaire résistait avec avantage par la force de la pique qu'il tenait en main; ce combat burlesque, quoique très-déplacé dans cette espèce de pratique religieuse, fut loin d'entraver le succès de la quête.

N° 2. *Drapeau et pavillon brésiliens.*

L'émancipation du Brésil, solennellement reconnue à Rio-Janeiro, depuis le 12 novembre 1822, par l'acclamation de l'empereur *Don Pedro Ier*, entraînait également la séparation solennelle des armoiries brésiliennes de l'écusson portugais, groupés ensemble depuis six années, comme symbole du royaume uni du Portugal, du Brésil et des Algarves, créé par le roi *Don Jean VI*.

En effet, le 16 novembre de la même année, à quatre heures de l'après-midi, la population de Rio-Janeiro vit le jeune empereur à cheval et escorté d'un nombreux cortége de cavalerie, traverser la ville pour se rendre à la chapelle impériale, et y assister à la bénédiction du nouveau drapeau brésilien.

La cérémonie religieuse terminée, l'empereur remonte à cheval, et, en présence de la troupe rangée autour de la place du palais (*), alla se placer devant la porte claustrale de

(*) La cavalerie occupait l'embouchure de la rue Droite.

la chapelle. Là, bientôt entouré des officiers supérieurs et des porte-drapeaux, il lut un discours adressé à la troupe brésilienne; puis, sa harangue terminée, fit remettre, par les mains du ministre de la guerre, le drapeau impérial à chacun des porte-étendards. Officiers et sous-officiers, tous prêtèrent le serment militaire avant de rejoindre leurs corps respectifs.

Les rangs rétablis, l'empereur et son état-major se portèrent au centre de la place pour y recevoir le salut, exécuté par une décharge générale de mousqueterie et d'artillerie, après laquelle la troupe se retira en défilant en ordre devant le souverain.

En même temps une girande, partie de la *montagne du Castel,* annonça la première apparition du pavillon impérial, hissé au grand mât des signaux maritimes.

Cet acte militaire, dont la manifestation énergique proclamait, à la face de l'univers, l'existence indépendante du Brésil, naguère colonie portugaise, si glorieusement régénérée, se termina au milieu des cris unanimes d'enthousiasme : Vive *D. Pedro Ier !* défenseur perpétuel et empereur constitutionnel du Brésil.

Une illumination improvisée prolongea, pendant la nuit, ce jour d'allégresse générale.

Drapeau.

Les armoiries impériales du Brésil, peintes sur le drapeau, consistent en un écusson vert surmonté d'une couronne impériale, et au milieu duquel une sphère céleste fond d'or enserte la croix pâtée de l'ordre du Christ. Elle est environnée d'un cercle, composé de dix-neuf étoiles d'argent sur un champ bleu de ciel, dont le nombre correspond à celui des provinces de l'empire brésilien. Deux branches, l'une de cafier garnie de fleurs et de fruits, placée à gauche, et l'autre de tabac aussi en fleur, placée à droite, et toutes deux réunies à leur extrémité inférieure par la cocarde nationale, servent de support à l'écusson placé au centre du losange fond jaune d'or qui occupe tout le milieu du drapeau.

Pavillon.

Le pavillon, formé de toile transparente, représente l'ensemble des détails du drapeau, mais simplement exécutés par des masses faciles à reconnaître de loin.

PLANCHE 30.

Divers Convois funèbres.

Après avoir parlé des catacombes, il nous reste à décrire *les convois funèbres*, et la forme des différentes voitures qui y sont employées.

Nous commencerons par le plus fastueux, celui du ministre ou du courtisan distingué. On le reconnaît tant au pesant corbillard apporté de Lisbonne, que la cour prête volontiers dans cette lugubre circonstance, qu'aux autres accessoires, dont le nombre se règle sur la dignité du défunt.

Quant au convoi du riche particulier, grâce aux progrès du luxe, depuis 1822 les loueurs de carrosses imaginèrent d'offrir, comme nouveauté, un train de voiture à quatre roues de la forme la plus simple, dégarni de ressorts et de toute espèce d'ornements, et auquel seulement, ils ont ajouté un fond à claire voie, formé par quatre vieilles soupentes rapprochées les unes des autres qui servent à supporter le cercueil recouvert du drap mortuaire; deux mules conduites par un postillon forment tout l'attelage de ce char funèbre, devenu du reste assez commun; ce sont les galons et les franges des draperies de deuil dont on le recouvre qui en font toute la richesse. Disons même que ce moyen de transport, d'un prix plus élevé, satisfait tellement la vanité des familles, qu'il leur fait souvent négliger l'honneur du convoi à bras, lorsque le défunt est membre d'une confrérie.

Quant aux héritiers du citoyen de médiocre fortune, obligés de s'adresser également au loueur de carrosses, ils ne lui demandent alors, qu'un simple cabriolet (*séjé*) (*), dont la devanture ouverte sert de point de support pour le cercueil placé en travers. Un prêtre, qui représente le confesseur du défunt, occupe l'intérieur de la voiture, et reçoit une modique rétribution pour accompagner le corps jusqu'à l'église. Aussitôt arrivés, le cabriolet et le prêtre disparaissent. Le prix de ce modeste convoi peut s'évaluer, au plus, à dix-huit francs de notre monnaie.

Si la fortune du défunt le permet, souvent un nègre accompagne à pied, pour soutenir d'une main l'extrémité du cercueil, toujours prêt à glisser du côté de la pente du ruisseau; dans le cas contraire, c'est le prêtre qui fait arrêter la voiture aussitôt qu'il prévoit la nécessité de remédier aux accidents causés par les secousses de la voiture pendant le trajet (**).

Enfin le plus simple convoi s'effectue en plaçant le corps dans un hamac et le faisant transporter par deux nègres commissionnaires (*negros de ganho*), ce qui revient au plus à deux francs.

Tout convoi funèbre ne se met en marche qu'à la tombée du jour, et s'annonce, depuis midi, par des volées entrecoupées de la sonnerie de l'église vers laquelle il sera dirigé; mais comme les confréries se composent également d'individus des deux sexes, on distingue l'annonce du décès d'un homme par le son du seul bourdon, tandis que pour le décès d'une femme, on se sert de la seconde grosse cloche.

(*) Cabriolet attelé de deux mules conduites par un postillon.

(**) Dans toute espèce de convoi, le corps, arrivé à la porte de l'église, est transporté à main d'homme par les plus grands dignitaires pour les nobles, et par les plus proches parents pour les particuliers, qui le déposent sur le piédestal préparé dans l'église. (Voir la description des catacombes.)

Au reste, on doit citer la beauté des sonneries des églises, et particulièrement de celles de la chapelle impériale, des Carmes, de Saint-François de Paul, de la Candelaria, de Saint-Antoine, et de quelques autres.

J'ai réuni dans le dessin tous les convois que je viens de décrire.

N° 2. *Quête pour l'entretien de l'église du Rosario, par une confrérie nègre.*

Il est notoire que la piété des nègres catholiques, à Rio-Janeiro, a contribué, par leurs seules aumônes à l'édification de plusieurs églises. La plus remarquable était celle commencée sur la place de Saint-François de Paul (dont on trouvera les détails dans le texte, à la description de l'arrivée de la cour de Portugal à Rio-Janeiro).

Dans toutes les confréries religieuses, la nécessité de *ces quêtes* a établi l'usage, pendant la fête anniversaire de la dédicace de l'église, de dresser dans l'intérieur du temple et près de l'entrée, un bureau présidé par le confrère du plus haut grade, assisté de plusieurs de ses collègues et d'un secrétaire, espèce de caissier chargé d'enregistrer les cotisations volontaires de tous les confrères ou de leurs familles.

On trouve donc sur ce bureau, recouvert d'un beau tapis, d'abord la petite image ornée de rubans du saint patron de l'église, puis le registre d'inscription, et l'énorme plat d'argent qui se remplit et se vide successivement tous les quarts d'heure; car il est promptement encombré des innombrables petites aumônes que l'on y verse, en réclamant l'avantage de baiser le pied ou la main de la petite figure fraîchement repeinte et dorée. Mais dans ce concours non interrompu pendant vingt-quatre heures, on remarque particulièrement la générosité des femmes.

Revenant à l'historique des confréries nègres, nous rappellerons que, comme depuis la présence de la cour à Rio-Janeiro on avait défendu aux nègres les scènes de travestissement extrêmement bruyantes qu'ils y exécutaient à certaine époque de l'année, en commémoration de leur mère patrie, cette prohibition les priva également du cérémonial extrêmementpaisible, quoique avec déguisement, qu'ils avaient introduit dans le culte catholique; et c'est par cette raison que l'on ne retrouve plus que dans les autres provinces du Brésil, l'élection annuelle *d'un roi, d'une reine et d'un capitaine des gardes noirs,* tels que ceux du dessin qui représente *une quête du dimanche* installée en dehors de la porte de l'église du Rosario, appartenant à une confrérie nègre, à Rio-Grande du Sud.

Cette scène d'apparat ne manque jamais son effet; et tout en satisfaisant l'amour-propre de ces majestés temporaires, elle impose en même temps aux fidèles de leur couleur un certain respect qui leur garantit suffisamment le légitime emploi de leurs offrandes.

PLANCHE 31.

Une Matinée du Mercredi saint.

A Rio-Janeiro, comme à Rome, les lois de l'Église catholique relatives à la communion imposent également, à chaque curé, l'obligation de faire le recensement de ses paroissiens, au commencement du carême, pour s'assurer plus tard de l'obéissance des fidèles à accomplir cet acte religieux. Néanmoins le recensement devient d'autant plus compliqué, au Brésil, qu'un chef de maison y est consciencieusement obligé, non-seulement de faire approcher de la sainte table tous les individus de sa famille, mais encore de faire confesser le plus grand nombre possible de ses esclaves, et bien particulièrement ses négresses, parce que ces dernières, exclusivement employées auprès de leurs maîtresses, doivent plus scrupuleusement en partager les pratiques de dévotion.

Mais aussi l'exécution de cet acte obligatoire devient pour le clergé une surcharge d'activité extrêmement fatigante, surtout pendant les deux dernières semaines du carême; car, à compter du dimanche de la Passion, toutes les églises restent ouvertes pour la confession, depuis cinq heures du matin jusqu'à dix, et se rouvrent le soir, depuis neuf heures jusqu'à à onze. Première prévision particulièrement favorable aux employés des administrations, et qui s'accroît plus généralement à dater du mercredi saint, en offrant dans les églises ouvertes jour et nuit des confesseurs en permanence, pour y entendre les fidèles.

Aussi voit-on dans chaque paroisse, et pendant ces derniers jours, les catacombes, les sacristies et tous les couloirs qui y communiquent, obstrués par une foule de pénitents constamment debout, groupés autour des confesseurs assis charitablement sur des murs d'appui, des tabourets de bois, ou tout autre siége improvisé. Tandis qu'au contraire les confessionnaux, situés dans l'intérieur des églises, restent spécialement réservés pour les femmes de toutes les classes.

Dans chaque paroisse aussi, pour faciliter l'innombrable émission des billets de confession, on a soin d'en faire imprimer la formule, à laquelle il ne reste plus qu'à ajouter le nom de la personne qui le réclame.

Quant à la communion, lorsqu'un double rang de fidèles est formé autour de la sainte nappe, on voit arriver de la sacristie un clerc chargé d'apposer successivement l'empreinte d'une griffe sur les billets de confession de toutes les personnes préparées à communier; immédiatement après paraît un prêtre, le ciboire à la main, escorté par quatre membres de la confrérie du Saint-Sacrement, chacun porteur d'un grand cierge allumé; et suivis d'un cinquième, muni d'une énorme coupe d'étain remplie d'eau, dont chaque communiant boit ensuite une gorgée.

L'un des confrères, qui précède le prêtre, prend successivement le billet de confession de chaque personne qui va communier; enfin, la cérémonie finie, les communiants attendent le retour du prêtre, qui leur rend les billets gratuitement revêtus de toutes les formalités prescrites.

Une femme qui s'approche de la communion doit, selon l'usage, être vêtue de noir, coiffée en cheveux, la tête couverte d'un voile. Il en est de même pour la confession; l'on exige même que les négresses se couvrent la tête d'un mouchoir ou d'un châle, et c'est pour elles la preuve d'un haut degré de civilisation d'être admises à la communion.

Le lieu de la scène est l'intérieur de la petite église de Notre-Dame, Mère des hommes, *a Maï dos homens*, paroisse située rue de la Douane.

Le maître-autel, si resplendissant aux jours de fêtes, par l'effet de sa pyramide ardente que domine l'effigie du saint patron de l'église, aujourd'hui voué à l'obscurité et au silence, laisse voir à nu ses nombreux gradins refroidis et dépouillés de l'immense quantité de chandeliers qui les recouvrent ordinairement.

De même aussi l'intérieur de ce temple, aujourd'hui spécialement consacré à la contrition, n'offre-t-il, de toutes parts, qu'une nombreuse réunion de fidèles en deuil, implorant le pardon de leurs fautes, dans un silencieux recueillement.

Agenouillés auprès de la sainte nappe, des fidèles reçoivent la communion, des mains d'un prêtre escorté (comme nous l'avons dit plus haut) par quatre membres de la confrérie du Saint-Sacrement; le clerc qui offre le grand calice rempli d'eau termine le cortége.

A travers une porte latérale à droite, et dans le corridor qui conduit à la sacristie et aux catacombes, on aperçoit un prêtre assis, écoutant la confession d'un des pénitents qui l'entourent; et auprès de cette même porte, mais dans l'intérieur de l'église, on voit deux négresses assises par terre, et attendant leur tour pour remplacer celle qui se confesse, abritée de son châle (*).

Plus à droite, des dames de la classe aisée sont assises sur les marches d'un autel latéral, et attendent pour passer successivement au confessionnal, déjà occupé par l'une d'elles. Enfin, on retrouve à gauche une troisième scène de confession. Nous ferons remarquer ici que la simplicité de la construction du confessionnal brésilien nécessite une attitude extrêmement gênante pour le pénitent, forcé de s'appuyer d'une main pour s'approcher de la grille qui le sépare du confessionnal.

Des groupes de femmes de toutes les classes, assises sur le sol de l'église, y conservent l'attitude brésilienne, généralement en usage dans ce lieu sacré. Vers la gauche, une dame en mantille entre avec sa petite négresse, tandis qu'une seconde dame, mais d'une mise plus élégante et suivie de ses deux négresses, sort encore pénétrée du recueillement qui suit l'accomplissement récent des devoirs religieux.

Toutes les tribunes de l'église, désertes aujourd'hui, sont, pendant toutes les autres fêtes, réservées aux élégantes dévotes parentes ou épouses des membres dignitaires de la confrérie de cette paroisse.

N° 2. *Cavalhadas.*

Le Portugal, successivement gouverné par les Maures et les Espagnols, peuples également amateurs de chevaux de race, acquit naturellement, par suite de leur croisement, une nouvelle espèce de coursiers aussi élégants qu'intrépides. Et rentré sous la domination de ses rois légitimes dans le siècle de la chevalerie, le Portugais dut, plus que tout autre peuple, conserver le goût des tournois.

Peu à peu le caractère belliqueux de ces exercices s'effaça dans des règnes plus paisibles, mais l'équitation resta la passion dominante de la cour; et sous le nom de *cavalhadas* le tournoi se transforma en une série de tours d'adresse empruntés, sans distinction, à tous les peuples cavaliers.

Aussi, à chaque époque de l'année consacrée aux *cavalhadas*, vit-on à Lisbonne les princes du sang et les autres nobles déployer une remarquable habileté à manier leurs agiles et élégants coursiers, tous resplendissants de la richesse de leurs caparaçons.

(*) On reconnait à cette attitude la négresse maligne ou timide qui veut se dérober aux regards de son confesseur.

Les *cavalhadas* arrivèrent au Brésil avec les Portugais gouverneurs de provinces; et bientôt dans les villes de l'intérieur, telles que *Minas, Saint-Paul, Rio-Grande du Sud* et *Sainte-Catherine*, elles formèrent une foule d'habiles cavaliers capables de lutter d'adresse avec les Portugais, en y ajoutant encore le maniement original du lacet (*las*) et des boules (*bollas*) (*).

Mais belliqueux et patriotes avant tout, les Brésiliens terminent toujours ces exercices, dans les jours solennels, par une petite guerre simulée entre des partis brésiliens et des cavaliers espagnols. Seulement, et pour surcroît de divertissement, les prétendus Espagnols sont tous en costumes de sauvages, tandis que les Brésiliens se revêtent d'anciennes armures portugaises.

Ces petites guerres, dont l'issue est, comme on pense, toujours favorable aux Brésiliens, se terminent naturellement par une marche triomphale qui parcourt la ville, et pendant laquelle la valeur des héros, la richesse de leur costume et la beauté de leurs coursiers, excitent l'enthousiasme général et les applaudissements intéressés des dames fières d'y retrouver un parent ou un mari.

Enfin, après avoir mis pied à terre, toute la calvacade se répand dans les bals qui embellissent la nuit d'une si brillante journée, et s'indemnise gaiement de l'atteinte portée, un instant, à la tendresse et à l'affection fraternelles dans cette rixe simulée sous des costumes de fantaisie, mais qui, dans leur variété, ne cachent toujours qu'une cœur brésilien.

Dans une petite bourgade brillent la même énergie et la même adresse; mais là le héros n'embellit son costume ordinaire qu'en y ajoutant, à la hâte, un châle de femme en guise de tunique, un mouchoir de couleur en sautoir, des rubans pour aiguillettes, et un panache de fantaisie; ornements improvisés qui font, cependant, autant de sensation que l'or et les paillettes dans les grandes villes.

Je reproduis ici le contraste des deux costumes portés, l'un par un cavalier d'une bourgade, et l'autre par un cavalier de Minas ou de Saint-Paul venu à grands frais, à Rio-Janeiro, pour y figurer dans le cirque construit au *campo de Santa-Anna,* à l'occasion du couronnement du roi D. Jean VI. (Voir la description de ces fêtes dans le texte du même volume.)

(*) Voir, dans le 1er vol., le *Gaouche;* et dans le 2e, la *Chasse au tigre.*

PLANCHE 32.

Débarquement de la princesse royale Léopoldine.

Je m'abstiens ici de répéter les détails des événements qui précédèrent et suivirent l'arrivée à Rio-Janeiro de *la princesse royale, l'archiduchesse d'Autriche Léopoldine-Joseph-Caroline*, déjà racontés sous le titre de *fêtes données à la cour, à l'occasion du mariage du prince royal D. Pedro.* Je n'offre maintenant au lecteur que la description particulière de la scène représentée dans ce dessin, dont l'exactitude est telle qu'elle permet de nommer chacun des personnages qui la composent.

La scène se passe au point de débarquement de l'arsenal de marine, situé à l'extrémité droite de l'anse qui forme la façade de la ville, du côté de la mer.

Les arrière-plans représentent, à droite, les montagnes de *Tijuka,* et à leur base, une portion de l'extrémité de la ville ; et à gauche la montagne du *Castel*, couronnée par les mâts de signaux et le télégraphe. Le pavillon hissé au grand mât indique une solennité. Et le pied de cette montagne forme, dans l'intérieur de la baie, *la praia de Santa-Luzia.*

Au centre s'élève majestueusement le couvent de *Saint-Bento*, dont les croisées, réservées aux personnes protégées, sont toutes garnies de riches tapis de soie. Au-dessus du même bâtiment on aperçoit l'extrémité des deux tours de l'église, dont le portail décore la face principale qui regarde la ville et est opposée à celle qu'on voit ici. Tout le reste de ce plateau accessible est entièrement occupé par une foule de curieux de toutes les classes, impatients de jouir du coup d'œil du débarquement, du côté de la mer, et de la marche du cortége dans la rue Droite, du côté de la ville. Tout le pied de la montagne, garni de palmiers et de tapisseries, forme le côté droit du chemin préparé pour le cortége; on y voit déjà arrêtée la file des voitures qui doivent suivre immédiatement celles de la cour. Déjà aussi l'avant-garde de cavalerie, les chevaux de main, et un groupe d'officiers de l'état-major, stationnent à leur place, prêts à ouvrir la marche en tournant derrière le bâtiment de l'administration de l'arsenal. (Voir la porte qui donne au commencement de la rue Droite, Pl. 2.) A droite, le pied de la montagne borne l'arsenal, de ce côté réservé aux ateliers de la fonderie, et dont une porte donne sur *la Prahinha*, espèce de marché approvisionné par la navigation de l'intérieur de la baie. Le côté gauche du chemin d'honneur est bordé par une balustrade en charpente, également couverte de tapisseries qui masquent à l'œil, l'inégalité du pied de la roche, sur les abords du point de débarquement.

L'espèce d'arc de triomphe de style portugais, composé par les officiers de marine, offre la bizarrerie de l'inclinaison de tous ses détails archéologiques suivant la pente douce qu'il abrite. Il présente, du côté de la mer, sur sa face principale, l'écusson des armes du nouveau royaume uni, d'où pendent des guirlandes qui se rattachent à des pilastres massifs peu en harmonie avec les quatre colonnes grêles qui supportent le reste de ce monument de fantaisie.

Deux petites pyramides, perpendiculairement placées sur les pilastres, partagent assez gauchement leur point d'appui avec la retombée de l'arc sur une corniche trop saillante ; l'autre face est ornée de deux figures allégoriques peintes en grisaille, et de petits trophées de marine accompagnent les côtés extérieurs de la voûte. Tous les supports et les balustrades sont peints en bleu et blanc, et la partie supérieure en rouge et jaune ; bizarrerie qui s'explique par le rapprochement des couleurs portugaises, employées par les ingénieurs avec la naïveté de l'enfance de l'art. Deux petits escaliers parallèles servent d'entrées particulières pour les personnes qui accompagnent la cour.

Un des canots de la cour, arrêté derrière celui du roi, porte un corps de musique militaire, chargé de jouer pendant tout le temps du débarquement. Plusieurs autres embarcations du service particulier de la cour, reconnaissables par leurs sculptures dorées, portent les personnages de la suite. L'extrémité droite du dessin est entièrement formée par une partie de l'arrière du vaisseau royal *le Jean VI*, qui amena de Trieste la princesse autrichienne; son artillerie et son équipage exécutent le salut maritime. Revenus au centre du point de débarquement, nous le voyons occupé par le grand canot royal servi par cent rameurs, et resplendissant de la sculpture dorée qui en recouvre toute la superficie. Il est arrêté au pied de l'arc dont l'intérieur est occupé, à gauche, par les autorités civiles et les gentilshommes, et à droite par la jeune famille royale, placée par rang d'âge; derrière elle, les personnes attachées au service particulier forment un second rang; des places y sont aussi réservées pour le corps diplomatique.

Un petit pont volant, recouvert d'un tapis rouge, facilite le débarquement du prince et de la nouvelle princesse royale. Vient ensuite la reine, conduite par son premier chambellan; on voit derrière elle les deux gentilshommes de service prêts à suivre le roi, déjà debout et sorti de la chambre de l'embarcation, au-dessus de laquelle flotte l'étendard royal surchargé de broderies d'or. Un officier supérieur de la marine royale sert de pilote à cette illustre embarcation.

On voit à terre, et devant la face opposée de l'arc, la voiture d'apparat attelée de huit chevaux, remarquables par leurs panaches rouges, comme le reste de leur caparaçon de velours brodé d'or. Plus à droite attendent aussi deux autres voitures de cour à six chevaux et destinées aux altesses royales. Des escortes à cheval, placées derrière elles, les séparent du commencement de la file de voitures déjà organisée.

Il est une heure, et le cortége va suivre la rue Droite, ornée d'arcs de triomphe jusqu'à la chapelle royale.

PLANCHE 33.

Vue du château impérial de Santa-Crux.

Le château de *Santa-Crux* (Sainte-Croix), maison de plaisance de la cour, située à onze lieues de la capitale, est une ancienne métairie des jésuites, renfermant une église et un couvent, construits sur un mamelon qui domine d'immenses plaines entrecoupées de forêts, et à travers lesquelles passe le chemin de *Minas*. La terre de *Santa-Crux* est, sans contredit, l'une des plus grandes propriétés de la province de Rio-Janeiro.

Elle fit partie du domaine de la couronne sous *Jean VI*, et la cour y allait tous les ans passer six semaines pendant les grandes chaleurs.

Toujours humble dans ses goûts, le roi se contentait d'y habiter une cellule, et le reste de sa famille était obligé de l'imiter.

Mais à l'époque du mariage du prince royal *Don Pedro*, les idées s'agrandirent, et le roi sentit la nécessité de faire disparaître les divisions intérieures du couvent pour y substituer des appartements plus dignes d'une habitation royale. Il chargea donc le *comte de Rio-Secco*, surintendant des bâtiments de la couronne, de diriger ces travaux. En effet, à son arrivée la *princesse Léopoldine* y trouva des appartements bien décorés. Depuis ce moment, la résidence de *Santa-Crux* devint d'autant plus agréable pour la jeune famille royale, que le site offrait des promenades constamment variées tant à cheval qu'en voiture; plaisirs champêtres tout à fait dégagés du fastidieux cérémonial de la ville.

Plus tard, *Don Pedro, empereur* et zélé réformateur, prit la gestion de la ferme de Santa-Crux, et en augmenta le revenu par de nouvelles acquisitions de terrain; il y établit un haras, une prairie parquée pour des chevaux pensionnaires; monarque philanthrope, il s'occupa en même temps d'entourer cette solitude impériale d'une population dévouée et reconnaissante. En effet, après avoir donné la liberté à tous les esclaves attachés à son service particulier lorsqu'il était prince royal, il concéda gratuitement à chacun d'eux une portion de terrain sur la place de *Santa-Crux*, pour s'y construire une petite maison, et dans la plaine un assez vaste champ cultivable, pour subvenir à la nourriture de la famille de chaque nouveau colon.

Le droit de propriété anima bientôt le zèle de ces nouveaux citoyens, qui développèrent à l'envi les différents genres d'industrie nécessaires aux besoins des voyageurs de *Minas*, et peu de temps après, parvinrent à leur offrir une station commode sur une route aussi fréquentée.

Maintenant, souvent honoré de la présence du souverain, le *bourg de Santa-Crux*, augmenté de quelques maisons bourgeoises habitées par les autorités locales, compte une population nombreuse et industrielle, dont la colonisation date seulement de 1822.

Pendant l'année qui précéda le départ de *Don Pedro Ier*, on préparait, tant dans l'intérieur du palais et de l'église que dans les dépendances de la propriété, des travaux considérables, tels que construction d'ateliers, d'usines; on y devait aussi creuser un canal correspondant à la mer, pour faciliter l'exploitation générale de cet immense domaine impérial, administré maintenant par la régence de *Don Pedro IIe*, successeur de son père.

N. 2. *Le Rocher des Buissons.*

Le Rocher des Buissons, *o Rochedo dos Arvoredos*, porte une inscription en caractères phéniciens, dit la tradition; elle ressemble à beaucoup d'autres rapportées de l'Amérique par M. de Humboldt, et présentée, comme elles, aux savants orientalistes, elle fut jugée débris d'une langue morte maintenant indéchiffrable, suite inévitable de la confusion des langages produite par le refoulement des peuples dans les Amériques. Je suivrai dans cette assertion l'opinion de M. Buret de Longchamp, qui rapporte : « qu'une invasion des *Toul-*« *taques* aurait eu lieu dans le Mexique en 648. » Il ajoute que, « *des Hiong-nou* ou *Huns*, « conduits par *Punon*, leur chef, se perdirent dans le nord de la Sibérie, vers le *Groenland*, « à l'époque où *Zalcoal* était seigneur des sept cavernes des *Novatelcas*, et légitime sou-« verain des sept nations qui ont fondé ou augmenté l'empire du Mexique. »

On retrouve aussi, dans le même ouvrage, à la date de 648, la culture du maïs et du coton, enseignée par *les Huns* passés en Amérique; documents qui expliqueraient parfaitement la fusion incorrecte et indéchiffrable du langage écrit chez ces divers peuples, rassemblés en petites colonies sur différents points de l'Amérique. Ce qui est encore indubitable, c'est que cette inscription est un dérivé d'une écriture orientale, d'abord par la forme de son premier caractère, le *th* égyptien, mais ici placé horizontalement. Des savants y trouvent aussi une analogie avec le *ts* syriaque, et même avec le *th* arabe; ils reconnaissent également, dans la forme et l'arrangement de quelques autres de ces caractères, les traces du phénicien et du grec antique. Et, en un mot, le dérivé de l'alphabet de l'écriture de l'Inde, dont l'origine se perd dans la nuit des temps (*).

Comme dans le Mexique aussi, cette inscription se trouve placée sur une partie qui paraît inaccessible; cependant il existe sur cette roche des traces amollies de marches taillées qui continuent jusqu'à une assez grande élévation; elles sont indiquées dans le dessin près du point de débarquement où stationne le canot. De près, ces caractères gigantesques, sans tracé apparent, ne sont formés que par la bizarrerie de quelques nudités du rocher, généralement surchargé de végétation. Et ce n'est, au contraire, qu'à une certaine distance en mer que l'on peut reconnaître la forme arrêtée que nous reproduisons avec la plus grande exactitude.

Le Rocher des Buissons, *o Rochedo dos Arvoredos*, est situé à peu de distance de l'entrée de la baie de l'île de Sainte-Catherine, ancien point de déportation des Portugais; car la ville de cette île conserve le nom de *Cidade do desterro* (ville de l'exil ou du bannissement).

(*) (Encyclopédie moderne) Recherches faites par M. Klaproth.

PLANCHE 34.

Monument funèbre qui renferme la dépouille mortelle de la première impératrice du Brésil.

Nous avons donné, dans la note de la planche 13, le précis succinct de la vie de la première impératrice du Brésil, *Léopoldine-Joseph-Caroline-Louise, archiduchesse d'Autriche,* depuis son arrivée à Rio-Janeiro, et nous terminons ici par le cérémonial funèbre qui suivit sa mort, arrivée le 11 décembre 1826, à dix heures un quart du matin, au palais impérial de Saint-Christophe (*Quinta de Boa Vista*), situé à trois quarts de lieue de Rio-Janeiro. En voici donc les détails aussi exacts que peu connus.

Depuis plusieurs jours, de saintes reliques, portées processionnellement et exposées à la chapelle impériale pendant les prières des quarante heures, rassemblaient tous les citoyens admirateurs des vertus de la princesse, pour invoquer la protection du Tout-Puissant contre les angoisses horribles d'une inflammation causée par le typhus, et auquel elle succomba.

En effet, les salves funèbres de l'artillerie des forts n'annoncèrent que trop tôt cette funeste nouvelle qui plongea dans la douleur toute la population de Rio-Janeiro.

L'impératrice morte, et le procès-verbal de décès signé par les médecins et chirurgiens de service, présidés par le premier ministre de l'empire (ministre de l'intérieur), les chirurgiens firent une simple incision à l'abdomen pour introduire dans le corps quelques liqueurs corrosives, des aromates, et comprimèrent le tout ensuite avec une ligature (première opération chirurgicale, textuellement indiquée dans la loi portugaise qui défend, *par décence,* d'embaumer les cadavres des femmes).

Pendant la nuit du premier au second jour, le corps resta plongé dans un bain composé d'esprit-de-vin et d'une certaine quantité de chaux, pour provoquer l'affermissement des chairs, et le matin suivant il fut revêtu de son grand costume impérial et exposé sur son lit de parade richement décoré, pour y recevoir la dernière expression d'obéissance des nobles attachés à son service particulier, qui vinrent, en effet, tour à tour lui baiser la main droite, étendue de manière à faciliter le cérémonial connu sous le nom de *baise-main.*

Immédiatement après, on déposa le corps ainsi habillé et environné d'aromates dans un cercueil de plomb dont on souda le couvercle en présence du premier gentilhomme de la chambre et du premier ministre. Ce premier cercueil, renfermé dans un second de bois tout à fait simple, fut ensuite exposé dans une chapelle ardente, pour y recevoir, selon l'usage, les hommages funèbres de toute la cour et du peuple qui s'y porta en foule, malgré la distance qui sépare Saint-Christophe de la capitale.

Ce fut seulement le jour du convoi que l'on renferma le second cercueil dans un troisième aussi de bois, mais fermant à clef et recouvert d'un velours noir richement galonné d'or. C'est ainsi qu'il repose encore aujourd'hui dans le chœur claustral du couvent *d'Ajuda* (Notre-Dame de Bon-Secours), à la même place où avait été précédemment déposé, en 1816, le corps de *Dona Maria Ire*, reine de Portugal et mère *du roi Don Jean VI.*

Convoi.

Le convoi funèbre, parti de Saint-Christophe le 14 décembre à huit heures du soir, arriva en ville, à la principale porte du couvent *d'Ajuda,* à dix heures et demie du soir, et la cérémonie funèbre ne fut achevée qu'à deux heures après minuit.

Composition du cortége.

Un fort détachement de cavalerie ouvrait la marche; venaient ensuite douze chevaux de main des écuries de l'empereur, suivis du premier piqueur; immédiatement après s'avançaient, à cheval et en grande tenue de deuil, le corps municipal (*senado da camara*), les camaristes, les huissiers, les massiers, les gentilshommes de la chambre, les premiers valets de chambre (*guarda ropas*), les chambellans et les conseillers d'État. Après ces autorités civiles, on voyait, aussi à cheval, s'avancer le clergé de la chapelle impériale, composé des sacristains, des chantres, des chanoines et des monseigneurs, tous tenant à la main un énorme cierge dont ils appuyaient l'extrémité inférieure sur l'étrier.

Le cérémonial religieux, qui obligeait le clergé à chanter des prières pendant le trajet, assignait aussi un valet de pied pour tenir la bride du cheval de chaque ecclésiastique; et par distinction, deux valets de pied escortaient les monseigneurs.

Après cette cavalcade venaient les voitures. D'abord le corbillard attelé de huit mules drapées et sans panaches; mais il est difficile de se faire une idée de la masse informe (d'invention portugaise) qu'offrait l'ensemble de ce char funèbre. La totalité de la voiture était recouverte par une immense draperie d'un superbe velours noir, garnie d'une longue frange d'or fin surmontée d'un très-large galon de même métal. Ce grossier ajustement couvrait entièrement le train, les roues et le siége du cocher. Assis sur l'immense draperie, dont une partie cédait au poids de son corps, on voyait le conducteur du char en grande livrée impériale, l'habit vert galonné d'or, portant du côté droit l'épaulette d'argent à graine d'épinards, et à sa ceinture l'épée à pommeau d'argent, coiffé d'un chapeau à trois cornes galonné d'argent, et chaussé de bas de soie blancs et de souliers à boucles d'or. Deux files serrées de valets de pieds, tous un énorme cierge à la main, entouraient le corbillard, à la suite duquel une seconde voiture pareillement recouverte, mais moins richement ornée, représentait celle de l'impératrice. Elle était aussi attelée de huit mules, entourée de porte-flambeaux, et escortée par un fort détachement de gardes d'honneur. Une troisième voiture de la cour, mais seulement à panneaux drapés, était occupée par trois ecclésiastiques, dont le plus éminent paraissait soutenir devant lui une énorme couronne dorée placée sur un coussin, tandis que ses deux acolytes, assis sur le devant de la voiture, portaient le feu sacré et la croix. Enfin une quatrième voiture de deuil contenait le chambellan et le premier valet de chambre de service. Elle se trouvait escortée par l'arrière-garde, composée de détachements de cavalerie, d'artillerie montée et de chasseurs à pied accompagnés de leurs musiques. On se dirigeait vers l'église.

Cérémonial de l'intérieur de l'église du couvent.

L'église avait été magnifiquement surchargée de draperies à l'intérieur. Un assez grand orchestre était appuyé au mur latéral de droite. Dans la nef, quatre piédestaux, chacun d'une hauteur et d'une richesse progressive, également distants l'un de l'autre, occupaient le milieu de l'église, depuis la porte d'entrée jusqu'à la première marche du maître-autel. Un rang de banquettes à droite et à gauche en garnissait les côtés. L'on avait aussi placé deux tables recouvertes de tapis, auprès de la grille du chœur claustral qui borde le côté gauche de la porte d'entrée de l'église.

Enfin le corbillard arrive! Les confrères de la miséricorde transportent le corps et le déposent sur le piédestal le plus bas et le plus simple placé près de la porte; véritable estrade qui, par son humilité, devait figurer le corps déposé à terre. A ce moment, le premier commis de la secrétairerie d'État, assis au bureau le plus près de la porte, dresse une copie du procès-verbal signé au palais impérial lors de la fermeture du cercueil de plomb, copie destinée à rester entre les mains de l'abbesse du couvent, avec celle de l'acte de dépôt du corps, que la supérieure signe de son côté sur l'autre bureau. Ce dernier acte porte en outre l'obligation de remettre ce noble dépôt à la première réquisition légale. Après cette première formalité remplie, le clergé de la confrérie chante, de l'office des morts, ce que l'on nomme *la recommendaçao*. Les confrères reportent alors le cercueil sur le second piédestal déjà plus élevé et plus orné, et autour duquel se tient le corps municipal de Rio-Janeiro. Ici, c'est le clergé de la paroisse qui est chargé des prières. Celles-ci terminées, les membres du corps municipal portent, à leur tour, le cercueil, et le placent sur le troisième piédestal, plus riche que le précédent. Alors c'est l'évêque qui officie pontificalement; et c'est la noblesse qui s'empare du caisson pour le déposer sur le quatrième piédestal, dont les ornements l'emportent en nombre et en richesse sur tous les autres. A ce moment aussi, tous les effets de musique concourent, par leur réunion, à la somptuosité des chants religieux, qui se prolongent encore pendant que la noblesse transporte le corps, et entre par la porte latérale de la grille claustrale, ouverte du côté où se trouve le petit monument funèbre préparé pour recevoir définitivement l'auguste dépouille(*). On dépose ensuite l'énorme couronne dorée sur le drap mortuaire qui recouvre le cercueil.

A cette dernière formalité, les deux heures de nuit sonnent, et les décharges de l'artillerie du cortége, soudain répétées par celle de tous les forts de la baie, annoncent à la population de la capitale que la porte du chœur claustral se referme.

Ce fut le signal de la sortie des assistants, harassés de fatigue de cette pénible et lugubre cérémonie, qui dura pendant six heures consécutives, dont les deux premières se passèrent dans un nuage de poussière encore brûlante, et les quatre autres renfermé dans l'intérieur d'une église ardente de luminaire et encombrée de spectateurs qui en augmentaient la chaleur accablante.

Je donne, sous le N° 1, le détail en grand du monument funèbre où repose aujourd'hui la dépouille mortelle de *Léopoldine, première impératrice du Brésil*. Ce chef-d'œuvre d'ébénisterie, exécuté en bois noir et orné de filets de cuivre dorés, fut confectionné au garde-meuble de la couronne, en 1817, pour y placer le corps de la défunte reine de Portugal, *Marie Ire, mère de Jean VI*, morte à Rio-Janeiro, en 1816(**). Les armoiries du Royaume-Uni, restées sur le couronnement, attestent que le dessin a été fait le lendemain des funérailles, car on y substitua plus tard les armoiries de l'empire. Le cercueil, recouvert du drap mortuaire d'un superbe velours noir, galonné et frangé d'or, et surmonté d'une énorme

(*) Le monument, chef-d'œuvre d'ébénisterie, est une grande armoire isolée, ou un petit cabinet carré long, fermé de son grand côté par deux portes qui, développées, en découvrent toute sa face. Deux petites figures sculptées supportent le médaillon qui sert de fronton au couronnement, espèce de dôme surbaissé. Le tout est en bois noir orné de filets de cuivre doré. Deux vers latins inscrits sur le médaillon, attestent les justes regrets qu'inspire le souvenir des qualités véritablement remarquables de l'illustre défunte.

Les religieuses entretiennent une petite lampe constamment allumée dans l'intérieur du monument, dont les portes restent ordinairement fermées, et ne s'ouvrent qu'au jour de la commémoration.

(**) Le premier monument où était déposé primitivement, en 1816, le corps de la défunte reine, était absolument de la même dimension, mais ressemblait à un petit cabinet de jardin: fait de bois ordinaire, il était peint fond uni vert clair, sur lequel on avait figuré un treillage doré. Preuve incontestable du triste état des arts à Rio-Janeiro, à cette époque.

couronne, est placé sur une estrade recouverte de drap noir également galonné. Les deux portes, ordinairement fermées, restèrent ouvertes pendant la première huitaine du deuil, consacrée au service funèbre.

N° 2. Détail de la décoration extérieure de la grille du chœur claustral, donnant dans l'église publique du même couvent. A droite, au rez-de-chaussée, on aperçoit une porte latérale ouverte pour l'entrée du cortége, tandis qu'à gauche, la porte parallèle, fermée, est en partie masquée par les deux tables préparées pour la signature des actes de dépôt du corps de l'impératrice.

N° 3. Vue de l'intérieur du chœur claustral du couvent d'*Ajuda* (Notre-Dame de Bon-Secours), où est placé le monument funèbre.

N° 4. Vue extérieure du même couvent, du côté de *la rue d'Ajuda*. Le premier corps de bâtiment à gauche est l'église, dont les fenêtres multipliées indiquent le rez-de-chaussée et les deux étages du chœur claustral; les quatre autres, placées au-dessus des chapelles latérales, donnent la dimension de l'église publique et de la porte d'entrée par laquelle passa le cortége funèbre. La seconde porte, placée sous la petite galerie à l'italienne, donne entrée à la sacristie adossée au maître-autel de l'église publique; et la troisième porte est celle qui donne dans la cour du couvent. Cette cour est environnée des dépendances consacrées à l'industrie, tandis que la partie cloîtrée tient toute la façade située du côté de la mer (Voir la vue générale de la ville, pl. 3). Le dessin se termine par le mur de clôture du spacieux jardin des religieuses.

N° 5. Corbillard attelé de huit mules simplement harnachées et sans plumet : énorme voiture très-pesante du siècle de Louis XIV pour la forme, et très-grossièrement exécutée. Cette masse informe est produite par une seule enveloppe d'un superbe velours noir, bordée de galons et d'une très-haute frange d'or qui descend jusqu'à terre; tradition portugaise religieusement conservée dans cette solennelle et lugubre cérémonie.

PLANCHE 35.

Costume des dames d'honneur de la cour.

Parmi les dames de la cour de Don Jean VI, dont l'élégance, les énormes plumes blanches, et les diamants rehaussaient constamment le cortége royal à l'église et au théâtre, on distinguait particulièrement la baronne *de Rio Secco*, resplendissante de diamants; néanmoins, son extrême embonpoint permettait encore à quelques jeunes dames moins surchargées de pierreries, de briller auprès d'elle, par leur maintien gracieux; et chez les plus âgées aussi, la noblesse des manières signalait l'heureux résultat d'une belle éducation européenne. Au départ du roi, la plupart de ces dames, toutes de la plus haute noblesse, retournèrent à Lisbonne, et, dès ce moment, tout changea d'aspect à Rio-Janeiro. Près du trône de *Don Pedro Ier*, on vit succéder aux couleurs nationales portugaises, rouge et bleu, le vert et le jaune, symbole du nouvel empire brésilien. Ainsi les plumes rouges des princesses royales, reléguées en Portugal, laissèrent aux plumes blanches à extrémité verte, l'honneur de surmonter le diadème de l'impératrice Léopoldine; mais les dames de sa cour portaient les plumes toutes blanches, et l'union de l'or et du vert reparaissait seulement dans la composition de leur turban, de même que le manteau vert brodé d'or, et la jupe blanche brodée d'argent, composaient le grand costume pour les jours de cérémonie.

Les jeunes souverains, bientôt environnés d'une jeune cour dévouée, comme eux, à l'émancipation du Brésil, offraient un charme de plus à l'enthousiasme général, et Don Pédro, empereur, goûtait le bonheur de la popularité; car, monarque patriote, il feuilletait avec fruit les annales des grands siècles pour s'instruire dans l'art de gouverner. Mais, déjà habitué à recevoir journellement sur son passage l'expression d'un dévouement unanime, il s'occupa bientôt plus particulièrement des démonstrations gracieuses de quelques Françaises; et cette distraction, de son âge, lui fit oublier instantanément la gravité de son rôle. Cette faiblesse encouragea même quelques-uns de ses courtisans à lui mettre sous les yeux les chroniques secrètes et scandaleuses de la fin des règnes de Louis XIV et de Louis XV. Doué, en effet, d'un esprit fougueux et d'un tempérament ardent et toujours imitateur, il conçut le projet de former une intrigue à la cour. Ses complaisants lui firent connaître une dame de Saint-Paul, dont les yeux expressifs et la physionomie mobile annonçaient une énergie spirituelle capable de subjuguer un jeune souverain. En effet, elle réussit complétement, et bientôt, indispensable à la cour, l'empereur la nomma première dame d'honneur de l'impératrice; source des chagrins bien réels qui empoisonnèrent les dernières années de Léopoldine. La sultane favorite s'occupa de l'avancement de sa famille; ses frères obtinrent des grades supérieurs dans le militaire; son mari, toujours absent, possédait un emploi dans les légations; et son vieux père, à sa mort, revêtu d'un titre de noblesse éminent, fut inhumé somptueusement dans le caveau d'honneur de la chapelle Saint-Louis, attenante au couvent de Saint-Antoine. Enfin, la dame de Saint-Paul, au comble des grandeurs, devint mère d'une fille, reconnue par l'empereur sous le titre de duchesse de Goyaz; et Don Pédro, dont les revenus étaient alors extrêmement restreints, alla jusqu'à créer pour cette femme, qui devait figurer, un revenu fondé sur la permission secrète de prélever une rétribution volontaire sur chacune des promotions dans le gouvernement. Il lui forma ainsi une cour nombreuse de pétitionnaires assidus, auxquels elle imposait une taxe arbitraire.

Logée au petit palais de Saint-Christophe, l'empereur s'y rendait chaque jour, à l'issue de son déjeuner, muni des promotions signées, et les postulants épiaient sa sortie pour apprendre le résultat de leurs demandes et de leurs sacrifices.

Mais la jeune famille de l'empereur réclamait une belle-mère, et un projet d'alliance avec une des hautes puissances de l'Europe amena la première disgrâce de la courtisane favorite, forcée de se retirer à Saint-Paul. Peu de temps après, ce même projet échoué fut, au contraire, le signal de son rappel à la cour. Néanmoins ce triomphe passager s'évanouit à la nouvelle de l'arrivée de la princesse de Leuchtenberg. Privée alors, et pour toujours, de ses droits à la cour, la malheureuse *marquise de Santos*, reçut l'ordre de quitter le Brésil.

Quant à la *duchesse de Goyaz,* sa fille, elle fut envoyée en France et admise dans le pensionnat du Sacré-Cœur de Jésus, à Paris, et elle y reçoit une éducation convenable à ses titres.

Planche 36.

Costumes militaires.

L'influence portugaise, ardente anglomane, avait exactement importé au Brésil les uniformes militaires de nos voisins d'outre-mer. Aussi avons-nous trouvé, à Rio-Janeiro, les gardes-marine coiffés, comme les Anglais, avec de petits casques de cuir à plaques élevées, bordées en crin noir. Il y avait également un régiment de milice formé de nègres libres, étant coiffé d'un petit shako à plaque très-élevée et pointue, et portant l'uniforme blanc, à collet, parements et passe-poil rouges; leurs buffleteries étaient blanches. Ce régiment fut supprimé en 1824; mais l'empereur en forma un corps d'artillerie des forts, commandé par des officiers blancs. Leur uniforme actuel est bleu avec passe-poil rouge, ceinturon de cuir noir verni. Ils sont coiffés d'un bonnet de police de drap bleu à passe-poil rouge.

La cavalerie de milice de l'intérieur porte le casque à crinière noire; la forme en est ornée de lames de cuivre, modèle anglais ou bavarois (voir la chasse au tigre dans le second volume). Le reste de l'uniforme, toujours bleu, ne diffère que par la couleur des parements, blancs ou rouges. Aujourd'hui, la cavalerie de Saint-Paul porte le shako.

On avait admis, dans l'organisation de la garde impériale, un régiment d'infanterie étranger, dont les soldats, Alsaciens et Suisses, étaient commandés par des officiers français, et portaient l'uniforme de la garde impériale de Napoléon.

Je donne ici l'uniforme des premiers régiments de grenadiers et de chasseurs de la garde impériale. Le troisième est celui de la milice bourgeoise, reconnaissable à sa plaque portant les armes du Brésil.

Vers 1830, le mécontentement provoqué par la fréquence des changements dans le ministère, et le soupçon, assez fondé, d'une tendance au retour du gouvernement absolu, déterminèrent les chambres à rendre une loi qui, sous le prétexte d'économie, supprima d'abord le régiment étranger, redoutable par sa belle conduite pendant la guerre du Sud contre les Espagnols, et restreignit à un très-petit nombre les troupes soldées, de manière à concentrer la force armée dans les mains de la milice bourgeoise; prévision qui, en effet, évita toute espèce de collision au moment de l'abdication de *Don Pedro Ier*.

Immédiatement après ce coup d'État, la régence provisoire ordonna le licenciement des troupes, qui, provisoirement, furent consignées dans leurs casernes; tandis qu'au contraire, tout le corps des officiers, formé en bataillon d'honneur, fit patriotiquement le service dans tous les postes, afin d'aider la milice bourgeoise à entretenir l'ordre et la sécurité dans la ville, pendant les huit jours de crainte inspirée par la présence de Don Pédro, resté à bord du vaisseau amiral anglais qui commandait la station maritime dans la baie. Mais après son départ on opéra le licenciement, qui s'effectua avec le plus grand calme; et le service public se partagea entre le bataillon des officiers et la milice bourgeoise, comme nous le voyons faire en France, avec une louable rivalité, par les gardes nationales et la troupe de ligne. (Voir la fin de l'article de la politique.)

PLANCHE 37.

Acclamation du roi Don Jean VI.

On trouvera facilement dans la scène dessinée, une partie des détails déjà décrits sous le titre de cérémonial de l'acclamation du roi Don Jean VI.

Le moment choisi est celui où le premier ministre a terminé la lecture du vœu formulé des provinces du Brésil, qui appellent le prince régent du Portugal au trône du nouveau royaume uni. Le roi vient de répondre : *J'accepte;* et l'enthousiasme général des spectateurs se manifeste par l'exclamation de *Viva el rei nosso senhor,* et le geste portugais de *l'agitation du mouchoir à la main.* Le drapeau royal est déployé. Le roi siége en grand costume, le chapeau sur la tête et le sceptre en main, tandis que sa couronne est posée sur un coussin à côté de lui*. A sa droite sont les princes Don Pédro et Don Miguel : celui-ci tient en main l'épée de connétable. Le capitaine des gardes stationne au pied du trône et près du ministre. A droite, dans la travée du trône, on aperçoit la tribune occupée par la famille royale, où les dames d'honneur, debout, occupent le second rang. Les personnages sont placés dans l'ordre qui suit : la reine occupe la place la plus rapprochée du trône, et successivement après elle, la princesse royale Léopoldine, la tête ornée de plumes blanches, tandis que toutes les princesses les portent rouges; Dona Maria-Théréza, alors appelée la Jeune Veuve; Dona Maria-Isabel, Dona Maria-Francisca; Dona Isabel-Maria, et enfin, Dona Maria-Beneditta, veuve du prince Don José et tante du roi.

Deux longues estrades, graduées de hauteur, occupent le milieu de la galerie et conduisent au pied du trône. Les deux côtés des trois premières travées sont destinés aux dignitaires de la noblesse et du clergé, et le reste de la galerie est livré aux personnes invitées.

Le cérémonial de l'acclamation se termina au jour, et la galerie ne fut illuminée que pour la rentrée du cortége après le *Te Deum,* lorsque le roi se retira dans les appartements du palais par une porte pratiquée derrière le trône.

Telle fut la cérémonie qui consacra la révolution royale qui transporta au brésil le siége de la royauté portugaise, jusqu'au 22 avril 1821, jour du départ du roi.

(*) On sait que depuis la mort du roi Don Sébastien, qui disparut dans une bataille livrée en Afrique, l'an 1518, contre les Maures restés maîtres du champ de bataille, on ne couronne plus de roi, parce que, disent les Portugais, le roi Don Sébastien, sauvé par la Divinité, doit revenir et rapporter la couronne du Portugal.

Planche 38.

Vue de la place du Palais, le jour de l'acclamation de Don Jean VI.

D'un côté, la timidité naturelle de *Jean VI,* héritier légitime de la couronne de sa mère depuis la fin de février 1816; de l'autre, la distance considérable qui isole le Brésil du continent, furent, sans contredit, les deux causes principales des lenteurs qui retardèrent de deux années la reconnaissance du royaume uni du Brésil, Portugal et Algarves.

Le nouveau roi avait, en effet, à obtenir la ratification de la régence portugaise qu'il avait établie à Lisbonne; et, de plus, l'assentiment des hautes puissances de l'Europe, séparées de lui par deux mille lieues; aussi n'est-ce que le 6 février 1818 qu'eut lieu, à Rio-Janeiro, *l'acte de l'acclamation solennelle du nouveau roi D. Jean VI.*

Après avoir donné la vue de l'intérieur de la galerie dans laquelle se passent tous les détails de l'acte de l'acclamation, je reproduis maintenant l'extérieur de cette même galerie, qui ornait tout le fond de la place faisant face à la mer.

Le moment que j'ai choisi est celui du *départ du roi,* et son apparition au balcon du milieu de l'édifice (*), pour se montrer au peuple, et en recevoir le premier tribut d'hommages, avant de descendre à la chapelle royale, où il doit assister au *Te Deum* qui termine la cérémonie de l'acclamation. On aperçoit, à travers l'ouverture des arcades, et à la première à gauche, le trône; à la seconde, la tribune de la famille royale, et successivement celles des dames de la cour et des légations étrangères; à la troisième, avant-dernière, se voit la porte de communication qui conduit à l'intérieur de la chapelle royale, et par laquelle doit passer le cortége : les deux dernières, enfin, servent à éclairer le vestibule ménagé à l'entrée de l'escalier, dont on voit une partie en dehors.

Une balustrade, placée au soubassement du balcon d'honneur, sert d'enceinte à l'orchestre, composé uniquement des musiciens allemands qui accompagnèrent la princesse pendant sa traversée. Le commandant de la place et deux officiers de son état-major tiennent le milieu d'un espace vide réservé autour du balcon. Et des pelotons d'infanterie et de cavalerie échelonnés, entrecoupent la masse générale des assistants répandus dans la place.

Et, disons-le, l'ensemble de ces mesures militaires ne contribua pas peu à rassurer le nouveau roi, qui redoutait constamment l'explosion de quelque soulèvement populaire, fomenté par le mécontentement des Portugais, jaloux de son séjour prolongé au Brésil, malgré la promesse qu'il leur avait faite, de revenir à Lisbonne aussitôt la conclusion de la paix générale.

(*) Fenêtre où les hérauts d'armes ont proclamé publiquement sa nomination royale. (Voir la description dans le texte.

Planche 39.

Ballet historique.

Les Portugais, appréciateurs de l'art musical, entretenaient à Lisbonne un certain nombre de virtuoses italiens, et d'excellents instrumentistes attachés à la chapelle royale. Cette précieuse réunion figurait également au théâtre de la cour, surtout dans les représentations d'apparat honorées de la présence des souverains. Et dans ces circonstances, aussi, la verve des poëtes nationaux, toujours prodigues de fictions et de louanges exagérées, paraissait encore insuffisante à la fierté du souverain, habitué à venir quatre ou cinq fois par an au théâtre, recevoir à bout portant un feu roulant de métaphores hasardées dont se compose un assez long prologue dialogué, appelé franchement, du moins en portugais, *Elogio* (Éloge) (*). Toutefois, ce long et monotone dialogue est réchauffé à la fin par des chœurs de chant et de danse qui forment un dernier tableau; coup de théâtre féerie où rayonne le portrait du souverain placé dans l'Olympe, et prêt à recevoir l'encens des mortels, représentés d'office par le corps de ballet.

Par suite, le directeur du théâtre royal à Rio-Janeiro, Portugais lui-même, et empressé de satisfaire les goûts du souverain D. Jean VI, le régalait en outre, avant l'*Elogio*, de mille improvisations poétiques déclamées par leurs auteurs disséminés dans la salle. Assaut d'esprit, qui, pour le bon plaisir du roi, durait quelquefois plus de cinq quarts d'heure, et ennuyait impunément tout le reste de l'auditoire.

La représentation du 13 mai 1818, spécialement consacrée à solenniser l'acclamation du roi Don Jean VI et l'alliance de Don Pedro à une archiduchesse d'Autriche, fit surtout honneur au directeur du théâtre. Ambitieux rival de ses confrères de Lisbonne, en voyant un artiste européen employé dans les préparatifs des fêtes, il l'engagea comme peintre du théâtre; et c'est ainsi que j'eus à m'entendre avec le poëte et le maître des ballets, pour exécuter le décor de l'*Elogio* de ce jour solennel.

Pour perdre le moins possible mon caractère de peintre d'histoire, je m'autorisai de l'antique cérémonial de l'acclamation des rois en Portugal, pour représenter Don Jean VI en costume royal, debout et élevé sur *un pavois* supporté par les figures caractéristiques des trois nations qui composent le royaume uni du Portugal, du Brésil et des Algarves. Immédiatement au-dessous de ce groupe principal, je plaçai les figures agenouillées de l'Hymen et de l'Amour portant les portraits du prince et de la princesse royale. Tous deux entrelaçaient les lettres initiales des deux jeunes époux, et en formaient un chiffre qui surmontait l'autel brûlant de l'Hyménée.

D'après le programme, la scène se passait sous la voûte éthérée, où la réunion des dieux accordait les honneurs de l'apothéose à cet épisode tout historique. La mer en formait l'horizon, et motivait ainsi l'arrivée de Neptune, tenant en main le pavillon du royaume uni, tandis que du côté opposé, Vénus, dans sa conque marine, attelée de deux cygnes, conduits

(*) Qu'on me permette de rapporter ici quatre vers seulement.

Do Eterno sobre ti os dons sagrados	De l'Èternel, sur toi, les dons sacrés vont
Vão ser em copia tanta deramados,	Ètre répandus avec tant de profusion, qu'ils
Que d'estrellas a noite he menos chea	Surpasseront également en nombre les étoiles
Menos tem o Oceano graos de area, etc.	De la nuit, et les grains de sable de l'Océan, etc.

par Cupidon, amenait les Grâces soutenant les écussons unis et couronnés des deux nations nouvellement alliées. Des dauphins mobiles circulaient entre tous les plans de mer, et, arrêtés au signal du dernier tableau, formaient un chemin praticable pour les danseuses destinées à porter leurs offrandes jusqu'au pied de l'autel de l'hyménée, peint sur le rideau de fond de la scène. Ce groupe immense de la population des trois royaumes unis, qui se prolongeait avec art jusqu'à l'avant-scène pour s'unir à des guerriers de toutes armes, produisit le plus grand effet. En même temps, des nuages détachés à chaque bande d'air supportaient les Génies animés de ces mêmes nations, et jusqu'au premier plan du théâtre peuplaient tout le haut de ce tableau aérien, entièrement peint en transparent.

Ce triomphe au théâtre, pour le maître des ballets, *Louis Lacombe*, dont le mérite s'était déployé sous toutes les formes dans l'ensemble des fêtes, fut aussi pour moi le prélude d'un engagement qui se prolongea pendant sept années consécutives.

PLANCHE 40.

Portraits des ministres.

Nº 1. *Le comte da Barca.*

Le chevalier Louis Araujo, comte da Barca, né en Portugal, fut, par-dessus tout, ami des sciences et des arts; doué d'un caractère bon, sensible, il s'occupa toute sa vie à faire des heureux.

Élève distingué de l'académie de Coïmbre, il fut choisi pour secrétaire particulier du roi don José Ier, et développa dans cet emploi des dispositions naturelles pour la diplomatie, qui le firent nommer plus tard ministre chargé d'affaires de son gouvernement auprès des différentes puissances de l'Europe. Il passa ainsi successivement une grande partie de sa vie en Allemagne, en Angleterre, en Russie et en France, où il se trouvait à l'époque de la mort de Louis XVI. Contraint, peu de temps après, de quitter Paris, il y revint pour la seconde fois sous le consulat de Bonaparte; puis rentra dans sa patrie un peu avant le commencement de la guerre de la Péninsule. Le comte da Barca ne fut point du nombre de ceux qui accompagnèrent le roi au Brésil; il resta à Lisbonne au moment de l'invasion des Français. Mais il partit peu de temps après pour rejoindre son souverain en Amérique, où ses compatriotes lui reprochaient hautement l'attachement particulier qu'il portait aux Français.

Le comte da Barca, arrivé au Brésil, fut aussitôt nommé au ministère des affaires étrangères et de la guerre réunies; nomination d'autant plus convenable, que l'affabilité et les lumières du nouveau ministre lui avaient acquis l'estime des cours étrangères auprès desquelles il avait été précédemment accrédité.

Véritable ami de la splendeur du Brésil, il fit venir à Rio-Janeiro des Chinois pour y cultiver le thé, et des habitants du *Porto* et de l'*île de Madeira* pour soigner la vigne. On lui dut aussi l'établissement d'une société d'encouragement pour l'industrie (voir l'instruction publique) et la création d'une chaire de chimie. Diplomate, on attribue encore à ses combinaisons politiques le mariage du prince royal don Pedro avec l'archiduchesse d'Autriche Léopoldine-Joseph-Caroline (*). Administrateur, il réalisa le projet de former une académie des beaux-arts à Rio-Janeiro, en faisant venir, aux frais du gouvernement, une réunion d'artistes français déjà connus. On peut citer encore, au nombre de ses protégés, le célèbre poëte portugais *Francisco-Manoël do Nascimento*, connu sous le nom de *Phylito Elysio*, auquel il fit accorder une pension viagère (**).

(*) Ce fut le marquis de Marialva, alors ambassadeur portugais près la cour de France et résidant à Paris, qu'il fit nommer ministre plénipotentiaire du roi don Jean VI, chargé d'aller à Vienne, en 1817, pour contracter cette alliance.

(**) Cet habile écrivain s'étant échappé des cachots de l'inquisition de Lisbonne, se retira en France, où il fit son excellente traduction portugaise du poëme des Martyrs de M. de Châteaubriand, qu'il dédia au comte da Barca, son bienfaiteur. Mais à la mort du ministre, le poëte perdit sa pension, et végéta, secouru seulement par ses amis. Il mourut à Paris en 1824.

Nouveau Mécène, il ouvrait aux arts son hôtel, où nous vîmes une fort grande pièce destinée à faire sa bibliothèque, dont le plafond inachevé était l'ouvrage d'un peintre italien qu'il avait recueilli chez lui, et qui l'avait brusquement abandonné pour aller visiter quelques villes de l'intérieur du Brésil. Protecteur des sciences et de l'industrie, il nous fit visiter, dans l'une des cours de la même maison, un atelier pour la fabrication de la porcelaine, et, dans une autre, un laboratoire de chimie pour le perfectionnement de la distillation de l'eau-de-vie de canne; enfin, dans une troisième, nous vîmes amoncelées les pièces incomplètes d'une machine à vapeur apportées à grands frais de Londres. Il nous présenta un mécanicien portugais qu'il avait fait pensionner par le gouvernement pour aller se perfectionner en Angleterre, ainsi qu'un graveur en taille-douce qui jouissait du même avantage. Enfin il dévoila publiquement l'affection particulière qu'il nous portait en daignant nous admettre dans son intimité. Et plus encore, l'un de nos camarades, Newcom, le compositeur de musique, venu plus tard avec M. le duc de Luxembourg, envoyé extraordinaire de la cour de France au Brésil, en 1817, n'eut jamais d'autre demeure que l'hôtel même du ministre: mais notre recommandable camarade se montra bien digne d'un tel honneur en ne quittant pas le chevet du lit du ministre moribond, dont il reçut le dernier adieu, acquittant ainsi à lui seul notre dette commune de reconnaissance.

M. le comte da Barca, valétudinaire depuis plus de quinze années, n'en était pas moins infatigable pour le travail; surchargé de responsabilité, réunissant (par intérim) les trois portefeuilles de la guerre, de la marine et des relations extérieures, il mourut à Rio-Janeiro, le 25 juin 1816; son dernier soupir fut pour le bonheur de son roi, la prospérité du Brésil, et l'encouragement des beaux-arts!

Puisse cet hommage tardif rendu à sa mémoire devenir un monument authentique de notre reconnaissance envers notre protecteur au Brésil!

N° 2. *Le marquis de Marialva.*

Dom Pedro de Menezes, Portugais, *marquis de Marialva*, et premier écuyer du roi, unanimement estimé pour sa douceur et sa générosité, se distingua dans la diplomatie par son dévouement à la gloire et à la prospérité véritable de son pays, puis à celle du Brésil, résidence adoptive de la cour du Portugal, qui y fonda le royaume uni du Portugal, du Brésil et des Algarves.

Ministre plénipotentiaire près la cour de France à Paris, il y composa son cercle intime d'hommes extrêmement remarquables par leurs connaissances et leurs lumières; parmi eux se trouva le baron de Humboldt, l'un des membres de l'Institut de France qui, en 1815, lui inspirèrent le désir d'enrichir Rio-Janeiro d'une académie royale des beaux-arts. De là notre expédition artistique, dirigée par M. Lebreton, alors secrétaire perpétuel de la classe des beaux-arts de l'Institut de France.

Peu de temps après, il fut chargé de la haute mission de contracter l'alliance du prince don Pedro avec l'archiduchesse d'Autriche Léopoldine-Caroline, dont l'acte fut signé à Vienne en 1817. Dans cette circonstance, les princes allemands admirèrent le luxe et la grandeur du représentant de la cour portugaise : dépenses énormes que le *marquis de Marialva* préleva sur sa fortune, et qui ne lui furent jamais remboursées.

Dans une autre occasion, il exerça sa générosité, à Paris, envers notre graveur M. Pradier, en lui continuant de ses propres deniers, le traitement de professeur, que l'intrigue du directeur portugais lui avait fait suspendre, à Rio-Janeiro, pendant qu'il exécutait en France la gravure du tableau représentant le débarquement de la nouvelle princesse royale au Brésil : beau et pénible travail, dans lequel la persécution n'arrêta heureusement pas le burin de l'artiste.

Ce zélé protecteur des arts mourut à Paris en 1822. Victime de sa générosité, il laissa une fortune délabrée par les innombrables avances dont son gouvernement n'eut jamais la probité de lui tenir compte (*).

Jamais cependant la fortune ne passa par de plus dignes mains!

N° 3. *José-Bonifacio de Andrada.*

La ville *de Sanctos* (province de Saint-Paul) s'honore d'être le berceau de la famille *des Andrada*. Et en effet, trois frères de ce nom figurent en première ligne dans la fondation de l'empire du Brésil, deux comme ministres, et l'autre comme célèbre orateur.

L'un d'eux, *José-Bonifacio de Andrada*, élève de l'académie de Coïmbre, perfectionne son éducation en France, et s'y distingue dans ses cours. Familier avec les langues française, allemande, anglaise et italienne, il médite avec fruit la littérature étrangère. Savant minéralogiste, il devient correspondant de l'Institut de France. Membre de la députation de Saint-Paul en 1822, il apporte à Rio-Janeiro le plan d'organisation d'un nouveau système de gouvernement pour le Brésil. Ce travail trouve de nombreux partisans, et est présenté par le sénat de la chambre au prince régent. *Don Pedro* accepte alors le titre de défenseur perpétuel du Brésil, avec l'obligation d'y fixer désormais sa résidence; et à la fin de la même année, est proclamé souverain de l'empire du Brésil, indépendant du Portugal. *José-Bonifacio* organisateur de ce nouveau système d'émancipation, est nommé *premier ministre d'État* (**). Protecteur des arts, il ouvre des concours pour l'érection de monuments consacrés à la gloire nationale et à l'utilité publique. Soutien du trône impérial, mais patriote avant tout, il soupire pour l'exclusion des Portugais, lorsque, par un coup d'Etat, ses deux frères et lui sont instantanément éloignés des affaires publiques. De retour au Brésil, et tous trois réélus députés, *Bonifacio* goûte le bonheur de la retraite et considère avec calme la vacillation du système ministériel. Partisan de l'abdication de l'empereur, mais fidèle appui du trône, il chérit la jeune dynastie impériale brésilienne; et resté l'ami de *don Pedro, duc de Bragance*, il accepte de sa main la tutelle de la jeune famille régnante : titre que lui conteste d'abord l'assemblée nationale, comme illégalement conféré par un homme alors sans pouvoirs (***), mais qu'elle sanctionne ensuite, en rendant hommage aux lumières et aux vertus civiques de *José-Bonifacio*. Tuteur, il rédige un plan d'éducation pour *le jeune don Pedro*, le soumet à l'assemblée nationale, et, sanctionné par elle, le fait ponctuellement exécuter.

Toutefois, révélons cette confidence de l'intimité : désenchanté par les oscillations continuelles de sa fortune politique, *José-Bonifacio* n'accepta pas cette dernière et onéreuse dignité de tuteur, sans regretter sa délicieuse retraite de *l'île de Paqueta*, où il avait fui l'inconstance impériale. Aussi, résigné à cette grandeur passagère dont sa conscience lui a mesuré la responsabilité, tout en s'acquittant de ses illustres devoirs, soupire-t-il sans cesse après le jour fortuné qui le rendra à la solitude, l'unique objet d'envie qui semble devoir échapper à sa fortune.

(*) M. de Menezes, depuis 1821, époque où le roi don Jean VI avait quitté le Brésil, était resté à Paris comme chargé d'affaires du Portugal auprès de la cour de France; et issu d'une illustre famille, sa dépouille mortelle fut transportée à Lisbonne dans le palais de ses pères.

(**) Son frère, Martin-Francisque, est nommé ministre des finances.

(***) Par la constitution, la jeune famille appartient à la nation brésilienne.

N° 4. *José-Clémenté Péréira.*

Le *Dezembargador, et Juiz de Forà José-Clémenté Péréira*, homme de moyens et de résolution, fut un des plus actifs moteurs de l'émancipation du Brésil. Président du sénat de la chambre municipale de Rio-Janeiro; en 1822, il fit signer à don Pedro l'acte obligatoire de rester au Brésil comme défenseur perpétuel de ce territoire; et le 12 octobre de la même année, réuni solennellement à la famille régnante, sur la terrasse du *Palacété au Campo de Santa-Anna*, il prononça publiquement le vœu unanime et formulé des provinces de l'intérieur, qui acclamait *don Pedro primeiro* empereur constitutionnel du Brésil: attribution qui lui assignait sa place de premier représentant du peuple dans le cérémonial de ce grand acte politique, auquel assistèrent les chargés de pouvoirs de chacune des provinces de l'empire.

Sous ce nouveau gouvernement, *José-Clémenté Péréira* en fut plus étranger aux affaires publiques; et il siégea comme député de Rio-Janeiro à l'assemblée législative (*).

Il fut nommé *ministre de l'intérieur* vers la fin de 1828; et placés dans ses attributions, il nous fut extrêmement utile. Il sentit, en effet, et paralysa en même temps les manœuvres hostiles du directeur portugais de l'académie, en ordonnant, au nom de l'empereur, la première exposition publique des élèves de l'académie des beaux-arts: et sans avoir égard à la responsabilité du directeur, il nous laissa libres de disposer les salles selon le mode des expositions françaises. Étant venu nous visiter la veille de l'ouverture de l'exposition, il reconnut l'infériorité évidente du directeur comme professeur de la classe de dessin, tandis qu'au contraire, il applaudit à nos soins et aux succès de nos élèves.

Malheureusement pour nous, le ministre quitta le portefeuille dans le courant de l'année suivante; mais l'installation de cette exposition annuelle, dont les beaux-arts lui sont redevables, perpétue désormais chaque année un nouveau tribut de reconnaissance à sa mémoire.

N° 5. *L'évêque, premier chapelain de Rio-Janeiro.*

Après avoir parlé des législateurs et des savants qui prirent une part active à la régénération du Brésil, nous devons leur associer *le prélat philosophe et littérateur* qui présida successivement l'assemblée législative et le sénat, *José Caëtano da Silva Coïtinho*.

Cet homme extraordinaire naquit à Lisbonne en 1768. Élève distingué de l'université de Coïmbre, mais issu d'une famille plébéienne, il entra de préférence dans les ordres, et y fournit une brillante carrière, ouverte par une érudition profonde et une saine philosophie qui le conduisirent à l'épiscopat.

Nommé *archevêque de Clanganoras* (possession portuguaise en Asie), il échangea ce titre contre celui plus modeste d'*évêque de Rio-Janeiro :* cependant, ce ne fut qu'après l'arrivée de la cour au Brésil qu'il y vint prendre possession de son diocèse, avec l'obligation volontaire de le parcourir chaque année, consacrant régulièrement deux mois pendant la saison convenable pour visiter successivement les cinq provinces qui forment cet évêché. Il y fonda, ainsi les villes de *Valence, Pilar, Rézendé, et San-José do Rio-Bonito,* toutes aujourd'hui chefs-lieux de district.

Premier chapelain de Rio-Janeiro, il couronna pontificalement, en 1822, *don Pedro* premier empereur du Bresil; *député brésilien,* il présida l'assemblée constituante en 1823; lorsqu'elle fut menacée par l'empereur d'une dissolution prochaine, il resta en perma-

(*) Constamment député jusqu'à ce jour, il fut aussi réélu pour la législature de 1830 à 1833.

nence durant les vingt-quatre heures qui précédèrent ce coup d'État exécuté à main armée; ce qui le contraignit à quitter le fauteuil où il était résigné à mourir. Réélu à la convocation suivante, il présida sans interruption l'assemblée législative jusqu'en 1825, époque à laquelle il fut appelé au sénat, qu'il présida également jusqu'en 1832, dernière année de sa vie (*).

José Caëtano Silva Coïtinho, zélé constitutionnel, montra sa fermeté jusqu'en face du trône; choqué, à la cour, de quelques oublis affectés des honneurs dus à son rang, dans l'intérieur du palais, et instruit que, par dérision, les courtisans le désignaient sous le nom de chapelain constitutionnel, il ne reparut plus aux jours de réception chez l'empereur. Humilié alors de l'abandon de l'évêque, le jeune souverain voulut y remédier, au moins par les apparences. Il choisit donc un de ses courtisans, son ancien instituteur, religieux franciscain, et, après une année de démarches préparatoires, le révérend père fut effectivement nommé *évêque, in partibus, d'Anemoria,* et sacré à la chapelle impériale par l'*évêque premier chapelain.* Après ce premier triomphe, *don Pedro,* aveuglé par la vengeance, mais peu instruit dans le droit canonique, manœuvrait encore pour faire nommer le nouvel évêque coadjuteur du premier chapelain, et supplanter ainsi le titulaire dans ses fonctions; néanmoins, cette petite tyrannie ne put réussir cette fois, faute de l'aveu du *prélat patriote,* investi du droit exclusif de nommer son coadjuteur.

Mais, la même année, l'approche de la célébration de l'alliance de l'empereur, qui nécessitait inévitablement la présence de l'évêque premier chapelain, fit abandonner ce système de vengeance; et dans les promotions qui accompagnèrent cet acte solennel, *José Caëtano* fut nommé grand dignitaire des ordres brésiliens du Christ et de la Rose. Il reparut, toutefois, fort rarement à la cour. Ainsi, l'*évêque-sénateur,* resté invariable dans ses principes comme dans sa conduite, conserva ses droits sans être obligé de les défendre. Telle est sa vie!

Mais il ne déploya pas moins d'énergie chrétienne à l'approche de ses derniers moments, lorsque, rassemblant le reste de ses forces défaillantes, dans un mouvement de sainte inspiration, il fait apporter son cercueil, veut être soutenu agenouillé sur son lit, demande pardon à Dieu et aux hommes des fautes dont il s'avoue coupable, et, plein de componction, entonne pour la dernière fois l'oraison des morts......, qu'il ne doit pas même entendre achever!

Bel exemple de pieuse résignation, qui couronne les nobles travaux de l'*évêque-sénateur de Rio-Janeiro,* si justement nommé *l'émule de ses successeurs.*

Nota. On cite parmi ses nombreux ouvrages, le Catéchisme d'éducation pour son diocèse, en six volumes; l'Harmonie des six sens naturels; ses Réflexions astronomiques; et plusieurs traductions, entre autres, celle de Zoonomie de Darwis.

Sincèrement dévoué à la littérature, il avait contracté l'habitude de se coucher immédiatement après son dîner, pour se relever à huit heures du soir, et écrire pendant le reste de la nuit.

(*) Il était âgé de soixante-quatre ans, et encore d'une complexion extrêmement robuste, lorsqu'il mourut, au retour d'un de ses voyages annuels, victime d'une fièvre inflammatoire causée par un excès de fatigue.

PLANCHE 41.

Académie des beaux-arts.

L'édifice de l'académie des beaux-arts, composé, en grande partie, d'un vaste rez-de-chaussée entièrement destiné aux salles d'études, n'est réellement qu'un fragment du projet général primitivement adopté; mais qu'un motif d'économie fit réduire, huit ans plus tard, aux simples constructions alors achevées, afin de hâter l'installation de l'école des beaux-arts, si ardemment désirée par l'empereur.

On supprima donc les logements des professeurs, qui devaient former deux étages, dont la masse imposante et riche de détails d'un excellent goût d'architecture donnait le caractère convenable à un palais des beaux-arts.

Ainsi restreint par la modicité des fonds disponibles, notre habile architecte ne fut pas moins heureux en improvisant un temple dédié aux beaux-arts, qu'il plaça au-dessus de la porte principale, déjà construite; reportant, de cette manière, toute la richesse et l'élégance architecturale sur le milieu de ce monument consacré à la gloire artistique brésilienne.

La célérité apportée à l'achèvement de ce dernier plan adopté permit enfin, le 5 novembre 1826, de faire l'installation solennelle du corps académique, et l'ouverture des salles d'études de l'école impériale des beaux-arts de Rio-Janeiro : école constamment illustrée, depuis, par ses expositions publiques, et qui s'honore aujourd'hui de posséder pour premier peintre et professeur de la classe de peinture d'histoire, le premier élève brésilien (*), digne de succéder à l'artiste français qui en fut le fondateur (**).

Explication de la planche.

Élévation. — Notre architecte, pour utiliser dignement l'intérieur du temple, assez vaste d'ailleurs pour contenir une belle bibliothèque, en a fait également une salle d'assemblée pour les professeurs.

Quant à l'extérieur, les bas-reliefs qui enrichissent la façade sont dus au talent des deux frères Ferrez, nos collègues : ces sculptures, exécutées en terre cuite, faute de marbre, ont l'avantage de réunir la solidité de la matière à la célérité de l'exécution.

Le fût de chacune des colonnes est d'un seul morceau de granit gris; tandis que leurs chapiteaux et leurs bases, de l'ordre ionique, sont coulés en plomb, ainsi que les potelets de la balustrade : ouvrage de Zéphirin Ferrez, notre graveur de médailles, auquel on doit aussi, comme statuaire, le quadrige bas-relief placé dans le tympan du fronton. Et ce fut son frère, Marc Ferrez, qui sculpta les trois bas-reliefs placés au-dessus des portes qui donnent sur la terrasse, et dont les sujets épisodiques se rattachent à la peinture, à l'architecture et à la sculpture : il est aussi l'auteur des deux figures placées dans les écoinçons de l'archivolte de l'arcade du soubassement. Cette entrée est fermée par une grille qui permet de voir l'intérieur du vestibule, dont le fond présente une très-belle porte couronnée

(*) Araujo-Porto Allegro.
(**) J. B. Debret.

par les armoiries impériales, bas-relief demi-circulaire, sculpté en bois et découpé à jour. Les panneaux de cette porte de la salle du modèle, semblable aux deux autres latérales placées dans le vestibule, sont enrichis de grandes rosaces, dont le fini précieux décèle le talent de Marc Ferrez, statuaire et très-habile ornemaniste.

Plan: — (1) Vestibule. (2) Salle du modèle. (3) Passages. (4) Secrétariat. (5) Salle du dessin. (6) Cabinet du professeur. (7) Salle de sculpture. (8) Cabinet du professeur. (9) Salle de gravure de médailles. (10) Salle d'architecture. (11) Cabinet du professeur. (12) Salle de peinture d'histoire. (13) Cabinet du professeur. (14) Salle de peinture de paysage (*).

(*) Depuis 1832, on commença à réaliser le projet de réunir à cette école des beaux-arts celles de musique et de droit, en construisant aux deux extrémités de cette façade des corps de bâtiment qui compléteraient ainsi tout un côté de la rue où elle est située.

PLANCHE 42.

Plans et élévations de deux petites maisons brésiliennes, l'une de ville et l'autre de campagne.

Bien que nous soyons loin de prétendre que l'architecture brésilienne ait un type tout à fait original, il ne nous a pas paru cependant sans intérêt de chercher les sources dans lesquelles elle a été puisée.

A une époque très-reculée, l'Espagne et le Portugal, qui ne formaient alors qu'une seule puissance, furent habitées par les *Ibériens;* puis successivement par les *Celtes,* les *Phéniciens,* et les *Carthaginois* qui s'emparèrent des provinces maritimes.

Les *Romains* ne tardèrent pas à étendre leur domination sur cette péninsule et y laissèrent partout des témoignages de leur magnificence et de leurs usages.

Dans le quatrième siècle elle fut envahie par les *Suèves,* les *Alains,* les *Vandales,* et enfin par les *Visigoths,* qui y régnèrent seuls jusqu'en 712, époque à laquelle les *Arabes* et les *Maures* firent la conquête de la plus grande partie de ces contrées.

Lorsqu'au douzième siècle les *rois de Castille* poussèrent leurs conquêtes sur les *Maures, Alphonse IV* donna à *Henri,* petit-fils de *Huges Capet,* la souveraineté de tout ce qu'il pourrait arracher aux *musulmans.* De là commence la hiérarchie des *rois de Portugal.*

Les *Maures,* en proie à des dissensions intestines, perdirent peu à peu leurs conquêtes, et en 1492, la prise de *Grenade,* capitale du *dernier royaume qu'ils avaient conservé,* assura la possession de la péninsule à *Ferdinand,* roi d'*Aragon.*

La branche de *Henri* de Portugal éteinte en 1580, laissa repasser sa couronne aux rois d'Espagne, jusqu'en 1640, que les Portugais, secouant le joug espagnol, élevèrent sur leur trône la *famille de Bragance* qui, comme au Brésil, y règne encore aujourd'hui.

De ces faits résulte donc pour toute la *péninsule* une *architecture antique d'une même origine,* mais modifiée par la présence des *Maures* qui l'habitèrent près de 700 ans.

A l'époque de leur expulsion, les vainqueurs, fatigués de massacrer des ennemis qui n'étaient plus à craindre, se contentèrent de les chasser des villes en leur assignant des habitations hors de leurs enceintes. Et, dès ce moment, on s'en servit, non comme d'esclaves, mais comme d'ouvriers habiles, tant dans les travaux de construction que dans les fabriques d'étoffes, tapisseries, bijouteries, dont on leur était déjà redevable. Aussi, les mêmes mains qui avaient élevé des mosquées, élevèrent-elles des églises; de là, le *goût mauresque* qu'on trouve encore dans les plus anciennes, et même dans celles qui, sous l'*influence de l'art italien,* furent érigées par les jésuites. De ce nombre est la fameuse abbaye de *Batala* en Portugal.

En rappelant ici qu'en 1500 le Portugais *Cabral* découvrit la partie du Brésil sur laquelle il fonda la *Vera Cruz;* qu'en 1567, *Mindo de Sà* aborda à *San Lorenzo* et y fonda Rio-Janeiro; qu'Henri de Coïmbre, jésuite qui l'accompagnait, y fit élever des couvents pour sa compagnie; nous en déduirons que c'est aux jésuites missionnaires, déjà si puissants en 1526, sous *Jean III,* qu'on doit attribuer les premiers et grands édifices qui apparurent au Brésil, où ils propagèrent l'architecture portugaise, même en y faisant importer, pour quelques-uns, les matériaux tout taillés et numérotés à Lisbonne (*). Mais, en général, ils y respectèrent judicieusement les exigences du climat et des matériaux du pays (**).

Les linteaux des portes et croisées légèrement arqués se font en bois, ou d'un seul morceau de granit; le reste du chambranle, de même nature, est quelquefois couronné par un amortissement, mais toujours par une forte moulure en cavet.

Les édifices les plus remarquables, après les églises, sont le palais du gouvernement, orné de portons à colonnes avec fronton brisé, la monnaie, le théâtre, plusieurs fontaines, et un grand aqueduc de construction italienne.

Explication de la planche.

Je donne, sous le n° 1, la façade d'une série de *petites maisons à rez-de-chaussée* et contiguës, qui forment la presque totalité des rues et des places de Rio-Janeiro. Mais le petit corps de bâtiment à un étage, et dont la saillie n'est que d'un pouce seulement, donnera ici l'exemple de l'enfance de l'art, dans la répartition peu symétrique des ouvertures naïvement soumises à l'exigence des entrées. Le plan du rez-de-chaussée, placé immédiatement au-dessous de ce dernier dessin, décèlera également l'inconvenance de la mutilation de cette façade, pour donner maladroitement entrée à deux maisons différentes. J'ai réuni sous le même numéro la façade opposée qui donne sur le jardin. Elle laisse apercevoir, de ce côté, une partie du premier étage, masqué par le corps de bâtiment à rez-de-chaussée, beaucoup plus en avant, où se trouve une cuisine dont la porte communique au jardin.

Ces *maisons particulières* habitées par une seule famille, sont en général étroites et très-profondes. Elles ne se composent ordinairement que d'un rez-de-chaussée, et quelquefois d'une petite pièce donnant sur la rue (appelée Sotto). On y entre par une allée qui conduit à une petite cour autour de laquelle sont réunis les besoins du service; tels que, salle à manger, cuisine, logement des esclaves domestiques. Sur la rue le salon ou parloir à la suite duquel sont les chambres à coucher.

Renvois explicatifs du rez-de-chaussée. (*a*) Vestibule ou corridor. (*b*) Salle de réception. (*c*) Chambres à coucher obscures, espèces d'alcôves. (*d*) Salle à manger. (*e*) Office. (*f*) Cour, puits. (*g*) Cuisine. (*h*) Chambre de nègres. (*i*) Jardin. (*k*) Écurie, ou plutôt hangar sous lequel est une mangeoire.

Premier Étage. (A) Chambre à quatre croisées. (B) Espèces de couloirs obscurs servant de chambres à coucher. (C) Cabinet à quatre croisées. (D) Toiture des pièces qui entourent la cour où se trouve le puits. (E) Toiture du hangar.

N° 2. — Le n° 2 se compose du *plan* et de *deux élévations*, l'une de face et l'autre de profil, d'une petite maison de campagne (*chacra*). J'y ajoute, comme dans les petites maisons de ville, l'exemple du petit étage; luxe déjà remarquable dans ces modestes habitations rurales, ordinairement simples rez-de-chaussée, et qui, la plupart, n'ont que quatre colonnes à leurs *varandas*, ce qui diminue d'autant la largeur du bâtiment.

(*) C'est un marbre blanc assez terrasseux, employé spécialement pour les frontons, les chambranles des portes extérieures et intérieures des églises, balustrades, etc.

(**) Le granit, la brique avec mortier, ou stuc à l'italienne dont on fait les moulures avec la petite truelle. Au Brésil, ce sont des nègres qui servent de maçons et d'ornemanistes. Le bois de brésilet et les autres, recherchés en France pour l'ébénisterie, là, sont employés aux constructions en charpente. Les jésuites ont introduit à Saint-Paul la construction que l'on appelle *Pisé;* il s'y conserve très-bien.

Voir les détails des bois et leur sciage à la note des planches 18 et 40 du deuxième volume, et celle du n° 31 pour la construction, et du n° 42 pour la fabrication de la brique.

Celle que nous donnons ici, et qui n'est pas l'une des moins importantes, est extrêmement remarquable par son analogie avec celles des *Maures* en Afrique, et beaucoup plus encore avec les maisons antiques de *Pompeia*, quant au plan surtout, dont voici les détails comparés.

Numéros de renvoi.

Le n° (1) *Varanda*, galerie, entrée de l'habitation. — *Protyrum* des anciens, qui signifie *en avant des portes*. (2) *Oratorio*, oratoire, petite chapelle fermée de deux volets comme une armoire; *ararium* des Romains décrit de la même manière par *Pline*, mais qu'il place dans une partie plus secrète de l'habitation, au lieu qu'ici, l'autel est placé de manière à ce que les assistants venus des environs, et les esclaves, placés dehors, puissent cependant voir l'officiant. Car, posséder un *oratoire* régulièrement desservi par un chapelain est un luxe infiniment honorable pour le propriétaire d'une *chacra*, au Brésil. (3) *Sala*, salon de réception; *tablinum* ou *exedra*, dans lequel les anciens se rassemblaient en cercle pour converser; au Brésil, on y voit également la société assise en cercle sur des nattes étendues par terre; et les dames constamment les jambes reployées à la manière des Arabes; chez les plus riches, il y a des espèces de canapés, appelés *marquezas*, sur lesquels elles conservent, par décence, la même posture à l'asiatique. (4) *Sala de jantar*, salle à manger; partie abritée et fraîche du péristyle de l'*atrium*; elle correspond au *triclinium* des anciens qui y mangeaient couchés sur des lits rangés autour d'une table. (5) *Area*, cour ou sol découvert entouré d'un portique; les *Romains* l'appelaient *impluvium*, parce que les eaux des combles venaient s'y épancher, et de là, s'y conserver dans une *citerne*. (6) *Atrium*, antique dénomination des anciens, comme celle d'*area* ou *impluvium*, conservées au Brésil, y sont également appliquées aux mêmes formes et aux dispositions semblables dans les maisons de *Pompeia :* dispositions de localité, qu'on retrouve encore en Espagne et en Afrique, dans les habitations particulières construites par *les Sarrasins*. (7) *Corredor*, sorties particulières par lesquelles les nègres circulent pour le service, sans passer par les appartements des maîtres; *posticum*, chez les *Romains* ainsi qu'au Brésil, est une partie de l'*atrium* où couchent les nègres de service, *familiarii* des anciens. (8) *Quarto*, chambre avec croisées occupée par les maîtres, équivant au *thalamus*, dénomination *romaine* d'une chambre nuptiale, ou des maîtres. (9) *Escada*, escalier, *scala* chez les *Romains ;* celui-ci monte du *quarto* du maître au petit logement supérieur, ordinairement occupé par les enfants de la maison. (10) *Alcova*, alcôve, nom dérivé d'*alcoba*, mot arabe qui indique une *tente fermée*, ou une *armoire* dans lesquelles on couche; tradition parfaitement appliquée ici à une chambre à coucher privée de fenêtres. (11) *Fogão*, ou la partie pour le tout; *cozinha*, foyer relevé, avec bouche de four, ou cuisine; en latin *fornax, culina*. (12) *Officio*, office, *oporotheca*, qui indiquent également le lieu où l'on conserve les provisions de bouche. (13) *Quarto dos negros doëntes*, chambre des nègres malades; chez les anciens *hospicium*. (14) *Pateo* basse-cour où sont les volailles, chez les Romains *platea*.

Planche 43.

Plans de deux grandes maisons, l'une de ville, l'autre de campagne.

La grande maison de ville, donnée ici, sous le n° 1, offre le caractère d'architecture généralement adopté sous le gouvernement des vice-rois : système de construction que l'on retrouve, sans aucune altération, dans les grandes rues marchandes, les places publiques, et les extrémités de la ville : avec cette différence, néanmoins, que dans les beaux faubourgs de Rio-Janeiro, l'homme en place et le négociant consacrent tout le rez-de-chaussée aux remises et aux écuries; tandis qu'en ville, le commerçant y installe ses spacieux magasins, et n'y réserve, parfois, qu'une petite écurie pour sa mule.

Description du plan du rez-de-chaussée.

(*a*) Vestibule dans lequel on remise la voiture, escalier qui conduit au premier étage (*) (*b*) Sellerie. (*c*) Écurie. (*d*) Autre remise ou magasin. (*e*) Chambre des nègres.

Premier étage. (A) Salon de réception. (B) Chambre des maîtres. (C) Alcôves. (D) Corridor. (E) Cabinet vitré et éclairé par le plafond, bureau. (F) Chambres habitées par la famille. (G) Salle à manger. (H) Cour, *atrium*. (I) Cuisine. (K) Chambre de nègres. (L) Office.

N° 2. *Grande maison de campagne.*

Voulant donner ici une idée du plus noble caractère de construction d'une antique résidence rurale, mais tout à fait différente des plus belles *chacras* du Brésil, je ne pouvais mieux choisir que la magnifique maison de campagne de l'évêque de Rio-Janeiro, agréablement située à l'extrémité du faubourg de *Mata porcos* et au pied de la chaîne de montagnes de *Tijuka*.

Cette propriété territoriale du clergé, qui porte le cachet de la plus belle architecture portugaise au dix-septième siècle, et ne peut guère trouver de rivales que près des grandes villes du Brésil, possède un siége épiscopal.

Renvois explicatifs du plan. (1) Perron, grande entrée de la maison. (2) Vestibule dans lequel sont des banquettes pour attendre. (3) Secrétariat. (4) Salle de réception. (5) Cabinet de l'évêque. (6) Logement du secrétaire. (7) Chambre disponible. (8) *Varanda*, galerie qui conduit à la chapelle; dans la partie de dessous se trouvent : une remise et le logement des nègres. (9) Clocher. (10) Tribune de la chapelle. (11) Jardin particulier, et cour particulière du secrétariat. (12) Entrée particulière du secrétariat. (13) Entrée publique de la chapelle.

(*) Voir la planche 14 de ce volume.

PLANCHE 44.

Cortége du baptême de Dona Maria da Gloria à Rio-Janeiro.

La naissance et le baptême de dona Maria da Gloria consacrèrent, dans les fastes du Brésil, le 4 avril et le 23 juin 1819, solennisés à Rio-Janeiro, avec l'enthousiasme qu'inspirait un événement qui comblait, à la fois, les vœux de la cour et de la ville.

Ainsi la veille de sa fête, don Jean VI, parrain, et entouré de sa famille, reçut des jeunes époux, pour premier bouquet de printemps, ce premier fruit de leur nouvelle union qui assurait un successeur à don Pedro, alors héritier présomptif de la triple couronne du royaume uni, récemment créé par son père.

Ce fut à la chapelle royale que la princesse enfant fut baptisée par l'évêque, premier chapelain, et reçut le nom de *dona Maria da Gloria ;* nom rapidement illustré par ce noble rejeton de la famille de Bragance, reconnu à *trois ans*, *Altesse Impériale du Brésil;* et à *six ans*, *reine du Portugal:* mais ce titre contesté pendant sept années consécutives, la retint alternativement en Angleterre et en France, jusqu'au moment décisif où elle reprit ses droits à Lisbonne, et y fut couronnée, à l'âge de treize ans, sous le nom de dona Maria, seconde reine de Portugal (*).

Explication de la planche.

Le *Palais de la ville*, qui forme la masse à gauche du dessin, présente au second étage de sa façade principale, les appartements de la princesse royale, tandis qu'à même hauteur un autre corps de bâtiment, du côté de la place, appartient aux dépendances des appartements de la reine. Les appartements du roi, placés au premier sur cette façade principale, se prolongent jusqu'au tiers de ce même étage, en retour sur la grande place; et le reste des croisées du palais du même côté éclaire les appartements de la reine, de leurs AA. RR. ses filles, et de la tante du roi, la princesse dona Maria Benedetta.

Au rez-de-chaussée, on voit sous la porte principale du vestibule, réservée au passage du cortége, *les jeunes princesses royales* et leurs dames d'honneur, descendre les marches du perron, et suivre la *reine* (la marraine) accompagnée de son chambellan, le marquis de *Lavradio ;* en avant d'elle, le *jeune prince don Miguel*, le *prince royal don Pedro*, et la *princesse royale Léopoldine* (la nouvelle accouchée), tiennent le premier rang derrière le *roi don Jean* VI (le parrain), qui, escorté des ministres de l'intérieur et des relations étrangères, suit immédiatement le *dais,* porté par *les premiers gentilshommes de la cour ;* et sous lequel le premier chambellan de la princesse royale, *don Francisco da Costa Souza Macedo*, *tient sur ses bras l'enfant nouveau-né* recouvert d'un voile transparent brocardé d'or. En avant du dais, les *autres ministres,* précédés des *personnes de distinction* dans le civil, le militaire et le commerce, suivent le *chemin d'honneur recouvert de tapis,* et traversent ainsi diagonalement la place jusqu'à l'entrée de la chapelle royale, où ils vont être reçus par le clergé

(*) Dona Maria Ire, reine du Portugal, mère de don Jean VI, est morte à Rio-Janeiro, en 1816.

qui les attend pontificalement. Deux files de gardes du palais (archers) accompagnent le cortége, dont l'avant-garde est formée par un peloton et la musique de ce corps.

Des tapis de velours cramoisi, frangés d'or, garnissent les croisées et les portes de la chapelle royale; et des orchestres élevés aux deux côtés de son perron, complètent les préparatifs extérieurs de cette cérémonie religieuse. Les balcons du palais sont aussi recouverts de tapis de velours cramoisi, frangés d'or, et les encadrements des croisées sont formés par des compartiments de velours rouge dessinés avec des galons d'or et d'argent. Enfin, toutes les autres croisées de la place, d'où pendent de riches tapis de soie variés de couleurs, sont occupées par de nombreux spectateurs, dont la présence contribue à la solennité *de la cérémonie du baptême de dona Maria da Gloria.* (Voir les autres détails décrits dans le texte sous le même titre.)

Planche 45.

Acceptation provisoire de la constitution de Lisbonne.

Les ministres du roi don Jean VI n'ayant su ni prévoir ni arrêter la révolution qui éclata à Lisbonne, laissèrent également envahir par elle, et presque avec la rapidité de l'éclair, toutes les provinces du Brésil, où déjà quelques patriotes éclairés organisaient une révolution dont la masse de la nation brésilienne ne connaissait ni le but ni les principes. Telle était la disposition du pays, lorsqu'au commencement de 1821 les émissaires du Portugal vinrent troubler la tranquillité du gouvernement à Rio-Janeiro, en exigeant du roi l'acceptation anticipée d'une constitution promise par l'assemblée des Cortès de Lisbonne. Dans cette occurrence non moins humiliante pour le souverain que pour la nation brésilienne, le roi accorde tout, et, pour concilier les esprits, annonce son retour en Portugal et la nomination de son fils don Pedro comme vice-roi et régent du Brésil. Et toujours timide monarque, il profite de la nouvelle responsabilité qui pèse sur son fils, pour le charger d'aller, officiellement et à sa place à Rio-Janeiro, prononcer son adhésion provisoire à la constitution portugaise.

On vit donc le lendemain, vers les neuf heures du matin, arriver à Rio-Janeiro le jeune prince don Pedro accompagné de quelques personnes : il monte et paraît sur la terrasse de la façade du théâtre royal; là, assisté du président du sénat de la chambre municipale et de quelques autres autorités, il prête publiquement et sur les saints Évangiles le serment d'obéir à la constitution portugaise «telle qu'elle serait sanctionnée par les Cortès de Lisbonne.» Cette formalité achevée, le prince remonte à cheval et retourne à Saint-Christophe.

Par une défiance exagérée on avait, pour assurer la tranquillité pendant cette solennelle nouveauté, répandu la force armée sur la place du théâtre (grande place do Rocio), dont elle défendait toutes les issues, avec de l'artillerie. Car cette prestation de serment illusoire et faite à une œuvre incertaine, ne pouvait intéresser à cette époque que les autorités et les courtisans portugais, seuls menacés dans leurs prérogatives féodales. Aussi les précautions furent-elles d'autant plus ridicules que la cérémonie n'avait attiré sur cette belle place qu'un très-petit nombre de curieux.

Le roi, un peu rassuré par le retour de don Pedro, qui lui annonçait les dispositions pacifiques du peuple, se détermine à venir à Rio, pour ratifier publiquement le serment prêté par son fils.

Il se rendit en effet à Rio-Janeiro vers une heure après midi, ne craignant pas de se montrer en calèche découverte; sa fille aînée était près de lui (la jeune veuve); et sur le devant, le jeune prince don Miguel, debout et une main appuyée sur la capote repliée de la voiture, regardait fixement les curieux placés sur son passage. Le roi dans son émotion conservait un sérieux imperturbable, et la jeune veuve un air de dignité et de résolution; quant à don Pedro, qui, à cheval et entouré de son état-major, précédait immédiatement la voiture du roi, on voyait dans son regard plein d'enthousiasme et de franchise le dévouement et la bonne foi qu'il avait mis dans ce premier serment, dont sa jeune inexpérience ne lui révélait pas les conséquences.

Arrivés au palais, le roi parut à la première fenêtre du côté de la place, et, montrant don Pedro placé à la seconde croisée, prononça à haute voix « qu'il ratifiait tout ce qu'avait dit son fils » ; puis il se retira. Et quelques minutes après, le cortége royal se remit en marche pour retourner à Saint-Christophe.

Cette timide imitation de la scène du matin n'attira pas un grand concours de spectateurs; et ce fut la dernière fois que le roi parut en public, terminant ainsi par une faiblesse son séjour à Rio-Janeiro, qu'une faiblesse, encore, lui avait fait préférer à Bahia (*).

Ce que l'on remarque au premier aspect dans la place *do Rocio*, l'une des anciennes de Rio-Janeiro, c'est la colonne de granit surmontée d'une sphère céleste en cuivre doré, et sur le chapiteau de laquelle sont appuyées deux petites potences en fer, qui ne permettent pas d'y méconnaître un gibet; symbole du droit de haute justice exercé par le gouvernement de la ville (**). Quoique placée presqu'à l'extrémité de la ville primitive, elle prit beaucoup plus d'importance en 1808, lors de l'édification du théâtre de la Cour, dont la façade en est le plus bel ornement: cette façade est semblable, dit-on, à celle du théâtre royal de Saint-Carlos à Lisbonne; motif puissant qui engagea quelques riches propriétaires à y faire construire de jolies maisons. La face opposée au fond que je représente est d'une construction plus moderne; on y voit entre autres la maison du comte de *Rio Secco*; production bizarre de l'architecte anglais qui fit la restauration du palais de Saint-Christophe, en style gothique. Dans le fond, les deux rues dont on aperçoit l'embouchure, pénètrent toute la profondeur de la ville primitive jusqu'à la mer, c'est-à-dire jusqu'au palais. La rue de gauche est celle *do Cano*, renommée par ses habiles cordonniers pour femmes, et la rue de droite est celle *do Piolhio*, qui change de nom vers la place de la *Carioc* et prend alors celui d'*a Cadea*, rue historiquement célèbre par les combats livrés entre les Français et les Brésiliens, sous le commandement des deux généraux français, Leclerc d'abord, et plus tard par Dugay-Trouin. Le premier, blessé et fait prisonnier, fut transporté et mourut dans une petite maison de la place *do Rocio* située dans la partie droite, dont nous sommes privés, mais qui se trouverait à la hauteur de la jolie maison à terrasse voisine du *théâtre*. Cette même maison à terrasse doit sa célébrité toute moderne au séjour qu'y fit le premier ministre José Bonifacio pendant tout le temps qu'il a gardé le portefeuille, lors de la fondation de l'empire. La rue qui la sépare du théâtre est celle de la *Moëda*, de l'hôtel de la monnaie et du trésor public. Elle communique aussi à l'académie des beaux-arts; et enfin la terrasse du théâtre n'est pas moins célèbre par l'honneur d'être devenue, pour quelques minutes, la *tribune royale* où *don Pedro*, comme prince régent, vint, au nom de son père, prêter, par anticipation, le serment d'obéir à une constitution libérale qui devait émaner des Cortès de Lisbonne, et régir toutes les possessions portugaises sur les deux hémisphères. Vaines prétentions heureusement déçues deux années plus tard!

(*) Le roi préféra Rio-Janeiro à cause de la sûreté de la baie.

(**) On retrouve cet emblème dans toutes les villes de l'intérieur du Brésil, mais très-simplement représenté par un grand poteau de bois peint en rouge, élevé d'une vingtaine de pieds, et à l'extrémité duquel un énorme couteau tout en fer, enfoncé horizontalement, dessine de loin les deux bras d'une petite croix, dont l'un est formé par son manche, et l'autre par l'extrémité saillante de sa lame assez large, et engagée aux deux tiers dans la tête du poteau.

PLANCHE 46.

Départ de la reine pour le Portugal.

Les Brésiliens, méditant leur émancipation prochaine, voyaient avec calme les préparatifs du départ de la cour, tandis qu'au contraire les Portugais briguaient avec empressement le privilége de passer sur les bâtiments du convoi royal. Déjà tout le matériel était à bord, et la nuit du 20 au 21 avril 1821 avait été employée à recueillir et embarquer la dépouille mortelle de dona Maria Ire et de l'infant don Carlos, tous deux décédés à Rio-Janeiro, lorsque, vers les quatre heures de l'après-midi du 21, la reine se rendit au palais de la ville, pour y recevoir solennellement les adieux des corps constitués et les protestations d'attachement des Portugais, impatients de rejoindre Leurs Majestés dans la mère patrie. Après cette dernière formalité, la reine et ses filles descendirent la rampe du palais, au bas de laquelle attendait le canot de la cour pour les conduire à bord du vaisseau royal.

On voyait les parapets et une partie de la place occupés par des curieux étrangers et brésiliens, dont le silence contrastait avec la vive émotion des Portugais, agitant le mouchoir en signe de dévouement à la cour qui osait s'éloigner sans regrets de cette terre hospitalière et si généreuse. Ingratitude inouïe trop bien exprimée par la reine, à son dernier adieu, en s'écriant ironiquement avec l'accent du délire : *Je vais enfin retrouver une terre habitée par des hommes!* Mais, cruelle déception! dès ce moment aussi tout était changé pour elle en Europe. Car elle ne trouva plus à Lisbonne que des législateurs investis du pouvoir national, qui lui dictèrent des conditions rigoureuses auxquelles elle fut forcée de souscrire, pendant qu'en Amérique don Pedro, son fils aîné, nommé défenseur perpétuel et empereur du Brésil, venait de se soustraire à la domination du roi de Portugal!

C'est ainsi qu'elle vit lui échapper une couronne, et détacher les plus beaux fleurons de celle qu'elle crut retrouver entière!

Le moment choisi pour le dessin est celui où la reine, embarquée avec ses filles et son premier chambellan, rend, avec son mouchoir, le salut que lui prodiguent de toutes parts ses partisans. L'extrémité de la rampe est encore occupée par les dames de la cour et la suite du cortége, qui l'avaient accompagnée jusqu'au canot royal. A droite, on voit une moitié de la partie supérieure du palais et la montagne des signaux, dont l'extrémité inférieure, terminée par l'arsenal de l'armée de terre, borne l'horizon vers la mer, où se trouvent le vaisseau royal et la frégate, déjà descendus en grande rade, prêts à partir le lendemain.

PLANCHE 47.

Acclamation de Don Pedro Ire, au Campo de Santa-Anna.

Le système libéral établi à Lisbonne avait trouvé de trop vives sympathies chez les Brésiliens, pour qu'il ne leur inspirât pas la résolution de soutenir, à tout prix, l'intégrité de leur territoire, afin de se soustraire à leur recolonisation méditée par les Portugais. Aussi, reconnaissant dans le jeune prince régent un penchant naturel à l'équité et un dévouement sincère au bien public, ils tentèrent l'émancipation du Brésil en le nommant leur empereur.

José Bonifacio, aidé de ses partisans, avait tout préparé; et les mesures générales assignaient au 12 octobre 1822 *l'acte de l'acclamation de don Pedro, défenseur perpétuel et empereur constitutionnel du Brésil.*

On utilisa donc, pour célébrer l'acte de l'acclamation, le petit pavillon (*Palacété*) favorablement situé au centre du vaste *Campo de Santa-Anna*, et qui précédemment avait servi de loge à la cour pour voir le feu d'artifice lors des fêtes du couronnement du roi.

Mais cette fois le progrès des arts présida à sa reconstruction, et l'on substitua d'abord à ses arcades, ogives d'un style barbaresque, des arcades en plein cintre, ainsi que tous les détails d'un goût d'architecture plus pur. La décoration intérieure répondait également, par ses ornements plus grandioses, à la dignité de l'édifice.

Aussitôt après le départ du roi, on avait fait disparaître l'immense jardin d'agrément qui obstruait une grande partie de cette belle place (*), pour y faire manœuvrer successivement les troupes brésiliennes destinées à repousser les soldats portugais, encore maîtres des forteresses de *Bahia*. Ainsi, sous ce régime tout militaire, l'acte de l'acclamation fut célébré au milieu du Champ de Mars de Rio-Janeiro.

Le moment représenté dans le dessin est celui où don Pedro, ayant accepté le titre d'empereur, *le président du sénat de la chambre municipale prononce le dernier viva*, auquel la troupe répond par les décharges de mousqueterie et d'artillerie.

Le premier rang près du balcon est occupé, au centre, par l'empereur; à sa gauche est le président de la chambre du sénat (**), tenant encore d'une main l'acte qu'il vient de lire, et de l'autre donnant avec son mouchoir le signal du dernier *viva*, tandis qu'immédiatement à côté de lui le procureur de la même corporation, porte-étendard, salue avec le nouveau drapeau orné des armoiries de l'empire. A la droite de l'empereur, et un peu plus en arrière, se tient l'impératrice; à côté d'elle le capitaine des gardes (***), soutenant sur ses bras la jeune Altesse Impériale dona Maria da Gloria, qu'il montre au peuple.

(*) Elle est évaluée à trois fois la longueur du Champ de Mars de Paris.
(**) José Clementé Péréira.
(***) José Maria Berco.

Au second rang, formé par les ministres, on voit, immédiatement derrière l'empereur et près de la porte du milieu, José Bonifacio, ministre de l'intérieur; à sa gauche, son frère Martin Francisque, ministre des finances; et à sa droite le ministre de la guerre.

Toutes les autorités civiles et militaires remplissent l'intérieur du petit palais. Et, de divers côtés, des chambellans distribuent avec profusion la réponse imprimée de l'empereur.

Le fond laisse voir, en plan coupé, une partie du peuple rassemblé vers la terrasse du *Palacété*, située au centre de l'immense *Campo de Santa-Anna*, entouré d'un cordon de troupes. Et à travers la fumée du salut militaire, on distingue une grande portion de la partie supérieure du musée d'histoire naturelle, couronné par la montagne des signaux, qui borne l'horizon. (Voir les détails de la cérémonie, pag. 61).

Planche 48.

Couronnement de Don Pedro Ier, empereur du Brésil.

Explication du dessin.

Le point de vue est pris du degré supérieur du maître-autel, en regardant vers le côté de l'entrée de l'église.

Sur la droite du tableau, don Pedro, en grand costume impérial, la couronne sur la tête et le sceptre en main, est assis sur son trône et reçoit le serment de fidélité prêté au nom du peuple, par le président du sénat de la chambre municipale de Rio-Janeiro, o senhor *Lucio Soares Teixeira de Gouvea*. Tandis qu'à gauche se tiennent debout, dans la tribune de la cour, l'impératrice Léopoldine et sa fille dona Maria da Gloria. Sur le siége pontifical, à gauche du trône, est assis l'évêque, premier chapelain, officiant en grande pompe. Les deux évêques assistants, tournés vers le peuple, sont assis aux deux extrémités du degré supérieur du maître-autel. A droite du trône et à l'angle du degré inférieur de ce côté, se tient debout et l'épée à la main, le connétable, le marquis de *S. João da Palma*. Immédiatement à côté de lui, mais un peu plus en arrière, est placé le capitaine des gardes (archers), le marquis de *Canta Gallo*. Du même côté, mais plus bas, au pied du trône, sont le *camareiro Mõr* o senhor *Marquez de S. João Marcos;* le *camarista* de service *S. Ex.* o senhor *don Francisco da Costa Souza Macedo;* et le riposteiro *Mõr S. Ex. Louis Saldanha de Gama*. Au même plan et à l'entrée du chœur, on voit le maître des cérémonies M. le marquis de *S. Amaro*. Sur le second plan, à gauche et au pied du trône et des degrés de l'autel, sont placés le ministre de la justice le marquis de *Prahia Grande*, tenant à la main la formule du serment, et près de lui *José Bonifacio de Andrade e Silva*, représentant le premier gentilhomme de la cour, et en tenant les insignes à la main (*). Sur le même plan, plus à gauche, se trouve le premier aumônier le *R. Fr. Severino de S. Antonio*, et près de lui le directeur des études de LL. AA. II. le *R. Fr. Antonio de Arabida* (depuis évêque d'Anemoria). Sur le troisième plan, de ce côté et en face du trône, *o Alferès Mõr le marquis de Itanhaem*, l'étendard impérial déployé à la main. Derrière lui et un peu plus à gauche, paraît le premier chapelain des armées, M. l'abbé *Boiret*, accompagné de beaucoup d'autres personnes admises par leur rang. Le quatrième plan est formé par les stalles occupées par les messeigneurs et les chanoines qui composent le clergé de la chapelle impériale. Le massier se tient en dehors près de la porte du chœur. Les membres du sénat et leur porte-étendard sont rangés en file jusqu'au pied du trône, pour y venir, successivement, prêter le serment. On voit au cinquième plan, dans l'intérieur de la chapelle sur les premières places des banquettes, les personnes de la cour, les chargés de pouvoirs des provinces, et les autres invités. De l'autre côté, au contraire, on remarque les places vacantes des membres du sénat et des personnes qui les suivent. Les banquettes sont entourées, à droite, par une file d'archers et de sapeurs, et à gauche, par des soldats de la cavalerie de S. Paul et des chasseurs de la garde impériale. Les tribunes latérales de la nef sont occupées par les dames de la cour. L'orchestre des

(*) Canne dont la pomme est une tête de nègre sculptée en bois noir.

musiciens de la chapelle garnit toute la partie supérieure du fond; et le reste, depuis les portes d'entrée, est livré aux curieux. A travers les ouvertures des portes on voit les premières lanternes du chemin d'honneur du cortége, et plus loin, au milieu de la fumée des salves d'artillerie, on distingue la marine impériale pavoisée. L'horizon est borné par les montagnes qui couronnent *Prahia Grande.*

Cortége impérial, rue Droite.

La situation précaire où se trouvait le roi, empressé de quitter le Brésil, fit adopter, forcément les mesures les plus économiques pour effectuer son retour en Europe. En effet, les fonds disponibles pour la couronne suffisant à peine à cette dépense, les agents de la cour recoururent au moyen illicite d'enlever, au dernier moment, ce qui restait d'argent monnayé et de diamants au trésor public, ainsi que les fonds conservés dans les caisses de secours de l'hospice de la Miséricorde et des Orphelins, etc. On négligea donc, dans cette circonstance, de faire embarquer les voitures d'apparat qui, restées à Rio-Janeiro, appartinrent au gouvernement impérial par le fait de l'émancipation du Brésil. Ces voitures, primitivement commandées par le Portugal et fabriquées en France, à l'occasion de l'avénement au trône de Jean V, avaient déjà, en 1817, reçu du peintre portugais *Manoël da Costa*, des retouches analogues au couronnement de Jean VI au Brésil. Mais sous le régime impérial ces mêmes voitures furent décorées de ses nouvelles couleurs et de ses insignes(*). A cette époque aussi, don Pedro acheta une très-belle voiture fabriquée à Paris pour le roi d'Espagne, et restée disponible après l'abdication de Napoléon; la richesse et l'élégance de ses détails lui assignèrent le premier rang dans le cortége pour les jours de petit cérémonial. Quant aux trois plus belles des anciennes voitures, elles furent restaurées et repeintes avec le plus grand luxe, et enrichies dans leurs panneaux de sujets historiques impériaux.

Ce bel ensemble fit le plus grand effet; et les voitures, restées sur la place du Palais pendant la cérémonie du sacre, captivèrent la curiosité et l'admiration des spectateurs privés de la possibilité de se placer dans l'intérieur de la chapelle impériale.

(*) J'exécutai toutes les figures, et Francisco Pedro, élève de l'Académie et habile peintre d'arabesques, se chargea du reste. Un Italien, ancien entrepreneur des équipages de la cour, venu de Lisbonne avec le roi, déploya autant de zèle que de talent dans sa spécialité.

Planche 49.

Rideau d'avant-scène exécuté pour la représentation extraordinaire donnée au théâtre de la cour à l'occasion du couronnement de Don Pedro premier, empereur du Brésil.

La fin de l'année 1822 fut admirable d'enthousiasme à Rio-Janeiro : le système de l'indépendance avait créé don Pedro défenseur perpétuel et empereur constitutionnel du Brésil; et de toutes parts on voyait l'énergie nationale se partager entre les préparatifs somptueux du couronnement et les préparatifs militaires destinés à repousser du territoire impérial les armées portugaises, encore réfugiées sur quelques points du littoral.

Le théâtre ne pouvait rester étranger à ce mouvement. Aussi la régénération nationale imprima-t-elle subitement au style de l'*Elogio*, Portugais d'origine, l'accent mâle du *Paoliste* et du *Mineiro*, dont la verve spirituelle avait plus d'une fois effrayé les anciens ministres de Lisbonne. Dans cette circonstance, le directeur du théâtre sentit donc plus que jamais la nécessité de remplacer la peinture de son vieux rideau d'avant-scène, qui représentait un roi de Portugal entouré de sujets agenouillés. Peintre du théâtre, je fus chargé de la nouvelle toile, dont l'esquisse représentait un acte de dévouement général de la population brésilienne au gouvernement impérial, assis sur son trône ombragé par une riche draperie jetée sur des palmiers. Cette composition fut soumise aux observations du premier ministre José Bonifacio, dont elle reçut l'approbation. Il me demanda seulement de substituer aux palmiers naturels un motif d'architecture régulière, pour éloigner toute idée d'un état sauvage. Je plaçai alors le trône sous une coupole soutenue par des cariatides dorées. Il ne me restait que dix jours pour l'exécution de ce tableau, dont les figures, sur le premier plan, devaient avoir dix pieds de proportion; néanmoins la veille du couronnement l'empereur et le premier ministre vinrent, incognito, le soir, au théâtre pour voir le rideau en place et achevé. Ils me félicitèrent de l'énergie et du caractère particulier de chaque figure, où j'avais conservé l'empreinte et les habitudes de sa province natale.

Mais le jour de la représentation quel fut l'étonnement des spectateurs en ne voyant encore que l'ancien rideau! Car le directeur, habile spéculateur, avait réservé le nouveau comme point de comparaison et en même temps comme *tableau, pour la fin de l'Elogio*. Alors cette scène de dévouement, vivement sentie et en présence de l'empereur, fit tout l'effet qu'en attendait le premier ministre. Plus tard, des applaudissements prolongés, à la dernière apparition du rideau, lors de la clôture de la représentation, complétèrent ce jour de triomphe.

Le lendemain une note explicative de ce tableau d'histoire nationale, insérée dans le journal, augmenta l'intérêt qu'il inspira depuis aux spectateurs habitués du théâtre, familiarisés avec cet auxiliaire toujours puissant des passions politiques.

Description du dessin.

On voit au centre de la composition le trône du gouvernement impérial. Tout le haut du tableau se lie, par une draperie, à celle du manteau d'arlequin, et laisse briller sur son fond vigoureux un groupe de Génies ailés qui supportent une sphère céleste couronnée par les armoiries du Brésil, au centre desquelles rayonne la lettre initiale de don Pedro. Des Renommées s'élancent de l'intérieur de la coupole du temple et vont promulguer, aux quatre parties du monde, l'émancipation du Brésil. A l'horizon se dessine le contour d'une chaîne de montagnes, au bas de laquelle des plans plus rapprochés sont recouverts d'une abondante végétation, de laquelle s'échappent les cimes caractéristiques de ses palmiers élancés. Des sauvages, armés et réunis volontairement aux soldats brésiliens, remplissent le fond du temple fermé par une draperie, et entourent ainsi le trône. Il est de forme antique et construit en marbre blanc; on distingue, parmi ses ornements dorés, les emblèmes de la justice et du commerce. C'est sur ce siége que le gouvernement impérial est représenté par une femme assise et couronnée, revêtue d'une tunique blanche et du manteau impérial brésilien, fond vert richement brodé en or; elle porte au bras gauche un bouclier orné du chiffre de l'empereur, et du bras droit, soutient, l'épée nue à la main, les tables de la constitution brésilienne appuyées sur elle. Un groupe de ballots posé sur le soubassement est en partie caché sous une chute de plis de son manteau; et une corne d'abondance d'où sortent des fruits du pays, occupe un grand espace sur le milieu des degrés du trône. Au premier plan à gauche, on voit une barque amarrée et chargée de ballots de café et de faisceaux de cannes à sucre. Près d'elle, sur la plage, s'exprime le dévouement d'une famille nègre, dont le jeune négrillon est armé d'un instrument aratoire et suit sa mère, qui porte vigoureusement de la main droite la hache destinée également à abattre les arbres de ses forêts vierges, et à les défendre contre l'usurpation, tandis que de la main gauche, au contraire, elle soutient sur son épaule le fusil de son mari enrégimenté et prêt à partir, qui vient mettre sous la protection du gouvernement son enfant nouveau-né. Près de là, une indigène blanche, agenouillée au pied du trône et portant, à la manière du pays, le plus âgé de ses enfants, présente deux petits jumeaux nouveau-nés, pour lesquels elle implore les secours du gouvernement, seul appui de sa jeune famille pendant l'absence de leur père, armé et combattant pour la défense du territoire impérial. Du côté opposé, et sur le même plan, un officier de marine, arborant l'étendard de l'indépendance attaché à son écouvillon, jure avec son épée, qui couvre une pièce de canon, de soutenir le gouvernement impérial. Sur le second plan, un vieillard *Pauliste*, appuyé sur l'un de ses jeunes enfants qui porte son fusil en bandoulière, protestent tous deux de leur dévouement; et derrière eux, d'autres *Paulistes et des Mineiros*, animés du même zèle, l'expriment le sabre à la main. Immédiatement auprès de ce groupe, des *Cabocles* agenouillés montrent, dans leur attitude respectueuse, le premier degré de civilisation qui les rapproche du souverain. Les flots de la mer qui baignent le pied du trône indiquent la position géographique de l'empire.

Planche 50.

Second mariage de Don Pedro.

Le vœu général du Brésil et le trône en deuil réclamaient également une seconde impératrice, tandis que, par sympathie, le sentiment paternel inspirait à don Pedro le désir de rendre, solennellement, une mère adoptive à sa jeune famille impériale. Mais malheureusement quelques inconséquences dans la conduite du jeune prince, doué d'un génie et d'un tempérament fougueux, et resté veuf à la fleur de l'âge, l'avaient, il faut le dire, décrédité à tel point aux yeux de ses sujets et de l'Europe entière, que les premières démarches diplomatiques faites dans le but de ce second mariage, ne produisirent que des résultats peu satisfaisants. Néanmoins, l'heureuse étoile de don Pedro lui réservait, dans l'une des principautés de l'Allemagne, une princesse généreuse issue d'une alliance française. Ce fut la fille du prince Eugène de Beauharnais qui se dévoua pour venir remplacer, à Rio-Janeiro, le 28 octobre 1829, la sœur de Marie-Louise l'impératrice Léopoldine, décédée depuis plusieurs années. L'enthousiasme général des Brésiliens ne pouvait être que vivement partagé par les étrangers pour fêter l'arrivée de la nouvelle impératrice *Amélie*, princesse à laquelle se rattachaient immédiatement des souvenirs également chers aux Français et aux Allemands. Aussi vit-on le commerce des différentes nations européennes contribuer nominativement à la somptuosité de cette grande solennité. Les *Français* choisirent la place de Saint-François de Paul, pour élever *une colonne à l'imitation de celle de Trajan* à Rome. Dans cette circonstance, le contre-amiral Grivel, alors commandant notre station maritime, nous offrit ses marins; et, grâce à ce secours dirigé par notre architecte Péséra, le monument fut confectionné avec autant de célérité que d'adresse. L'effet majestueux de son illumination se voyait parfaitement de la rue *Droite* au débouché de la rue d'*Ouvidor*. Une grande partie du sommet de la colonne, signala la présence des souverains sur la place, qu'ils parcoururent avec complaisance pour examiner les détails des quatre faces du soubassement, ornées d'énormes bas-reliefs peints en transparent, et dont les emblèmes unissaient au chiffre de l'empereur, d'illustres noms européens. Un corps de musique de la marine française, installé sur le piédestal, entretint, pendant une partie de la nuit, l'allégresse des quadrilles qui se formaient successivement autour de la colonne. Les *Allemands* y contribuèrent par un arc de triomphe élevé dans la rue Droite, près de l'entrée de la douane : les peintures étaient de la main du plus habile peintre brésilien. Les *Anglais* firent aussi élever un arc de triomphe placé à l'entrée du *Campo Santa-Anna* et de la rue *dos Siganos*. Le *corps du génie* se distingua à l'arsenal de marine. Les *officiers de l'armée de terre* firent une très-belle illumination à la porte d'entrée de leur arsenal, ainsi qu'à la façade des casernes qui donnent sur le bord de la mer. D'un autre côté, le *sénat de la chambre du commerce* fit élever un arc de triomphe de style antique, à l'embouchure de la rue Droite près de la chapelle des Carmes, et dont les fort belles peintures furent exécutées par un jeune peintre italien. Sur la place du Palais, vers la mer, notre architecte Grand-Jean éleva, au nom des *gardes d'honneur*, deux temples, l'un à l'*Amour*, et l'autre à l'*Hymen*, composés de manière à unir le premier au second. Celui de l'*Amour*, placé en avant, était de forme ronde et à jour; sa jolie coupole était supportée par des colonnes cannelées, riches de dorures. On y voyait, au centre, un groupe de deux figures. Celui de l'*Hymen*, au contraire, était de forme demi-circulaire et placé au centre de deux élégantes galeries praticables, qui, par leur prolongement, occupaient toute l'embouchure de la place. De larges degrés en faisaient le soubassement, et servirent, le soir, comme de gradins aux curieux assis pendant une partie de la nuit, pour jouir de la vue des quadrilles costumés, exécutés par les différents corps de métiers; distinguées par des habits de caractère, ces bandes joyeuses parcouraient les rues au son de leur musique. Enfin le *corps des vendeiros* (épiciers marchands de comestibles), qui compte dans son sein de nombreux capitalistes, quoique chaussés en galoches, ne fit pas le moins de dépenses dans la place *do Rocio,* transformée, à cette occasion, en un spacieux jardin, par un ingénieur français qu'ils avaient choisi. Voici la disposition générale de ce vaste carré long : On arrivait à un rond-point, réservé au centre, par huit allées praticables pour les voitures et qui le coupaient en tous sens. Elles étaient chacune bordées d'un treillage fait en bois de petit bambou de quatre pieds de haut, et soutenu de quinze pieds en quinze pieds par de jeunes palmiers. Selon l'ancien usage brésilien, on avait figuré aux quatre angles de ce jardin improvisé, quatre petits bastions, armés chacun de deux petites pièces de canon et d'un obusier, le tout en bois. Au milieu du rond-point, s'élevait un soubassement de neuf pieds de haut et de forme octogone, qui soutenait un temple élégant, de forme ronde et de style ionique, dont la jolie coupole était couronnée par une sphère céleste. L'intérieur de cette rotonde à jour était rempli par une pyramide de gradins destinés à l'orchestre. On avait peint sur la frise les emblèmes des différentes provinces du Brésil, et la poésie s'était chargée de suffire aux nombreuses inscriptions placées avec symétrie sur le grand soubassement. L'illumination en fut d'un effet ravissant, et les bombes d'artifice, lancées à des reprises assez multipliées, ajoutaient brillamment à l'effet des lanternes de couleur et des lampions qui dessinaient les allées. Et pour animer ce tableau, les intervalles réservés dans l'intérieur servirent, pendant la nuit, de salles de danse à toutes les *familles des vendeiros*.

Déjà dans le courant de l'après-dînée, des poëtes, introduits tour à tour sur le soubassement du temple, y récitèrent des pièces de vers, et, à la chute du jour, un excellent orchestre y avait exécuté un hymne national dont les paroles et la musique étaient composées pour la fête.

Enfin, dans cette belle journée, on vit de toutes parts l'expression variée des hommages européens confondue par l'enthousiasme avec les usages primitifs des colons brésiliens du dix-septième siècle, et rétablis avec orgueil par leurs zélés successeurs.

Dans les rues et les places publiques, des spectateurs de toutes les nations augmentaient la foule du peuple qui se pressait autour de l'élégante calèche de l'empereur et y admirait la contenance noble de la nouvelle impératrice. Devant elle était assis son frère, le jeune prince de Leuchtemberg, aide de camp du roi de Bavière; et devant l'empereur on revoyait la petite dona Maria, sa fille, reine du Portugal, revenue de Londres, mais encore réduite au simple titre de prétendante par l'usurpation de sa couronne.

Qu'on était loin de penser dans ce jour d'illustration, que dix-huit mois plus tard ces grands personnages, tous trois fugitifs, seraient réduits à se soutenir, tour à tour, dans leur mutuelle disgrâce!

En effet, don Pedro, héritier d'une double couronne, partagée par la force des circonstances entre sa fille aînée, qu'il fit reine de Portugal, et son fils, qu'il plaça sur le trône du Brésil, fugitif, simple duc de Bragance, époux de la princesse de Leuchtemberg, mais illustre dans ses revers, réintronisa, par un succès militaire, *dona Maria* seconde(*), reine de Portugal, entre les bras de laquelle, peu de temps après, il mourut, encore à la fleur de l'âge (**).

(*) Dona Maria Ire, mère de don Jean VI, mourut à Rio-Janeiro.

(**) Voir les détails du second mariage dans le texte; et dans les notes historiques, son séjour en Europe.

PLANCHE 51.

Acclamation de Don Pedro II, second empereur du Brésil.

On entendait dire aux Brésiliens mécontents, même avant le commencement de 1830 : « Une tendance à l'absolutisme, alimentée par les caprices de notre empereur constitutionnel, « influence, par intervalles, la marche toujours incertaine du gouvernement, et doit amener, « à Rio-Janeiro, une crise politique indubitablement terminée par l'abdication de don « Pedro Ier en faveur de son fils. »

Effectivement, le 7 avril 1831, avant le lever de l'aurore, le trône du Brésil était concédé à don Pedro II, successeur de son père; et le nouveau souverain, enfant de six ans, ému à son réveil par le mouvement extraordinaire qui l'entoure, réclame avec inquiétude la présence de son père; mais, hélas! depuis quelques heures, il l'avait quitté pour toujours!!!

Enfin, gémissant déjà sous le poids d'une grandeur trop précoce, et qui l'oblige, sans même la connaître, à se montrer au peuple, le jeune empereur orphelin, les yeux baignés de larmes de se voir placé isolément au fond de la voiture d'apparat, et privé cette fois de la présence de ses parents, confie, à chaque instant, son anxiété à sa gouvernante seule assise devant lui, et seule, aussi, chargée désormais de lui rendre les soins qu'avait coutume de lui prodiguer, avec tant de sollicitude, sa mère adoptive, l'impératrice Amélie de Leuchtemberg.

Dès cette première journée, déjà trompé par ses courtisans qui ne lui annoncent qu'un isolement instantané, il se prête avec un peu plus de calme aux formalités qui le captivent, sans l'éclairer sur l'indestructible barrière politique élevée entre son père et lui. Et dans ce chaos, si son cœur oppressé est presque effarouché par les démonstrations caressantes du peuple qui se presse autour de lui, son oreille, du moins, commence à s'accoutumer aux cris encore insignifiants pour lui, des *Viva don Pedro segundo nosso imperador.*

Mais quelques jours encore, et l'on commencera à lui dévoiler peu à peu la vérité de sa situation.

Explication du dessin.

Ce fut vers une heure de l'après-midi, le 7 avril 1831, que vint à la ville le nouvel empereur *Pedro II;* il était dans la voiture d'apparat, et accompagné seulement de sa gouvernante, la *comtesse de Rio-Secco.* Le cortége était à peine arrivé à l'embouchure de la rue *dos Siganos,* que le peuple, entraîné par un mouvement spontané, détela les chevaux de la voiture impériale, tandis que, de son côté, la gouvernante ouvrit précipitamment la portière et présenta le jeune souverain aux caresses des Brésiliens qui se pressaient autour de lui, et ne cédaient qu'avec peine au mouvement de la voiture déjà en marche. Elle fut ainsi traînée jusqu'à la chapelle impériale, où le trône attendait le fils chéri du Brésil qui venait assister au *Te Deum.*

De l'église il passa au palais, et parut au balcon des grands appartements d'honneur. Il occupait la droite de la croisée du milieu, et ses sœurs tenaient la gauche; derrière la famille impériale se tenaient debout les membres du conseil de régence. Parmi les autorités réunies dans le palais, on remarquait, en dehors et au-devant de la porte principale, les prud'hommes (espèce de juges de paix de différents quartiers), réunis en cavalcade, et donnant, par le salut du drapeau, le *signal de l'acclamation*, unanimement répété par les *Viva nosso imperador*. La troupe formait le demi-cercle derrière cette députation, et l'artillerie était rangée le long du parapet, vers la mer.

Le jeune empereur, soutenu par son tuteur *José Bonifacio*, se tenait debout monté sur un fauteuil, de manière à être vu par le peuple, et répondait aux acclamations générales en agitant le mouchoir qu'il tenait à la main.

A travers la fumée des salves de l'artillerie et de la mousqueterie on entrevoyait, sur la place, une foule immense de citoyens portant en main des branches d'arbrisseaux, qu'ils agitaient dirigées vers le palais, en signe d'allégresse (*).

Le cérémonial se termina par le défilé des troupes, après lequel le cortége se remit en marche pour le palais de Saint-Christophe, berceau du nouvel empereur à peine âgé de six ans.

Le dernier salut, répété dans la baie par l'artillerie des forts et de la marine, annonça à don Pedro Ier, alors à bord du vaisseau amiral anglais, l'accomplissement de sa terrible détermination, si récemment prise en faveur de son successeur; résigné, il rédigea aussitôt ses derniers adieux au peuple brésilien. Peu d'instants après, et selon son vœu, ils furent publiquement transmis par la voie de la presse.

Ainsi se termina cette grande journée ardemment désirée par les patriotes brésiliens, enthousiasmés de voir, à l'avenir, le pouvoir nationalisé depuis sa base jusqu'au sommet, et réorganisé en douze heures par un dévouement unanime.

(*) Branches de cafier en fleur et en fruit, et beaucoup d'autres de *croton*, arbuste à feuilles panachées, vert et jaune; couleurs impériales qui le firent nommer, par l'empereur don Pedro Ier, l'arbre constitutionnel.

PLANCHES 52, 53 et 54.

Panorama de la baie de Rio-Janeiro, pris de la montagne dite le Corcovado.

Don Pedro, prince régent et presque aussitôt défenseur perpétuel du Brésil, s'empressa d'y nationaliser toutes les ressources de l'industrie européenne. En effet, dès les premiers bruits de préparatifs d'hostilités, commandés, disait-on, par les cortès de Lisbonne, pour reconquérir le Brésil émancipé, le gouvernement brésilien fortifia, en dedans et en dehors de la baie de Rio-Janeiro, tous les points de défense contre un débarquement ennemi. On ajouta aussi aux signaux maritimes une ligne de télégraphes depuis le *Cabo Frio* jusqu'à Rio-Janeiro, et prolongée jusqu'au palais de Santa-Crux, maison de plaisance de la cour, située à douze lieues de la capitale. Dans cette circonstance, le jeune souverain, entouré d'ingénieurs militaires, parcourt toutes les montagnes environnantes; mais l'une d'elles, nommée le *Corcovado*, extrêmement élevée, restée jusqu'alors impraticable, inspira à son zèle le projet d'appliquer ses lumières nouvellement acquises, à l'établissement d'un chemin praticable pour un cavalier, à travers les entraves d'une végétation vierge, dont la proportion, d'abord gigantesque, diminue à mesure que l'on s'achemine vers le sommet rétréci et presque nu de ce promontoire imposant par son isolement. Personnellement responsable de cette entreprise et tous les jours à cheval dès le lever de l'aurore, il dirige les travaux, et profitant, avec une habile intelligence, de la nature du sol, il parvient, en très-peu de temps, au but qu'il s'est proposé. Il fait ensuite entourer d'un garde-fou l'extrémité supérieure de la montagne, petit plateau formé d'un bloc de granit nu, dont une petite portion, séparée par une crevasse, présente une seconde pointe à pic, placée en avant, mais rendue praticable par un petit pont de bois. Grâce à ce travail hardi, le voyageur arrive facilement à ce point culminant, d'où il admire l'immense tableau de l'intérieur et de l'extérieur de la baie, borné à l'*est* par le *Cabo Frio* et la *Ponta Negra*, tandis que des autres côtés ce sont des montagnes qui forment les arrière-plans. Dès ce moment, le voyage au *Corcovado* devint une partie de plaisir pour la cour, les étrangers, et le reste de la population industrielle qui y consacre le dimanche. En effet, ce trajet, admirable par la variété du sol, offre à chaque pas de délicieuses stations, dont quelques-unes, recherchées pour leurs belles sources d'eau et la fraîcheur de leur abri, sont constamment fréquentées par de nombreuses réunions qui y passent volontiers une journée entière. A une très-petite distance de la sommité de cette montagne et près de la source d'eau la plus élevée, on trouve un rond-point, abrité et ménagé à la faveur d'un léger abatis, destiné par l'empereur à un petit campement instantané, les jours où la cour y vient faire un repas champêtre. On remarque, sur l'un de ses arbres réservés, la gravure faite de la main de l'empereur, d'un groupe de lettres initiales qui désigne, par son arrangement, l'année et le quantième du mois de l'achèvement du chemin tracé par don Pedro Ier, empereur (*). Il utilisa ensuite cette belle terrasse par l'érection d'un télégraphe, dont la correspondance, prise de la *Prahia de Copa Cabana*, elle-même servie jusqu'au *Cabo Frio*, passe immédiatement à *Saint-Christophe* et se prolonge jusqu'à *Santa-Crux*, maison de plaisance où il s'occupait, dans ce temps difficile, à faire des améliorations productives.

(*) I. P. Imperador Pedro; 2. le 2e mois de 18-24.

Mais à l'époque de la mort de l'impératrice Léopoldine, la civilisation européenne avait importé avec elle ses abus; et quelques colons étrangers, mauvais sujets, déserteurs des drapeaux brésiliens, se réunirent en brigands armés avec quelques nègres marrons, retirés dans les bois vierges au pied du *Corcovado*; et malgré la destruction de ces maraudeurs, qui inquiétaient les habitants de ce côté, le chemin des aqueducs, réputé moins sûr, fit abandonner peu à peu la promenade journalière au *Corcovado*. Par suite de ce même événement, la station du télégraphe fut supprimée, et bientôt disparurent les débris de sa frêle construction. On a conservé cependant, pour la même correspondance, un télégraphe placé plus bas et en dehors de la ceinture formée par les aqueducs. Et maintenant les voyages au *Corcovado* se font en petites caravanes.

Favorisé par un superbe temps, ce fut du plateau de la pointe avancée que je dessinai les détails du *panorama* qui termine ici la collection lithographiée du troisième et dernier volume de mon ouvrage. Nous arrivâmes vers midi; aussitôt le tribut général d'admiration payé, je me mis à l'œuvre, et, pendant mes trois heures de station, constamment rafraîchi par un air vif et léger, je supportai facilement et sans abri les rayons du soleil, dont nous venions de trouver, pendant le trajet, l'ardeur encore insupportable jusqu'aux deux tiers de l'élévation de la montagne sur laquelle nous étions placés. Mon travail achevé, je rentrai dans la maisonnette des stationnaires où s'étaient provisoirement installés mes camarades de voyage, jeunes peintres brésiliens, mes élèves, que je retrouvai préludant joyeusement au repas qui devait nous réunir.

Enfin, pour couronner notre départ, nous abandonnâmes le reste de nos provisions à nos hôtes, dont ce régal improvisé nous mérita, en échange, un souvenir de reconnaissance, qui publia, pour quelque temps du moins, notre apparition au Corcovado et l'exécution récente de mon dessin du panorama de la baie de Rio-Janeiro.

Explication du dessin.

N° 1. Le groupe du premier plan est formé, en avant, par le petit plateau de la pointe avancée d'où j'ai dessiné. On voit une partie de sa balustrade se joindre à celle du pont de bois qui communique au plus grand plateau sur lequel est placée la maisonnette des stationnaires, base du télégraphe. Cette construction masque, d'ici, l'entrée du chemin par lequel on arrive, en gravissant une pente assez rapide et dont le prolongement est tellement abaissé, qu'il dérobe à la vue les plans inférieurs de cette même montagne, si extraordinaire par son escarpement. On a donc à droite, au second plan déjà très-éloigné, les montagnes et les mamelons boisés qui élargissent sa base et vont s'unir à la chaîne des montagnes de *Tijukà*, dominées par le pic nommé *O bico de Papagayo* (le Bec de Perroquet), et à gauche par *la Meza*, énorme bloc de granit à sommité aplatie, qui lui fait attribuer le nom de *Table*. Le troisième plan, toujours montagneux et boisé, conduit l'œil jusqu'au pied de la *Serra do Mar*, chaîne de montagnes qui borne le fond de la baie (n° 2), et s'abaisse en se confondant avec les collines boisées, entre lesquelles circulent les petites rivières qui viennent affluer dans la baie, et dont la navigation alimente les ports d'*Estrella*, de *Porto Velho*, etc. Parmi l'immense quantité d'îles et d'îlots qui peuplent la baie de propriétés cultivées et manufacturières, on distingue, par sa grande dimension, celle dite du Gouverneur, véritable jardin anglais, dans lequel on trouve une belle résidence impériale et la riche propriété du *comte de Rio Secco*. Un peu plus près du spectateur se dessine la pointe du continent de St-Christophe, au centre duquel domine la *Quinta Imperial de Boa Vista*, résidence habituelle de la cour, et dont les dépendances s'étendent, de ce côté-ci, jusqu'à l'embranchement du chemin de traverse qui communique à la grande route de St-Christophe (route de Minas), conduisant au village de ce nom, situé sur le bord de la mer (ancienne *Aldéa* des indigènes sanvages, repoussés du sol où les Européens fondèrent la ville de Rio-Janeiro [voir le texte du premier volume]). A l'extrémité du village de Saint-Christophe, vers le spectateur, s'élève un monticule couronné par l'ancien lazaret, utilisé aujourd'hui comme caserne des troupes qui font le service au château de Saint-Christophe (*). Plus par ici, à l'angle renfoncé de la petite anse, se trouve le point de débarquement qui conduit, en ligne droite, par un chemin de traverse, jusqu'à la porte d'entrée principale du parc de Saint-Christophe : ce fut de ce point que partit don Pedro, après son abdication. En redescendant le long de la plage, on trouve le pont de bois (dit de Saint-Christophe) qui communique de la grande route, déjà citée, au nouveau chemin pratiqué sur la rive opposée, et dont la direction est tracée par ses deux lignes de réverbères prolongées jusqu'à l'entrée de la ville neuve. Ce chemin neuf, à son extrémité vers la gauche, tourne le pied de la dernière montagne et prend alors le nom de *Prahia Formosa* (charmante plage), qui change de nom en longeant, du côté de la mer, cette même chaîne de montagnes jusqu'à la *Prahinha* (n° 3), point où elle s'abaisse et se joint à l'arsenal de la marine. En revenant le long du chemin neuf, on distingue, entre la file des lanternes et le pied des montagnes, une longue partie de terrain, encore déserte et marécageuse, dans laquelle, cependant, à l'aide de remblais, on commençait à élever les chaussées de plusieurs rues alignées et correspondant, du chemin neuf, à la partie haute et pittoresque de la ville neuve, dont l'extrémité envahissait déjà le sommet et les flancs de cette petite chaîne de montagnes déjà liée, dans sa partie basse, par une continuité de maisons, à la masse de la ville neuve; masse de maisons modernes, bien bâties, qui dessine ici tout le côté gauche du vaste *Campo de Santa-Anna*, au centre duquel est isolé le *Palacète* de l'acclamation. L'extrémité de cette place, vers les montagnes, est bornée par l'église de *Santa-Anna*, qui lui donne son nom, et les belles casernes modernes qui remplissent la ligne d'un des petits côtés de ce carré. Elle joint celle de droite, riche en jolies maisons, et sur laquelle on remarque l'hôtel de la maison commune, dite du Sénat de la chambre du commerce; l'église placée à l'encoignure de la rue de *l'Alfandega* (la douane), et le musée d'histoire naturelle, placé à l'extrémité de la rue *do Condé*, qui borne le second des côtés étroits de ce vaste parallélogramme. En suivant la silhouette des deux montagnes à droite, on trouve, sur la première, la forteresse de la Conception et la maison de l'évêque qui en occupent tout le plateau, et sur la seconde, l'église et le couvent de Saint-Bento, le point extrême de gauche de l'ouverture de la ville primitive du côté de la mer, et dont celui de droite est indiqué par l'arsenal de l'armée de terre, qui s'avance au pied de la montagne de Saint-Sébastien et des Signaux. Plus en avant, sont les mamelons boisés, dont on ne peut apercevoir le pied, et au bas desquels sont situés successivement les faubourgs de *Catombi*, *Mataporcos* et *l'Ingenho Velho*. Si l'on reprend les îles depuis l'arsenal des armées de terre, le dernier cité, la première en remontant à gauche est celle *dos Ratos*, à fleur d'eau et restée inhabitée, mais remarquable, depuis mon départ, par la prison militaire qu'on y a construite. La seconde île, beaucoup plus grande et très-rapprochée de la ville, est celle *das Cobras*, célèbre par son antique forteresse, premier point important dont s'empara d'abord Duguay-Trouin. J'ai vu en 1830 établir une cale pour la construction des navires, au pied du rocher de cette île, vers l'arsenal de marine. Mais sa plage, du côté de la ville, était depuis longtemps occupée par quelques magasins du commerce. Et plus à gauche encore est l'île *dos Frades*, appartenant aux Franciscains, qui y possèdent un couvent. Immédiatement au-dessus, est l'île de la Poudrière, magasin à poudre du gouvernement. Reprenant à droite de la pointe avancée de l'arsenal de l'armée de terre, on suit la *Prahia de Santa-Luzia*, dont la continuité se perd derrière la montagne du premier plan, qui ne laisse voir ensuite que la terrasse et l'église de *Nossa Senhora da Gloria*, dont le pied de la montagne, du côté de la mer, donne naissance à la *Prahia Flaminga*, tandis que de ce côté-ci il forme l'entrée du beau faubourg de *Catèté*. Au-dessus est le fort de l'Aage. Vers l'horizon,

(*) Voir la planche 33. Vue générale de la côte de Saint-Christophe.

depuis la pente de la chaîne de montagnes *des Orgues,* reparaissent les terres de la côte orientale du Brésil, dont les premiers plans, dans la baie, offrent de charmantes îles habitées, où l'on fabrique beaucoup de charbon et de chaux de coquillages. On voit ensuite la belle baie de *Prahia grande,* dont l'extrémité, à gauche, est formée par l'*Armaçâo,* beau bâtiment pour dépecer les baleines et en fabriquer l'huile; celle de droite, au contraire, est défendue par la forteresse de la Conception. Plus bas, et du même côté, s'élève le rocher isolé couronné par l'église de *Nossa-Senhora de bon Viagem* (Notre-Dame d'heureux Voyage), derrière lequel commence la plage du *Sacco de Jurujuba*, dont les deux entrées sont séparées par une masse de rochers boisés, en face de laquelle est placé le fort de l'Aage. A travers les mamelons qui entrecoupent les plages de la baie, affluent de petites rivières, sur lesquelles, chaque matin, arrivent des barques chargées de légumes, fruits et volailles, exportés des habitations qui peuplent ces fertiles coteaux. Et enfin la continuité de ces montagnes dont la pointe se rapproche des deux petites îles rondes, forme le côté droit de la barre de la baie de Rio-Janeiro. On retrouve, sur la ligne d'horizon, le prolongement extérieur de la côte orientale du Brésil, bornée par le *Cabo Frio* (n° 4). Le côté gauche de la barre est également formé par des mamelons boisés, sur l'un desquels on voit le télégraphe qui correspond à la ligne établie sur la côte opposée jusqu'au *Cabo Frio.* Au pied de ce mamelon du premier plan, on aperçoit une batterie basse qui défend l'entrée de ce côté, depuis le pied de la montagne *le Pain de sucre,* dont on voit le sommet, jusqu'à la pointe au bas de laquelle est le fort St-Jean (*), dont les feux correspondent également vers nous et protégent ainsi l'embouchure de la jolie baie de *Botafogo*, bordée intérieurement par la *Prahia Vermelha,* site délicieux, dont la végétation, toujours verte, est enrichie par de jolies habitations rurales. Cette même embouchure est formée de ce côté-ci par le rocher qui termine la *Prahia Flaminga* et la rue du faubourg de Botafogo, dont la dernière maison est le pied-à-terre de la cour. Le premier plan formé par la continuité des montagnes qui bordent la côte de Rio-Janeiro, laisse voir les îlots et les plages sablonneuses qui en font les approches du côté de la mer. On voit, au milieu des sables, la petite église de *Copa Cabana,* isolée sur son petit plateau; plus à droite, un second plan, formé par un groupe de montagnes (n° 5) avancées vers la mer, cache la sinuosité du banc de sable, dont l'extrémité reparaît avec sa partie cultivée, si renommée pour ses délicieux ananas. Là se forme l'embouchure d'un petit lac alimenté par les eaux de la mer dans les hautes marées (**). Au-dessus est un groupe d'îlots inhabités et presque toujours couverts d'oiseaux aquatiques; plus à droite, le second plan se forme de la partie basse de la chaîne de montagnes de *Tijukà*, dominée d'abord par les deux rochers nommés les Deux-Frères, *os dois irmaôs;* et, plus à droite encore, par l'énorme bloc de granit *la Méza,* dessiné au n° 1. Toutes les collines environnantes de la *Lagoa* sont peuplées de *chacras* bien cultivées. En suivant la route qui passe devant le petit hameau (dit la Poudrière), on voit au pied de la montagne, sur la droite, la fabrique de poudre, dont la machine hydraulique est mise en mouvement par une chute d'eau qui descend de la montagne qui la domine. Toujours de ce côté, mais en face du hameau, est l'entrée des bâtiments de l'administration du jardin botanique, dont les plantations se prolongent vers le premier plan, où se trouve la grille qui donne sur la grande route, chemin assez fréquenté qui se perd ici, au troisième plan, entre une gorge de montagnes, et conduit à *Tijukà* par le bord de la mer.

(*) Revoir l'extrémité de droite du premier plan du n° 3, pour l'embouchure de la baie de *Botafogo*.

(**) On le nomme *la Lagoa*.

Me voici arrivé à la dernière page de ce long récit, qui commence au moment où, en 1816, nous fûmes appelés, par le souverain du Brésil, à consacrer nos efforts sympathiques à l'éclat et à la gloire de son trône; et qui finit à l'enthousiaste acclamation de l'enfant-roi, qui gouverne aujourd'hui le seul empire américain.

Quelle série d'événements extraordinaires s'est déroulée devant moi pendant ces quinze années! quels contrastes continuels! que de choses faisant obstacle à l'homme! quel homme faisant obstacle aux choses! et, malgré tout cela, à travers tout cela, quel rapide entraînement dans la marche régénératrice de la civilisation!

N'ai-je pas vu, en effet, les six premières années du règne de Jean VI, timide fondateur du royaume uni du Portugal, du Brésil et des Algarves, s'écouler sous l'influence des formes féodales, dont le calme respectueux ne dissimulait pas assez, au monarque craintif, les nuages de l'horizon politique amoncelés sur sa triple couronne?

N'ai-je pas vu don Pedro, son successeur et son fils, saisir avec confiance les rênes de l'État, après le départ de son père, et entreprendre, puissant d'enthousiasme, la fondation d'un empire et la prospérité d'un peuple nouveau?

Identifié, par position, aux honorables élans qui, pendant neuf années, valurent au Brésil les plus utiles innovations, je n'hésitais plus à aborder le grandiose de la peinture dans les compositions nationales, désormais vivement comprises par le peuple brésilien, tout fier du progrès des beaux-arts dans nos écoles; heureux enfin de cette activité, je composais le tableau du second mariage de l'empereur, lorsque, entraîné par les funestes exemples de l'Europe, don Pedro se réduisit à la nécessité d'une abdication en faveur de son fils à peine âgé de six ans.

Cette révolution subite jeta un découragement profond dans mon cœur, et comme il arrive alors, je me repliai sur moi-même et je réfléchis!....

Je songeai que je n'étais venu au Brésil que pour fuir la plus cruelle catastrophe des familles (*), et que je venais d'y retrouver les catastrophes politiques! Je songeai à mes années qui ne me laissaient pas l'espoir de servir le nouveau souverain, soumis par son jeune âge à une longue tutelle. Et à l'aspect de ce prince orphelin, dont le père encore vivant allait rendre et demander compte d'un trône à l'Europe, je pensai que moi aussi j'avais compte à rendre à ma mère patrie de quinze années passées loin d'elle. Emporté ainsi par le sentiment du devoir national, je retournai en France, abandonnant, instantanément, ai-je besoin de dire avec quels regrets! mon école chérie, à laquelle j'ai du moins renvoyé de France, où il m'avait suivi, le plus habile de mes élèves, *Araujo*, qui m'a succédé dans ma classe aujourd'hui.

Voilà sous l'empire de quels sentiments j'ai entrepris cet ouvrage; c'est par lui que j'ai voulu remercier l'Institut de France d'avoir daigné m'admettre au nombre de ses membres correspondants, et m'assurer, à côté de mon frère, l'un de ses titulaires, une place dans cette noble enceinte, sans cesse décimée, dont j'interroge douloureusement toutes les places d'honneur, demandant tour à tour à chacune d'elles de révéler à ma vénération le nom du premier titulaire qui l'illustrait à mon départ, et dont les successeurs, élèves et maîtres, ont si noblement recueilli et agrandi les titres.

Daigne l'Académie des beaux-arts accueillir cette œuvre, objet du travail assidu de sept années, comme un premier tribut offert par son correspondant, dont les derniers jours seront consacrés à rattacher, par un échange utile d'hommages et d'encouragements, le Brésil à la France, *l'un la patrie de mes souvenirs, l'autre celle de mes consolations!*

(*) La mort d'un fils unique.

PLANCHE DU PORTRAIT DE L'AUTEUR.

Note biographique.

Les éditeurs ont pensé qu'il serait de quelque intérêt de reproduire à la tête de cet ouvrage le portrait de l'auteur, joint à une note biographique extraite de divers ouvrages de ce genre, déjà accrédités par l'impression (*).

Jacques Debret, greffier au parlement de Paris, et amateur éclairé des sciences et des arts (**), eut deux fils; le premier *J. B. Debret* (peintre), et le second, *F. Debret* (architecte), tous deux héritiers de son goût dominant pour la culture des beaux-arts, et qui se manifesta également dès leur enfance.

Debret (Jean-Baptiste), né à Paris, le 18 avril 1768, après avoir achevé ses humanités au collége de Louis le Grand, passa dans l'école du célèbre peintre Louis David, son parent, qu'il accompagna en Italie, lorsque ce dernier prit la résolution d'aller à Rome exécuter le tableau du *Serment des Horaces.* En 1785, de retour en France avec son maître, le jeune Debret ne tarda pas à manifester ses progrès par des succès d'école à l'Académie de Paris. Il venait de remporter un second prix de peinture lorsque l'invasion étrangère nécessita les levées en masse pour la repousser. Dans cette circonstance désastreuse pour les arts, le ministre de l'intérieur prit sous sa protection quelques jeunes élèves de l'Académie, déjà distingués par leurs succès, et les fit admettre comme élèves à l'école des ponts et chaussées, les destinant à devenir des ingénieurs civils : J. B. Debret fut de ce nombre. Une année s'était à peine écoulée, que les moyens de défense militaire, devenus plus urgents et plus multipliés, obligèrent le ministre de la guerre à disposer des élèves, pour les utiliser comme ingénieurs militaires, en les faisant appliquer de suite à l'étude de la fortification. Sur ces entrefaites, le gouvernement organisa l'école polytechnique, et les jeunes ingénieurs militaires en formèrent le premier noyau. Quelques mois après, J. B. Debret, que l'on sut avoir cultivé la peinture, succéda comme professeur du dessin de la figure à F. Gérard, artiste très-distingué, volontairement démissionnaire, et qui coopéra à cette faveur. Ce nouvel emploi lui laissant du loisir, il reprit sa palette abandonnée depuis cinq années, et exécuta un tableau représentant *le général messénien Aristomène délivré par une jeune fille;* effet de lampe, figures de proportion naturelle. Cette production, exposée au salon de 1798, fut

(*) Le Biographe. La Biographie des hommes du jour.

(**) On s'étonnera moins des goûts décidés pour les arts chez un homme constamment préoccupé de procédure criminelle, quand on saura que *Jacques Debret,* avec des connaissances acquises, partagea toujours ses loisirs entre l'architecture, la peinture et l'histoire naturelle, dont il sut se composer un cabinet assez complet; et qu'à ses relations avec les savants naturalistes *Daubenton* et *Lesage*, il joignit le rare avantage de posséder dans sa famille trois artistes, en même temps ses amis intimes, également distingués, quoique d'un talent différent. Ces célèbres contemporains furent *A. Desmaisons,* architecte du roi et décoré du cordon de Saint-Michel après la restauration du Palais de justice, dont la façade moderne existe aujourd'hui telle qu'il la fit exécuter; *François Boucher,* premier peintre du roi, décoré du même ordre, et dont il reste des peintures à Fontainebleau; enfin *Louis David,* membre de l'Institut de France, créé baron et officier de la Légion d'honneur par l'empereur Napoléon, qui le nomma son premier peintre, titre mérité par une réputation européenne.

couronnée d'un premier second prix. Rendu aux beaux-arts par ce premier succès, il exécuta ensuite différentes peintures de décor dans plusieurs maisons de luxe bâties à la chaussée d'Antin par MM. Percier et Fontaine. Occupé successivement dans ce genre pour les palais du gouvernement, il ne reparut au salon qu'en 1804, par l'exposition d'un tableau de grande dimension représentant *le médecin Éristrate découvrant la cause de la maladie du jeune Antiochus*. Depuis, employant ses pinceaux d'une manière plus analogue aux succès militaires de la France, il exposa, en 1806, un tableau représentant *Napoléon saluant un convoi de blessés autrichiens, et rendant honneur au courage malheureux*. Ce tableau, acheté par le corps législatif, obtint une mention honorable de l'Institut de France, lors du concours des prix décennaux. Constamment utilisé par le gouvernement, il exposa, en 1808, *Napoléon à Tilsitt, décorant de la Légion d'honneur un brave de l'armée russe;* en 1810, *une harangue de Napoléon aux Bavarois;* en 1812, *la première distribution des décorations de la Légion d'honneur dans l'église de l'Hôtel des invalides;* en 1814, *Andromède délivrée par Persée*.

Mais de 1814 à 1815, resté inconsolable de la perte récente d'un fils unique mort à dix-neuf ans, espérance malheureusement trop illusoire d'un heureux avenir, et ayant vainement essayé pendant cet intervalle de reprendre ses pinceaux toujours rebelles à le secourir dans cet état d'apathie, David, Gérard et ses autres amis lui conseillèrent d'aller revoir quelque temps l'Italie. A la même époque, M. Fontaine, architecte du roi, chargé par ses relations avec l'empereur Alexandre de lui adresser un architecte et un peintre français déterminés à venir à Saint-Pétersbourg, jeta les yeux sur Grandjean, son ancien élève; celui-ci proposa à J. B. Debret de partager, comme ami et collaborateur, les chances de cette émigration bientôt connue dans les arts, et qui éveilla la vigilance de M. Lebreton, alors secrétaire perpétuel de la classe des beaux-arts de l'Institut, lui-même chargé par le gouvernement portugais d'organiser et de conduire au Brésil une réunion d'artistes assez complète pour fonder un institut des beaux-arts à Rio-Janeiro, résidence de la cour du Portugal retirée au Brésil. Debret préféra cette expédition, composée, en effet, d'un peintre d'histoire (J. B. Debret), d'un peintre de paysage (Taunay, membre de l'Institut de France), d'un statuaire (Taunay, frère du précédent), d'un graveur en taille douce (Pradier), d'un architecte (Grandjean), et d'un mécanicien (Ovide). L'expédition partit du Havre le 26 janvier 1816, et après une heureuse traversée de deux mois, arriva à sa destination, où elle fut parfaitement accueillie. Pensionnée d'abord, elle fut utilisée de suite et employée partiellement jusqu'à l'achèvement du palais des beaux-arts dont la construction fut, instantanément, ralentie par les événements politiques qui reculèrent de dix ans l'inauguration solennelle de cet établissement, époque à laquelle le professeur Debret fut décoré de l'ordre du Christ, et reçut le titre de peintre particulier de la maison impériale. En 1830, il fut nommé membre correspondant de l'Académie des beaux-arts de l'Institut de France.

Cependant, l'heureuse influence des productions des divers professeurs avait éveillé à tel point le goût des arts chez les Brésiliens, qu'au bout de deux années de cours réguliers, l'Académie de Rio-Janeiro offrit au public la première exposition, très-satisfaisante, des productions variées de ses élèves.

Les succès constants de ses travaux méritèrent au professeur Debret, désireux de revenir, au moins momentanément, au sein de sa famille, après quinze années d'absence, un congé limité, émané de la régence brésilienne. Arrivé à Paris à la fin de 1831, muni de nombreux documents recueillis pendant son séjour au Brésil, il s'occupa spécialement de cet ouvrage sur cette contrée, et il le dédia à l'Académie des beaux-arts de Paris dont il était le correspondant. Son titre, en effet, lui imposait, à son retour, l'obligation de présenter à ses commettants au moins un résumé succinct de ses observations sur le Brésil. Rien n'était donc plus convenable, dans cette circonstance, que l'offre d'un ouvrage complet dans lequel se trouvent à la fois, et d'une manière très-détaillée, l'emploi de son temps et les heureux résultats de cette expédition artistique toute française, dans laquelle figurent avec intérêt deux membres de l'Institut des beaux-arts. Son offrande, accueillie avec bienveillance, fut placée à la bibliothèque particulière de l'Institut.

Outre les éléments de cette œuvre importante, on compte parmi les ouvrages exécutés par M. Debret au Brésil : une grande revue militaire passée en présence de la cour, à *Prahia Grande ;* l'embarquement des mêmes troupes pour *Monte-Video,* aussi en présence de la cour, tableaux de chevalet, appartenant à don Pedro ; le portrait en pied du prince royal *don Pedro;* l'acclamation de *don Jean VI ;* le portrait en pied et en grand costume royal de *don Jean VI;* le débarquement de l'archiduchesse autrichienne Léopoldine à Rio-Janeiro, reçue comme princesse royale du Brésil ; un ex-voto allégorique représentant le rétablissement de l'ordre portugais de la Conception, sous la protection de la Vierge, par le roi don Jean VI ; les plafonds et une partie des frises d'une galerie située dans les bâtiments du trésor de la couronne, à Rio-Janeiro (ouvrage abandonné à cause du départ de la cour pour Lisbonne); la cérémonie de l'acclamation de don Pedro, empereur du Brésil ; celle du couronnement du même empereur; celle du second mariage de S. M. I. avec la princesse de Bavière, Amélie de Leuchtenberg; tableau esquisse du plafond de la salle d'assemblée du palais de l'Académie des beaux-arts; allégorie sur le second mariage de l'empereur don Pedro ; autre, relative à la *Flore brésilienne* du *fra Velozo,* botaniste brésilien ; une troisième, sur la fondation de la société de médecine de Rio-Janeiro. Il exécuta beaucoup de bas-reliefs et de figures pour les arcs de triomphe élevés à l'occasion des fêtes données à la cour du Brésil, et fut chargé pendant sept ans des peintures de décor du théâtre royal de Rio-Janeiro.

Le professeur Debret ramena avec lui en France l'un des plus habiles peintres d'histoire de sa classe, le jeune *Araujo* (Porto Allegro) ; celui-ci suivit, comme élève du célèbre Gros, les cours de l'école de peinture de Paris; de là, il passa en Italie consacrer trois années à l'étude, et revint ensuite visiter successivement la Belgique, la Hollande et l'Angleterre ; et, après avoir médité et pratiqué son art pendant cinq années consécutives, reparut dans sa patrie, déjà habile peintre et profond théoricien, capable, plus que tout autre de ses compatriotes, de remplacer J. B. Debret, avec lequel il avait fondé la classe de peinture d'histoire comme élève distingué d'un professeur consciencieux et dévoué.

En effet, à son départ de France, Araujo, resté l'ami fidèle de son ancien maître, se chargea de présenter au gouvernement brésilien la démission volontaire du premier peintre et professeur de la classe de peinture d'histoire de l'Académie impériale des beaux-arts de Rio-Janeiro, et obtint, avec l'acceptation de sa démission, la pension de retraite légitimement accordée au démissionnaire à la fin de ses vingt années de service. Araujo, digne sous tous les rapports d'être le premier successeur brésilien de l'un des artistes français fondateurs de l'école des beaux-arts, dirige maintenant, comme premier peintre et professeur, la classe de peinture d'histoire, qu'il relève par son influence de la longue apathie dans laquelle l'avaient subitement plongée cinq années d'absence du maître et de l'élève.

Debret (François), architecte, frère du précédent, naquit à Paris le 21 juin 1777. Élève de MM. Percier et Fontaine, il fut admis, en 1796, au concours du grand prix d'architecture; et l'année suivante, il venait d'être couronné dans un concours public ouvert par le gouvernement pour l'embellissement des Champs Élysées, lorsque la conscription de l'an VII (1798) l'appela aux armées. Entré dans le corps d'artillerie de marine résidant à Brest, il y fut employé par les ingénieurs des bâtiments civils; il construisit, comme architecte, dans cette ville, *une petite salle de spectacle* et *une maison d'éducation*. Une expédition se disposait à passer en Égypte pour secourir le général Bonaparte, et Debret obtint de l'amiral le passage à bord de son bâtiment, en qualité de dessinateur de l'armée navale. Mais cette expédition ayant avorté, il ne tarda pas à profiter d'une loi qui permettait aux artistes présents aux armées de se faire remplacer, et revint dans ses foyers après avoir toutefois exploré les édifices les plus remarquables du département du Finistère.

Rendu tout à fait à son art, il reprit avec succès le cours de ses études académiques. Il conduisit en 1804, sous les ordres de MM. Percier et Fontaine, *une partie des travaux du sacre de Napoléon, tant à Notre-Dame qu'au Champ de Mars*. En 1806, MM. Debret et Lebas partirent pour l'Italie, où, pendant un séjour de plusieurs années, ces architectes recueillirent les matériaux qu'ils publièrent dans la suite sous le titre d'*OEuvres complètes de Barrozzio de Vignole*.

A l'exposition du salon de 1808, F. Debret reçut de l'Empereur une médaille d'or, pour des dessins et projets de sa composition. Nommé par le ministre de l'intérieur architecte de Notre-Dame, sous l'épiscopat du cardinal Maury, il *y exécuta plusieurs restaurations importantes,* et y commençait une chapelle à saint Napoléon, lorsque les événements de 1813 arrêtèrent ces travaux. Ce fut cette même année que M. Cellerier, obligé d'opter entre les travaux de Saint-Denis dont il était chargé, et la place de membre du conseil des bâtiments civils, abandonna ces travaux et coopéra, en partie, au choix de son successeur. Depuis ce moment, F. Debret *ne cessa de travailler à cet édifice* aussi remarquable par son style que par la difficulté de ses constructions. *La restauration qu'il fit du théâtre de la Porte Saint-Martin,* en 1818, lui valut l'année suivante *celle de l'Opéra* de la rue de Richelieu.

Par ordonnance royale du 18 septembre 1816, le gouvernement ayant consacré le local des Petits-Augustins à l'établissement de l'école des beaux-arts, elle y fut provisoirement installée; mais, en 1819, l'administration de l'école obtint du gouvernement la nomination de F. Debret pour son architecte, et *l'adoption d'un projet définitif* qu'il avait composé d'après un programme rédigé par MM. les professeurs de peinture, de sculpture et d'architecture réunis. *Une partie des fondations élevées* à la hauteur du sol, *la première pierre nette* en fut posée par M. le ministre de l'intérieur, le comte Siméon, le 3 mai 1820.

Peu de jours après la mort du duc de Berri, les chambres décidèrent que la salle d'Opéra de la rue Richelieu serait abandonnée. M. le comte de Pradel, chargé du portefeuille de la maison du roi, demanda à notre architecte des projets de salle d'opéra sur plusieurs points de la capitale. Il en fut successivement présenté sur la rue neuve Ventadour, nouvellement percée; l'hôtel de la Chancellerie, place Vendôme; la rue de la Paix, et enfin sur l'hôtel Choiseul, qui, appartenant au gouvernement, était alors occupé par l'état-major de la garde nationale. Ce dernier projet entraînant moins de dépenses, en raison de la possession du terrain, la *salle de l'Opéra fut commencée* le 14 août 1820, et *la première représentation* y fut donnée le 16 août 1821, bien que la rigueur de l'hiver en eût fait suspendre les travaux pendant trois mois.

En 1822, F. Debret *restaura la salle des Variétés.* Ce fut l'exécution de ces divers travaux qui mérita à cet architecte, en 1825, sa nomination à l'Institut et la décoration de la Légion d'honneur.

L'année suivante, il fut chargé par M. Bérard de construire sur la place de la Bourse *la salle des Nouveautés,* et les deux bâtiments qui l'accompagnent faisant partie du même projet.

La nouvelle organisation des bâtiments civils, du 31 juillet 1832, ne permettant plus au même architecte la conduite de deux monuments publics, l'achèvement de l'école des beaux-arts fut donné à M. Duban, inspecteur et élève de M. Debret. C'est de ce moment que datent les nombreux changements qui y furent apportés par la rédaction du nouveau programme.

François Debret est resté chargé, par le gouvernement, *des travaux de l'église de Saint-Denis,* qui se poursuivent avec une grande activité, et, comme architecte en chef, de ceux d'entretien de la septième conservation, qui se composent *de l'Opéra, du Conservatoire de musique, et des magasins de décorations de la rue Richer.*

Malgré l'importance de ces divers travaux, François Debret trouva encore le temps *d'écrire toute la partie architectonique* de l'Encyclopédie moderne de M. Courtin, ouvrage qui fut terminé en 1832.

Il complète en ce moment la longue série de matériaux nécessaires à la publication de l'histoire de l'abbaye de Saint-Denis, qu'il se propose d'écrire; récolte immense de documents épars ensevelis dans la poussière et l'oubli depuis le siècle de Charlemagne, et dont l'authenticité incontestable prouvera les soins scrupuleux que l'architecte a apportés dans la restauration de cet édifice, monument séculaire de la généreuse piété des rois de France.

Cependant, la Providence, qui avait donné aux frères Debret tant d'analogie dans leurs travaux, voulut qu'elle fût complète dans leurs malheurs! Comme J. B. Debret, F. Debret posséda un fils unique, et comme lui, le perdit réalisant déjà toutes ses espérances!

Le fils du premier (Honoré Debret), après avoir terminé de bonnes études au collége de Sainte-Barbe, ne jouit que dix-huit mois du bonheur de la maison paternelle; intervalle, hélas! bien court, qui lui suffit néanmoins pour développer d'heureuses dispositions dans les arts, par un premier essai de gravure : et avant d'avoir atteint sa vingtième année, il succomba au neuvième jour d'une fièvre pernicieuse. Après cette perte irréparable, le malheureux père reportait son affection tout entière sur son neveu (Francisque Debret), et partageait l'espoir et le bonheur paternels de F. Debret, qui voyait s'ouvrir à ses yeux une si belle carrière dans l'école d'architecture, pour ce cher fils son élève; mais ils le virent aussi, victime résignée, comblé de nombreuses récompenses, à l'annonce d'un dernier succès, relever sa paupière défaillante, et la refermer bientôt pour toujours, après un élan de bonheur, entre les bras de son père et de sa mère éplorée, le 28 octobre 1836, à cinq heures et demie du soir (*), laissant à ses amis l'exemple si rare d'une âme inaltérable et pure, et la conviction si honorable pour lui, si désolante pour eux, qu'un cœur comme le sien ne se remplace pas. Heure fatale, qui fit germer sur ce laurier naissant, le cyprès qui indique aujourd'hui, à l'ami de la probité, l'humble monument qui doit les rassembler dans le champ du repos du Père Lachaise!

C'est ainsi que, pour dernière consolation, il fut réservé à J. B. Debret de consigner, à la soixante et onzième année de son âge, ces souvenirs mérités à la mémoire du dernier héritier de leur nom.

Plus unis que jamais, J. B. Debret et F. Debret, confondant maintenant dans la vie privée leurs deuils paternels, cherchent du moins à en adoucir l'amertume dans les liens sympathiques de la plus étroite amitié.

(*) Dix mentions honorables obtenues en seconde classe à l'école d'architecture, le firent passer dans la première classe, où il obtint deux secondes médailles en 1835, et l'année suivante quatre autres, dont deux secondes et deux premières, et son admission au concours du grand prix de Rome. Agé de vingt-sept ans, la mort vint le frapper pendant le travail forcé de ce dernier concours, dont il ne put achever entièrement les dessins.

FIN DU TOME TROISIÈME ET DERNIER.

TABLE

DES PLANCHES DU TROISIÈME ET DERNIER VOLUME.

FIN DE LA TABLE DES PLANCHES DU TROISIÈME ET DERNIER VOLUME.

TABLE GÉNÉRALE DES SOMMAIRES.

PREMIER VOLUME.

Caste sauvage.

Forêts vierges.

Le texte et les planches consacrés aux „Forêts Vierges" sont reliés à la fin du Volume de planches.

SECONDE PARTIE.

SECOND VOLUME.

Industrie du colon brésilien.

TROISIÈME VOLUME.

Histoire politique et religieuse. — État des beaux-arts.

FIN DE LA TABLE GÉNÉRALE DES SOMMAIRES.

Avis au Relieur. — Placer, à la page 80, le *fac-simile* lithographié du texte original autographe des Adieux de don Pedro Ier.

www.ingramcontent.com/pod-product-compliance
Ingram Content Group UK Ltd.
Pitfield, Milton Keynes, MK11 3LW, UK
UKHW020207250726
13967UKWH00003B/1310